"十四五"时期国家重点出版物出版专项规划项目
第二次青藏高原综合科学考察研究丛书

青藏高原
气候变化科学分析

徐祥德　徐柏青　马耀明　陆日宇
郭学良　周广胜　魏凤英　等　著

科学出版社
北京

内 容 简 介

本书是以青藏高原气候变化特征及其影响效应为主题的第二次青藏高原综合科学考察研究任务的成果。从近两万年、近两千年历史演变及近代气候变化的视角，综合剖析青藏高原气候特征及季风、中高纬度系统变化对高原气候格局变化的影响，青藏高原近年来暖湿化趋势的观测事实、成因及对植被区域性特征的影响和青藏高原灾害天气特征变化趋势及其与气候变化的关联性，青藏高原地气过程特征及其对气候变化的响应，青藏高原与南北极的水分循环过程"三极联动"效应，气候变化对青藏高原冰川、季节性冻土、湖泊、植被生态系统的影响，预估青藏高原未来气候变化。

本书可供大气科学、地球科学、水文学等领域的科学工作者及相关院校师生参考。

审图号：GS京（2024）1835号

图书在版编目（CIP）数据

青藏高原气候变化科学分析/徐祥德等著. --北京：科学出版社，2025.6.
（第二次青藏高原综合科学考察研究丛书）. --ISBN 978-7-03-081759-4

Ⅰ. P467

中国国家版本馆CIP数据核字第2025GC4253号

责任编辑：郭允允　赵　晶　/　责任校对：郝甜甜
责任印制：徐晓晨　/　封面设计：马晓敏

科学出版社 出版

北京东黄城根北街16号
邮政编码：100717
http://www.sciencep.com

北京汇瑞嘉合文化发展有限公司印刷
科学出版社发行　各地新华书店经销

*

2025年6月第 一 版　开本：787×1092　1/16
2025年6月第一次印刷　印张：17 1/2
字数：415 000

定价：268.00元

（如有印装质量问题，我社负责调换）

"第二次青藏高原综合科学考察研究丛书"指导委员会

主　任　　孙鸿烈　中国科学院地理科学与资源研究所

副主任　　陈宜瑜　国家自然科学基金委员会
　　　　　　秦大河　中国气象局

委　员　　姚檀栋　中国科学院青藏高原研究所
　　　　　　安芷生　中国科学院地球环境研究所
　　　　　　李廷栋　中国地质科学院地质研究所
　　　　　　程国栋　中国科学院西北生态环境资源研究院
　　　　　　刘昌明　中国科学院地理科学与资源研究所
　　　　　　郑绵平　中国地质科学院矿产资源研究所
　　　　　　李文华　中国科学院地理科学与资源研究所
　　　　　　吴国雄　中国科学院大气物理研究所
　　　　　　滕吉文　中国科学院地质与地球物理研究所
　　　　　　郑　度　中国科学院地理科学与资源研究所
　　　　　　钟大赉　中国科学院地质与地球物理研究所
　　　　　　石耀霖　中国科学院大学
　　　　　　张亚平　中国科学院
　　　　　　丁一汇　中国气象局国家气候中心
　　　　　　吕达仁　中国科学院大气物理研究所
　　　　　　张　经　华东师范大学
　　　　　　郭华东　中国科学院空天信息创新研究院
　　　　　　陶　澍　北京大学

刘丛强	天津大学
龚健雅	武汉大学
焦念志	厦门大学
赖远明	中国科学院西北生态环境资源研究院
胡春宏	中国水利水电科学研究院
郭正堂	中国科学院地质与地球物理研究所
王会军	南京信息工程大学
周成虎	中国科学院地理科学与资源研究所
吴立新	中国海洋大学
夏　军	武汉大学
陈大可	自然资源部第二海洋研究所
张人禾	复旦大学
杨经绥	南京大学
邵明安	中国科学院地理科学与资源研究所
侯增谦	国家自然科学基金委员会
吴丰昌	中国环境科学研究院
孙和平	中国科学院精密测量科学与技术创新研究院
于贵瑞	中国科学院地理科学与资源研究所
王　赤	中国科学院国家空间科学中心
肖文交	中国科学院新疆生态与地理研究所
朱永官	中国科学院城市环境研究所

"第二次青藏高原综合科学考察研究丛书"编辑委员会

主　编　　姚檀栋

副主编　　徐祥德　　欧阳志云　　傅伯杰　　施　鹏　　陈发虎　　丁　林
　　　　　　吴福元　　崔　鹏　　　葛全胜

编　委　　王　浩　　王成善　　多　吉　　沈树忠　　张建云　　张培震
　　　　　　陈德亮　　高　锐　　彭建兵　　马耀明　　王小丹　　王中根
　　　　　　王宁练　　王伟财　　王建萍　　王艳芬　　王　强　　王　磊
　　　　　　车　静　　牛富俊　　勾晓华　　卞建春　　文　亚　　方小敏
　　　　　　方创琳　　邓　涛　　石培礼　　卢宏玮　　史培军　　白　玲
　　　　　　朴世龙　　曲建升　　朱立平　　邬光剑　　刘卫东　　刘屹岷
　　　　　　刘国华　　刘　禹　　刘勇勤　　汤秋鸿　　安宝晟　　祁生文
　　　　　　许　倞　　孙　航　　赤来旺杰　严　庆　　苏　靖　　李小雁
　　　　　　李加洪　　李亚林　　李晓峰　　李清泉　　李　嵘　　李　新
　　　　　　杨永平　　杨林生　　杨晓燕　　沈　吉　　宋长青　　宋献方
　　　　　　张扬建　　张进江　　张知彬　　张宪洲　　张晓山　　张鸿翔
　　　　　　张镱锂　　陆日宇　　陈　志　　陈晓东　　范宏瑞　　罗　勇
　　　　　　周广胜　　周天军　　周　涛　　郑文俊　　封志明　　赵　平
　　　　　　赵千钧　　赵新全　　段青云　　施建成　　秦克章　　徐柏青
　　　　　　徐　勇　　高　晶　　郭学良　　郭　柯　　席建超　　黄建平
　　　　　　康世昌　　梁尔源　　葛永刚　　温　敏　　蔡　榕　　翟盘茂
　　　　　　樊　杰　　潘开文　　潘保田　　薛　娴　　薛　强　　戴　霜

《青藏高原气候变化科学分析》编写委员会

主　任　　徐祥德

副主任　　徐柏青　马耀明　陆日宇　郭学良　周广胜
　　　　　　魏凤英

委　员　　（按姓氏汉语拼音排序）
　　　　　　董李丽　付丹红　胡　帅　李　论　李超凡
　　　　　　刘伯奇　柳艳菊　龙　笛　鲁萌萌　吕晓敏
　　　　　　马伟强　郄秀书　屈　侠　孙　婵　游庆龙
　　　　　　周秉荣　祝从文

第二次青藏高原综合科学考察队
青藏高原气候变化科考分队人员名单

姓名	职务	工作单位
徐祥德	分队长	中国气象科学研究院
徐柏青	副分队长	中国科学院青藏高原研究所
陆日宇	副分队长	中国科学院大气物理研究所
马耀明	副分队长	中国科学院青藏高原研究所
郭学良	副分队长	中国科学院大气物理研究所
周广胜	副分队长	中国气象科学研究院
王 茉	队 员	中国科学院青藏高原研究所
孙有斌	队 员	中国科学院地球环境研究所
蓝江湖	队 员	中国科学院地球环境研究所
姜大膀	队 员	中国科学院大气物理研究所
柳艳菊	队 员	国家气候中心
李超凡	队 员	中国科学院大气物理研究所
屈 侠	队 员	中国科学院大气物理研究所
胡 帅	队 员	中国科学院大气物理研究所
胡泽勇	队 员	中国科学院西北生态环境资源研究院
李跃清	队 员	中国气象局成都高原气象研究所
马伟强	队 员	中国科学院青藏高原研究所
王宾宾	队 员	中国科学院青藏高原研究所

付丹红	队员	中国科学院大气物理研究所
唐 洁	队员	中国气象科学研究院
王黎俊	队员	青海省人工影响天气办公室
方春刚	队员	中国气象局人工影响天气中心
游庆龙	队员	复旦大学
龙 笛	队员	清华大学
祝从文	队员	中国气象科学研究院
孙 婵	队员	中国气象科学研究院
唐艳鸿	队员	北京大学
丁爱军	队员	南京大学
罗天祥	队员	中国科学院青藏高原研究所
吕晓敏	队员	中国气象科学研究院

丛书序一

青藏高原是地球上最年轻、海拔最高、面积最大的高原，西起帕米尔高原和兴都库什、东到横断山脉，北起昆仑山和祁连山、南至喜马拉雅山区，高原面海拔4500米上下，是地球上最独特的地质－地理单元，是开展地球演化、圈层相互作用及人地关系研究的天然实验室。

鉴于青藏高原区位的特殊性和重要性，新中国成立以来，在我国重大科技规划中，青藏高原持续被列为重点关注区域。《1956—1967年科学技术发展远景规划》《1963—1972年科学技术发展规划》《1978—1985年全国科学技术发展规划纲要》等规划中都列入针对青藏高原的相关任务。1971年，周恩来总理主持召开全国科学技术工作会议，制订了基础研究八年科技发展规划（1972—1980年），青藏高原科学考察是五个核心内容之一，从而拉开了第一次大规模青藏高原综合科学考察研究的序幕。经过近20年的不懈努力，第一次青藏综合科考全面完成了250多万平方千米的考察，产出了近100部专著和论文集，成果荣获了1987年国家自然科学奖一等奖，在推动区域经济建设和社会发展、巩固国防边防和国家西部大开发战略的实施中发挥了不可替代的作用。

自第一次青藏综合科考开展以来的近50年，青藏高原自然与社会环境发生了重大变化，气候变暖幅度是同期全球平均值的两倍，青藏高原生态环境和水循环格局发生了显著变化，如冰川退缩、冻土退化、冰湖溃决、冰崩、草地退化、泥石流频发，严重影响了人类生存环境和经济社会的发展。青藏高原还是"一带一路"环境变化的核心驱动区，将对"一带一路"20多个国家和30多亿人口的生存与发展带来影响。

2017年8月19日，第二次青藏高原综合科学考察研究启动，习近平总书记发来贺信，指出"青藏高原是世界屋脊、亚洲水塔，是地球第三极，是我国重要的生态安全屏障、战略资源储备基地，是中华民族特色文化的重要保护地",要求第二次青藏高原综合科学考察研究要"聚焦水、生态、人类活动,着力解决青藏高原资源环境承载力、灾害风险、绿色发展途径等方面的问题,为守护好世界上最后一方净土、建设美丽的青藏高原作出新贡献,让青藏高原各族群众生活更加幸福安康"。习近平总书记的贺信传达了党中央对青藏高原可持续发展和建设国家生态保护屏障的战略方针。

第二次青藏综合科考将围绕青藏高原地球系统变化及其影响这一关键科学问题,开展西风–季风协同作用及其影响、亚洲水塔动态变化与影响、生态系统与生态安全、生态安全屏障功能与优化体系、生物多样性保护与可持续利用、人类活动与生存环境安全、高原生长与演化、资源能源现状与远景评估、地质环境与灾害、区域绿色发展途径等10大科学问题的研究,以服务国家战略需求和区域可持续发展。

"第二次青藏高原综合科学考察研究丛书"将系统展示科考成果,从多角度综合反映过去50年来青藏高原环境变化的过程、机制及其对人类社会的影响。相信第二次青藏综合科考将继续发扬老一辈科学家艰苦奋斗、团结奋进、勇攀高峰的精神,不忘初心,砥砺前行,为守护好世界上最后一方净土、建设美丽的青藏高原作出新的更大贡献!

孙鸿烈
第一次青藏科考队队长

丛书序二

青藏高原及其周边山地作为地球第三极矗立在北半球，同南极和北极一样既是全球变化的发动机，又是全球变化的放大器。2000年前人们就认识到青藏高原北缘昆仑山的重要性，公元18世纪人们就发现珠穆朗玛峰的存在，19世纪以来，人们对青藏高原的科考水平不断从一个高度推向另一个高度。随着人类远足能力的不断加强，逐梦三极的科考日益频繁。虽然青藏高原科考长期以来一直在通过不同的方式在不同的地区进行着，但对于整个青藏高原的综合科考迄今只有两次。第一次是20世纪70年代开始的第一次青藏科考。这次科考在地学与生物学等科学领域取得了一系列重大成果，奠定了青藏高原科学研究的基础，为推动社会发展、国防安全和西部大开发提供了重要科学依据。第二次是刚刚开始的第二次青藏科考。第二次青藏科考最初是从区域发展和国家需求层面提出来的，后来成为科学家的共同行动。中国科学院的A类先导专项率先支持启动了第二次青藏科考。刚刚启动的国家专项支持，使得第二次青藏科考有了广度和深度的提升。

习近平总书记高度关怀第二次青藏科考，在2017年8月19日第二次青藏科考启动之际，专门给科考队发来贺信，作出重要指示，以高屋建瓴的战略胸怀和俯瞰全球的国际视野，深刻阐述了青藏高原环境变化研究的重要性，希望第二次青藏科考队聚焦水、生态、人类活动，揭示青藏高原环境变化机理，为生态屏障优化和亚洲水塔安全、美丽青藏高原建设作出贡献。殷切期望广大科考人员发扬老一辈科学家艰苦奋斗、团结奋进、勇攀高峰的精神，为守护好世界上最后一方净土顽强拼搏。这充分体现了习近平生态文明思想和绿色发展理念，是第二次青藏科考的基本遵循。

第二次青藏科考的目标是阐明过去环境变化规律，预估未来变化与影响，服务区域经济社会高质量发展，引领国际青藏高原研究，促进全球生态环境保护。为此，第二次青藏科考组织了10大任务和 60 多个专题，在亚洲水塔区、喜马拉雅区、横断山高山峡谷区、祁连山–阿尔金区、天山–帕米尔区等 5 大综合考察研究区的 19 个关键区，开展综合科学考察研究，强化野外观测研究体系布局、科考数据集成、新技术融合和灾害预警体系建设，产出科学考察研究报告、国际科学前沿文章、服务国家需求评估和咨询报告、科学传播产品四大体系的科考成果。

两次青藏综合科考有其相同的地方。表现在两次科考都具有学科齐全的特点，两次科考都有全国不同部门科学家广泛参与，两次科考都是国家专项支持。两次青藏综合科考也有其不同的地方。第一，两次科考的目标不一样：第一次科考是以科学发现为目标；第二次科考是以摸清变化和影响为目标。第二，两次科考的基础不一样：第一次青藏科考时青藏高原交通整体落后、技术手段普遍缺乏；第二次青藏科考时青藏高原交通四通八达，新技术、新手段、新方法日新月异。第三，两次科考的理念不一样：第一次科考的理念是不同学科考察研究的平行推进；第二次科考的理念是实现多学科交叉与融合和地球系统多圈层作用考察研究新突破。

"第二次青藏高原综合科学考察研究丛书"是第二次青藏科考成果四大产出体系的重要组成部分，是系统阐述青藏高原环境变化过程与机理、评估环境变化影响、提出科学应对方案的综合文库。希望丛书的出版能全方位展示青藏高原科学考察研究的新成果和地球系统科学研究的新进展，能为推动青藏高原环境保护和可持续发展、推进国家生态文明建设、促进全球生态环境保护做出应有的贡献。

姚檀栋
第二次青藏科考队队长

前　言

气候变化与可持续发展是当今世界面临的两大挑战。如何在气候变暖背景下维持生态系统生产力、生物多样性和生态系统服务功能是当前人类面临的巨大挑战。政府间气候变化专门委员会（Intergovernmental Panel on Climate Change，IPCC）的第六次评估报告和《中国气候变化蓝皮书（2021）》均指出，青藏高原的气候变暖明显超过全球同期平均的升温率，是全球气候变暖背景下最为敏感和脆弱的地区之一。青藏高原是全球气候变暖最强烈的地区，也是受未来全球气候变化影响不确定性最大的地区。青藏高原由于其独特的大地形动力、热力效应、天气气候分布特点，以及复杂的地形地貌和地质结构，成为我国灾害天气及其次生灾害事件的频发区。随着气候变化加剧，青藏高原环境变化将对我国水资源、生态和交通等安全产生重要影响。在气候变暖背景下，青藏高原大气圈、水圈、冰冻圈和生物圈正在发生着显著变化，正在经历以快速变暖变湿为主要特征的气候变化。青藏高原积雪、冰川、湖泊、河流等因素受气候变化影响异常敏感，它们将会更为复杂多变，气候环境变化亦可导致青藏高原生态环境发生深刻变化。作为我国乃至全亚洲的生态安全屏障、水资源安全保障的青藏高原，对其气候变化的事实及其影响效应的认知，具有科学价值与社会经济可持续发展的重要战略意义。因此，科学认识青藏高原气候变化规律及其机理，科学评估青藏高原水资源、生态环境对气候变化的响应，可以为气候变化应对、生态安全屏障的保护、减灾防灾及经济社会发展规划的制定提供科学依据。

本书是第二次青藏高原综合科学考察研究任务一"西风－季风协同作用及其影响"项目有关青藏高原气候变化及其影响的综合分析报告，涵盖青藏高原气候变化研究的新观点、新认知与新研究成果。本书共分为9章，主要内容及写作分工如下：

第 1 章从近两万年及近两千年历史演变的角度，剖析青藏高原气候环境变化规律及其特征，由徐柏青执笔。第 2 章从近代气候变化的视角，揭示出青藏高原季风、中高纬度多尺度系统对高原气候变化影响特征及成因，由陆日宇、李超凡、胡帅、柳艳菊等执笔。第 3 章提出气候变化背景下青藏高原暖湿化观测新事实，综合分析高原暖湿化区域特征及其成因，由游庆龙、祝从文、刘伯奇、李论、鲁萌萌、魏凤英等执笔。第 4 章提出青藏高原灾害天气的变化特征，并揭示其与气候变化的关联的新认知，由郭学良、郄秀书、付丹红等执笔。第 5 章从青藏高原多圈层地-气相互作用立体观测系统视角，剖析青藏高原地气过程特征及其对气候变化的响应，由马耀明、马伟强等执笔。第 6 章阐述青藏高原冰川、季节性冻土及湖泊等对气候变化响应与相关机理的新认知，由徐祥德、龙笛、周秉荣、孙婵等执笔。第 7 章聚焦于青藏高原生态系统、大气环境变化与气候变化的关联性，剖析青藏高原植被生态系统、优势树种、碳氮循环及大气环境对气候变化的响应特征，由周广胜、吕晓敏、徐祥德、孙婵等执笔。第 8 章提出青藏高原能量、水分循环热驱动源与季风过程"放大的海陆差异"大地形效应新概念，揭示青藏高原与南北极的大气水分循环过程"三极联动"的全球气候效应，由徐祥德、孙婵、董李丽等执笔。第 9 章提出全球变暖背景下青藏高原未来气候变化的预估结果，由陆日宇、李超凡、屈侠等执笔。

  本书是参与第二次青藏高原综合科学考察研究任务一"西风-季风协同作用及其影响"项目的众多科考研究人员不畏艰辛、潜心研究的劳动成果。本书由任务一负责人徐祥德策划、起草写作提纲；徐祥德、魏凤英对全书进行统稿；张称意对全书进行校对和修改。在本书撰写过程中，张胜军、陈斌、程兴宏、于淑秋、滑桃、刘红娟等协助组织召开编写研讨会、参考文献整理、联系出版事宜和校对书稿等，在此一并表示衷心的感谢。

《青藏高原气候变化科学分析》编写委员会

2023 年 8 月

摘　　要

从近两万年及近两千年历史演变与近代青藏高原气候变化的视角，阐述青藏高原气候环境变化特征，描述青藏高原气候变化西风与季风协同作用影响，揭示出青藏高原暖湿化观测新事实、气候与灾害天气变化的关联性，阐述多圈层过程地-气相互作用及其对气候变化响应，从青藏高原大地形影响季风过程的"放大的海陆差异"特征出发，揭示出青藏高原与南北极间水分循环过程"三极联动"效应，阐述青藏高原冰川、冻土、湖泊及大气环境碳氮循环、植被生态系统等方面气候变化响应特征，并预估全球气候变暖背景下青藏高原未来气候变化。

青藏高原历史气候环境变化：青藏高原湖泊、泥炭、冰芯、冰碛物等地质生物载体的多种代用指标以及数值模式模拟研究揭示，末次冰盛期（last glacial maximum，LGM，距今2.4万~1.9万年）亚洲夏季风显著减弱，几近退出青藏高原，中纬度西风环流成为影响该地区环境变化的主要气候系统；LGM青藏高原平均温度比现代低5~8℃，周边山地或低海拔地区降温幅度低于高原腹地或高海拔地区；年均降水量低于现代30%~70%，但西北局部降水量较高，并维持高湖面；冰川物质平衡线高度下降，降幅自东南向西北减小；植被显著退化，绝大部分地区为荒漠草原。末次冰消期（last deglaciation，距今1.9万~1.17万年）青藏高原经历了渐进式升温、增湿、冰川退缩和植被恢复，且具有显著波动的特征，与逐渐强盛的亚洲夏季风和阶段性入侵的西风环流有关；全新世（Holocene，距今1.17万年以来）亚洲夏季风成为青藏高原气候变化的主导因素，西风环流进一步北撤；青藏高原气温进一步回升，最大增温为2~3℃；冰川退缩，植被生态系统显著改善，并在西风-季风协同作用影响下逐步形成现代气候环境空间格局。过去2000年来，青藏高原温度呈波动上升趋势，特别是20世纪以来，温度快速升高，成为过去2000年中最温暖的时段；降水在过去2000年整体呈现逐渐增多的趋势，与温度记录在整个青藏高原地区具有较好的一致性不同，降水变化具有显著的空间差异，西风降水与季风降水呈反向变化。

近代青藏高原气候变化与调制系统：研究揭示自工业革命以来，青藏高原近代气候总体呈现显著"变暖变湿"的变化特征。1961~2020年，青藏高原年平均气温每10年升高0.37℃，年平均降水量每10年增加10.4mm。青藏高原是全球气候变暖最强烈的地区，也是未来全球气候变化影响不确定性最大的地区，该地区的气候变化具有显著的敏感性、超前性和调节性。在气候变暖背景下，青藏高原的大气圈、水圈、冰冻圈和生物圈正在发生显著变化，经历以快速变暖变湿为主的气候变化。科考研究揭示青藏高原北侧为中纬度西风带，南部毗邻南亚季风区，东部为东亚季风区，是西风 - 季风协同作用的关键区。青藏高原的温度分布受地形影响显著，呈现显著的年代际转变和长期增暖的变化特征，特别是在2000年后偏暖明显加剧。青藏高原的变暖明显超过全球同期平均的升温率，是全球变暖背景下最为敏感和脆弱的地区之一。亚洲季风、中纬度西风与复杂的西风 - 季风协同作用，是影响青藏高原近代气候变化的关键大气环流系统。印度夏季风爆发早晚对青藏高原中东部与东南部地区降水具有显著的调制作用，同时印度夏季风也是厄尔尼诺 - 南方涛动、印度洋海温异常影响青藏高原气候变化的中间桥梁。对于中高纬系统的影响，夏季北大西洋涛动、大西洋多年代际振荡（AMO）激发的遥相关波列亦能够调制青藏高原降水年际与年代际变化。

青藏高原气候变化与暖湿化特征：科考研究揭示出青藏高原暖湿化的原因和高原夏季降水"北多南少"变化趋势的主要因素。夏季青藏高原大气热源结构的异常变化，尤其是北部对流层高层大气的快速增暖，使得影响青藏高原低涡生成的关键因素的变化趋势产生区域性差异，进而导致高原北部和南部青藏高原低涡发生频数的变化速率不同，最终造成青藏高原降水的南北反向变化趋势。青藏高原夏季降水"北多南少"的空间差异还与赤道中太平洋和印度洋暖池之间的海表温度异常纬向梯度以及由此引起的海 - 气相互作用和水汽收支年代际变化相联系。近20年来，青藏高原及周边地区冰川正在经历着不同程度的消融与退缩。青藏高原气候暖湿化不仅体现在气温显著升高，还体现在降水时空分布的区域性差异，由此导致高原北、南区域植被环境变化的显著差异。

青藏高原灾害天气特征与气候变化影响：科考研究揭示出高原灾害天气分布、变化趋势和产生原因，高原云和降水形成与其复杂地形、局地热力环流和西风 - 季风协同作用密切相关。西风环流的扰动为季风水汽输送到高原提供了重要的动力和热力条件，季风环流是高原水汽输送的主要来源。青藏高原云和降水形成的基本过程是，在西风-季风环流的协同作用下,季风环流挟带的暖湿气流沿高原地形爬升形成云和降水过程,所以云和降水的分布与西风、季风环流有关,也与地形密切相关。在气候变化背景下,西风环流呈现北移,导致高原西风环流整体出现减弱趋势,而南亚季风环流呈现增强趋势,这种趋势会导致高原大气斜压性减弱,大气稳定性增强,从而造成一般性雷暴、冰雹和局地大风等强对流天气呈现减弱趋势,但大气能量的累积效应,一旦出现强的大气扰动,会造成极端雷暴、冰雹、暴雨、暴雪和局地大风事件的发生。同时,稳定大气和低层水汽输送的增强会造成暖性降水(低云降水)呈现增强趋势,由此引发的极端强降水会出现增强趋势,直接威胁川藏铁路、青藏高速和雅鲁藏布江下游水电开发利用安全。

青藏高原地-气相互作用特征与气候变化影响:科考团队在青藏高原辽阔、复杂的冰川、雪山、湖泊、河流、森林、草地、湿地等多种类型下垫面上,构建起青藏高原地-气相互作用过程综合立体观测研究网络,观测资料对理解青藏高原地-气相互作用过程及其天气气候效应规律具有十分重要的意义。较准确量化了青藏高原陆地年蒸散发总量为9300亿t,其中湖面年蒸发量为517亿t;发现青藏高原蒸散发的增长速率是全球平均的两倍;准确得到了青藏高原不同下垫面的地-气相互作用参数。青藏高原通过近地面层及边界层辐射、感热和潜热的输送,形成了一个高耸入自由大气中的"台地"型特殊热力强迫,构成了促使对流云发展的独特边界层动力和热力结构,促使对流云频发,使高原成为中国东部夏季洪涝对流云系统发展的重要源地之一。青藏高原地区地表潜热呈现明显的上升趋势,并与降水变化相一致。青藏高原的存在是亚洲季风区气候分布的重要影响因子,其高大地形的动力作用,加上地面冷(冬季)、热(夏季)源的热力影响,对亚洲季风的形成与演化,进而对我国、东亚乃至全球天气和气候具有十分重要的作用。

青藏高原水环境特征与气候变化影响:科考研究揭示出三江源、雅鲁藏布江多尺度水汽输送变化特征,高原"湿池"呈显著的增强趋势。近年来,南亚季风影响下的来自印度洋的跨赤道暖湿气流的增强,为高原北部区域带来了一定的降水"补给"。青藏高原及周边地区冰川正在经历着不同程度的消融与退缩。冰川退缩程度、空间变化差异突出表现为南北冰川状态失常差异。研究揭示气候变暖是青藏高原冰川退缩的主因,而代表性的冰川区降水"补给"变化也是青藏高原南、北缘地区冰川退缩程度存在差异不可忽视的关键因素之一。1971~2010年三江源地区经向水汽通量显著减少,纬向水汽通量显著增加。长江源区水当量质量增益最多,澜沧江源区增益最少,三江源区水平衡变化是由不同冻土类型、蒸发量的变化引起的。科考研究发现,青藏高原暖湿化存在区域差异,2002~2020年青藏高原外流区多数流域(印度河、恒河、雅鲁藏布江、怒江、澜沧江等)总水储量呈显著下降趋势;内流区多数区域(塔里木盆地、

柴达木盆地和羌塘盆地）的总水储量呈显著增加趋势，湖泊扩张，总水储量变化亦呈区域差异特征。

青藏高原生态环境特征与气候变化响应：科考研究揭示西风－季风协同作用下青藏高原植被环境的显著变化，一方面使得植被返青期提前、枯黄期推迟，另一方面也促进植被适宜分布区发生改变。1961年以来，青藏高原亚热带常绿树种呈北移趋势，山地寒温性针叶树种和高山常绿灌木呈西北迁移趋势，高寒荒漠灌木和高寒草甸主体位置变化较小，高寒草原呈南界北移趋势。植被环境变化必然影响碳氮循环。植物碳输入变化将影响表层土壤有机碳稳定性，冻土融化引起的土壤氮对植物生长的促进作用并不显著，特别是冻土层土壤有效氮含量及氮转化速率均低于活动层土壤，导致冻土区植被生长受氮限制增强。气候变暖引起的冻土融化使得微生物种类和数量增加，促进了土壤碳分解，导致更多的碳被排放到大气中，对气候变暖起到正反馈作用。气候变暖背景下，大气加热的不均衡性引起热力环流变化，加深局地对流活动、改变大气辐射和臭氧前体物的排放以及臭氧污染的时空分布，导致背景站地表臭氧浓度持续增加。

青藏高原大气水分驱动源及其全球气候效应：科考研究揭示"世界屋脊""中空热岛"是青藏高原与中低纬乃至南半球能量、水分循环交换的关键驱动源。青藏高原纬向与经向环流圈结构与区域－全球大气环流相关机制，印证了"世界屋脊"隆起大地形的热驱动及其对流活动在全球能量、水分循环的作用。研究描述出青藏高原对流活动与全球大气云降水活动亦存在显著关联性。青藏高原与南北极一起对全球水分循环过程产生重要的"三极联动"效应。青藏高原对流云活动与对流层上层，特别是南北极存在着跨半球性水汽输送相关特征；高原对流活动和水汽输运过程呈类似于"烟囱"的结构，通过此"窗口"效应将高原与北极、南极乃至全球构成水分循环相互关联的桥梁，凸显了高原对流层水汽垂直输运"窗口"对全球水汽变化的影响。

青藏高原未来气候预估：在对历史气候模拟评估的基础上，结合最新的研究结果，科考研究对青藏高原地区近期至21世纪末的气温和降水等进行了细致的综合预估，主要结论为：未来青藏高原地面气温将持续升高，21世纪后期增温更显著，总体上冬春季的升温幅度高于夏秋季；21世纪高原降水以增加为主，以夏季增幅最大，夏季青藏高原热源作用加强。

目　录

第1章　青藏高原历史气候环境变化 1
　1.1　青藏高原近两万年气候环境变化 2
　　　1.1.1　末次冰盛期（距今2.4万～1.9万年） 3
　　　1.1.2　末次冰消期（距今1.9万～1.17万年） 6
　　　1.1.3　全新世（距今1.17万年以来） 8
　1.2　青藏高原近两千年气候环境变化 10
　　　1.2.1　气候变化 10
　　　1.2.2　水体变化 15
　参考文献 17

第2章　近代青藏高原气候变化 27
　2.1　近代青藏高原气候变化特征及其调制系统 28
　　　2.1.1　青藏高原降水年际变化 29
　　　2.1.2　青藏高原降水年代际变化 30
　　　2.1.3　青藏高原暖湿化趋势 34
　2.2　亚洲季风对青藏高原近代气候变化的调制效应 36
　　　2.2.1　青藏高原降水变化与印度夏季风 36
　　　2.2.2　ENSO通过印度夏季风影响青藏高原降水变化 39
　2.3　中高纬度系统对青藏高原近代气候变化的影响 40
　　　2.3.1　AMO对青藏高原气候变化影响 41
　　　2.3.2　NAO对青藏高原气候变化影响 41
　　　2.3.3　CGT对青藏高原气候变化影响 43
　参考文献 44

第3章　青藏高原气候变化与暖湿化效应 49
　3.1　青藏高原暖湿化观测新事实 50
　　　3.1.1　青藏高原变暖观测新事实 50
　　　3.1.2　青藏高原变湿观测新事实 53
　　　3.1.3　青藏高原夏季降水南北反向趋势变化观测事实 55
　　　3.1.4　TRMM卫星产品与实测降水变分分析数据降水变率分布特征 57
　3.2　青藏高原海拔依赖型变暖及其物理机制 58

3.3　青藏高原大气动力结构变化与降水系统异常特征⋯⋯⋯⋯⋯⋯⋯⋯⋯⋯⋯⋯⋯ 62
　　3.4　青藏高原降水区域变化趋势与海气异常影响特征⋯⋯⋯⋯⋯⋯⋯⋯⋯⋯⋯⋯ 66
　　参考文献⋯⋯⋯⋯⋯⋯⋯⋯⋯⋯⋯⋯⋯⋯⋯⋯⋯⋯⋯⋯⋯⋯⋯⋯⋯⋯⋯⋯⋯⋯⋯ 70

第4章　**青藏高原灾害天气特征与气候变化影响**⋯⋯⋯⋯⋯⋯⋯⋯⋯⋯⋯⋯⋯⋯⋯ **73**
　　4.1　青藏高原灾害天气分布及其总体变化特征⋯⋯⋯⋯⋯⋯⋯⋯⋯⋯⋯⋯⋯⋯⋯ 74
　　4.2　青藏高原灾害天气分布与变化区域性特征⋯⋯⋯⋯⋯⋯⋯⋯⋯⋯⋯⋯⋯⋯⋯ 76
　　　　4.2.1　青藏高原东北部灾害天气分布与变化特征⋯⋯⋯⋯⋯⋯⋯⋯⋯⋯⋯⋯ 76
　　　　4.2.2　青藏高原中南部灾害天气分布与变化特征⋯⋯⋯⋯⋯⋯⋯⋯⋯⋯⋯⋯ 78
　　　　4.2.3　青藏高原东南部灾害天气变化特征⋯⋯⋯⋯⋯⋯⋯⋯⋯⋯⋯⋯⋯⋯⋯ 79
　　　　4.2.4　青藏高原西北、西南部灾害天气变化特征⋯⋯⋯⋯⋯⋯⋯⋯⋯⋯⋯⋯ 80
　　4.3　青藏高原云降水形成过程物理结构特征⋯⋯⋯⋯⋯⋯⋯⋯⋯⋯⋯⋯⋯⋯⋯⋯ 80
　　4.4　气候变化与高原灾害天气变化的关联性⋯⋯⋯⋯⋯⋯⋯⋯⋯⋯⋯⋯⋯⋯⋯⋯ 84
　　参考文献⋯⋯⋯⋯⋯⋯⋯⋯⋯⋯⋯⋯⋯⋯⋯⋯⋯⋯⋯⋯⋯⋯⋯⋯⋯⋯⋯⋯⋯⋯⋯ 87

第5章　**青藏高原地‒气相互作用特征与气候变化影响**⋯⋯⋯⋯⋯⋯⋯⋯⋯⋯⋯⋯ **89**
　　5.1　青藏高原多圈层地‒气相互作用立体综合观测系统⋯⋯⋯⋯⋯⋯⋯⋯⋯⋯⋯ 90
　　5.2　青藏高原地气过程特征及其对气候变化的响应⋯⋯⋯⋯⋯⋯⋯⋯⋯⋯⋯⋯⋯ 92
　　5.3　青藏高原水热过程特征与气候变化影响⋯⋯⋯⋯⋯⋯⋯⋯⋯⋯⋯⋯⋯⋯⋯⋯ 100
　　　　5.3.1　青藏高原水热过程特征及影响因素⋯⋯⋯⋯⋯⋯⋯⋯⋯⋯⋯⋯⋯⋯⋯ 100
　　　　5.3.2　青藏高原水热过程特征对气候变化响应⋯⋯⋯⋯⋯⋯⋯⋯⋯⋯⋯⋯⋯ 101
　　　　5.3.3　卫星遥感反演青藏高原水热过程影响因素数据分析⋯⋯⋯⋯⋯⋯⋯⋯ 105
　　　　5.3.4　青藏高原水热过程特征与气候变化关联性模型分析⋯⋯⋯⋯⋯⋯⋯⋯ 107
　　参考文献⋯⋯⋯⋯⋯⋯⋯⋯⋯⋯⋯⋯⋯⋯⋯⋯⋯⋯⋯⋯⋯⋯⋯⋯⋯⋯⋯⋯⋯⋯⋯ 112

第6章　**青藏高原水环境对气候变化响应特征**⋯⋯⋯⋯⋯⋯⋯⋯⋯⋯⋯⋯⋯⋯⋯⋯ **117**
　　6.1　青藏高原大气水分循环过程特征及其气候变化的影响⋯⋯⋯⋯⋯⋯⋯⋯⋯⋯ 118
　　6.2　青藏高原冰川变化与暖湿化相关区域特征⋯⋯⋯⋯⋯⋯⋯⋯⋯⋯⋯⋯⋯⋯⋯ 123
　　　　6.2.1　冰川物质平衡变化⋯⋯⋯⋯⋯⋯⋯⋯⋯⋯⋯⋯⋯⋯⋯⋯⋯⋯⋯⋯⋯⋯ 123
　　　　6.2.2　青藏高原代表性冰川区域温度及降水变化趋势⋯⋯⋯⋯⋯⋯⋯⋯⋯⋯ 127
　　　　6.2.3　印度洋海温变化及其对冰川区降水"补给"水汽输送的影响效应⋯⋯ 129
　　6.3　青藏高原季节性冻土与气候变化相关特征⋯⋯⋯⋯⋯⋯⋯⋯⋯⋯⋯⋯⋯⋯⋯ 136
　　　　6.3.1　青藏高原季节性冻土对气候变化的响应⋯⋯⋯⋯⋯⋯⋯⋯⋯⋯⋯⋯⋯ 137
　　　　6.3.2　三江源区冻土时空特征⋯⋯⋯⋯⋯⋯⋯⋯⋯⋯⋯⋯⋯⋯⋯⋯⋯⋯⋯⋯ 142
　　　　6.3.3　青藏铁路沿线气候变化影响冻土交通运行风险分析⋯⋯⋯⋯⋯⋯⋯⋯ 150
　　6.4　青藏高原湖泊气候环境变化⋯⋯⋯⋯⋯⋯⋯⋯⋯⋯⋯⋯⋯⋯⋯⋯⋯⋯⋯⋯⋯ 158
　　　　6.4.1　青藏高原湖泊面积变化⋯⋯⋯⋯⋯⋯⋯⋯⋯⋯⋯⋯⋯⋯⋯⋯⋯⋯⋯⋯ 158
　　　　6.4.2　青藏高原典型湖泊变化及其影响因素⋯⋯⋯⋯⋯⋯⋯⋯⋯⋯⋯⋯⋯⋯ 172
　　参考文献⋯⋯⋯⋯⋯⋯⋯⋯⋯⋯⋯⋯⋯⋯⋯⋯⋯⋯⋯⋯⋯⋯⋯⋯⋯⋯⋯⋯⋯⋯⋯ 173

目 录

第 7 章 青藏高原生态环境特征与气候变化影响 ······ **181**
- 7.1 青藏高原暖湿化与植被变化区域特征 ······ 182
  - 7.1.1 高原植被变化对降水滞后响应 ······ 182
  - 7.1.2 植被环境变化区域性特征对区域降水的响应 ······ 184
  - 7.1.3 青藏高原亚洲季风变化对生态环境的影响 ······ 184
- 7.2 气候变化对植被生态系统影响 ······ 186
- 7.3 青藏高原优势树种及林线与气候变化影响 ······ 188
  - 7.3.1 急尖长苞冷杉 ······ 188
  - 7.3.2 方枝柏 ······ 189
  - 7.3.3 大果红杉 ······ 189
  - 7.3.4 林线 ······ 190
- 7.4 青藏高原碳氮循环与气候变化影响 ······ 196
  - 7.4.1 青藏高原碳氮循环过程的动态特征 ······ 196
  - 7.4.2 青藏高原碳氮循环过程影响因素和机制 ······ 199
- 7.5 青藏高原大气环境与气候变化影响 ······ 203
  - 7.5.1 青藏高原臭氧变化 ······ 203
  - 7.5.2 青藏高原大气气溶胶变化 ······ 205
  - 7.5.3 青藏高原黑碳气溶胶变化 ······ 208
  - 7.5.4 青藏高原排放变化 ······ 211
- 参考文献 ······ 216

第 8 章 青藏高原水分循环"驱动源"及其全球气候效应 ······ **219**
- 8.1 青藏高原大地形季风过程"放大的海陆差异"效应 ······ 220
- 8.2 青藏高原——中国与东亚区域异常天气气候的"驱动源" ······ 221
- 8.3 青藏高原云水资源特征及其低纬海洋水汽源影响 ······ 224
- 8.4 青藏高原与跨半球尺度能量、水分循环结构特征 ······ 227
- 8.5 青藏高原与"三极联动"气候效应 ······ 231
- 参考文献 ······ 233

第 9 章 全球变暖背景下青藏高原未来气候变化预估 ······ **237**
- 9.1 气候模式对青藏高原近代气候模拟性能评估 ······ 238
  - 9.1.1 CMIP 模式模拟结果 ······ 238
  - 9.1.2 地球系统模式:CAS-ESM2 的模拟结果 ······ 239
- 9.2 气候模式对青藏高原未来不同情景气候预估 ······ 242
  - 9.2.1 温度变化 ······ 242
  - 9.2.2 降水变化 ······ 245
  - 9.2.3 热源变化 ······ 249
- 参考文献 ······ 251

附录　科考日志 ······ **253**

第 1 章

青藏高原历史气候环境变化

约 6000 万年前，板块运动使印度次大陆与欧亚大陆碰撞，导致喜马拉雅山－青藏高原隆升，形成了我国目前西高东低的地势，水系也重新进行了调整（汪品先，2005）。然而，从大陆碰撞到青藏高原隆升经历了一个较长的时代，人们对此期间地质－环境事件、青藏高原大幅度隆升时代、时空生长历史和达到最大高度的时间等仍缺乏统一认识。古气候数值模拟与青藏高原周边沉积证据等显示，亚洲季风和内陆干旱环境的形成与青藏高原隆升具有一定的联系（Ruddiman，1997；Wu et al.，2012）；在 2400 万～2200 万年前青藏高原即已达到一定高度和范围，导致亚洲原有的水平地带性气候环境格局解体，形成了现代季风气候和内陆荒漠环境（Guo et al.，2008）。

此后，青藏高原周边和主体大部分地区的环境主要受季风气候控制，部分地区也受西风环流影响。青藏高原的生长过程与以两极冰盖扩张为代表的全球变冷过程叠加，控制了亚洲地区百万年尺度上的气候变化趋势（Guo et al.，2008）；而青藏高原地表下垫面的变化又对万年、千—百年尺度的季风变化起到重要调控作用（Guo et al.，2012）。

在 260 万年来的第四纪时期，全球气候系统以冰期—间冰期旋回式的冷暖更替为主要特征（Lisiecki and Raymo，2005）。两极冰盖的扩张与收缩不仅对季风和西风环流产生重要影响，还控制了青藏高原地表下垫面状态的变化；后者对季风环流又有重要的反馈作用（Yao et al.，2013）。全球冰量最后一次大幅扩张发生于距今约 2.1 万年的末次冰盛期，青藏高原及其周边地区的冰川普遍扩张，雪线下降，尔后又逐渐收缩，在约 6000 年前的全新世大暖期达到最小（Lisiecki and Raymo，2005）。与北极冰盖消融相联系的淡水注入和冰筏事件导致了大洋环流变化〔特别是北大西洋深层流（NADW）的变化〕。其中，冰筏事件被普遍认为是千年尺度海因里希（Heinrich）事件和 1.29 万～1.16 万年前的新仙女木（Younger Dryas，YD）冷事件发生的原因。在上述大背景下，太阳活动和热带海洋变化也导致一系列百年至数十年尺度的气候变化，如中世纪暖期（公元 950～1250 年）和小冰期（公元 1550～1850 年）（Bradley et al.，2003）。这些事件在包括青藏高原在内的我国大部分地区均有表现，进而导致冰雪、植被、水文、沙漠等诸多环境要素发生变化。

1.1 青藏高原近两万年气候环境变化

近两万年来，青藏高原气候环境经历了深刻的变化，从两万年前平均气温低于现代 5～8℃、降水量少于现代 30%～70% 的气候条件，经历了末次冰消期的逐渐升温、增湿后，全新世气温明显升高和降水显著增加，但仍存在一定程度的波动，直至工业革命前再次升温，最终形成了现代气候状态。

近两万年来，青藏高原气候环境变化主要受西风－季风影响，但在不同典型气候时段，其主控因素仍存在明显差异。受地球轨道参数变化的控制，末次冰盛期亚洲夏季风明显衰退，异常强盛的西风成为影响青藏高原气候环境变化的主要因素。随着北半球夏季太阳辐射增加、温度上升，末次冰消期亚洲夏季风逐渐增强，西风环流阶段式减弱北撤，这时西风－季风协同作用影响了青藏高原气候环境变化。全新世以来，随着西风环流进一步减弱北撤，亚洲夏季风成为影响青藏高原气候环境的主导因素，但中—晚全新世以来，随着全球温度的降低，西风环流再次增强，与亚洲夏季风共同影响青藏高原气候环境变化，逐渐形成现代气候环境的空间格局（图1.1）。

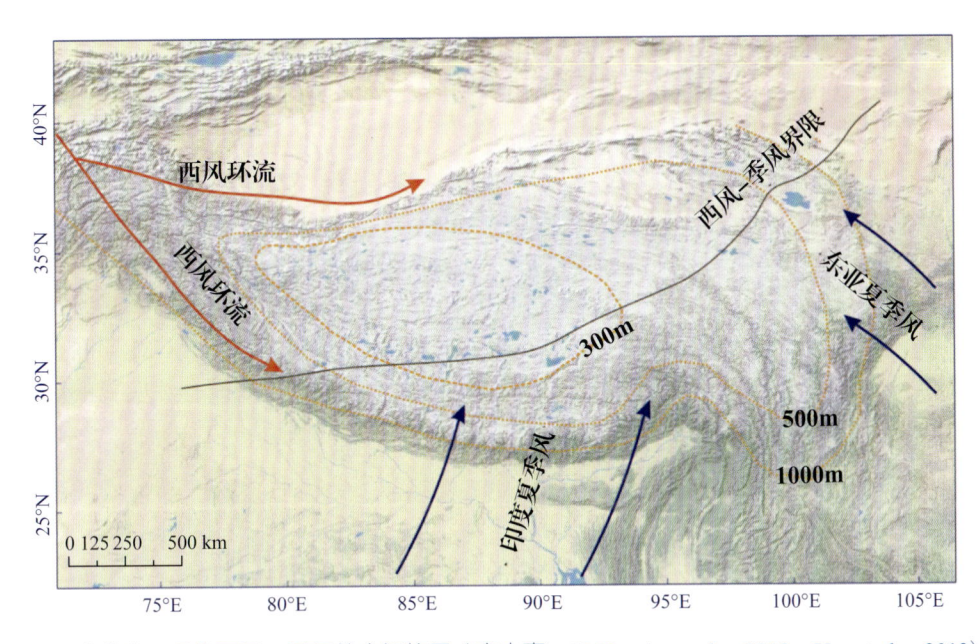

图 1.1　青藏高原现代西风－季风的空间格局（高由熹，1962；An et al.，2012；Yao et al.，2013）及末次冰盛期雪线与现代雪线的高度差（施雅风等，2006）

1.1.1　末次冰盛期（距今2.4万～1.9万年）

距今2.4万～1.9万年，伴随着全球温度大幅度下降，冰川出现大规模扩张，地球上的冰川面积达4000万 km²，这一时期被称为"末次冰盛期"（LGM）（王绍武和闻新宇，2011；吴海斌等，2019；Clark et al.，2009；Tierney et al.，2020；Buizert et al.，2021）。来自湖沼和冰川等多种地质记录的研究显示，青藏高原LGM年均温度比现代低5～8℃（图1.2），青藏高原东南部和喜马拉雅山南侧雪线下降1000～1200 m（图1.1）（施雅风等，1990，1995，1997）。基于孢粉－温度定量重建的结果显示，青藏高原东部若尔盖和东南部仁错LGM期间温度比现代低5～8℃（王富葆等，1996；唐领余等，1999，2004）；柴达木盆地察尔汗盐湖石盐矿物包裹体流体 $\delta^{18}O$ 和 δD 记录也表明，LGM期间局地温度低于现代6～7℃（张保珍和张彭熹，1995）。来自青藏高原东南边缘的天才湖、腾冲青海湖和邛海等温度定量重建结果显示，LGM期间局地平均温度比现代仅低3～5.5℃（Tian et al.，2019；Zhang et al.，2019，2020；Zhao et al.，2021），说明在LGM期间，青藏高原周边山地或低海拔地区降温幅度低于青藏高原主体或高海拔地区。

在LGM期间，青藏高原西风－季风影响的空间格局不同于现代，亚洲夏季风明显减弱，几乎退出青藏高原，而中纬度西风环流成为影响该地区环境变化的主要气候系统（An et al.，2012），因此青藏高原降水量较现代降低了 30%～70%，平均值约为现代的 50%（施雅风等，1997，2006）。来自青藏高原东部和东南部的乱海子、冬给措纳湖、希门错和仁错等湖泊钻孔的孢粉－降水定量分析显示，LGM 期间的降水量显著降低，仅为现代降水量的一半或以下，湖泊极度萎缩，处于低湖面状态（图1.2）（唐领余等，1999，2004；Herzschuh et al.，2010，2014；Wang J et al.，2014），与青海湖、哈拉湖、苟弄错、纳木错、沉错、腾冲青海湖等大量湖泊记录的低湖面基本一致（李炳元等，1994；An et al.，2012；Wünnemann et al.，2012；Kasper et al.，2015；Zhu et al.，2015；Thomas et al.，2016；Tian et al.，2019；Zhang et al.，2020；Kasper et al.，2021）。但是，在青藏高原西北部却发现了存在 LGM 高湖面的证据。例如，甜水海－阿克赛钦古湖流域内发现多个高于现代湖面约 40 m 的湖岸线（李炳元等，1991；李世杰等，1991），校正后的 ^{14}C 年代为距今 2.2 万～1.8 万年，被证明为 LGM 期间存在局部高湖面现象；班公错钻孔和剖面工作也揭示了该区域在 LGM 期间存在明显的高湖面（李炳元等，1991；李元芳等，1994）。

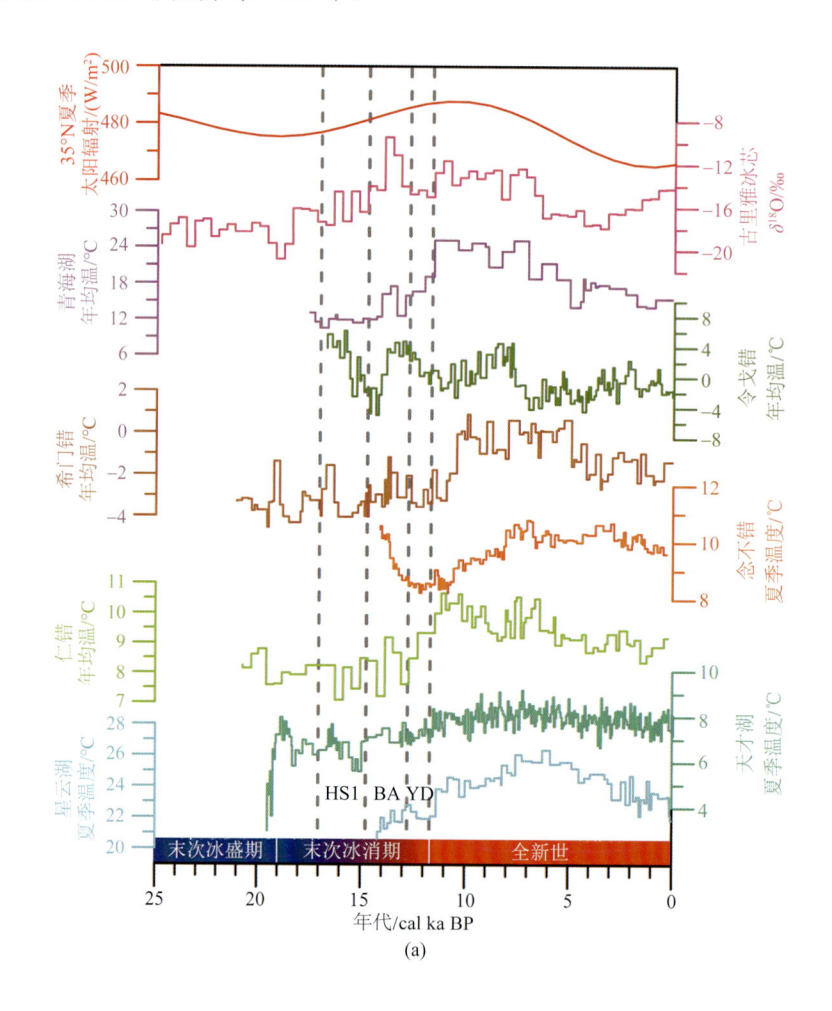

(a)

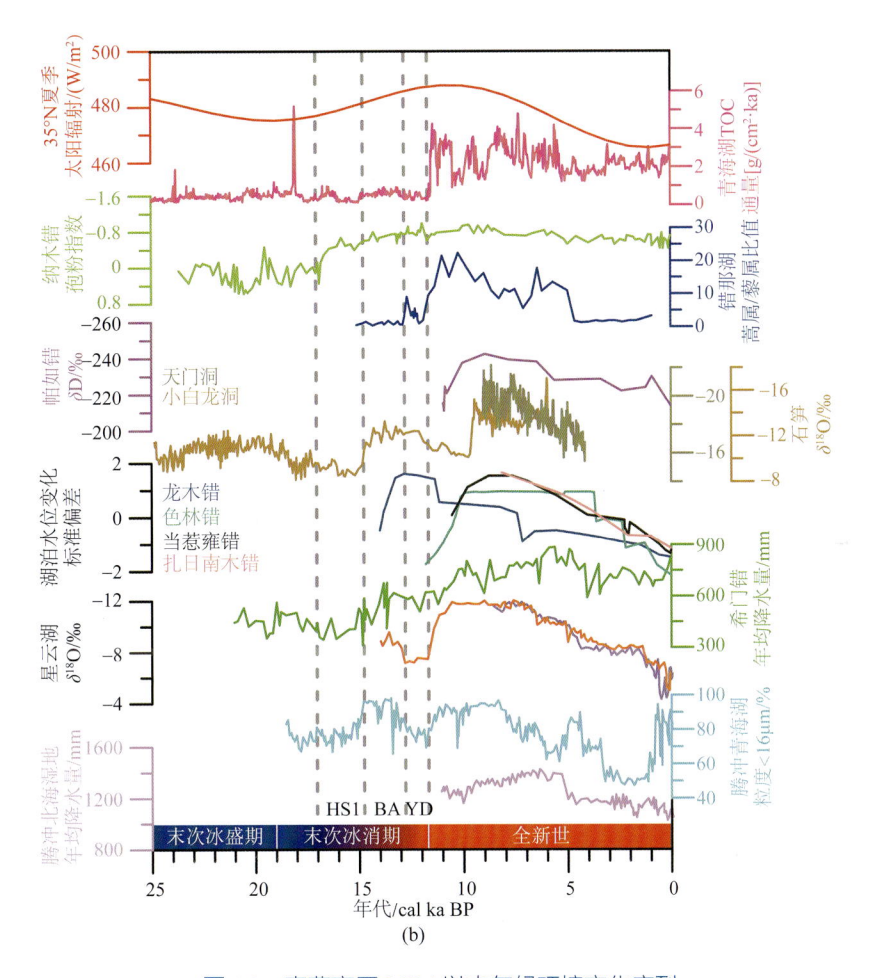

图 1.2　青藏高原 LGM 以来气候环境变化序列

图 (a) 表示区域平均温度：35°N 夏季太阳辐射曲线（Berger and Loutre，1991），古里雅冰芯 $\delta^{18}O$（Thompson et al.，1997），青海湖年均温（Wang et al.，2021），令戈错年均温（He et al.，2020），希门错年均温（Herzschuh et al.，2014），念不错夏季温度（Shen，2003），仁错年均温（唐领余等，1999，2004），天才湖夏季温度（Zhang et al.，2017；2019），星云湖夏季温度（Wu et al.，2018）；图 (b) 表示区域降水：35°N 夏季太阳辐射曲线（Berger and Loutre，1991），青海湖总有机碳（TOC）通量（An et al.，2012），纳木错孢粉指数（Zhu et al.，2015），错那湖蒿属 / 藜属（Demske et al.，2009），帕如错 δD（Bird et al.，2014），天门洞和小白龙洞石笋 $\delta^{18}O$（Cai et al.，2012，2015），藏西北湖泊水位变化标准偏差（Li et al.，2009；Chen et al.，2013；Rades et al.，2015；Ahlborn et al.，2016；Liu and Jiang，2016；Hou et al.，2021），希门错年均降水量（Herzschuh et al.，2014），星云湖 $\delta^{18}O$（Hodell et al.，1999；Hillman et al.，2017），腾冲青海湖粒度（Zhang et al.，2017），腾冲北海湿地年均降水量（Wang et al.，2020）

数值模拟我国西部地区物质平衡线高度，结果显示，在 LGM 期间，青藏高原的温度较工业革命前期低 4～8℃（姜大膀等，2019），这一降温幅度略低于地质记录的结果（Liu et al.，2002；Jiang et al.，2011）；同时，LGM 降温还存在明显的季节和区域差异：秋季降温最显著，幅度可达 6～8℃；春季降温最少，幅度为 3～5℃；青藏高原西部局部呈变暖趋势，但幅度小于 1℃（Tian and Jiang，2016）。模式模拟结果还显示，LGM 年均和夏秋季降水量均呈不同程度降低，较现代平均减少 20%～50%，而冬春季降水量在青藏高原北部减少、南部增加；青藏高原年均有效降水量（降水量－蒸发量）变化较小，在早期模式中表现为青藏高原地区一致减少（Jiang et al.，2011），而在国际古气候模拟比较计划第 3 阶段（PMIP3）中则表现为青藏高原西部增加（与重建的湿度记录一致）、东部减少（Tian and Jiang，2016），其中夏秋季有效降水量变化与年均值相似，但变幅更大，冬春季有效降水量在青藏高原北部减少、南部增加。

虽然 LGM 期间青藏高原未发育出大型冰盖，但在降温和降水减少的共同作用下，冰川物质平衡线高度下降，山地冰川大规模前进，甚至发育小型冰帽（施雅风等，1997；施雅风，2011）。整个青藏高原的冰川面积达 5 万 km²，相当于现代冰川面积的 8.4 倍。除个别山地（如巴颜喀拉山和当金山）未发现 LGM 冰川遗迹外（Heyman et al.，2011；Dong et al.，2021），几乎所有地区都存在冰川前进的证据（Heyman，2014；Owen and Dortch，2014）。但是，LGM 冰川前进存在明显的区域差异，南缘和东南缘海洋性冰川物质平衡线高度下降幅度达 1000～1200 m，西缘达 800～1100 m，东部达 550～800 m，呈现自西南向东北减少的分布特征；青藏高原中部腹地下降仅为 300～800 m，且越向青藏高原腹地降幅越小，羌塘高原比现代低约 300 m（图 1.1）（姜大膀等，2019；Owen et al.，2008；Fu et al.，2013；Dong et al.，2014）。高水平分辨率气候模式模拟显示，青藏高原中部冰川物质平衡线高度下降不超过 500 m，这与古冰川遗迹记录一致（施雅风等，1997），说明 LGM 青藏高原冰川物质积累区主要位于边缘山地，但未覆盖到青藏高原中部。

LGM 期间，气候干冷，植被显著退化，青藏高原绝大部分地区为荒漠草原，仅在东缘和南缘维持森林植被（唐领余和沈才明，1996；秦锋等，2022）。例如，青藏高原东北缘的青海湖地区森林退缩，演变为草原植被，临夏盆地发育了山地暗针叶林（唐领余等，1998）。寒温带森林仅分布在青藏高原东部和东南部边缘的狭窄区域，温带草原自东向西分布在青藏高原广大区域，而温带荒漠和高寒荒漠较现今的面积更大，主要分布在青藏高原北部、中部和东部地区；LGM 时期青藏高原未出现温带落叶阔叶林、暖温带森林和热带雨林植被（徐德宇，2021）。

多个耦合模式模拟的土壤温度显示，LGM 期间青藏高原降温导致冻土显著扩张，部分季节性冻土变为多年冻土（Liu and Jiang，2016）。在多年冻土中，高山冻土主要分布在青藏高原 28°～41°30′N，较工业革命前期向外扩张了 1～2 个纬度，面积增大约 68%。多模式模拟分析还表明，与现代相比，LGM 显著降温缩短了青藏高原的生长季，其中东部生长季缩短约 60 天，西部缩短 30～50 天，中部生长季变化较小（Jiang et al.，2018）。

1.1.2　末次冰消期（距今 1.9 万～1.17 万年）

距今 1.9 万年以来，受地球轨道参数变化控制，北半球夏季太阳辐射增加，全球大气 CO_2 浓度增加、温度升高、海平面上升，地球气候历史进入了末次冰消期。在末次冰消期，青藏高原经历了升温、增湿、冰川退缩和植被恢复的渐进式变化，具有明显的波动特征，这与逐渐加强的亚洲夏季风和阶段性增加的西风环流有关（Shen et al.，2005；Seong et al.，2009；An et al.，2012）。

受气候变暖的影响，青藏高原环境变化表现出不稳定特征，因此我们对末次冰消期增温幅度的认识仍存在较大差异。从"海因里希冷事件1"（HS1冷事件）至全新世起始点，不同记录揭示的升温幅度达2～15℃（图1.2）。例如，青藏高原西部扎布耶湖钻孔显示，在距今1.84万～1.68万年的HS1冷事件中，年均温度约为–15℃，较现代低16℃（郑绵平等，2007），青藏高原东北部青海湖沉积物烯酮-U_{37}^K证据表明，末次冰消期夏季升温幅度高达15℃（Hou et al.，2016）。但是，青海湖、乱海子、令戈错、当穹错、希门错、拉龙错、义敦湖、仁错、邛海、错恰湖、天才湖和腾冲青海湖等众多湖泊的多种温度指标［如孢粉和甘油二异丙基甘油四醚（GDGT）］却显示末次冰消期升温幅度仅为2～8℃（张保珍和张彭熹，1995；唐领余等，1999，2004；Shen et al.，2006；Herzschuh et al.，2010，2014；Opitz et al.，2015；Ling et al.，2017；Tian et al.，2019；Zhang et al.，2019，2022；He et al.，2020；Wang et al.，2021）。此外，末次冰消期内部还存在一些显著的千年尺度冷-暖事件：HS1冷事件结束后，温度快速升至Bölling-Alleröd暖期（BA暖期），随后又被YD冷事件终止，YD冷事件持续了1100年后全球快速升温进入了早全新世（图1.2）。不同记录揭示的青藏高原千年冷-暖事件温度变化幅度同样也存在较大差异，在2～4℃波动，总体小于HS1冷事件的变幅。

末次冰消期，南北半球中低纬山地冰川均发生了较大规模退缩，且时代较为一致（Schaefer et al.，2006；Denton et al.，2010；Shakun et al.，2015），但青藏高原及其周边山地冰川开始退缩的时间及其同步性研究仍不确定。亚洲夏季风控制的横断山脉（Schäfer et al.，2002；Tschudi et al.，2003；Chevalier and Replumaz，2019）、西风环流帕米尔高原（Seong et al.，2009；Owen et al.，2012）和西风-季风交汇区的冈底斯山脉中段（Dong et al.，2018）均有冰碛垄发育，表明青藏高原不同区域都曾发生过冰川进退。但是，末次冰消期冰川变化的主控因素究竟是气温还是降水仍存在较大争议。此外，在HS1冷事件和YD冷事件时期，温度降低导致青藏高原冰川发生了显著冰进，但不同地区冰川物质平衡线高度的下降幅度却存在一定差异（Owen et al.，2005；Schäfer et al.，2002；Seong et al.，2009；Strasky et al.，2009；Wang X Y et al.，2013；Wang Y M V et al.，2013）。

在末次冰消期，随着西风环流逐渐减弱北撤和亚洲夏季风逐渐增强，青藏高原降水逐渐增加，同时温室气体浓度上升也有助于青藏高原地区增湿，但存在明显的区域差异。在青藏高原南部和东部地区，受亚洲夏季风影响，降水增加了约1倍，令湖泊水位上升、植被覆盖增加（图1.2）(An et al.，2012；Zhu et al.，2015）。青藏高原东北部乱海子、苦海和冬给措纳湖地区年均降水量由HS1冷事件的约150 mm阶段式上升至全新世开始时的350～400 mm（Herzschuh et al.，2010；Wischnewski et al.，2011；Wang J et al.，2014）；东南部的仁错、希门错、拉龙错和义敦湖等地的年均降水量由300～400 mm上升至550～700 mm（唐领余等，1999，2004；Shen et al.，2006，

7

2008；Herzschuh et al.，2014；Opitz et al.，2015）。然而，同样位于青藏高原东北部的青海湖和达连海在末次冰消期的降水增量却相对有限，气候仍相对干旱（Ji et al.，2005；Shen et al.，2005；An et al.，2012；Li et al.，2017）。青藏高原西北部和中部地区以冰川补给为主的湖泊，由升温引起的冰雪又造成了末次冰消期的高湖面现象（Hou et al.，2022；Zhang et al.，2022）。此外，在末次冰消期的千年冷事件（HS1 冷事件和 YD 冷事件）期间，降水明显减少、湖泊萎缩、植被退化、风沙活动增强（Liu et al.，2012；Qiang et al.，2013），但在部分地区的表现却并不明显（Ji et al.，2005；Shen et al.，2005；An et al.，2012；Zhu et al.，2015；Li et al.，2017）。

在末次冰消期，高寒草原在青藏高原中部和东部地区逐渐形成地带性植被，森林开始扩张，寒温带森林在距今 1.5 万～1.4 万年以来逐渐占据青藏高原东部，暖温带森林进入青藏高原东南部和南缘，但未出现温带落叶阔叶林和热带雨林（徐德宇，2021）。同时，青藏高原中西部和北部地区仍受西风环流控制，气候较为干冷、降水较少（Hou et al.，2017），植被依然以高寒荒漠草原为主。

1.1.3　全新世（距今 1.17 万年以来）

距今 1.17 万年以来，地球气候演化历史进入了全新阶段。伴随着全球气温进一步回升，亚洲夏季风显著增强，主导了青藏高原降水变化，甚至在早—中全新世深入亚洲内陆，而西风环流则进一步北撤，仅在中—晚全新世影响青藏高原西部、中部和北部地区。青藏高原全新世大暖期较工业革命前增温 2～3℃，冰川进一步退缩。在季风降水增强和温度升高的共同作用下，青藏高原植被生态系统进一步改善。

虽然对青藏高原"全新世温度之谜"存在争议，但不可否认的是，受北半球夏季太阳辐射影响，全新世温度显著高于末次冰消期，且早—中全新世夏季温度较晚全新世偏高 2～4℃（图 1.2）(Chen F H et al.，2020；Zhang et al.，2022）。青藏高原多地冰芯氧同位素记录了青藏高原气温转暖的总趋势和气温波动特征（Thompson et al.，1997；段克勤等，2012），但对年平均温度和冬季温度的变化趋势的认识仍存在较大不确定性（Chen X et al.，2020；Zhang et al.，2022）。青藏高原不同地区湖泊温度定量重建显示，年平均温度以降温趋势为主，对应早—中全新世暖于晚全新世（图 1.2）。例如，来自青藏高原东北部的青海湖、乱海子和寇察湖等 GDGT 和孢粉定量重建结果表明，距今 10～1.2ka 年平均温度较晚全新世偏高 2～4℃（Herzschuh et al.，2010；Hou et al.，2016）；来自青藏高原东南部的希门错、若尔盖湿地、仁错、邛海和腾冲青海湖等地的定量重建也显示，早—中全新世年平均温度较晚全新世偏高 2～3℃（王富葆等，1996；唐领余等，2004；Herzschuh et al.，2014；Tian et al.，2019；Zhang et al.，2020；Wang et al.，2021）。但是，青藏高原东南部腾冲青海湖、泸沽湖和错恰湖等地基于 GDGT 的定量重建却显示，全新世年平均温度或非封冻季节温度呈持续升高态势（Zhao et al.，2021；Zhang et al.，2022），甚至冬季也持续增温（Zhang et al.，2022）。

第 1 章 青藏高原历史气候环境变化

在模式模拟方面，较早期的海气耦合模式模拟结果显示，青藏高原夏季气温升高，与同纬度我国东部地区地表气温增幅相当，且随着纬度升高而升温增强。最新的数值模拟结果表明，中全新世青藏高原冬季温度变化与夏季完全相反：受地球轨道参数的影响，北半球冬春季高纬地区接收的太阳辐射比现代有所减少，因而地表气温比工业革命前低；在青藏高原冬季地表气温下降幅度更大，明显高于同纬度其他地区。因此，不论是地质记录还是模式模拟，青藏高原全新世夏季呈降温趋势毋庸置疑，但年平均和冬季温度的变化趋势值得进一步商榷。

青藏高原全新世发生了显著的冰川进退，早、晚全新世冰川波动的证据广布于青藏高原各地。一些地区（特别是藏东南地区）早全新世较大规模冰川作用，被认为与亚洲夏季风降水增多密切相关（Owen and Dortch，2014），而中全新世较大规模的冰川波动是否普遍存在于不同气候区仍不确定（Owen，2009；Yi et al.，2008），且总体以冰川退缩为主（Chen F H et al.，2020；Chen X et al.，2020）。全新世冰川演化历史中，小冰期的研究最为广泛和深入（Xu and Yi，2014）。与北半球高纬地区不同，青藏高原及周边山地小冰期冰川规模较小，以现代冰川外围几百米到 1km 的 3 道冰碛垄为代表（Yi et al.，2008）。全新世冰川演化序列记录最为完整的研究主要集中在喜马拉雅山（Saha et al.，2018，2019；Peng et al.，2020）和慕士塔格山-公格尔山（Seong et al.，2009）。冰川多次波动的时代可与北大西洋千—百年尺度冷事件相对应，表明上述地区全新世以来冰川波动与北大西洋地区气候变化遥相关（Seong et al.，2009）。

受北半球夏季太阳辐射控制，全新世气温进一步回升引起亚洲夏季风显著增强，成为青藏高原降水的主导因素。从大尺度环流来看，最新的国际古气候模拟比较计划第 4 阶段（PMIP4）多模式模拟的青藏高原上空西风在中全新世冬春季和夏季均呈现明显的减弱特征。因而，青藏高原南部、东南部和东北部的大量湖泊、泥炭和石笋等记录均显示，早—中全新世亚洲夏季风最强盛、降水显著增加、湖泊扩张、水位上升（图1.2）（唐领余等，1999，2004；Shen et al.，2005；Herzschuh et al.，2010；An et al.，2012；Cai et al.，2012，2015；Zhu et al.，2015；Hillman et al.，2017；Tian et al.，2019；Kasper et al.，2021；Li et al.，2021）；在青藏高原西部、北部和中部地区，湖泊记录也呈现早—中全新世降水丰沛，湖泊处于高水位状态（Wünnemann et al.，2010；Mishra et al.，2015；Ahlborn et al.，2016；Liu and Jiang，2016；Hou et al.，2017，2021）。

多模式模拟的中全新世青藏高原夏季降水也显著增多，尤其在青藏高原西南部，与工业革命前相比，降水增加近 80%，且降水增幅自西向东有所减弱，这一变化特征与青藏高原部分重建记录结果一致。然而，数值模式模拟的青藏高原冬春季降水在中全新世却比工业革命前明显减少，这与模拟的高原夏季降水变化呈相反的变化特征。随着中—晚全新世夏季太阳辐射降低，亚洲夏季风逐渐减弱、降水减少、湖泊萎缩（An et al.，2012；Zhu et al.，2015；Liu and Jiang，2016；Hillman et al.，2017；Hou et al.，2017；Li et al.，2021），甚至石笋停止生长（Cai et al.，2012，2015）。上述证据意味着亚洲夏季风仅控制青藏高原南部、东南部和东北部地区，而青藏高原西部、北部和中部广大地区则主要受西风环流主导。

受温度和降水的共同影响，青藏高原全新世植被显著好转，高寒/高山草甸从早全新世开始占据青藏高原东部和东南部，形成从东南向西北分布森林—草甸—草原—荒漠的空间格局；中全新世森林扩张至最大范围，而温带草原在南部缩小且向西迁移，反映了最适宜期的植被状况；晚全新世以来与现代相当，高寒草甸/草原再次向南扩张，森林整体向南收缩（徐德宇，2021）。

1.2 青藏高原近两千年气候环境变化

1.2.1 气候变化

1. 温度变化

1）冰芯记录

青藏高原极高的海拔使该地区冰川广泛分布，是全球除南北两极以外冰川分布最多的地区（Shi et al.，2009）。丰富的冰川资源使得以冰芯为研究对象的古气候重建工作得以开展。过去几十年来，在青藏高原上获取的冰芯记录提供了关于过去气候变化丰富的信息，为我们理解气候系统的变化机制提供了有效帮助（姚檀栋，1998）。

古里雅冰芯稳定同位素记录了青藏高原西部过去2000年的温度变化历史[图1.3(a)]。总体而言，过去2000年来温度呈波动升高的趋势，将其细分为7个冷期和8个暖期之后可以发现，暖期的温暖程度逐渐升高，20世纪是过去2000年中最温暖的时期；冷时段的寒冷程度随时间向后推移而逐渐减弱，小冰期以分别出现在16世纪、17世纪和19世纪的三次冷事件形式出现，但并不是过去2000年中最寒冷的时期（Yao et al.，1996）。

敦德冰芯记录的青藏高原东北部温度变化如图1.3(b)所示，5~10世纪为低温波动期，其中以10世纪最为寒冷，随后气温回升，至13世纪出现弱暖期，1400年进入小冰期，15世纪、17世纪、19世纪出现了三次冷期。

普若岗日冰芯记录的青藏高原中部温度如图1.3(c)所示，以公元1000年为界，之前降温事件较为明显，降温幅度剧烈，之后升温现象明显，其中12~13世纪有弱暖期出现，19世纪较为寒冷，对中世纪暖期和小冰期的记录都不明显，20世纪的增温现象显著（Thompson et al.，2006a）。

达索普冰芯记录的青藏高原南部温度变化如图1.3(d)所示，公元初温度最低，之后在波动中升高，公元730~950年达到最高，公元950~1840年为低温时期，意味着中世纪暖期不明显，18世纪末19世纪初达到最低温度，为小冰期在该区的体现，20世纪升温现象非常显著（Yao et al.，2002）。

第1章 青藏高原历史气候环境变化

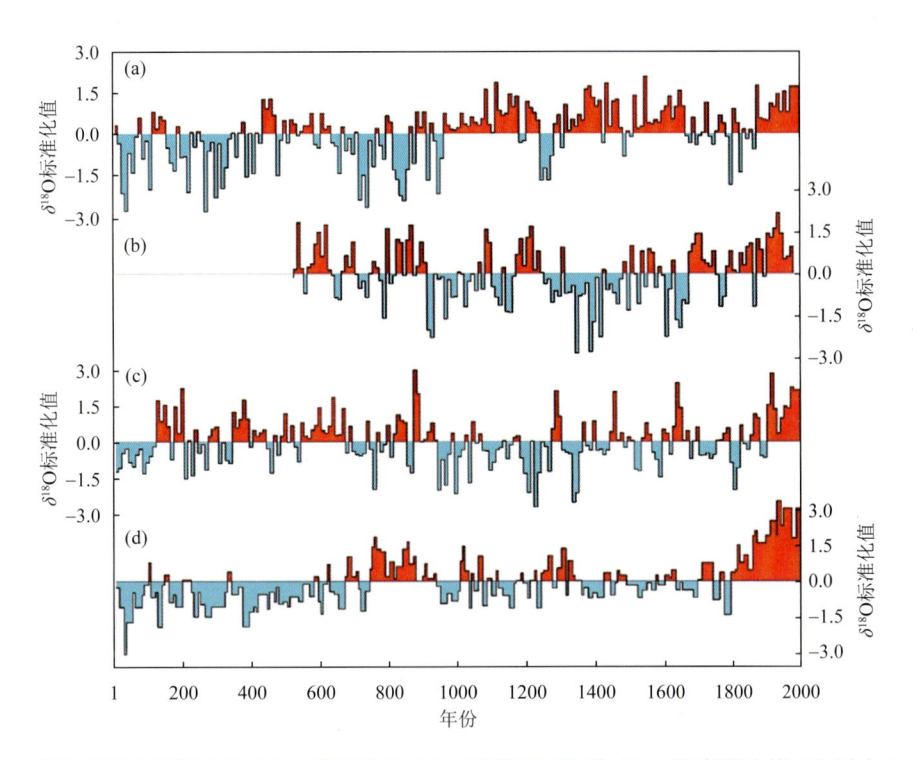

图1.3 青藏高原古里雅冰芯（a）、敦德冰芯（b）、普若岗日冰芯（c）、达索普冰芯（d）过去2000年 $\delta^{18}O$ 标准化值10年平均值变化曲线

图中红色和蓝色填充区域分别代表温暖和寒冷气候

资料来源：Yao et al.，1996，2002；Thompson et al.，2006a

将四根冰芯稳定同位素温度记录进行综合，可以得到一条综合温度变化曲线，如图1.4所示，总体来说，过去2000年来，气候在波动中逐渐变暖，公元1000年前气候冷暖波动较为明显，冷暖气候出现频率相当，公元1000年后以温暖气候为主，20世纪以来的暖期超过了以往任一暖期的温暖程度（Thompson et al.，2006b）。

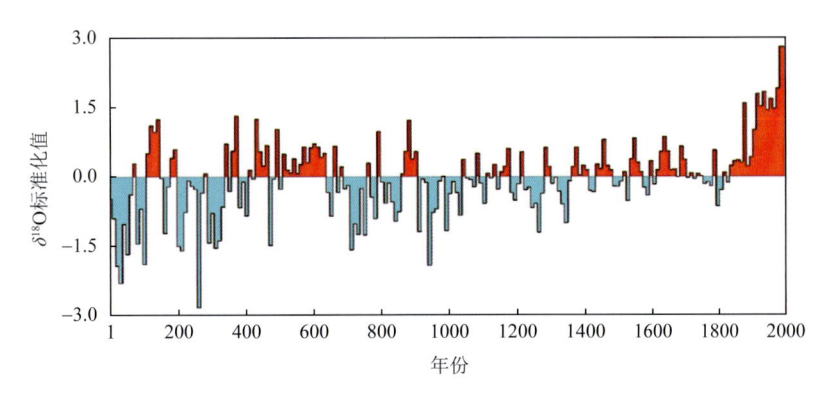

图1.4 根据青藏高原四根冰芯重建的过去2000年稳定同位素温度距平变化曲线

图中红色和蓝色填充区域分别代表温暖和寒冷气候

资料来源：Thompson et al.，2006b

2) 树轮记录

树木年轮是树木形成层周期性生长的结果，受生长地气候、环境、地貌的变化影响会有不同的表现形式，其作为代用指标进行气候重建时具有定年准确、连续性强、分辨率高和易于获取复本等特点，可提供精确到年甚至季节的气候信息（Wiles et al.，1996）。青藏高原树木年轮记录主要分布在青藏高原东北部与东南部，根据所处环境的限制因子特征，借助树轮宽度可以进行温度或降水指标的重建。

青藏高原东北部都兰-乌兰地区森林上限的树轮指数重建的该地区过去2000年年平均温度的变化，如图1.5（a）所示。可以看出，公元初至350年，该地区温度呈缓慢变冷趋势，显示出较强的年际-年代际温度变化；之后出现多次剧烈的冷暖波动，但由于该段样本量较少，公元784~989年的大幅变化尚不能够十分肯定；公元1000年之后冷暖波动较小，在16~18世纪出现数次冷期，是小冰期在该区的体现；20世纪后期的升温非常明显。总体来说，青藏高原东北部树轮记录的温度变化与冰芯结果非常一致（刘禹等，2009）。

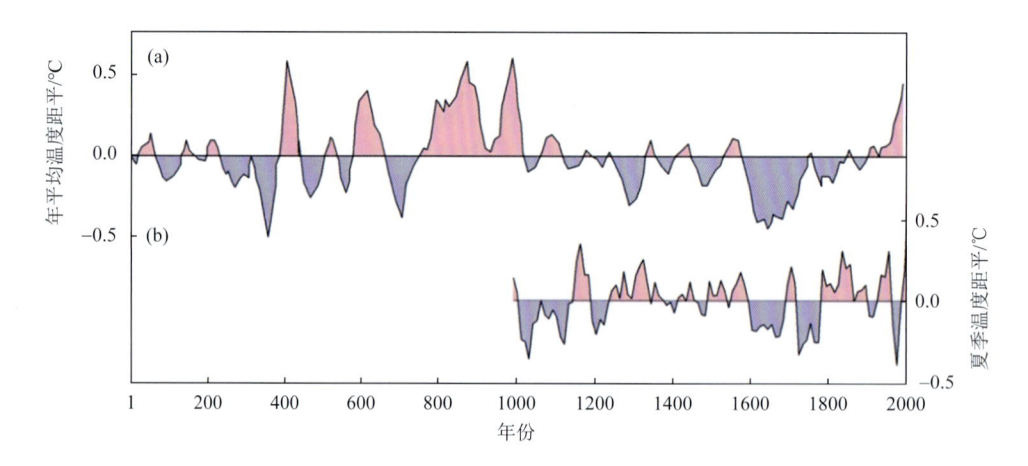

图1.5 青藏高原都兰-乌兰地区（a）和昌都地区（b）树轮记录的过去2000年温度距平变化曲线
图中粉色和紫色填充区域分别代表温暖和寒冷气候，平均值时段为1960~1989年
资料来源：刘禹等，2009；Wang X Y et al.，2013

青藏高原东南部树轮记录的时间长度尚未达到过去2000年。昌都地区森林上限树轮指数重建的公元984~2000年夏季温度记录显示[图1.5（b）]：1000~1220年经历两个冷期和一个暖期，随后至1600年左右，气候波动幅度不大，维持在平均水平，在17世纪至19世纪后期出现三个明显冷期，其中前两个冷期较为寒冷，与青藏高原东北部树轮记录对小冰期的记录相似；20世纪的快速增温开始于60年代，最近30年是过去千年最温暖的30年（Wang X Y et al.，2013）。

总体来说，冰芯与树轮资料记录的青藏高原过去2000年的温度变化历史较为一致，即3~5世纪较为寒冷，5~12世纪中叶气候处于平均状态，12世纪中叶至14世纪末为较温暖时期，15世纪至19世纪末为较寒冷的小冰期，20世纪以来为快速变暖时期（Yang et al.，2003）。

2. 降水变化

1) 冰芯记录

冰芯净积累量是冰芯钻取点的净物质平衡值,即该点的物质总积累与总损耗的差值,在各种冰川类型中,冰帽型冰川的净积累量最接近实际降水量。目前,在青藏高原获得的时间长度达到过去2000年的净积累量记录主要来自古里雅冰芯(Yao et al., 1996)。如图1.6(a)所示,过去2000年可划分为4个干期和5个湿期,其中公元301～560年为湿润和干旱交替出现的时期,公元561～1270年总体降水较少,仅在公元561～720年和公元981～1080年两个时段相对较为湿润;1271～1990年以来,降水总体增加,在1601～1640年和1811～1930年两个时段相对较干。

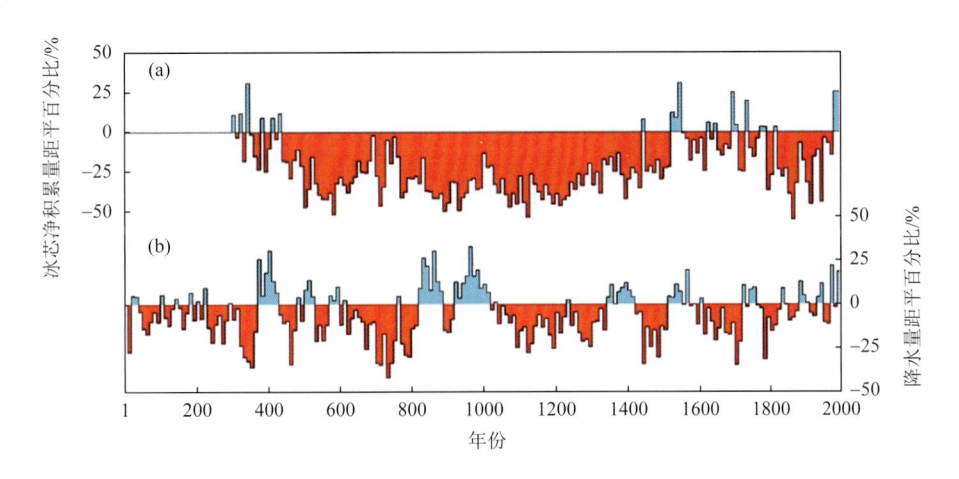

图1.6 青藏高原古里雅冰芯(a)、都兰树轮(b)重建的过去2000年降水变化曲线
图中红色和蓝色填充区域分别代表干旱和湿润气候
资料来源:Yao et al., 1996;Zhang et al., 2003;Liu et al., 2012

古里雅冰芯的净积累量与温度记录多呈正相关关系,即温暖时段降水多、寒冷时段降水少,但二者的发生时间并不完全对应。总体来说,降水记录的波动次数少于温度记录,开始发生变化的时间也常比温度变化滞后50～100年。

2) 树轮记录

青藏高原东北部树轮提供了多条长度超过一千年的具有年分辨率的降水记录(Gou et al., 2010;Shao et al., 2010;Yang et al., 2011;Zhang et al., 2003;邵雪梅等,2004)。这些来自不同采样点的水文序列在年代际尺度上表现出一致的变化特征(Li et al., 2008;Yang et al., 2010)。其中,都兰地区森林下限树轮资料重建的过去2000年春季降水记录如图1.6(b)所示:公元初至3世纪,降水较少,波动不大;4世纪中期迅速转入湿润期,然后在干湿波动中持续到7世纪中期;之后到9世纪早期为干旱期;随后转为湿润期直到11世纪,其中公元929～1031年为显著的湿润期;之后持续干湿波动到19世纪中期,至公元2000年表现为湿润期(Zhang et al., 2003)。

青藏高原东南部一些树轮也提供了降水记录(Fang et al., 2010;Grießinger et al.,

2011；Liu et al.，2012），但其长度很少超过千年。重建的西藏林周、桑日、朗县地区降水变化反映出一些共同特征，如1570~1620年、1800~1850年、1960~1980年降水偏少，1350~1390年、1510~1550年、1700~1750年、1850~1870年、1890~1910年降水偏多（He et al.，2013；Liu et al.，2012）。

3）湖泊记录

利用藏北库赛湖、藏南昂仁错湖芯的孢粉记录，揭示出晚全新世青藏高原气候整体变干过程中，大气降水和湿度表现出显著的波动，整体呈现出500年、200年、88年以及60年的准周期，与太阳活动的主周期较为一致（图1.7）。太阳活动可能通过调控西风和季风强弱影响青藏高原的降水变化。青藏高原北部的库赛湖年纹层孢粉记录揭示了过去1650年来的古植被与古气候演化历史，基于现代表土孢粉组合与年降水间的统计关系，定量重建了藏北库赛湖区过去2000年来降水变化历史，研究发现，降水变化过程主要表现出200年周期（与西风带有关）、88年周期和60年周期（与亚洲季风有关），目前这3个周期大致处于降水开始增加的相位上，是近年来降水增加的主要原因。基于奇异谱分析的降水趋势预测结果显示，西北干旱区降水增加还可能会持续几十年以上。青藏高原南部的昂仁错湖芯孢粉记录了过去3600年来的植被与气候演化历史，反映气候干湿变化的第一主成分（PC1）记录揭示约200年和约500年的周期性

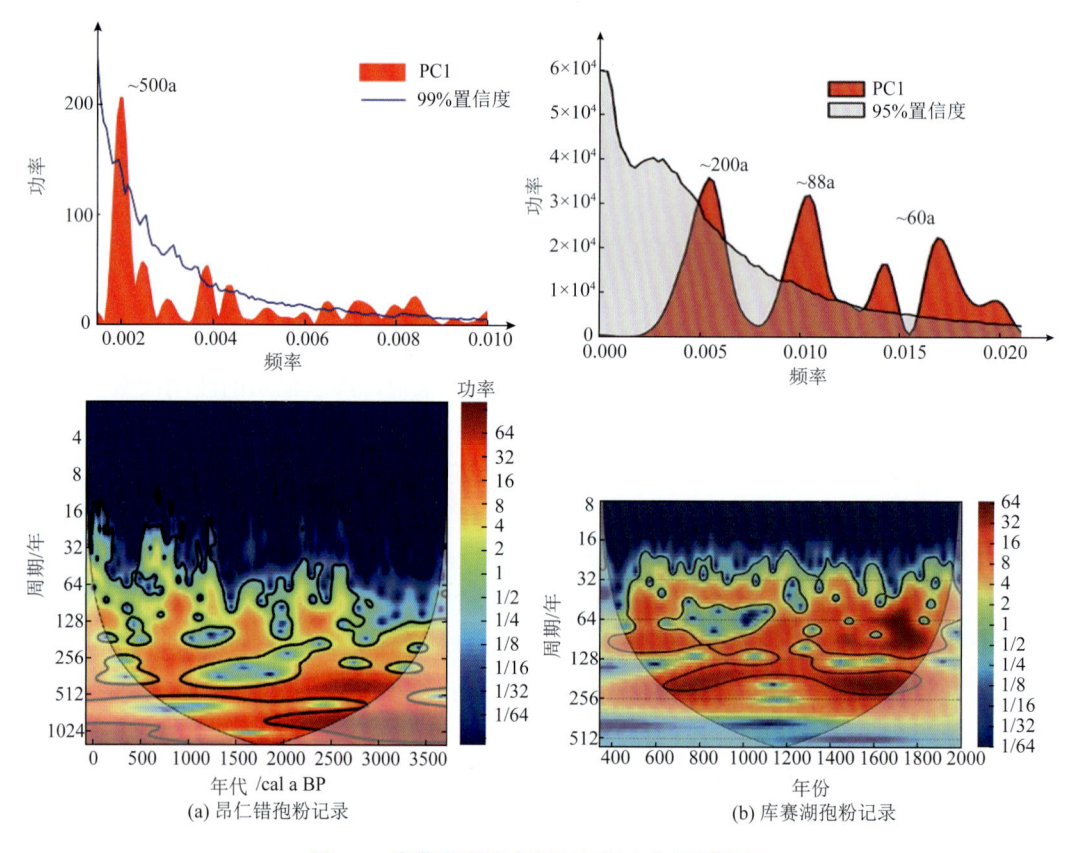

(a) 昂仁错孢粉记录

(b) 库赛湖孢粉记录

图1.7　青藏高原晚全新世气候变化周期特征

变化规律，约 500 年周期对应低纬海气系统厄尔尼诺－南方涛动（ENSO）和印度洋偶极子（IOD）长期模态所导致的印度季风强度变化；约 200 年周期对应高纬北大西洋涛动（NAO）长期模态所导致的中纬西风强度变化。因此，青藏高原百年尺度的周期性气候变化受到高低纬地区气候系统的共同影响。

与温度记录在整个青藏高原地区具有较好的一致性不同，青藏高原的降水具有显著的空间差异。对冰芯净积累量（Wang et al.，2007；Yao et al.，2008；段克勤等，2008）和树轮指数重建的帕尔默干旱指数（PDSI）网格数据集（Wang Y M V et al.，2013；杨保，2012）的分析表明，青藏高原北部经历了 15 世纪后半叶和 18 世纪的干旱期，而南部在这两个时段则为降水丰沛期；16 世纪后半叶北部湿润，而南部干旱；最近 50 年青藏高原北部的降水表现出明显的增加趋势，而南部则表现出明显的减少趋势（Yang et al.，2010；Liu et al.，2012）。这些结果说明，南北部的降水区域差异在过去 500 年，甚至可能在更长时间尺度一直存在，反映了西风和季风降水变化的差异（Chen et al.，2010；陈发虎等，2009），而北大西洋涛动伴随的西风环流异常可能是青藏高原南北降水存在差异的主要原因（Liu and Yin，2001；Wang Y M V et al.，2013）。

1.2.2 水体变化

1. 湖泊变化

青藏高原是我国湖泊分布最多的地区，由于构造原因，许多湖泊为封闭、半封闭的内流湖，具有汇水面积较小、入湖河流较短等特点，非常适合进行古环境重建研究（王君波和朱立平，2005）。

青藏高原东北部的青海湖是我国境内最大的内陆封闭湖泊，地处西风环流、印度季风和东亚季风的交汇区域，对气候变化的响应非常敏感。根据青海湖湖芯 C_{37} 烯酮的不饱和度值重建的过去 2000 年夏季湖水表面温度，如图 1.8(a) 所示：公元元年～500 年、公元 900～1500 年和 1800～2000 年为显著暖期，公元 500～900 年和 1500～1800 年两个时期较冷（Liu et al.，2006）。干旱区封闭湖泊中自生碳酸盐 $\delta^{18}O$ 的变化取决于湖水氧同位素的组成，因此可以反映湖泊流域内降水与蒸发的比率，即流域的有效湿度。青海湖湖芯碳酸盐 $\delta^{18}O$ 重建的流域的有效湿度记录如图 1.8(b) 所示，可见有效湿度在小冰期时较高而在中世纪暖期时较低（Henderson et al.，2010）。

青藏高原南部高分辨率湖芯记录的时间尺度较短。如图 1.8(c) 所示，纳木错湖泊水位记录表明，过去 600 年来湖泊水位在 1500～1570 年、1740～1790 年和 1850～1900 年较高，而在 1600～1670 年、1780～1830 年和 1960～1980 年较低（Frenzel et al.，2010；Wrozyna et al.，2010）。纳木错湖泊水位的高（低）期和西风南部树轮记录的湿润（干旱）期（He et al.，2013；Liu et al.，2012），以及青藏高原的温暖（寒冷）气候时段基本同步。这些结果表明，在年代至百年尺度上，当气候类型为温暖湿润组合型时，纳木错水位升高，而气候寒冷干旱时，纳木错水位降低。

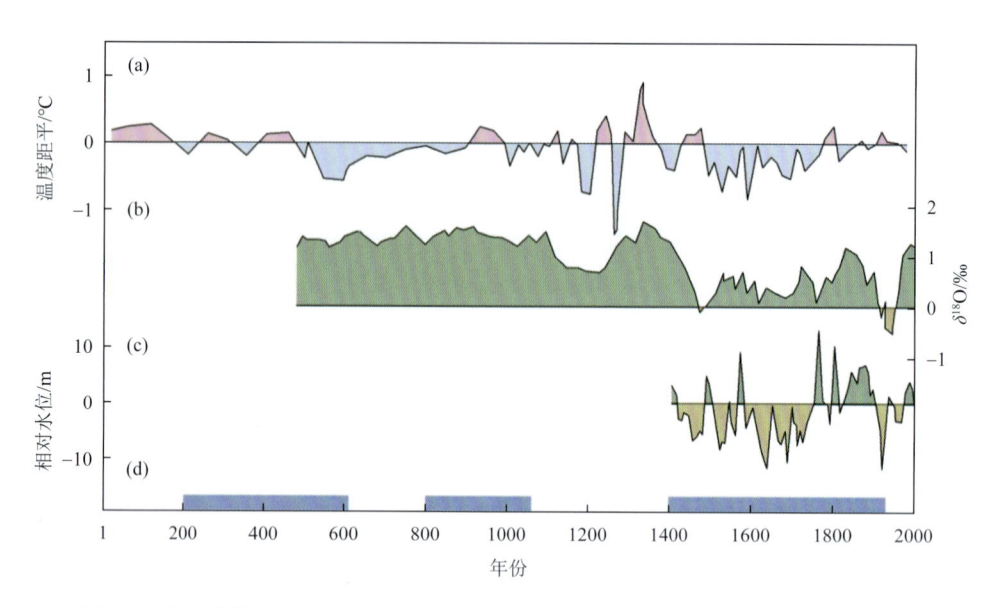

图1.8　青藏高原青海湖湖水表面温度（a）、青海湖流域有效湿度（b）、纳木错相对水位（c）和冰川前进事件记录（d）

资料来源：Liu et al.，2006；Henderson et al.，2010；Frenzel et al.，2010；Yang et al.，2008

2. 冰川变化

广布于青藏高原的冰川由于受不同气团的影响，其冰川性质和历史时期的进退变化具有不同形式。位于青藏高原东南部的冰川主要受印度季风降水补给，属于海洋性温冰川，其显著特点是在夏季同时发生积累和消融；位于西北部和中部的冰川主要受中纬度西风冬季降水补给，从而形成大陆性冷冰川（Benn and Owen，1998；Shi，2002）。这些山地冰川对气候变化非常敏感，其进退变化就是对气候变化的响应（苏珍和施雅风，2000）。对冰川进退所留下的遗迹，如冰碛物中埋藏的树木、含腐殖质的土壤层、木炭碎屑层、地衣等进行测年，可以得到对应时期冰川的进退情况，并且以此为依据推知当时的雪线高度，进而反演过去气候变化（Zhang et al.，2006）。

青藏高原21条冰川冰碛物中埋藏的化石木和地衣的 ^{14}C 年龄重建的前进记录表明，过去2000年中存在三次大的冰川前进时期［图1.8(d)］，分别发生于公元200～600年、公元800～1150年和1400～1920年（Yang et al.，2008）。对最后一次冰川前进时期，即小冰期时青藏高原冰川深入研究发现（Xu and Yi，2014），不同地区冰川达到最盛期和开始后退的时间存在差异：西北部冰川在14世纪早期达到最盛期，而后从14世纪末开始后退；南部冰川在14世纪晚期达到最盛期，而后从18世纪早期开始后退；东北部冰川在15世纪达到最盛期，而后从16世纪早期开始后退。18世纪后期至19世纪早期，整个青藏高原的冰川都有前进现象，而20世纪则普遍呈后退状态。将冰川进退历史与冰芯、树轮重建的青藏高原温度和降水序列对比可知，这三次冰川前进时期与冰芯和树轮记录的寒冷阶段很好地对应，说明冰川进退与气温具有更好的响应关系。

参考文献

陈发虎,陈建徽,黄伟.2009.中纬度亚洲现代间冰期气候变化的"西风模式"讨论.地学前缘,16(6):23-32.

段克勤,姚檀栋,王宁练,等.2008.青藏高原南北降水变化差异研究.冰川冻土,30(5):726-732.

段克勤,姚檀栋,王宁练,等.2012.青藏高原中部全新世气候不稳定性的高分辨率冰芯记录.中国科学:地球科学,42(9):1441-1449.

高由禧.1962.东亚季风的若干问题.北京:科学出版社.

姜大膀,刘叶一,郎咸梅.2019.末次冰盛期中国西部冰川物质平衡线高度的模拟研究.中国科学:地球科学,49(8):1231-1245.

李炳元,李元芳,朱立平.1994.青海可可西里苟弄错地区近二万年来的环境变化.科学通报,(18):1727-1728.

李炳元,张青松,王富葆.1991.喀喇昆仑山-西昆仑山地区湖泊演化.第四纪研究,(1):64-71.

李世杰,郑本兴,焦克勤.1991.西昆仑山南坡湖相沉积和湖泊演化的初步研究.地理科学,(4):306-314.

李元芳,张青松,李炳元.1994.青藏高原西北部17000年以来的介形类及环境演变.地理学报,(1):46-54.

刘禹,安芷生,Linderholm H W,等.2009.青藏高原中东部过去2485年以来温度变化的树轮记录.中国科学D辑:地球科学,39(2):166-176.

秦锋,赵艳,曹现勇.2022.利用机器学习方法重建末次冰盛期以来青藏高原植被变化.中国科学:地球科学,52(4):697-713.

邵雪梅,黄磊,刘洪滨,等.2004.树轮记录的青海德令哈地区千年降水变化.中国科学D辑:地球科学,34:145-153.

施雅风,刘时银,上官冬辉,等.2006.近30a青藏高原气候与冰川变化中的两种特殊现象.气候变化研究进展,(4):154-160.

施雅风,郑本兴,李世杰,等.1995.青藏高原中东部最大冰期时代高度与气候环境探讨.冰川冻土,17(2):97-112.

施雅风,郑本兴,李世杰.1990.青藏高原的末次冰期与最大冰期——对M.Kuhle的大冰盖假设的否定.冰川冻土,12(1):1-16.

施雅风,郑本兴,姚檀栋.1997.青藏高原末次冰期最盛时的冰川与环境.冰川冻土,19(2):97-113.

施雅风.2011.中国东部中低山地有无发育第四纪冰川的可能性?地质论评,57(1):44-49.

苏珍,施雅风.2000.小冰期以来中国季风温冰川对全球变暖的响应.冰川冻土,22(3):223-229.

唐领余,沈才明,Liu K B,等.1999.南亚古季风的演变:西藏新的高分辨率古气候记录.科学通报,(18):2004-2007.

唐领余,沈才明,孔昭宸,等.1998.青藏高原东部末次冰期最盛期气候的花粉证据.冰川冻土,(2):37-44.

唐领余,沈才明,廖淦标,等.2004.末次盛冰期以来西藏东南部的气候变化——西藏东南部的花粉记录.中国科学D辑:地球科学,(5):436-442.

唐领余,沈才明.1996.青藏高原晚新生代植被史及其气候特征.微体古生物学报,(4):321-337.

汪品先. 2005. 新生代亚洲形变与海陆相互作用. 地球科学, 30: 1-18.

王富葆, 韩辉友, 阎革, 等. 1996. 青藏高原东北部30 ka以来的古植被与古气候演变序列. 中国科学D辑: 地球科学, (2): 111-117.

王君波, 朱立平. 2005. 青藏高原湖泊沉积与环境演变研究现状与展望. 地理科学进展, 24: 1-12.

王绍武, 闻新宇. 2011. 末次冰期冰盛期. 气候变化研究进展, 7(5): 381-382.

吴海斌, 李琴, 于严严, 等. 2019. 末次冰盛期中国气候要素定量重建. 中国科学: 地球科学, 49(8): 1259-1268.

徐德宇. 2021. 两万年来青藏高原及周边地区古植被地理分布格局的定量重建. 杭州: 浙江师范大学.

杨保. 2012. 树轮记录的小冰期以来青藏高原气候变化的时空特征. 第四纪研究, 32(1): 81-94.

姚檀栋. 1998. 青藏高原冰芯研究. 冰川冻土, 20(3): 233-237.

张保珍, 张彭熹. 1995. 青藏高原末次冰期盛冰阶的时限与干盐湖地质事件. 第四纪研究, (3): 193-201.

郑绵平, 袁鹤然, 刘俊英, 等. 2007. 西藏高原扎布耶盐湖128 ka以来沉积特征与古环境记录. 地质学报, 12: 1698-1708.

Ahlborn M, Haberzettl T, Wang J, et al. 2016. Holocene lake level history of the Tangra Yumco lake system, southern-central Tibetan Plateau. The Holocene, 26(2): 176-187.

An Z, Colman S M, Zhou W, et al. 2012. Interplay between the Westerlies and Asian monsoon recorded in Lake Qinghai sediments since 32 ka. Scientific Report, 2: 619.

Benn D I, Owen L A. 1998.The role of the Indian summer monsoon and the mid-latitude westerlies in Himalayan glaciation: review and speculative discussion. Journal of the Geological Society, 155: 353-363.

Berger A, Loutre M F. 1991. In solution values for the climate of the last 10000000 years. Quaternary Science Reviews, 10(4): 297-317.

Bird B W, Polisar P J, Lei Y, et al. 2014. A Tibetan lake sediment record of Holocene Indian summer monsoon variability. Earth and Planetary Science Letters, 399: 92-102.

Bradley R S, Hughes M K, Diaz H F.2003. Climate in medieval time. Science, 302: 404-405.

Buizert C, Fudge T J, Roberts W H G, et al. 2021. Antarctic surface temperature and elevation during the Last Glacial Maximum. Science, 372(6546): 1097.

Cai Y, Fung I Y, Edwards R L, et al. 2015. Variability of stalagmite-inferred Indian monsoon precipitation over the past 252000 y. Proceedings of the National Academy of Sciences of the United States of America, 112(10): 2954-2959.

Cai Y, Zhang H, Cheng H, et al. 2012. The Holocene Indian monsoon variability over the southern Tibetan Plateau and its teleconnections. Earth and Planetary Science Letters, 335-336: 135-144.

Chen F H, Chen J H, Holmes J, et al. 2010. Moisture changes over the last millennium in arid central Asia: a review, synthesis and comparison with monsoon region. Quaternary Science Reviews, 29(7-8): 1055-1068.

Chen F H, Zhang J F, Liu J B, et al. 2020. Climate change, vegetation history, and landscape responses on the Tibetan Plateau during the Holocene: a comprehensive review. Quaternary Science Reviews, 243: 106444.

Chen X, Wu D, Huang X, et al. 2020. Vegetation response in subtropical southwest China to rapid climate change during the Younger Dryas. Earth-Science Reviews, 201: 103080.

Chen Y, Zong Y, Li B, et al. 2013. Shrinking lakes in Tibet linked to the weakening Asian monsoon in the past 8.2 ka. Quaternary Research, 80(2): 189-198.

Chevalier M L, Replumaz A. 2019. Deciphering old moraine age distributions in SE Tibet showing bimodal climatic signal for glaciations: marine Isotope Stages 2 and 6. Earth and Planetary Science Letters, 507: 105-118.

Clark P U, Dyke A S, Shakun J D, et al. 2009. The last glacial maximum. Science, 325(5941): 710-714.

Demske D, Tarasov P E, Wünnemann B, et al. 2009. Late glacial and Holocene vegetation, Indian monsoon and westerly circulation in the Trans-Himalaya recorded in the lacustrine pollen sequence from Tso Kar, Ladakh, NW India. Palaeogeography, Palaeoclimatology, Palaeoecology, 279(3-4): 172-185.

Denton G H, Anderson R F, Toggweiler J R, et al. 2010. The last glacial termination. Science, 328(5986): 1652-1656.

Dong G C, Yi C L, Zhou W J, et al. 2021. Late Quaternary glacial history of the Altyn Tagh Range, northern Tibetan Plateau. Palaeogeography Palaeoclimatology Palaeoecology, 577: 110561.

Dong G C, Yi C L, Caffee M. 2014. ^{10}Be dating of boulders on moraines from the last glacial period in the Nyainqentanglha mountains, Tibet. Science China-Earth Sciences, 57(2): 221-231.

Dong G C, Zhou W J, Yi C L, et al. 2018. The timing and cause of glacial activity during the last glacial in central Tibet based on ^{10}Be surface exposure dating east of Mount Jaggang, the Xainza range. Quaternary Science Reviews, 186: 284-297.

Fang K Y, Gou X H, Chen F H, et al. 2010. Reconstructed droughts for the southeastern tibetan plateau over the past 568 years and its linkages to the pacific and atlantic ocean climate variability. Climate Dynamics, 35(4): 577-585.

Frenzel P, Wrozyna C, Xie M P, et al. 2010. Palaeo-water depth estimation for a 600-year record from Nam Co (Tibet) using an ostracod-based transfer function. Quaternary International, 218: 157-165.

Fu P, Stroeven A P, Harbor J M, et al. 2013. Paleoglaciation of Shaluli Shan, southeastern Tibetan Plateau. Quaternary Science Reviews, 64: 121-135.

Gou X H, Deng Y, Chen F H, et al. 2010. Tree ring based streamflow reconstruction for the upper Yellow River over the past 1234 years. Chinese Science Bulletin, 55(36): 4179-4186.

Grießinger J, Brauning A, Helle G, et al. 2011. Late Holocene Asian summer monsoon variability reflected by δ^{18}O in tree-rings from Tibetan junipers. Geophysical Research Letters, 38(3): L03701, 1-5.

Guo Z T, Sun B, Zhang Z S, et al. 2008. A major reorganization of Asian climate by the Early Miocene. Climate of the Past, 4(3): 153-174.

Guo Z T, Zhou X, Wu H B. 2012. Glacial-interglacial water cycle, global monsoon and atmospheric methane changes. Climate Dynamics, 39(5): 1073-1092.

He M H, Yang B, Brauning A, et al. 2013. Tree-ring derived millennial precipitation record for the south-central Tibetan Plateau and its possible driving mechanism. Holocene, 23(1): 36-45.

He Y, Hou J, Wang M, et al. 2020. Temperature variation on the Central Tibetan Plateau revealed by Glycerol Dialkyl Glycerol Tetraethers from the sediment record of Lake Linggo Co since the last deglaciation.

Frontiers in Earth Science, 8: 874206.

Henderson A C G, Holmes J A, Leng M J. 2010. Late Holocene isotope hydrology of Lake Qinghai, NE Tibetan Plateau: effective moisture variability and atmospheric circulation changes. Quaternary Science Reviews, 29: 2215-2223.

Herzschuh U, Birks H J B, Mischke S, et al. 2010. A modern pollen-climate calibration set based on lake sediments from the Tibetan Plateau and its application to a Late Quaternary pollen record from the Qilian Mountains. Journal of Biogeography, 37(4): 752-766.

Herzschuh U, Borkowski J, Schewe J, et al. 2014. Moisture-advection feedback supports strong early-to-mid Holocene monsoon climate on the eastern Tibetan Plateau as inferred from a pollen-based reconstruction. Palaeogeography, Palaeoclimatology, Palaeoecology, 402: 44-54.

Heyman J. 2014. Paleoglaciation of the Tibetan Plateau and surrounding mountains based on exposure ages and ELA depression estimates. Quaternary Science Reviews, 91: 30-41.

Heyman J, Stroeven A P, Caffee M W, et al. 2011. Palaeoglaciology of Bayan Har Shan, NE Tibetan Plateau: exposure ages reveal a missing LGM expansion. Quaternary Science Reviews, 30(15): 1988-2001.

Hillman A L, Abbott M B, Finkenbinder M S, et al. 2017. An 8600 year lacustrine record of summer monsoon variability from Yunnan, China. Quaternary Science Reviews, 174: 120-132.

Hodell D A, Brenner M, Kanfoush S L, et al. 1999. Paleoclimate of Southwestern China for the past 50000 yr inferred from lake sediment records. Quaternary Research, 52(3): 369-380.

Hou J, D'Andrea W J, Wang M, et al. 2017. Influence of the Indian monsoon and the subtropical jet on climate change on the Tibetan Plateau since the Late Pleistocene. Quaternary Science Reviews, 163: 84-94.

Hou J, Huang Y, Zhao J, et al. 2016. Large Holocene summer temperature oscillations and impact on the peopling of the northeastern Tibetan Plateau. Geophysical Research Letters, 43(3): 1323-1330.

Hou Y, Long H, Shen J, et al. 2021. Holocene lake-level fluctuations of Selin Co on the central Tibetan Plateau: regulated by monsoonal precipitation or meltwater? Quaternary Science Reviews, 261: 106919.

Hou Y, Long H, Zhang J, et al. 2022. Luminescence dating of shoreline sediments indicates a late deglacial lake-level rise of Selin Co on the central Tibetan Plateau. Quaternary Geochronology, 71: 101313.

Ji J, Shen J, Balsam W, et al. 2005. Asian monsoon oscillations in the northeastern Qinghai-Tibet Plateau since the late glacial as interpreted from visible reflectance of Qinghai Lake sediments. Earth and Planetary Science Letters, 233(1-2): 61-70.

Jiang D B, Lang X M, Tian Z P, et al. 2011. Last glacial maximum climate over China from PMIP simulations. Palaeogeography Palaeoclimatology Palaeoecology, 309(3-4): 347-357.

Jiang D B, Sui Y, Lang X M et al. 2018. Last glacial maximum and mid-holocene thermal growing season simulations. Journal of Geophysical Research: Atmospheres, 123(20): 11466-11478.

Kasper T, Haberzettl T, Wang J, et al. 2015. Hydrological variations on the Central Tibetan Plateau since the Last Glacial Maximum and their teleconnection to inter-regional and hemispheric climate variations. Journal of Quaternary Science, 30(1): 70-78.

Kasper T, Wang J, Schwalb A, et al. 2021. Precipitation dynamics on the Tibetan Plateau during the Late Quaternary-Hydroclimatic sedimentary proxies versus lake level variability. Global and Planetary Change, 205: 103594.

Li D, Li Y, Ma B, et al. 2009. Lake-level fluctuations since the Last Glaciation in Selin Co (lake), central Tibet, investigated using optically stimulated luminescence dating of beach ridges. Environmental Research Letters, 4(4): 045024.

Li J, Dodson J, Yan H, et al. 2017. Quantitative precipitation estimates for the northeastern Qinghai-Tibetan Plateau over the last 18000 years. Journal of Geophysical Research: Atmospheres, 122(10): 5132-5143.

Li S L, Perlwitz J, Quan X W, et al. 2008. Modelling the influence of north Atlantic multidecadal warmth on the Indian summer rainfall. Geophysical Research Letters, 35(5): L05804.

Li Z, Wang Y, Herzschuh U, et al. 2021. Pollen-based mapping of Holocene vegetation on the Qinghai-Tibetan Plateau in response to climate change. Palaeogeography, Palaeoclimatology, Palaeoecology, 573: 110412.

Ling Y, Sun Q, Zheng M, et al. 2017. Alkenone-based temperature and climate reconstruction during the last deglaciation at Lake Dangxiong Co, southwestern Tibetan Plateau. Quaternary International, 443: 58-69.

Lisiecki L E, Raymo M E. 2005. A pliocene-pleistocene stack of 57 globally distributed benthic δ^{18}O records. Paleoceanography, 20: 1-17.

Liu J, Yu G, Chen X. 2002. Palaeoclimate simulation of 21 ka for the Tibetan Plateau and Eastern Asia. Climate Dynamics, 19(7): 575-583.

Liu J J, Yang B, Huang K, et al. 2012. Annual regional precipitation variations from a 700 year tree-ring record in south Tibet, western China. Climate Research, 53(1): 25-41.

Liu X D, Yin Z Y. 2001. Spatial and temporal variation of summer precipitation over the eastern Tibetan Plateau and the North Atlantic Oscillation. Journal of Climate, 14: 2896-2909.

Liu Y Y, Jiang D B. 2016. Last glacial maximum permafrost in China from CMIP5 simulations. Palaeogeography Palaeoclimatology Palaeoecology, 447: 12-21.

Liu Z H, Henderson A C G, Huang Y S. 2006. Alkenone-based reconstruction of late-Holocene surface temperature and salinity changes in Lake Qinghai, China. Geophysical Research Letters, 33: L09707, 1-4.

Mishra P K, Anoop A, Schettler G, et al. 2015. Reconstructed late Quaternary hydrological changes from Lake Tso Moriri, NW Himalaya. Quaternary International, 371: 76-86.

Opitz S, Zhang C, Herzschuh U, et al. 2015. Climate variability on the south-eastern Tibetan Plateau since the Lateglacial based on a multiproxy approach from Lake Naleng - comparing pollen and non-pollen signals. Quaternary Science Reviews, 115: 112-122.

Owen L A, Caffee M W, Finkel R C, et al. 2008. Quaternary glaciation of the Himalayan-Tibetan orogen. Journal of Quaternary Science, 23(6-7): 513-531.

Owen L A, Chen J, Hedrick K A. et al. 2012. Quaternary glaciation of the Tashkurgan Valley, Southeast Pamir. Quaternary Science Reviews, 47: 56-72.

Owen L A, Dortch J M. 2014. Nature and timing of Quaternary glaciation in the Himalayan-Tibetan orogen. Quaternary Science Reviews, 88: 14-54.

Owen L A, Finkel R C, Barnard P L, et al. 2005. Climatic and topographic controls on the style and timing of Late Quaternary glaciation throughout Tibet and the Himalaya defined by ^{10}Be cosmogenic radionuclide surface exposure dating. Quaternary Science Reviews, 24(12-13): 1391-1411.

Owen L A. 2009. Latest Pleistocene and Holocene glacier fluctuations in the Himalaya and Tibet. Quaternary Science Reviews, 28(21-22): 2150-2164.

Peng X, Chen Y X, Li Y K, et al. 2020. Late Holocene glacier fluctuations in the Bhutanese Himalaya. Global and Planetary Change, 187: 103137.

Qiang M, Song L, Chen F, et al. 2013. A 16-ka lake-level record inferred from macrofossils in a sediment core from Genggahai Lake, northeastern Qinghai-Tibetan Plateau (China). Journal of Paleolimnology, 49(4): 575-590.

Rades E F, Tsukamoto S, Frechen M, et al. 2015. A lake-level chronology based on feldspar luminescence dating of beach ridges at Tangra Yum Co (Southern Tibet). Quaternary Research, 83(3): 469-478.

Ruddiman W F. 1997. Tectonic Uplift and Climate Change. New York: Plenum Press.

Saha S, Owen L A, Orr E N, et al. 2018. Timing and nature of Holocene glacier advances at the northwestern end of the Himalayan-Tibetan orogen. Quaternary Science Reviews, 187: 177-202.

Saha S, Owen L A, Orr E N, et al. 2019. High-frequency Holocene glacier fluctuations in the Himalayan-Tibetan orogen. Quaternary Science Reviews, 220: 372-400.

Schaefer J M, Denton G H, Barrell D J A, et al. 2006. Near-synchronous interhemispheric termination of the last glacial maximum in mid-latitudes. Science, 312(5779): 1510-1513.

Schäfer J M, Tschudi S, Zhao Z Z, et al. 2002. The limited influence of glaciations in Tibet on global climate over the past 170000 yr. Earth and Planetary Science Letters, 194(3-4): 287-297.

Seong Y B, Owen L A, Yi C L, et al. 2009. Quaternary glaciation of Muztag Ata and Kongur Shan: evidence for glacier response to rapid climate changes throughout the Late Glacial and Holocene in westernmost Tibet. Geological Society of America Bulletin, 121(3-4): 348-365.

Shakun J D, Clark P U, He F, et al. 2015. Regional and global forcing of glacier retreat during the last deglaciation. Nature Communication, 6: 8059.

Shao X, Xu Y, Yin Z Y, et al. 2010. Climatic implications of a 3585-year tree-ring width chronology from the northeastern Qinghai-Tibetan Plateau. Quaternary Science Reviews, 29: 2111-2122.

Shen C. 2003. Millennial-scale Variations and Centennial-scale Events in the Southwest Asian Monsoon: Pollen Evidence from Tibet. Baton Rouge: Louisiana State University.

Shen C, Liu K B, Tang L, et al. 2006. Quantitative relationships between modern pollen rain and climate in the Tibetan Plateau. Review of Palaeobotany and Palynology, 140(1-2): 61-77.

Shen C, Liu K B, Tang L, et al. 2008. Numerical analysis of modern and fossil pollen data from the Tibetan Plateau. Annals of the Association of American Geographers, 98(4): 755-772.

Shen J, Liu X, Wang S, et al. 2005. Palaeoclimatic changes in the Qinghai Lake area during the last 18000 years. Quaternary International, 136(1): 131-140.

Shi Y. 2002. Characteristics of late quaternary monsoonal glaciation on the Tibetan Plateau and in East Asia.

Quaternary International, 97-98: 79-91.

Shi Y F, Liu C H, Kang E. 2009.The glacier inventory of China. Annals of Glaciology, 50: 1-4.

Strasky S, Graf A A, Zhao Z Z, et al. 2009. Late Glacial ice advances in southeast Tibet. Journal of Asian Earth Sciences, 34(3): 458-465.

Thomas E K, Huang Y, Clemens S, et al. 2016. Changes in dominant moisture sources and the consequences for hydroclimate on the northeastern Tibetan Plateau during the past 32 kyr. Quaternary Science Reviews, 131: 157-167.

Thompson L G, Mosley-Thompson E, Brecher H, et al. 2006b. Abrupt tropical climate change: past and present. Proceedings of the National Academy of Sciences, 103(28): 10536-10543.

Thompson L G, Tandong Y, Davis M E, et al. 2006a. Holocene climate variability archived in the Puruogangri ice cap on the central Tibetan Plateau. Annals of Glaciology, 43: 61-69.

Thompson L G, Yao T, Davis M E. 1997. Tropical climate instability: the last glacial cycle from a Qinghai-Tibetan ice core. Science, 276(5320): 1821-1825.

Tian L, Wang M, Zhang X, et al. 2019. Synchronous change of temperature and moisture over the past 50 ka in subtropical southwest China as indicated by biomarker records in a crater lake. Quaternary Science Reviews, 212: 121-134.

Tian Z P, Jiang D B. 2016. Revisiting last glacial maximum climate over China and East Asian monsoon using PMIP3 simulations. Palaeogeography Palaeoclimatology Palaeoecology, 453: 115-126.

Tierney J E, Zhu J, King J, et al. 2020. Glacial cooling and climate sensitivity revisited. Nature, 584(7822): 569-573.

Tschudi S, Schäfer J M, Zhao Z Z, et al. 2003. Glacial advances in Tibet during the Younger Dryas? Evidence from cosmogenic ^{10}Be, ^{26}Al, and ^{21}Ne. Journal of Asian Earth Sciences, 22(4): 301-306.

Wang H, Liu W, He Y, et al. 2021. Salinity-controlled isomerization of lacustrine brGDGTs impacts the associated MBT5ME′ terrestrial temperature index. Geochimica et Cosmochimica Acta, 305: 33-48.

Wang J, Yang B, Qin C, et al. 2014.Tree-ring inferred annual mean temperature variations on the southeastern Tibetan Plateau during the last millennium and their relationships with the Atlantic Multidecadal Oscillation. Climate Dynamics, 43: 627-640.

Wang N, Jiang X, Thompson L G, et al. 2007. Accumulation rates over the past 500 years recorded in ice cores from the northern and southern Tibetan Plateau, China. Arctic, Antarctic, and Alpine Research, 39(4): 671-677.

Wang X Y, Vandenberghe D, Yi S W, et al. 2013. Late Quaternary paleoclimatic and geomorphological evolution at the interface between the Menyuan basin and the Qilian Mountains, northeastern Tibetan Plateau. Quaternary Science, 80(3): 534-544.

Wang Y, Herzschuh U, Shumilovskikh L S, et al. 2014. Quantitative reconstruction of precipitation changes on the NE Tibetan Plateau since the Last Glacial Maximum-extending the concept of pollen source area to pollen-based climate reconstructions from large lakes. Climate of the Past, 10(1): 21-39.

Wang Y, Shen J, Wang Y, et al. 2020. Abrupt mid-Holocene decline in the Indian Summer Monsoon caused by tropical Indian Ocean cooling. Climate Dynamics, 55(7-8): 1961-1977.

Wang Y M V, Leduc G, Regenberg M, et al. 2013. Northern and southern hemisphere controls on seasonal sea surface temperatures in the Indian Ocean during the last deglaciation. Paleoceanography, 28(4): 619-632.

Wiles G C, Calkin P E, Jacoby G C. 1996. Tree-ring analysis and quaternary geology: principles and recent applications. Geomorphology, 16: 259-272.

Wischnewski J, Mischke S, Wang Y, et al. 2011. Reconstructing climate variability on the northeastern Tibetan Plateau since the last Lateglacial: a multi-proxy, dual-site approach comparing terrestrial and aquatic signals. Quaternary Science Reviews, 30(1-2): 82-97.

Wrozyna C, Frenzel P, Steeb P, et al. 2010.Stable isotope and ostracode species assemblage evidence for lake level changes of Nam Co, southern Tibet, during the past 600 years. Quaternary International, 212: 2-13.

Wu D, Chen X, Lv F, et al. 2018. Decoupled early Holocene summer temperature and monsoon precipitation in southwest China. Quaternary Science Reviews, 193: 54-67.

Wu G X, Liu Y M, He B, et al. 2012. Thermal controls on the Asian summer monsoon. Scientific Reports, 2: 404.

Wünnemann B, Demske D, Tarasov P, et al. 2010. Hydrological evolution during the last 15kyr in the Tso Kar lake basin (Ladakh, India), derived from geomorphological, sedimentological and palynological records. Quaternary Science Reviews, 29(9-10): 1138-1155.

Wünnemann B, Wagner J, Zhang Y, et al. 2012. Implications of diverse sedimentation patterns in Hala Lake, Qinghai Province, China for reconstructing Late Quaternary climate. Journal of Paleolimnology, 48(4): 725-749.

Xu X K, Yi C L. 2014. Little ice age on the Tibetan Plateau and its bordering mountains: evidence from moraine chronologies. Global and Planetary Change, 116: 41-53.

Yang B, Brauning A, Dong Z B, et al. 2008. Late Holocene monsoonal temperate glacier fluctuations on the Tibetan Plateau. Global and Planetary Change, 60: 126-140.

Yang B, Brauning A, Shi Y F. 2003. Late Holocene temperature fluctuations on the Tibetan Plateau. Quaternary Science Reviews, 22(21-22): 2335-2344.

Yang B, Qin C, Huang K, et al. 2010. Spatial and temporal patterns of variations in tree growth over the northeastern Tibetan Plateau during the period AD 1450-2001. Holocene, 20(8): 1235-1245.

Yang K, Ye B S, Zhou D G, et al. 2011. Response of hydrological cycle to recent climate changes in the Tibetan Plateau. Climate Change, 109: 517-534.

Yao T, Duan K, Xu B, et al. 2008. Precipitation record since AD 1600 from ice cores on the central Tibetan Plateau. Climate of the Past, 4(3): 175-180.

Yao T, Masson-Delmotte V, Gao, et al. 2013. A review of climatic controls on $\delta^{18}O$ in precipitation over the Tibetan Plateau: observations and simulations. Reviews of Geophysics, 51(4): 525-548.

Yao T D, Jiao K Q, Tian L D, et al. 1996. Climatic variations since the Little Ice Age recorded in the Guliya Ice Core. Science in China Series D, 39(6): 587-596.

Yao T D, Thompson L G, Duan K Q, et al. 2002. Temperature and methane records over the last 2 ka in

Dasuopu ice core. Science in China Series D, 45(12): 1068-1074.

Yi C L, Chen H L, Yang J Q, et al. 2008. Review of Holocene glacial chronologies based on radiocarbon dating in Tibet and its surrounding mountains. Journal of Quaternary Science, 23(6-7): 533-543.

Zhang C, Zhao C, Yu S Y, et al. 2022. Seasonal imprint of Holocene temperature reconstruction on the Tibetan Plateau. Earth-Science Reviews, 226: 103927.

Zhang E, Chang J, Shulmeister J, et al. 2019. Summer temperature fluctuations in Southwestern China during the end of the LGM and the last deglaciation. Earth and Planetary Science Letters, 509: 78-87.

Zhang E, Zhao C, Xue B. 2017. Millennial-scale hydroclimate variations in southwest China linked to tropical Indian Ocean since the Last Glacial Maximum. Geology, 45(5): 435-438.

Zhang Q B, Cheng G D, Yao T D, et al. 2003. A 2,326-year tree-ring record of climate variability on the northeastern Qinghai-Tibetan Plateau. Geophysical Research Letters, 30(14): 1739.

Zhang W, Cui Z J, Li Y H. 2006. Review of the timing and extent of glaciers during the last glacial cycle in the bordering mountains of Tibet and in East Asia. Quaternary International, 154: 32-43.

Zhang X, Zheng Z, Huang K, et al. 2020. Sensitivity of altitudinal vegetation in southwest China to changes in the Indian summer monsoon during the past 68000 years. Quaternary Science Reviews, 239: 106359.

Zhao C, Rohling E J, Liu Z, et al. 2021. Possible obliquity-forced warmth in southern Asia during the last glacial stage. Science Bulletin, 66(11): 1136-1145.

Zhu L, Lu X, Wang J, et al. 2015. Climate change on the Tibetan Plateau in response to shifting atmospheric circulation since the LGM. Scientific Report, 5: 13318.

第 2 章

近代青藏高原气候变化

本章重点研究分析近代青藏高原气候变化特征及亚洲季风、中高纬大气系统对青藏高原气候变化的影响。近代一般是指 1840 年工业革命以来的时段，由于资料有限，这里主要分析 1951 年以来的青藏高原气候变化。

2.1 近代青藏高原气候变化特征及其调制系统

作为地球第三极，青藏高原总体的气候类型为高原山地气候，太阳短波辐射强，昼夜温差大，平均气温呈现自西北向东南递增的分布特征，降水相对东部季风区偏少。但由于高原地形和海拔差异大，气温、降水等气候特征的分布受到地形的影响较大，地域差异较大。夏半年（4～10 月）是青藏高原地区的暖季；青藏高原的降水主要发生在夏季，占全年降水量的 60% 以上。

青藏高原北侧为中纬度西风带的位置，南部毗邻南亚季风区，东部为东亚季风区，是西风 - 季风协同作用的关键区（图 2.1）。徐祥德等（2002）提出了青藏高原与低纬海洋季风活跃区水汽输送"大三角扇形"关键影响区域的概念模型，青藏高原及周边地区夏季的水汽既有来自南侧孟加拉湾、西南侧阿拉伯海、东南侧南海和西太平洋地区的，又有来自中纬度的偏西风水汽输送，同时还受到地形的抬升和热源作用，是一个水汽输送的复杂区和敏感区（鲁亚斌等，2008；徐祥德等，2019；Zhao and Zhou，2021）。总的来说，由于西风 - 季风的协同影响，青藏高原的水汽主要来自西边界和南边界的水汽输送，东边界主要为水汽输出。青藏高原腹地大部分地区为水汽的辐合区，水汽辐散区域主要位于青藏高原南侧和北侧边缘地区。

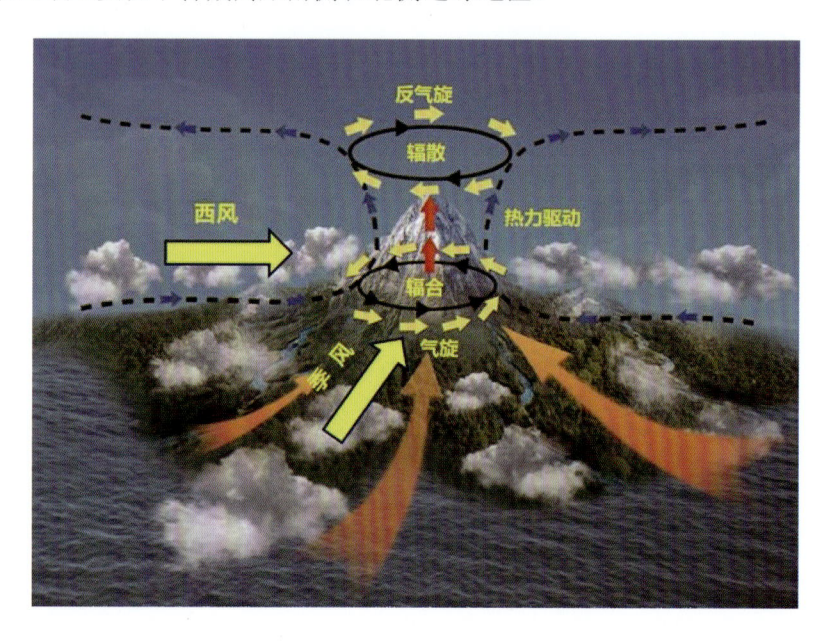

图 2.1　青藏高原的水汽循环示意图（徐祥德等，2019）

相对于周围同高度的自由大气，青藏高原在夏季起强大的热源作用，冬季起热汇作用。这种热源或热汇作用可以作用于对流层中高层，对南亚高压的形成和维持有重要作用（图2.1）。除了热力作用外，青藏高原对大气环流的动力作用亦非常显著，主要是迫使气流抬升、绕行和爬坡。水汽的抬升和辐合是影响水汽输送的重要过程，暖湿空气在青藏高原南缘辐合上升，到达高原主体后辐散，形成高原的云和降水。爬坡气流对青藏高原南部的南支槽的形成有一定贡献。而在青藏高原南北两侧，绕行气流的侧向摩擦使得水平切变增大和涡度场分布改变，影响下游西风和季风区的环流变化。正是由于青藏高原的热力和动力作用，青藏高原的气候特征与西风-季风的协同变化密切联系。

2.1.1 青藏高原降水年际变化

从年际变化上来看，青藏高原地区夏季降水最主要表现为东西部偶极子型的分布特征，同时高原东南侧与中南半岛降水呈现反向变化的特征（图2.2）。Guo等（2021）分析了青藏高原降水变化与水汽再循环的联系，研究指出，青藏高原局地水汽的蒸散发增多、降水再循环率增大和区域水循环加速是降水增加的重要原因之一，而季风区水汽输送的强弱与高原夏季降水的异常变化有直接的联系。Zhao和Zhou（2021）利用高分辨率再分析数据ERA5，分析了青藏高原地区夏季降水再循环率的年际变化机制，指出气候态下青藏高原夏季降水再循环率为22.6%±2.0%，其60%的年际变率受到前冬ENSO事件的调制。前冬的ENSO主要通过"印度洋-西太平洋电容器效应"调制西北太平洋地区对流层低层的异常反气旋环流，影响输送至青藏高原的热带水汽，引起青藏高原东南部和中南部降水的反向变化。

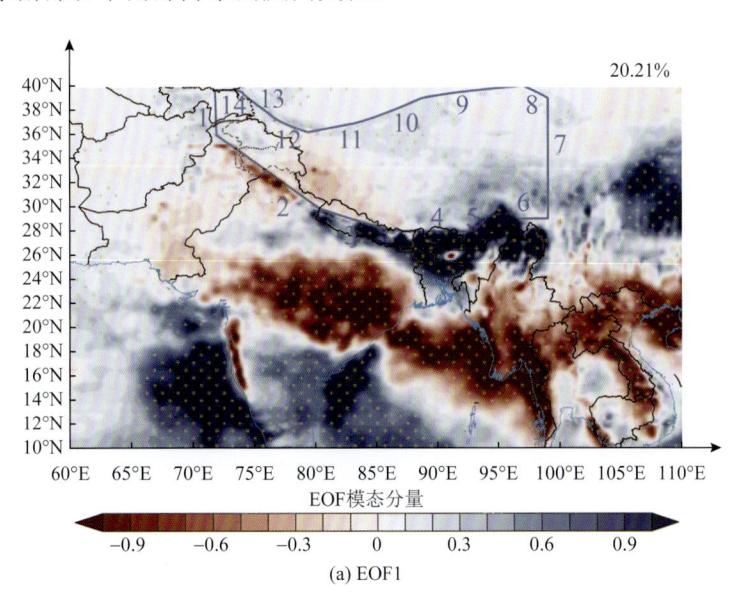

(a) EOF1

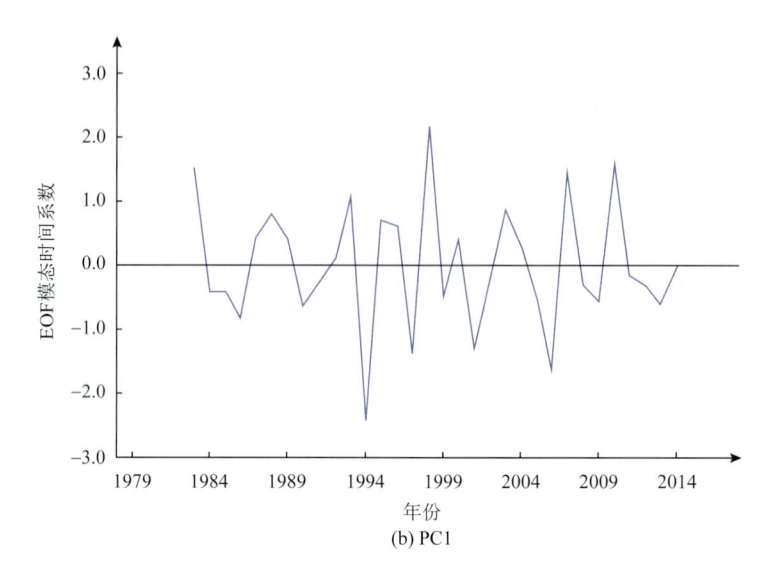

图 2.2　青藏高原夏季降水年际变化的主导模态 (a) 和时间序列 (b)（Zhao and Zhou，2021）
(a) 中数字表示该研究区域选取的 14 个区域边界；右上的数字表示该主导模态解释的降水方差；
(b) 为标准化后的第一模态时间序列

青藏高原东南部的横断山区是亚洲许多主要河流的上游，其降水的变化对当地及下游地区的生态环境和社会经济都有重要的影响。Tao 等（2021）对横断山区雨季降水的经验正交函数分解显示，第一和第二模态分别能解释横断山区雨季降水 28.4% 和 13.9% 的方差（图 2.3）。第一模态表现为横断山区南部降水增多，与丝绸之路遥相关（SRP）和拉尼娜衰退阶段的印太海温分布有关；第二模态表现为偶极子结构，从云贵高原至青藏高原的大部分地区为正降水异常，四川盆地附近为负降水异常，与中高纬横跨欧亚大陆的大气波动和厄尔尼诺发展阶段的印太海温分布有关。

2.1.2　青藏高原降水年代际变化

Dong 等（2019）基于多种统计分析方法发现，青藏高原东南侧横断山区降水在 2004/2005 年存在年代际突变特征。横断山区南部地区的降水在 2005 年以后有明显的减少，其变异机制如图 2.4 所示，主要与印度西海岸和孟加拉湾附近的两个气旋的北支所导致的沿喜马拉雅山南麓的低层异常东风有关。一方面，西太平洋和西印度洋的海温异常，通过调整大气环流会抑制东印度洋降水，激发跨赤道的异常反气旋，影响印度西海岸及孟加拉湾的经向风和水汽输送，使得当地存在正降水异常中心。另一方面，丝绸之路遥相关波列与印度西海岸低层的气旋联系，有助于喜马拉雅山南麓辐散风的形成，使横断山区降水减少。

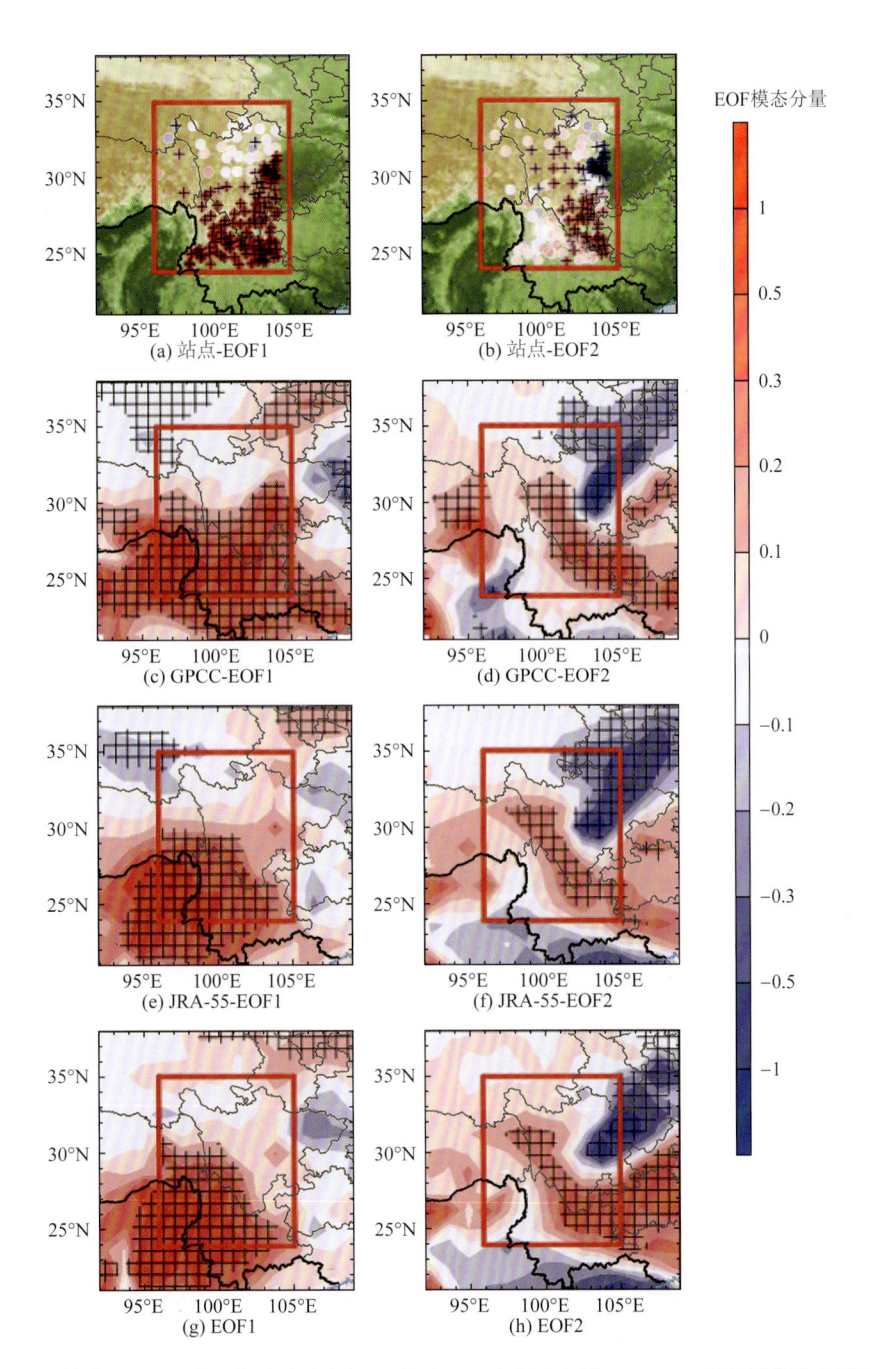

图 2.3 站点 [(a)(b)]、全球降水气候中心 (GPCC) [(c)(d)]、JRA-55 [(e)(f)] 降水资料反映的青藏高原东南侧横断山区雨季降水年际变化的两个主导模态和对应的水汽垂直输送 [(g)(h)] (Tao et al., 2021)

(a) ~ (f) 代表的是降水异常；(g) 和 (h) 为水汽垂直输送异常。填色为模态对应的降水和水汽垂直输送异常，单位为 mm

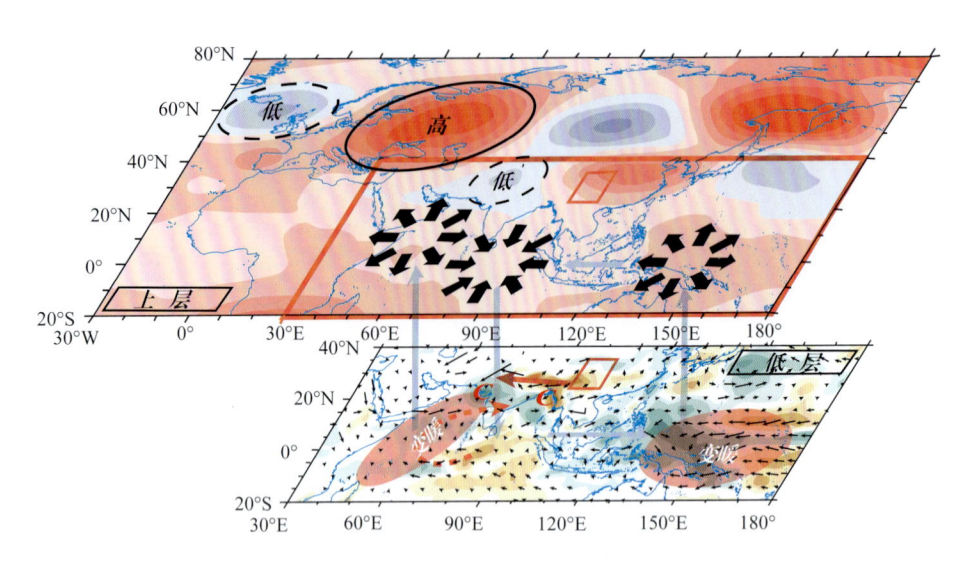

图 2.4　青藏高原东南侧横断山区降水年代际转变主要机制的概念图（Dong et al.，2019）

青藏高原东南延伸区（SETP）（22.5°～27.5°N，87.5°～97.5°E）是晚春（5月）西风–季风协同作用最为显著的区域（图2.5和图2.6）（Song et al.，2022；Wang et al.，2022）。SETP区域晚春降水具有显著的年代际变化，且受到西风–季风协同作用显著的调制。此外，大西洋多年代际振荡（AMO）通过激发遥相关波列影响晚春西风–季风的协同作用，进而实现远距离调制SETP区域晚春降水的年代际变化（图2.5）。SETP区域晚春在1927年之前、1962～1988年以及2004年之后这三个阶段降水偏少，而在1928～1961年以及1989～2003年这两个阶段降水偏多（图2.5）。研究表明，SETP区域晚春降水与其上游（27.5°～33°N，67.5°～80°E）偏弱的中纬度西风环流（500 hPa最为显著）密切联系，同时也与其南部偏强的中北部孟加拉湾季风环流（正相关系数最大的层次位于850 hPa）密切联系。相关系数分别为–0.55（$R1$）和0.49（$R2$），均通过了95%的信度检验。

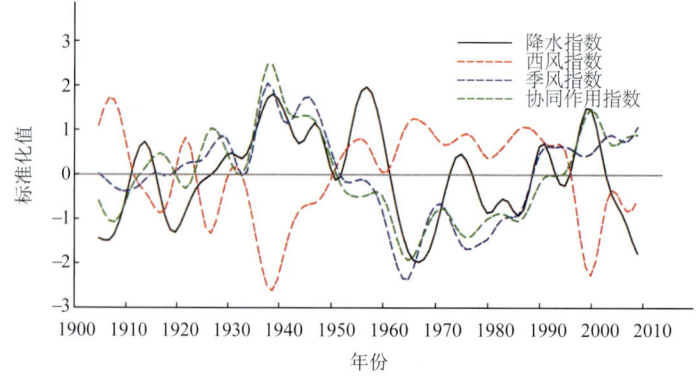

图 2.5　1905～2009年青藏高原东南延伸区5月降水指数以及同期中纬度西风指数、中北部孟加拉湾季风指数和西风–季风协同作用指数年代际分量标准化时间序列（Wang et al.，2022）

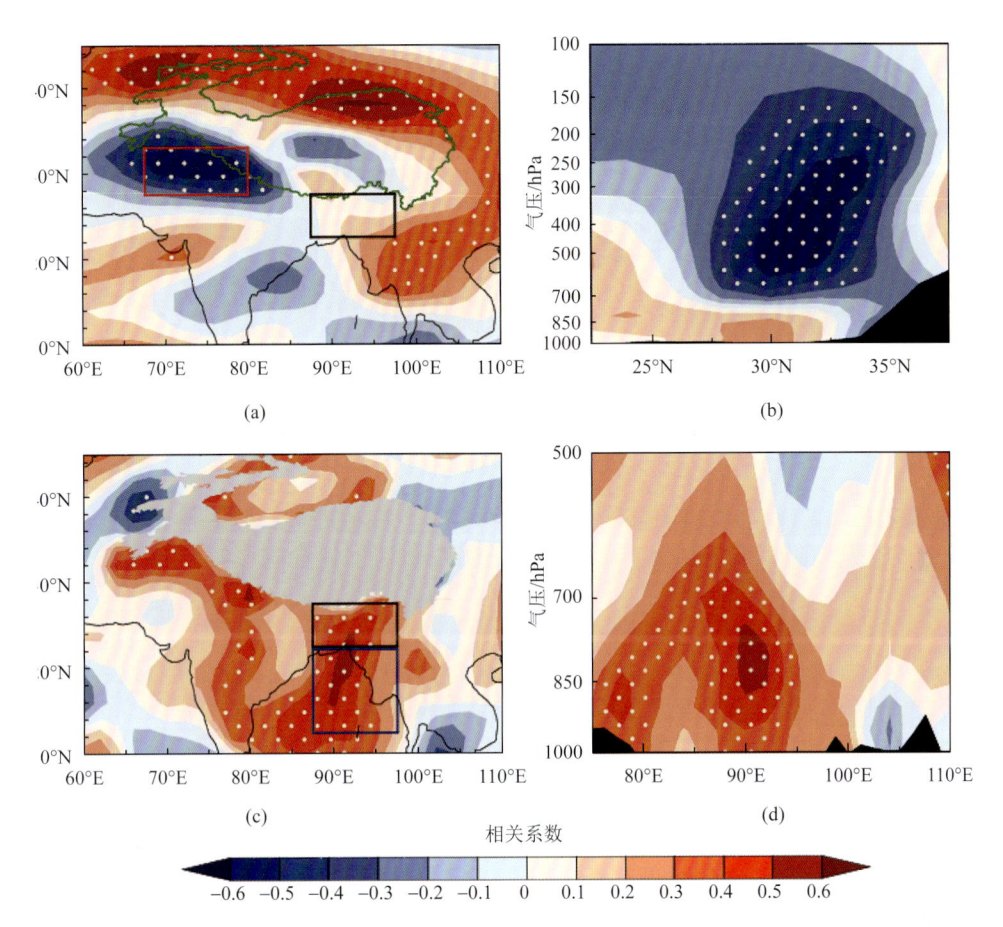

图 2.6 青藏高原东南延伸区晚春（5 月）降水与纬向风［(a)(b)］和经向风［(c)(d)］相关系数空间分布（Wang et al.，2022）

其中，(a) 和 (c) 为平面图，(b) 和 (d) 为剖面图；红色方框为中纬度 500 hPa 西风环流关键区（W）(27.5°～33°N，67.5°～80°E)；蓝色方框为低纬度 850 hPa 季风环流关键区（M）(12.5°～22.5°N，87.5°～97.5°E)；黑色方框为青藏高原东南延伸区 (22.5°～27.5°N，87.5°～97.5°E)

偏弱的西风与偏强的季风也是相互联系的。通过构建西风－季风协同作用指数 $I_{\mathrm{WMI}}=\dfrac{R1\times \mathrm{WI}+R2\times \mathrm{MI}}{|R1|+|R2|}$（其中，WI 为西风环流关键区 500 hPa 平均纬向风，表示中纬度西风指数；MI 为季风环流关键区 850 hPa 平均经向风，表示中北部孟加拉湾季风指数）来定量表征降水与西风－季风协同作用的联系。降水与西风－季风协同作用指数相关系数明显增大，为 0.57（图 2.5）。在年代际尺度上，西风－季风协同作用与 AMO 这一年代际海洋信号密切相关（图 2.7），相关系数可达 0.61，通过了 95% 的信度检验。AMO 通过局地海气相互作用，激发一个源自东大西洋的遥相关波列，远距离调制青藏高原及其附近区域的环流异常，使得西风环流关键区纬向西风偏弱、季风环流关键区经向南风偏强，进而调制 SETP 区域晚春降水的年代际变化。

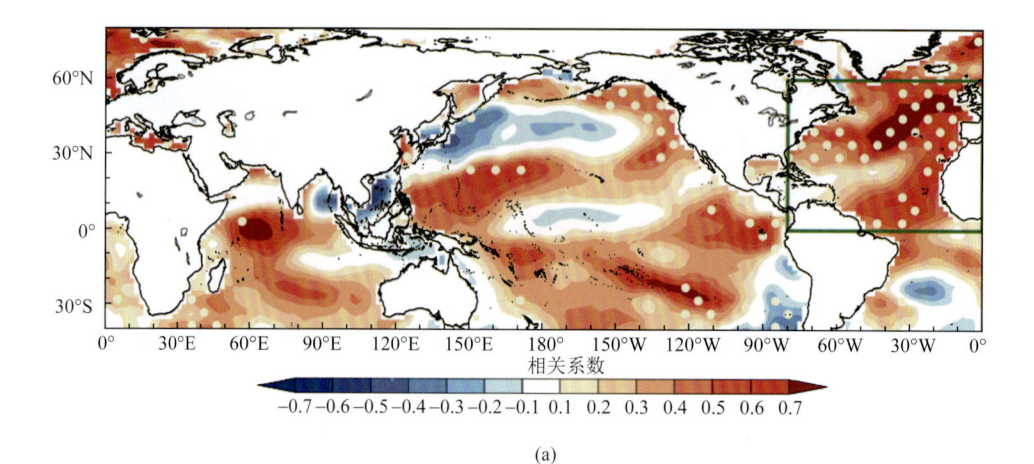

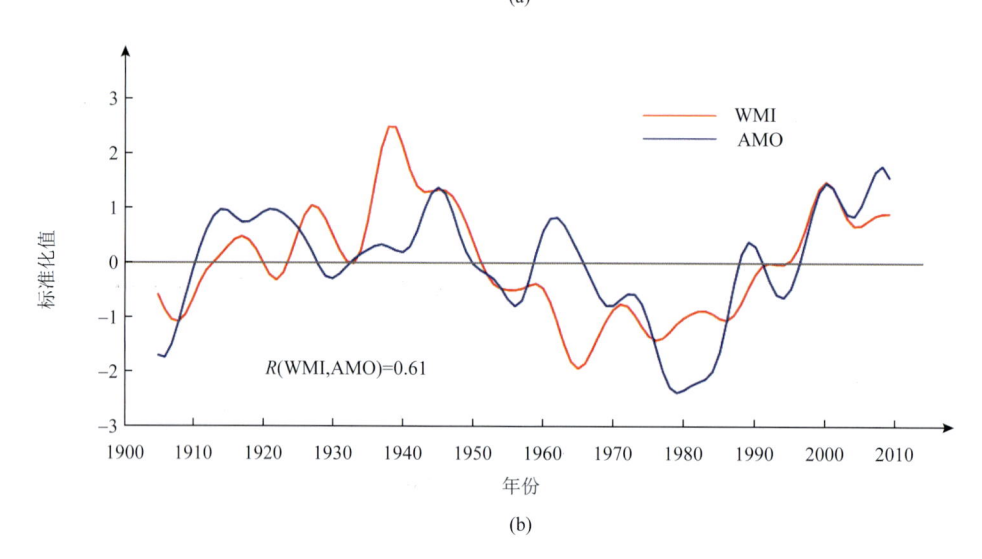

图 2.7 晚春西风-季风协同作用指数（WMI）与同期全球海温的相关系数分布（a）；1905～2009 年晚春西风-季风协同作用指数（WMI）与 AMO 指数年代际分量标准化时间序列（b）（Wang et al.,2022）

2.1.3 青藏高原暖湿化趋势

从长期变化趋势看，青藏高原近代气候总体呈现显著"变暖变湿"的特征。作为全球气候变化最敏感和脆弱的地区之一，政府间气候变化专门委员会的第六次评估报告（IPCC，2021）和中国气象局气候变化中心组织编制的《中国气候变化蓝皮书（2021）》均指出，青藏高原地区的变暖明显超过全球同期平均升温率，气温和降水均呈现明显增加的变化特征。其中，《中国气候变化蓝皮书（2021）》指出，1961～2020 年青藏高原地区气温平均每 10 年升高 0.37℃。青藏高原地区平均年降水量亦呈显著增多趋势，平均每 10 年增加 10.4mm。

通过对青藏高原地区气象站点实测资料进行分析发现，1979 年以来藏东南地区也

第 2 章 近代青藏高原气候变化

表现出明显的"变暖变湿"的特征（图2.8）。藏东南地区的年平均气温呈现显著上升趋势，升温速率为 0.36℃/10 a，这种升温趋势明显高于全国其他地区。其中，年平均气温最高值出现于 2009 年（6.2℃），年平均气温最低值出现于 1997 年（3.9℃）。另外，从不同季节看，冬季增暖最显著，每 10 年增暖 0.51℃，夏秋次之，增暖最不明显的是春季，每 10 年增暖 0.25℃。整个青藏高原地区均呈现一致性的增暖，青藏高原西北部地区增温幅度高于藏东南地区。伴随着温度的升高，藏东南地区积雪深度在 1979～2020 年呈明显的减少趋势，而极端高温日数呈现显著增多趋势，上升趋势分别为 3.44 d/10 a，在 2005 年前后呈现出了明显的增加趋势。冰冻和霜冻日数均呈现了明显的减少趋势。

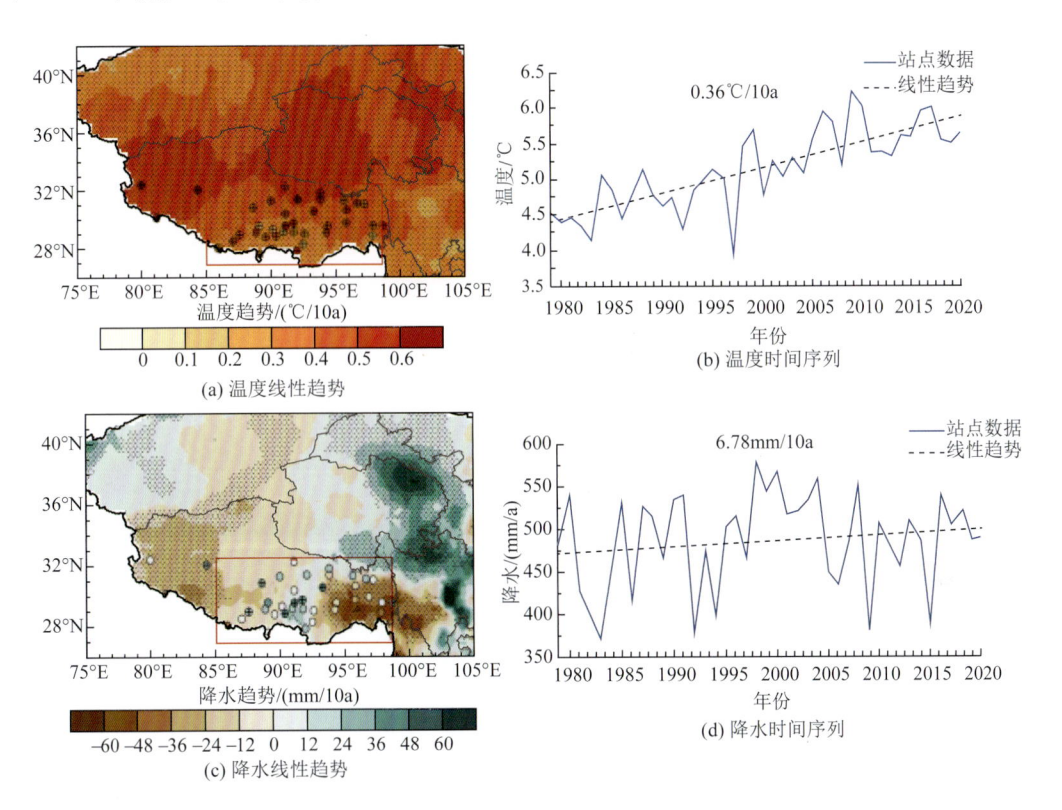

图 2.8 青藏高原地区 1979 年以来的温度和降水变化趋势和藏东南地区的时间演变
资料来源：西藏自治区气象局提供的 37 个人工值守站的逐日地面气象资料（散点）和 CN05.1 格点资料（阴影）

台站资料显示，藏东南地区年降水量呈增加趋势，1979～2020 年增加速率为 6.78 mm/10a（图2.8）。降水的增加趋势主要体现在春季和夏季，以青藏高原中部降水增加为主。相对于 CN05.1 格点资料，站点观测资料对降水趋势描述的准确性更高，东南部局地出现了一定的下降趋势。从时间序列上看，藏东南地区年降水量表现出一定的年代际变化，20 世纪 80 年代初期降水偏少，80 年代后期至 21 世纪初期降水又持续偏多，2005 年之后降水量以年际振荡为主。与降水的增加相对应，整个青藏高原总的水汽净收支呈现持续增加的趋势，增加趋势为每年增加 16.3t/s。水汽输送的趋势变化主要体现在东边界和北边界，对应东边界水汽输出减少、北边界水汽输出增加。

35

2.2 亚洲季风对青藏高原近代气候变化的调制效应

青藏高原是西风与印度季风两大环流系统的交汇区，也是全球变化背景下西风-季风相互作用最为复杂、最为敏感的地区之一。青藏高原与印度洋至南海低纬度海洋季风活跃区的水汽输送"大三角扇形"区，是青藏高原关键的水汽供应区，也是低纬度季风系统与青藏高原能量水分循环相互作用的敏感区（徐祥德等，2002）。影响青藏高原近代气候变化最为直接的亚洲季风系统为印度季风系统，由印度夏季风所主导的水汽输送过程是连接热带海洋与青藏高原"海-陆-气"相互作用的重要纽带（徐祥德等，2019）。从气候平均态来看，由季风环流主导的青藏高原水汽输送路径可分为东西两支：东线为印度洋暖湿气流经由孟加拉湾，沿雅鲁藏布江伸入青藏高原，西线为印度洋暖湿气流经由阿拉伯海进入印度次大陆，然后翻越喜马拉雅山进入青藏高原主体（黄福均，1983；田立德等，2001）。水汽被季风环流输送至青藏高原周围后，可通过青藏高原南坡第二类对流不稳定机制（CISK）(Xu et al., 2014) 或"抬升-翻越"机制翻越高耸的喜马拉雅山进入青藏高原主体（图 2.9）(Dong et al., 2016, 2017)。

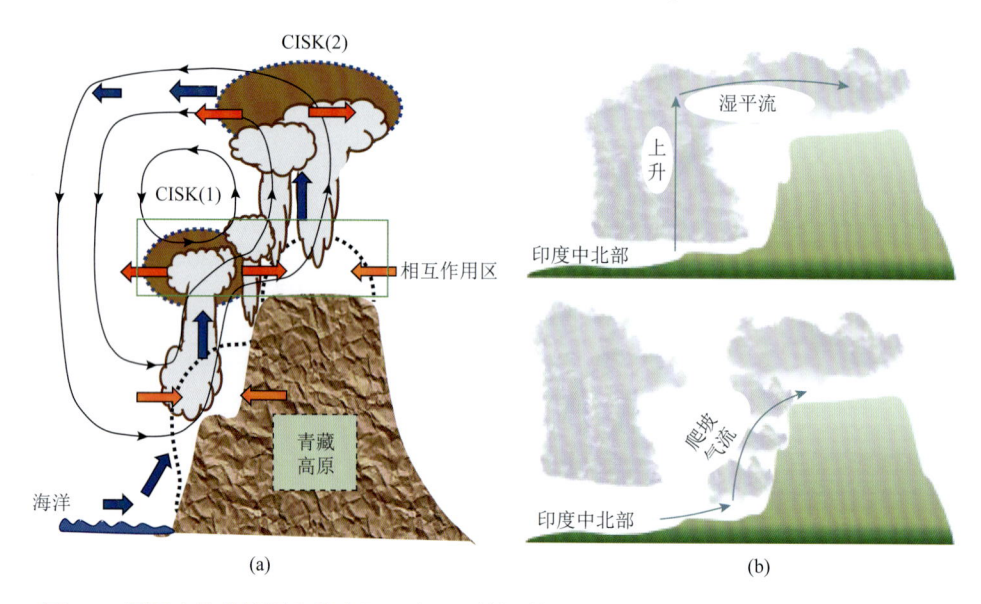

图 2.9　季风水汽传输到青藏高原两种不同的机制 (Xu et al.,2014; Dong et al.,2016,2017)

2.2.1　青藏高原降水变化与印度夏季风

青藏高原近代降水变化的主要特征为主体增多、南部减少的"双核"型变化（Yao et al., 2012）。图 2.10 给出了自 1970 年以来青藏高原东南部地区三个观测站点（林芝、察隅和波密）6～9 月平均的降水变化与印度夏季风指数及全印度降水量，可见印度夏季风自 1979 年以来的减弱是青藏高原东南部夏季降水减少的重要原因之一。青藏高原东南部降水减少进一步使得雅鲁藏布江流域冰川退缩和湖泊面积缩减（Brun et al.，2017；Yao et al.，2019；Zhang et al.，2019）。

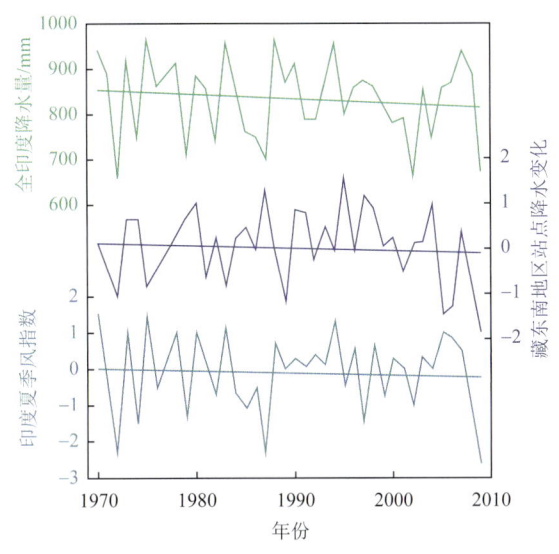

图 2.10 1970 年以来青藏高原东南部夏季降水变化与印度夏季风之间的关系（Yao et al.，2012）
由上到下分别为 6～9 月平均的全印度降水量、藏东南地区三个站点（林芝、察隅和波密）降水变化和印度夏季风指数

在年代际尺度上，太平洋年代际振荡（IPO）是影响印度夏季风爆发及印度夏季降水多寡的主导气候因子（Huang et al.，2020），IPO 位相的转变与印度夏季风爆发的早晚亦有密切关系（Watanabe and Yamazaki，2014）。Zhang 等（2017）基于 1979～2014 年站点资料、全球降水气候计划（Global Precipitation Climatology，GPCP）与欧洲气象中心资料（ERA-Interim）的分析表明，当 IPO 位相由正转负时，能够导致印度夏季风爆发提前，激发印度次大陆北部的异常气旋，使得印缅槽加深，有利于向青藏高原主体输送水汽，这是自 1979 年以来青藏高原东南部 5 月降水与水汽增加的重要原因之一（图 2.11）。

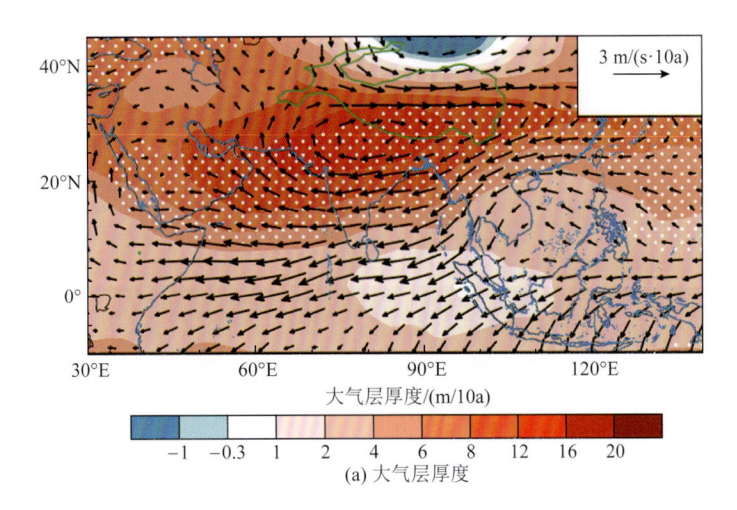

(a) 大气层厚度

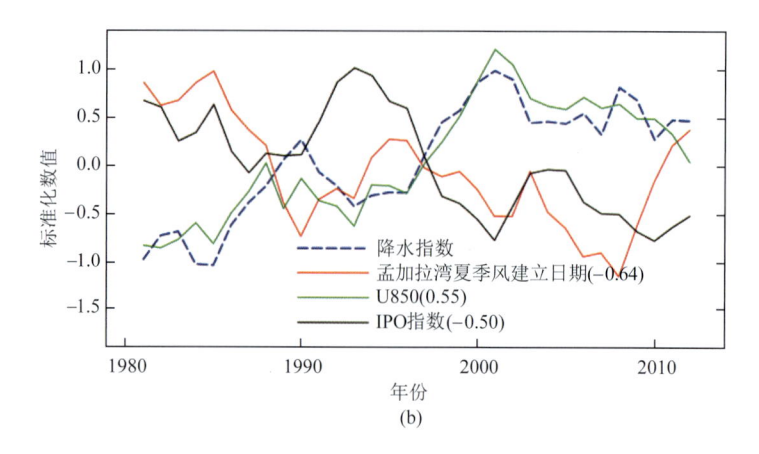

图 2.11　太平洋年代际振荡和印度季风爆发与青藏高原5月降水趋势变化的联系（Zhang et al., 2017）

(a) 1979～2014年5月200～500 hPa大气层厚度（阴影，单位：m/10a）与200hPa风场［矢量，单位：m/(s·10a)］的线性趋势，打点代表通过95%的显著性检验。(b) 标准化的青藏高原东南部5月降水指数（蓝线），孟加拉湾夏季风建立日期（红线），北印度洋850 hPa纬向风（U850，绿线，5°～15°N，60°～95°E），以及3～5月IPO指数（黑线）。括号内数字为青藏高原东南部降水指数与其他指数的相关系数

在年际尺度上，Jiang和Ting（2017）指出，印度夏季风和青藏高原可视为一个相互作用的系统，表现为印度次大陆降水与青藏高原东南部降水之间的反向相关关系（图2.12）。当印度夏季风降水减少时，可通过局地异常大气纬向环流，加强青藏高原东南部对流活动。反之，当青藏高原东南部降水增多时，由大气热源变化所激发的异常下沉气流位于印度次大陆，抑制印度夏季风降水。"印度夏季风－青藏高原东南部"系统不仅体现为局地耦合系统，还受到热带东南印度洋及海洋性大陆附近的对流活动的调制（Jiang et al., 2015, 2016）。印度夏季风爆发时间的早晚也对年际尺度上青藏高原降水的变化具有重要影响，且这种影响存在不对称性：当印度夏季风爆发提前时，青藏高原中东部与东南部地区降水显著增多，当爆发偏晚时，青藏高原夏季降水受印度夏季风的影响并不显著（Zhu et al., 2020）。

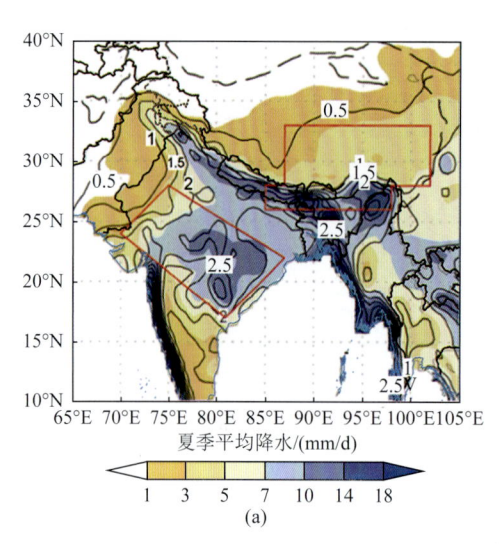

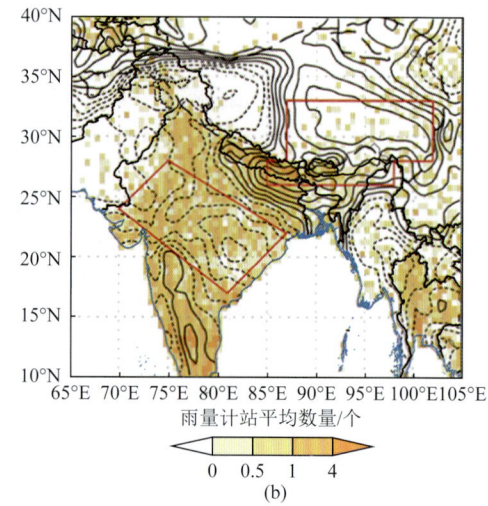

第 2 章　近代青藏高原气候变化

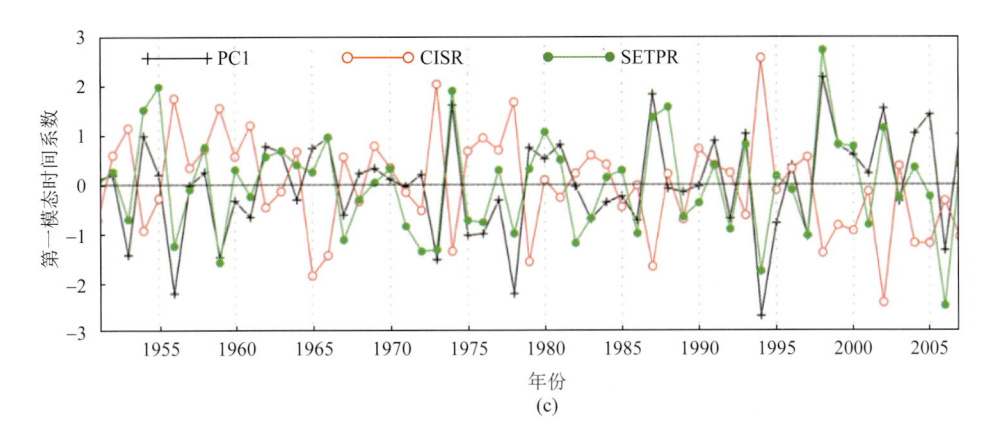

图 2.12　印度夏季风和青藏高原东南部的局地耦合系统（Jiang and Ting，2017）
(a) 1951～2007 年青藏高原与南亚地区夏季平均降水（阴影，单位：mm/d）与方差（等值线，单位：mm/d）的空间分布。
(b) 青藏高原与南亚地区夏季降水 EOF 第一模态（等值线，单位：mm/d）和雨量计站的平均数量（阴影，单位：个）。
(c) EOF 第一模态对应的主成分时间序列（PC1，黑线），青藏高原东南部区域平均夏季降水指数（SETPR，绿线），以及印度中部区域平均夏季降水指数（CISR，红线）

2.2.2　ENSO 通过印度夏季风影响青藏高原降水变化

印度夏季风也是 ENSO、印度洋海温异常影响青藏高原的中间桥梁。在厄尔尼诺（El Niño）事件衰减年的春季和夏季，热带印度洋常形成明显的海盆尺度的海温增暖现象，即印度洋海盆一致模（IOBM）（Klein et al.，1999；Huang and Kinter，2002；Du et al.，2009）。由于热带西南印度洋的增暖幅度更大，峰值位相的 IOBM 常呈现南北不对称分布特征。一方面，热带印度洋海温分布的南北不对称激发出热带北印度洋的反对称大气环流异常（Wu et al.，2008）；另一方面，暖的热带印度洋海温通过加热对流层大气，使得海陆温差减弱。两类过程均不利于印度夏季风爆发，推迟的印度夏季风爆发使得青藏高原东南部 5 月降水减少（Chen and You，2017）。另外，IOBM 所伴随的热带西南印度洋暖海温异常也能驱动异常哈得来环流，其下沉支位于青藏高原东南部，使得该地区水汽辐散，不利于降水的形成（Zhao et al.，2018）。在印度夏季风爆发之后，热带西南印度洋暖海温的长期维持使得热带北印度洋的反对称大气环流异常得以维持（Wu et al.，2008）。该反对称大气环流异常使得热带印度洋海温出现二次增暖，IOBM 得以维持至厄尔尼诺衰减年的夏季（Du et al.，2009）。夏季 IOBM 能够通过"电容器效应"维持西北太平洋异常反气旋，使得西北太平洋副热带高压增强、西伸，东亚夏季风减弱（Xie et al.，2009），其位于孟加拉湾北侧的偏南风使得进入青藏高原的水汽增多，从而使得夏季青藏高原上空的水汽含量增多（任倩等，2017）。同时，正 IOBM 事件期间出现在北印度洋的暖海温异常能够加强印度季风区水汽辐合和南亚季风降水（Yang et al.，2007；Chowdary et al.，2016），增多的水汽辐合也有利于青藏高原东南

39

部降水的增加。

　　对于厄尔尼诺发展位相，Hu 等（2021）指出，由热带中东太平洋暖海温异常所驱动的沃克环流减弱、东移，使得热带东印度洋出现异常下沉气流，抑制印度季风区的对流加热，进而在青藏高原西侧上空激发出气旋环流异常，伴随着由热带中东太平洋暖海温激发的热带对流层开尔文波，最终令南亚高压与副热带西风急流南移，在青藏高原西南部上空出现异常西风气流。由于青藏高原西南部对流层中上层为水汽梯度大值区，异常西风气流的出现使得该区域出现纬向干（低湿焓）平流，从而抑制了局地的对流活动，使得青藏高原西南部降水减少（图 2.13）。

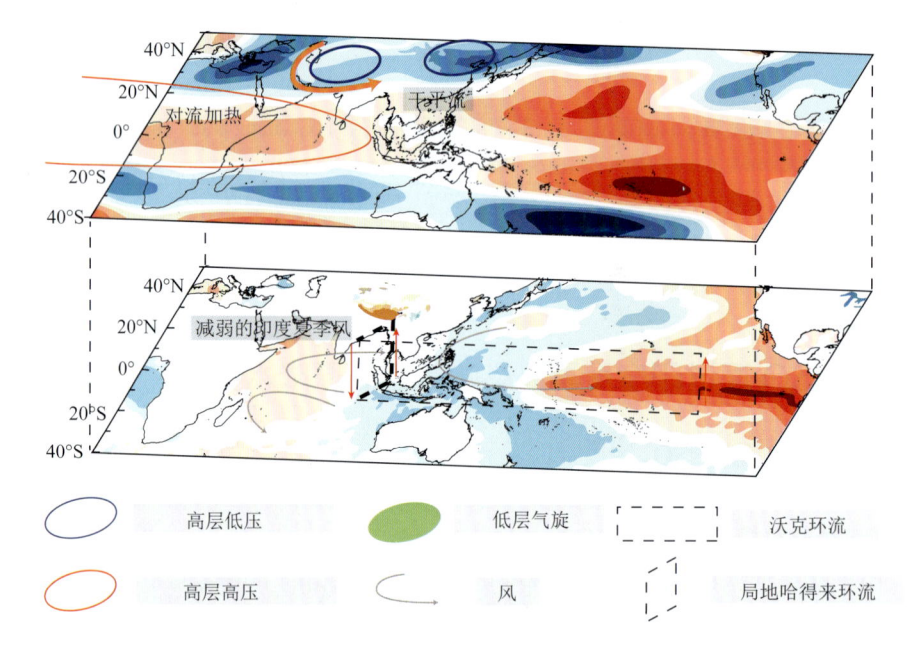

图 2.13　发展位相 ENSO 影响青藏高原西南部夏季降水
年际变化的机理示意图（Hu et al.，2021）

2.3　中高纬度系统对青藏高原近代气候变化的影响

　　中纬度西风系统将大西洋与欧亚大陆水汽输送至青藏高原西边界，是主导青藏高原中西部地区水汽输送的关键气候系统。影响青藏高原近代天气与气候变化的中高纬度西风系统包括中纬度西风急流带，以及叠加在西风急流带之上的行星尺度的定常波与不同时间尺度的瞬变波等。行星尺度定常波的形成主要是地形和非绝热加热分布不均匀性强迫的结果，对近代气候格局的形成至关重要。而理解青藏高原近代气候变化的成因，应关注不同时间尺度的中高纬度瞬变波系统。

2.3.1 AMO 对青藏高原气候变化影响

在年代际尺度上，大量研究表明，与 AMO 密切相关的副极地涡旋区海温的年代际变化，能够激发沿下游传播的遥相关波列，影响青藏高原近代夏季降水、大气可降水量以及地表温度的变化，其作用示意图如图 2.14 所示。一是形成位于青藏高原东北侧的对流层上层的异常反气旋，该反气旋南侧的东风异常能够减少青藏高原东边界的水汽输出，使得更多水汽保留在青藏高原大气中，有利于降水的增多（Zhou et al.，2019），也对青藏高原自 1998 年以来的快速增暖具有重要影响（Gao et al.，2020）；二是形成位于帕米尔高原西侧的异常气旋，该气旋南侧的偏南风能够将印度洋水汽向青藏高原腹地输送，从而也有利于降水的增多（Sun et al.，2020）。

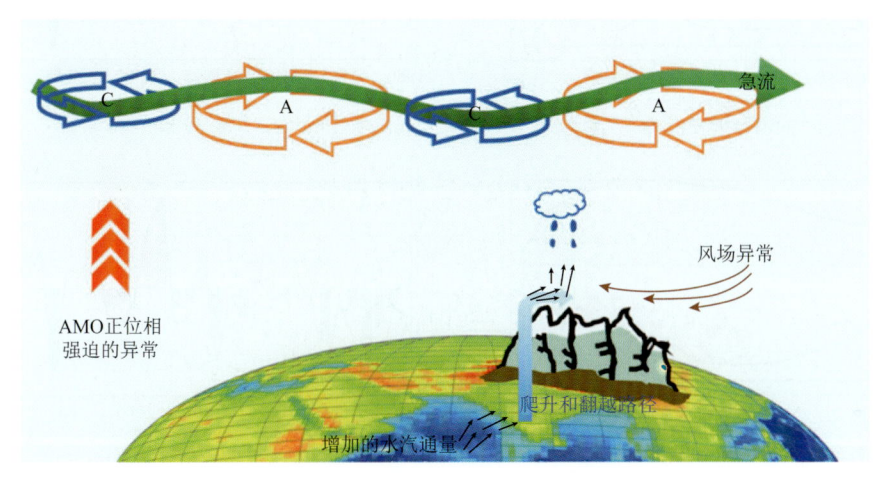

图 2.14 正位相 AMO 所对应的北大西洋暖海温异常激发的年代际尺度遥相关波列对青藏高原近代气候变化影响的示意图（Sun et al.，2020）
A、C 分别代表反气旋、气旋式环流异常

2.3.2 NAO 对青藏高原气候变化影响

在年际尺度上，影响青藏高原气候变化的中高纬度瞬变波包括北大西洋涛动（NAO）、丝绸之路遥相关（SRP）以及整个半球尺度上的环球遥相关（CGT）等。NAO 是北大西洋地区大气活动的主导模态，其主要特征为冰岛低压与亚速尔高压之间的大尺度反相关变化关系（Hurrell，1995；Chen and Hellström，1999）。当 NAO 处于正（负）位相时，亚速尔高压增强（减弱），而冰岛地区气压减弱（增强），使得北大西洋中纬度西风环流增强（减弱）（Barnston and Livezey，1987）。NAO 存在显著的季节变化特征，其信号在冬季最强。但由春季到夏季，NAO 逐渐减弱（Feldstein，2007）。相比冬季 NAO，虽然夏季 NAO 强度偏弱、活动中心略东移（Folland et al.，2009），但夏季 NAO 对青藏高原夏季气候变化具有更为重要的影响。研究表明，夏季 NAO 是调制青藏高原中东部夏季降水年际变率最为关键的气候因子（刘晓东和侯萍，1999；Liu and Yin，2001；Liu et al.，2015；Wang et al.，2017，2018）。青藏高原中东部地区夏季降水主导模态呈现以唐古拉山脉为界，青藏高原东北部与东南部降水的偶极子型变化模态（Liu and Yin，2001），而夏季 NAO 是年际尺度上青藏高原夏季降水偶极子型变化模态产生的重要原因（图 2.15）。

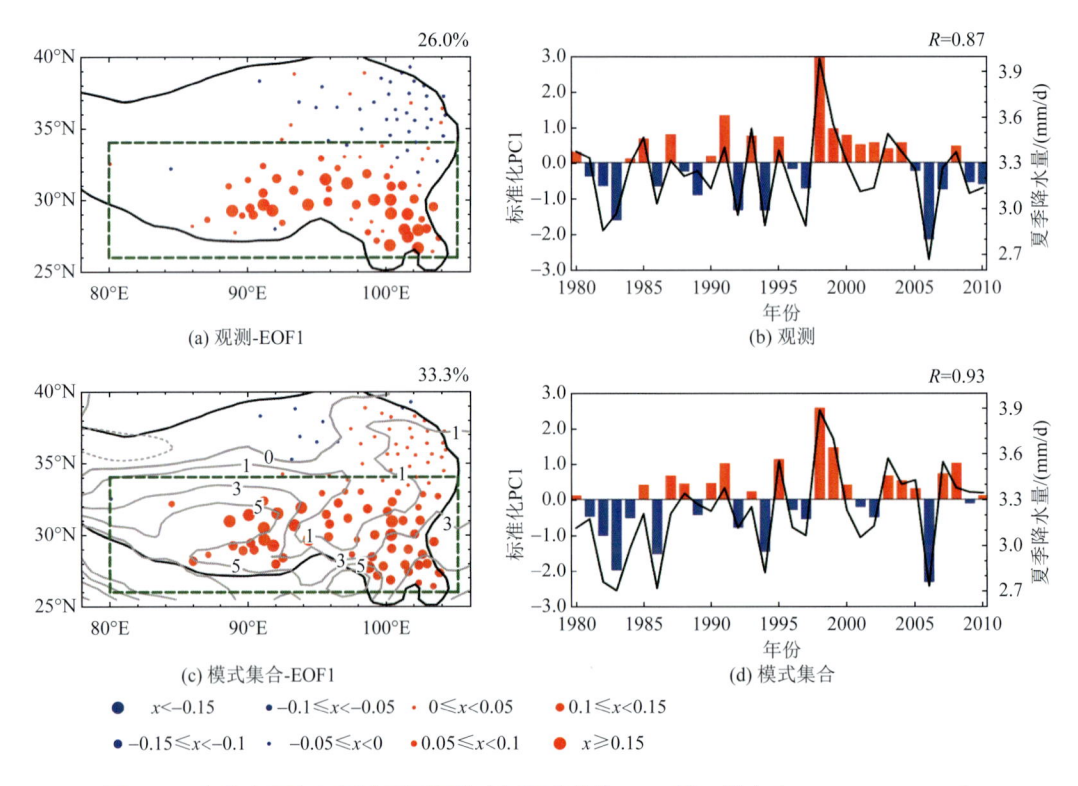

图 2.15 青藏高原中东部地区夏季降水年际变化的 EOF 第一模态（Wang et al.，2017）

围绕着夏季 NAO 影响青藏高原夏季降水的物理机制，Liu 和 Yin（2001）指出，负位相夏季 NAO 通过北大西洋东部 40°～50°N 西风环流加强，使得青藏高原西侧低纬度地区出现异常反气旋型环流，同时造成青藏高原南部产生更强的动力绕流，促进青藏高原东部异常气旋的发展，这种环流配置使得青藏高原南部的南风增强，而青藏高原北部的北风增强，对应青藏高原上空水汽辐合加强，从而产生更强的降水。刘焕才和段克勤（2012）研究发现，当夏季 NAO 处于正位相时，通过影响西风带，青藏高原切变线北移，青藏高原北部水汽输送与水汽辐合增强，而青藏高原南部水汽输送及辐合减弱，最终导致青藏高原北部降水增多而南部降水减少。Liu 等（2015）的研究进一步指出，正位相夏季 NAO 能够通过激发准静止罗斯贝波向下游传播，使得东亚地区出现异常反气旋，该异常反气旋使得暖湿空气由东亚输送至青藏高原，加强局地积云对流活动，最终导致青藏高原东北部降水增加。同时，印度西北部出现异常气旋，使得进入青藏高原东南部的水汽减少，从而使得降水减少。Wang 等（2017）利用多套再分析资料的研究指出，青藏高原夏季降水年际变率主要由夏季 NAO 通过影响其西侧进入青藏高原的水汽输送异常决定（图 2.16）。Hu 等（2022）进一步指出，夏季 NAO 导致的青藏高原东南部与东北部夏季降水异常的形成机制存在差异，其中东南部降水异常主要由异常水汽垂直输送项产生，其中异常水汽垂直输送的动力项具有决定性贡献；而东北部降水异常主要由异常水汽水平输送项产生。夏季 NAO 通过激发遥相关波列，使得青藏高原东南部出现的正湿焓平流是驱动该地区异常垂直运动的重要原因，而位于青藏高原东侧的相当正压异常反气旋是驱动青藏高原东北部地区异常水平运动的重要原因。另外，Liu 等（2021）也指出，自 20 世纪 90 年代末以来，夏季 NAO 与青藏高原降水偶极子模态的联系在减弱，而与 AMO 位相转变相关的沿欧亚大陆不对称波传播结构引起的区域大气环流的变化是这种联系减弱的主要原因。

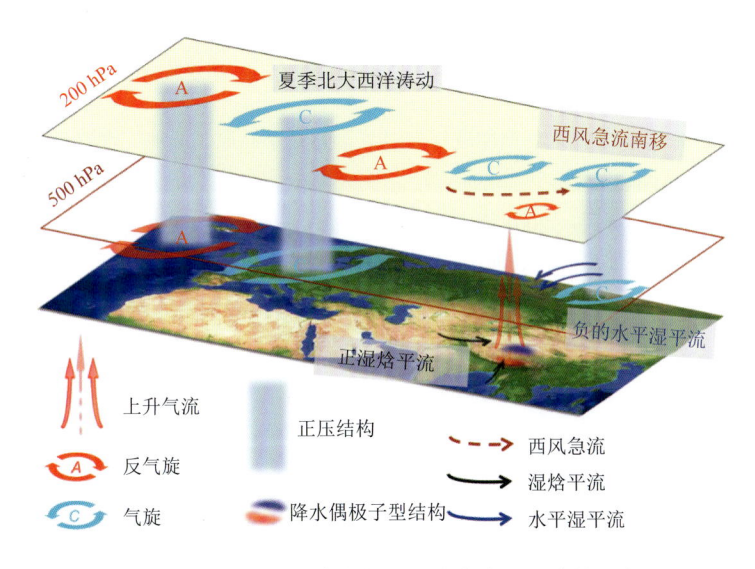

图 2.16　夏季北大西洋涛动对青藏高原中东部夏季降水变化影响的示意图（Hu et al.，2022）

2.3.3　CGT 对青藏高原气候变化影响

夏季环球遥相关（CGT）的概念最早由 Ding 和 Wang（2005）提出。CGT 是北半球对流层上层环流年际变率的 EOF 第二模态，主要出现在夏季北半球对流层上层，具有纬向 5 波结构和固定的活动中心，表现为沿着急流传播的环绕全球纬向分布的遥相关模态。CGT 整合了全球不同的遥相关型，如"印度夏季风－东亚夏季风"遥相关（Kripalani and Kulkarni，1997；Krishnan and Sugi，2001）、丝绸之路遥相关（Lu et al.，2002；Enomoto et al.，2003；Enomoto，2004；Kosaka et al.，2012）以及"东京－芝加哥"遥相关（Lau et al.，2004）均是 CGT 在区域尺度上的分支。CGT 是影响青藏高原夏季气候的另一种中高纬度系统（Bothe et al.，2009；Cen et al.，2020；Hu et al.，2022）。当 CGT 遥相关为正位相时，其对应的大气活动最显著的特征为出现在青藏高原西侧与朝鲜半岛附近的异常反气旋，以及出现在青藏高原东北侧的异常气旋。在这种环流的配置下，夏季帕米尔高原（青藏高原中东部）地表气温升高（下降），同时青藏高原东北部降水减少（Ding and Wang，2005）。丝绸之路遥相关也能够显著地影响南亚高压的纬向位置（Cen et al.，2020），进而对青藏高原夏季气候产生重要影响（Wei et al.，2017；Ma et al.，2021）。

参考文献

黄福均. 1983. 1979 年夏季青藏高原天气系统的若干新事实. 气象，9(3)：2-6.

刘焕才，段克勤. 2012. 北大西洋涛动对青藏高原夏季降水的影响. 冰川冻土，34(2)：311-318.

刘晓东，侯萍. 1999. 青藏高原中东部夏季降水变化及其与北大西洋涛动的联系. 气象学报，57(5)：561-557.

鲁亚斌，解明恩，范菠，等. 2008. 春季高原东南角多雨中心的气候特征及水汽输送分析. 高原气象，27：1189-1194.

任倩，周长艳，何金海，等. 2017. 前期印度洋海温异常对夏季高原"湿池"水汽含量的影响及其可能原因. 大气科学，41：648-658.

田立德，姚檀栋，Numaguti A，等. 2001. 青藏高原南部季风降水中稳定同位素波动与水汽输送过程. 中国科学 D 辑：地球科学，B12：215-220.

徐祥德，董李丽，赵阳，等. 2019. 青藏高原"亚洲水塔"效应和大气水分循环特征. 科学通报，64：2830-2841.

徐祥德，陶诗言，王继志，等. 2002. 青藏高原－季风水汽输送"大三角扇型"影响域特征与中国区域旱涝异常的关系. 气象学报，60：257-266.

郑度，姚檀栋. 2004. 青藏高原形成演化及其环境资源效应研究进展. 中国基础科学，6：15-21.

Barnston A G, Livezey R E. 1987. Classification seasonality and persistence of low-frequency atmospheric circulation patterns. Monthly Weather Review, 115: 1083-1126.

Bothe O K, Fraedrich, Zhu X. 2009. The large-scale circulations and summer drought and wetness on the Tibetan Plateau. International Journal of Climatology, 30(6)：844-855.

Brun F, Berthier E, Wagnon P, et al. 2017. A spatially resolved estimate of High Mountain Asia glacier mass balances from 2000 to 2016. Nature Geoscience, 10: 668-673.

Cen S, Chen W, Chen S, et al. 2020. Potential impact of atmospheric heating over East Europe on the zonal shift in the South Asian high: the role of the Silk Road teleconnection. Scientific Reports, 10: 6543.

Chen D, Hellström C. 1999. The influence of the North Atlantic Oscillation on the regional temperature variability in Sweden: spatial and temporal variations. Tellus A: Dynamic Meteorology and Oceanography, 51: 505-516.

Chen X, You Q. 2017. Effect of Indian Ocean SST on Tibetan Plateau precipitation in the early rainy season. Journal of Climate, 30: 8973-8985.

Chowdary J S, Harsha H S, Gnanaseelan C, et al. 2016. Indian summer monsoon rainfall variability in response to differences in the decay phase of El Niño. Climate Dynamics, 48: 2707-2727.

Ding Q, Wang B. 2005. Circumglobal teleconnection in the Northern Hemisphere summer. Journal of Climate, 18: 3483-3505.

Dong D, Tao W, Lau W K M, et al. 2019. Interdecadal variation of precipitation over the Hengduan mountains during rainy seasons. Journal of Climate, 32: 3743-3760.

Dong W, Lin Y, Wright J S, et al. 2017. Indian monsoon low-pressure systems feed up-and-over moisture transport to the southwestern Tibetan Plateau. Journal of Geophysical Research: Atmospheres, 122(22): 12140-12151.

Dong W, Lin Y, Wright J S, et al. 2016. Summer rainfall over the southwestern Tibetan Plateau controlled by deep convection over the Indian subcontinent. Nature Communications, 7: 10925.

Du Y, Xie S P, Huang G, et al. 2009. Role of air-sea interaction in the long persistence of El Niño-induced North Indian Ocean warming. Journal of Climate, 22: 2023-2038.

Enomoto T. 2004. Interannual variability of the Bonin high associated with the propagation of Rossby waves along the Asian jet. Journal of the Meteorological Society of Japan, 82(4): 1019-1034.

Enomoto T, Hoskins B J, Matsuda Y. 2003. The formation mechanism of the Bonin high in August. Quarterly Journal of the Royal Meteorological Society, 129: 157-178.

Feldstein S B. 2007. The dynamics of the North Atlantic Oscillation during the summer season. Quarterly Journal of the Royal Meteorological Society, 133(627): 1509-1518.

Folland C K, Knight J, Linderholm H W, et al. 2009. The summer North Atlantic Oscillation: past, present, and future. Journal of Climate, 22: 1082-1103.

Gao K, Duan A, Chen D. 2020. Interdecadal summer warming of the Tibetan Plateau potentially regulated by a sea surface temperature anomaly in the Labrador Sea. International Journal of Climatology, 41(s1): E2633-E2643.

Guo D, Pepin N, Yang K, et al. 2021. Local changes in snow depth dominate the evolving pattern of elevation-dependent warming on the Tibetan Plateau. Science Bulletin, 66: 1146-1150.

Hu S, Zhou T, Wu B. 2021. Impact of developing ENSO on Tibetan Plateau summer rainfall. Journal of Climate, 34: 3385-3400.

Hu S, Wu B, Zhou T, et al. 2022. Dominant anomalous circulation patterns of Tibetan Plateau summer climate generated by ENSO-forced and ENSO-independent teleconnections. Journal of Climate, 35: 1679-1694.

Huang B, Kinter III J L. 2002. Interannual variability in the tropical Indian Ocean. Journal of Geophysical Research, 107(C11): 3199.

Huang X, Zhou T, Turner A, et al. 2020. The recent decline and recovery of Indian summer monsoon rainfall: relative roles of external forcing and internal variability. Journal of Climate, 33: 5035-5060.

Hurrell J W. 1995. Decadal trends in the North Atlantic Oscillation: regional temperatures and precipitation. Science, 269: 676-679.

IPCC. 2021. Climate Change 2021: The Physical Science Basis Contribution of Working Group I to the Sixth Assessment Report of the Intergovernmental Panel on Climate Change. Cambridge: Cambridge University Press.

Jiang X, Ting M. 2017. A dipole pattern of summertime rainfall across the Indian subcontinent and the Tibetan Plateau. Journal of Climate, 30: 9607-9620.

Jiang X, Li Y, Yang S, et al. 2015. Interannual variation of mid-summer heavy rainfall in the eastern edge of the Tibetan Plateau. Climate Dynamics, 45: 3091-3102.

Jiang X, Li Y, Yang S, et al. 2016. Interannual variation of summer atmospheric heat source over the Tibetan Plateau and the role of convection around the western Maritime Continent. Journal of Climate, 29: 121-138.

Klein S A, Soden B J, Lau N C. 1999. Remote sea surface temperature variations during ENSO: evidence for a tropical atmospheric bridge. Journal of Climate, 12: 917-932.

Kosaka Y, Chowdary J S, Xie S P, et al. 2012. Limitations of seasonal predictability for summer climate over East Asia and the Northwestern Pacific. Journal of Climate, 25: 7574-7589.

Kripalani R H, Kulkarni A. 1997. Rainfall variability over South-east Asia—connections with Indian monsoon and ENSO extremes: new perspectives. International Journal of Climatology, 17: 1155-1168.

Krishnan R, Sugi M. 2001. Baiu rainfall variability and associated monsoon teleconnections. Journal of the Meteorological Society of Japan, 79: 851-860.

Lau K M, Lee J Y, Kim K M, et al. 2004. The North Pacific as a regulator of summertime climate over Eurasia and North America. Journal of Climate, 17: 819-833.

Liu H, Duan K, Li M, et al. 2015. Impact of the North Atlantic Oscillation on the Dipole Oscillation of summer precipitation over the central and eastern Tibetan Plateau. International Journal of Climatology, 35: 4539-4546.

Liu X, Yin Z Y. 2001. Spatial and temporal variation of summer precipitation over the Eastern Tibetan Plateau and the North Atlantic Oscillation. Journal of Climate, 14: 2896-2909.

Liu Y, Chen H, Li H, et al. 2021. What induces the interdecadal shift of the dipole patterns of summer precipitation trends over the Tibetan Plateau? International Journal of Climatology, 41(11): 5159-5177.

Lu R Y, Oh J H, Kim B J. 2002. A teleconnection pattern in upper-level meridional wind over the North African and Eurasian continent in summer. Tellus A, 54: 44-55.

Ma Q, You Q, Ma Y, et al. 2021. Changes in cloud amount over the Tibetan Plateau and impacts of large-scale circulation. Atmospheric Research, 249: 105332.

Song C, Wang J, Liu Y, et al. 2022. Toward role of westerly-monsoon interplay in linking interannual variations of late spring precipitation over the southeastern Tibetan Plateau. Atmospheric Science Letters, 23: e1074.

Sun J, Yang K, Guo W, et al. 2020. Why has the inner Tibetan Plateau become wetter since the Mid-1990s? Journal of Climate, 33: 8507-8522.

Tao W, Huang G, Dong D, et al. 2021. Dominant modes of interannual variability in precipitation over the Hengduan Mountains during rainy seasons. International Journal of Climatology, 41: 2795-2809.

Wang J, Liu Y, Song C, et al. 2022. Synergistic impacts of westerlies and monsoon on interdecadal variations of late spring precipitation over the southeastern extension of the Tibetan Plateau. International Journal of Climatology, 42(14): 7342-7361.

Wang Z Q, Duan A M, Yang S, et al. 2017. Atmospheric moisture budget and its regulation on the variability of summer precipitation over the Tibetan Plateau. Journal of Geophysical Research: Atmospheres, 122: 614-630.

Wang Z Q, Yang S, Lau N C, et al. 2018. Teleconnection between Summer NAO and East China rainfall variations: a bridge effect of the Tibetan Plateau. Journal of Climate, 31: 6433-6444.

Watanabe T, Yamazaki K. 2014. Decadal-scale variation of south Asian summer monsoon onset and its relationship with the Pacific decadal oscillation. Journal of Climate, 27: 5163-5173.

Wei W, Zhang R, Wen M, et al. 2017. Relationship between the Asian westerly jet stream and summer rainfall over Central Asia and North China: roles of the Indian monsoon and the South Asian high. Journal of Climate, 30: 537-552.

Wu R, Kirtman B P, Krishnamurthy V. 2008. An asymmetric mode of tropical Indian Ocean rainfall variability in boreal spring. Journal of Geophysical Research: Atmospheres, 113: D05104.

Xie S P, Hu K, Hafner J, et al. 2009. Indian ocean capacitor effect on Indo-Western Pacific climate during the summer following El Niño. Journal of Climate, 22: 730-747.

Xu X, Zhao T, Lu C, et al. 2014. An important mechanism sustaining the atmospheric "water tower" over the Tibetan Plateau. Atmospheric Chemistry and Physics, 14: 11287-11295.

Yang J L, Liu Q Y, Xie S P, et al. 2007. Impact of the Indian Ocean SST basin mode on the Asian summer monsoon. Geophysical Research Letters, 34(2): L02708.

Yao T, Thompson L, Yang W, et al. 2012. Different glacier status with atmospheric circulations in Tibetan Plateau and surroundings. Nature Climate Change, 2: 663-667.

Yao T, Xue Y, Chen D, et al. 2019. Recent third pole's rapid warming accompanies cryospheric melt and water cycle intensification and interactions between monsoon and environment: multidisciplinary approach with observations. modeling, and analysis. Bulletin of the American Meteorological Society, 100: 423-444.

Zhang G, Luo W, Chen W, et al. 2019. A robust but variable lake expansion on the Tibetan Plateau. Science Bulletin, 64: 1306-1309.

Zhang W, Zhou T, Zhang L. 2017. Wetting and greening Tibetan Plateau in early summer in recent decades. Journal of Geophysical Research: Atmospheres, 122: 5808-5822.

Zhao Y, Zhou T. 2021. Interannual variability of precipitation recycle ratio over the Tibetan Plateau. Journal of Geophysical Research: Atmospheres, 126: e2020JD033733.

Zhao Y, Duan A, Wu G. 2018. Interannual variability of late-spring circulation and diabatic heating over the Tibetan Plateau associated with Indian ocean forcing. Advances in Atmospheric Sciences, 35: 927-941.

Zhou C Y, Zhao P, Chen J M. 2019. The interdecadal change of summer water vapor over the Tibetan Plateau and associated mechanisms. Journal of Climate, 32: 4103-4119.

Zhu Y X, Sang Y F, Chen D L, et al. 2020. Effects of the South Asian summer monsoon anomaly on interannual variations in precipitation over the South-Central Tibetan Plateau. Environmental Research Letters, 15: 124067.

第 3 章

青藏高原气候变化与暖湿化效应

3.1 青藏高原暖湿化观测新事实

3.1.1 青藏高原变暖观测新事实

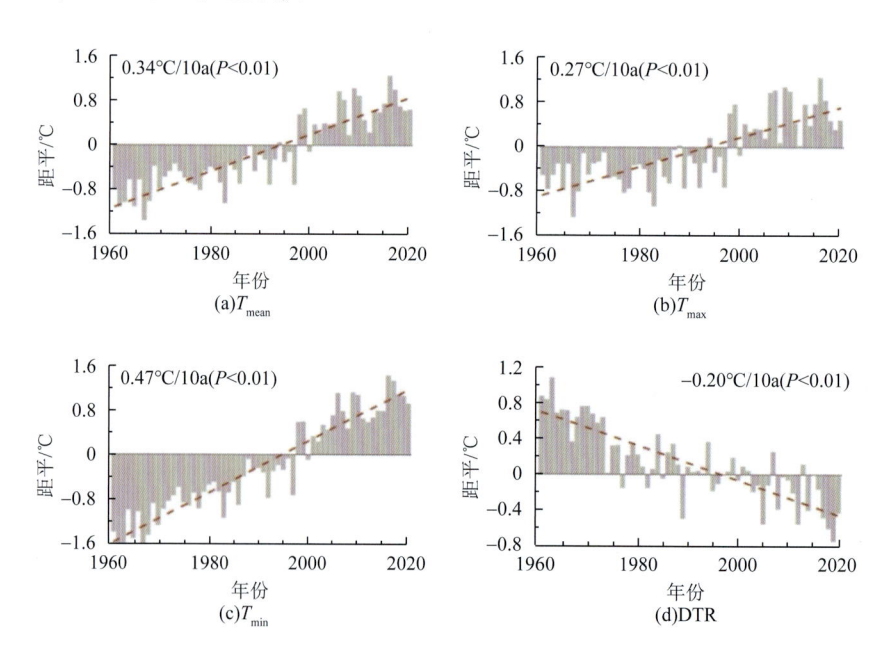

青藏高原 1961～2020 年的气温变化趋势显示，青藏高原整体区域在 1961～2020 年经历了快速的增暖（图 3.1）。区域平均气温的增暖速率为 0.34℃/10a，明显高于全球（0.21℃/10a）、北半球（0.24℃/10a）、中国（0.25℃/10a）及同纬度区域（0.24℃/10a）的水平。青藏高原日最低气温的增暖趋势（0.47℃/10a）明显高于日最高气温的增暖趋势（0.27℃/10a）。同时，日较差（DTR）出现了显著的下降趋势（–0.20℃/10a）。1998～2013 年青藏高原并没有出现其他区域明显的增暖"停滞"现象（You et al.，2016a；段安民等，2016）。从空间分布来看，总体上，增暖趋势显著的区域出现在海拔较高的青藏高原中西部，对于平均气温（日最低气温），其上升趋势最高可达 0.4～0.5℃/10a 以上，而青藏高原东南缘是增暖趋势值最低的区域，气温上升趋势甚至不足 0.2℃/10a，表明青藏高原整体上存在海拔依赖型增暖（elevation dependent warming，EDW）的现象。在增暖趋势显著的区域，日较差的下降趋势也比较显著，尤其是在青藏高原西部出现了一个高值中心，其变化可能和该区域的总云量变化有关（图 3.2）（You et al.，2016a；Duan et al.，2006）。

图 3.1 青藏高原平均气温（T_{mean}）、日最高气温（T_{max}）、日最低气温（T_{min}）和日较差（DTR）的时间序列（相对于基准时段的距平）

第 3 章 青藏高原气候变化与暖湿化效应

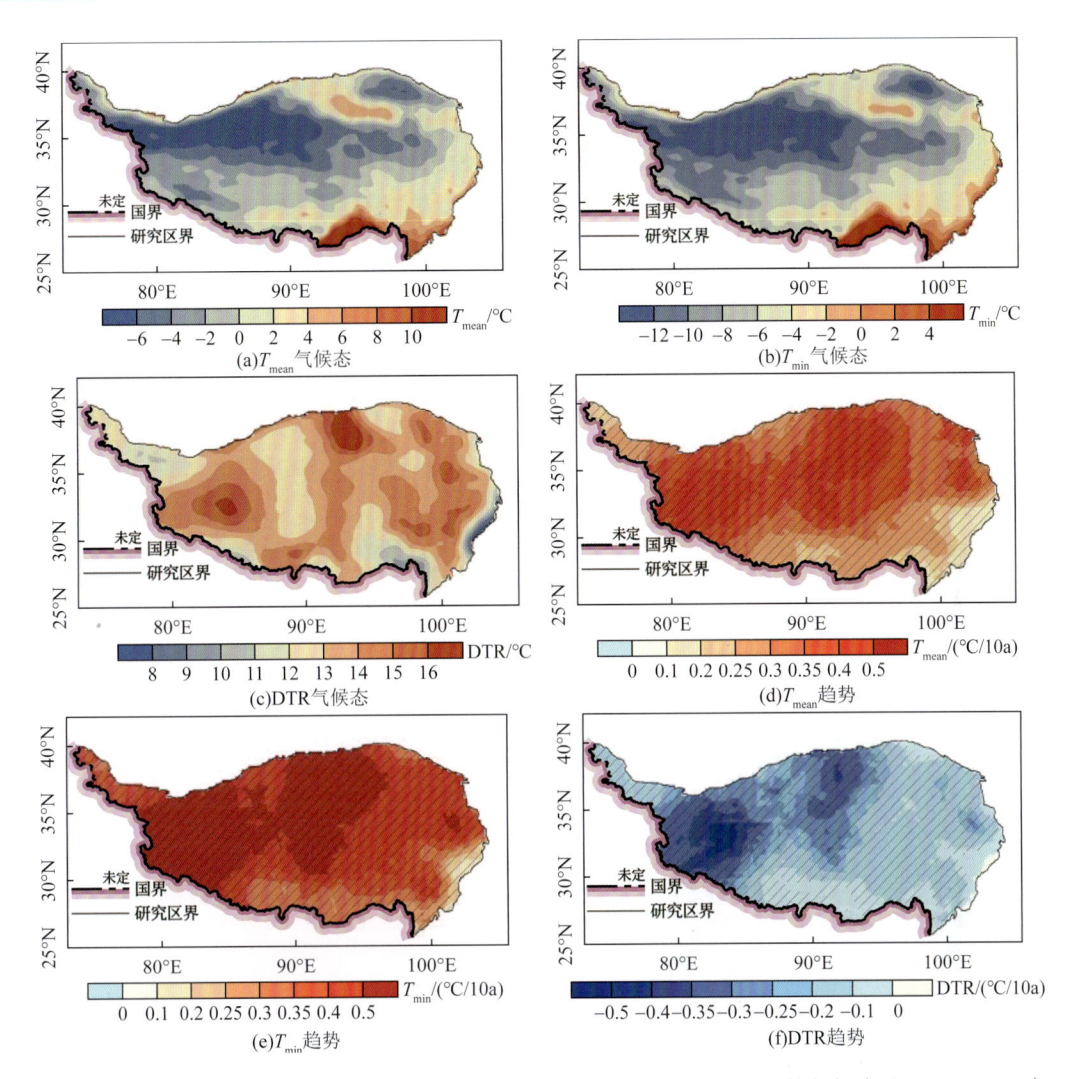

图 3.2 青藏高原日平均气温（T_{mean}）、日最低气温（T_{min}）和日较差（DTR）的气候态（1981～2010 年平均）和变化趋势（1961～2020 年）空间分布

斜线区域表示趋势具有统计显著意义（$\alpha = 0.05$）

青藏高原 1961～2020 年 6 个极端温度指标（表 3.1）的变化趋势显示，极端高温（TXx）和极端低温（TNn）都具有显著的上升趋势，且 TNn 的上升趋势（0.58℃/10a）远高于 TXx 的上升趋势（0.23℃/10a），与日最低气温上升趋势高于平均气温上升趋势的现象一致。生长期长度（GSL）呈显著上升趋势（2.74 d/10a），霜冻日数（FD）则以 7.84 d/10a 的速率显著下降。暖昼日数（TX90p）和冷夜日数（TN10p）分别以 8.50 d/10a 和 14.60 d/10a 的速率显著上升和下降，表明极端热（冷）事件在快速增加（减少），且极端冷事件的减少速率较极端热事件的增加速率更快。从空间分布来看（图 3.3），TXx 显著上升的区域主要出现在青藏高原中东部，而在青藏高原西部没有显著变化趋势；TNn 上升最明显的区域是青藏高原中部，而在青藏高原东南缘上升趋势相对最弱；

GSL 显著上升的区域主要分布在青藏高原东南部和东北部海拔较低的带状区域；而 FD 在整个青藏高原范围内都有不同程度的显著减少趋势；TX90p 的上升趋势和 TN10p 的下降趋势最明显的区域都出现在青藏高原西部，在青藏高原北部和东南部也出现了次高值中心。

表 3.1 极端温度和降水指标名称以及定义（Zhang et al.，2011）

类别	名称	缩写	定义
极端温度	极端高温	TXx	日最高气温的年最大值
	极端低温	TNn	日最低气温的年最小值
	生长期长度	GSL	每年第一次连续至少 6 天日平均气温大于 5℃至第一次连续至少 6 天日平均气温小于 5℃的日数
	霜冻日数	FD	日最低气温低于 0℃的总日数
	暖昼日数	TX90p	日最高气温超过基准期 90% 分位数阈值的日数
	冷夜日数	TN10p	日最低气温低于基准期 10% 分位数阈值的日数
极端降水	最大 1 日降水量	Rx1day	日降水量的年最大值
	强降水量	R95p	超过基准期 95% 分位数阈值的强降水的总量
	降水强度指标	SDII	所有的降水日（日降水量≥1mm 以上）的总降水量除以总降水日数
	持续干期	CDD	最长连续无降水（日降水量 <1mm）日数

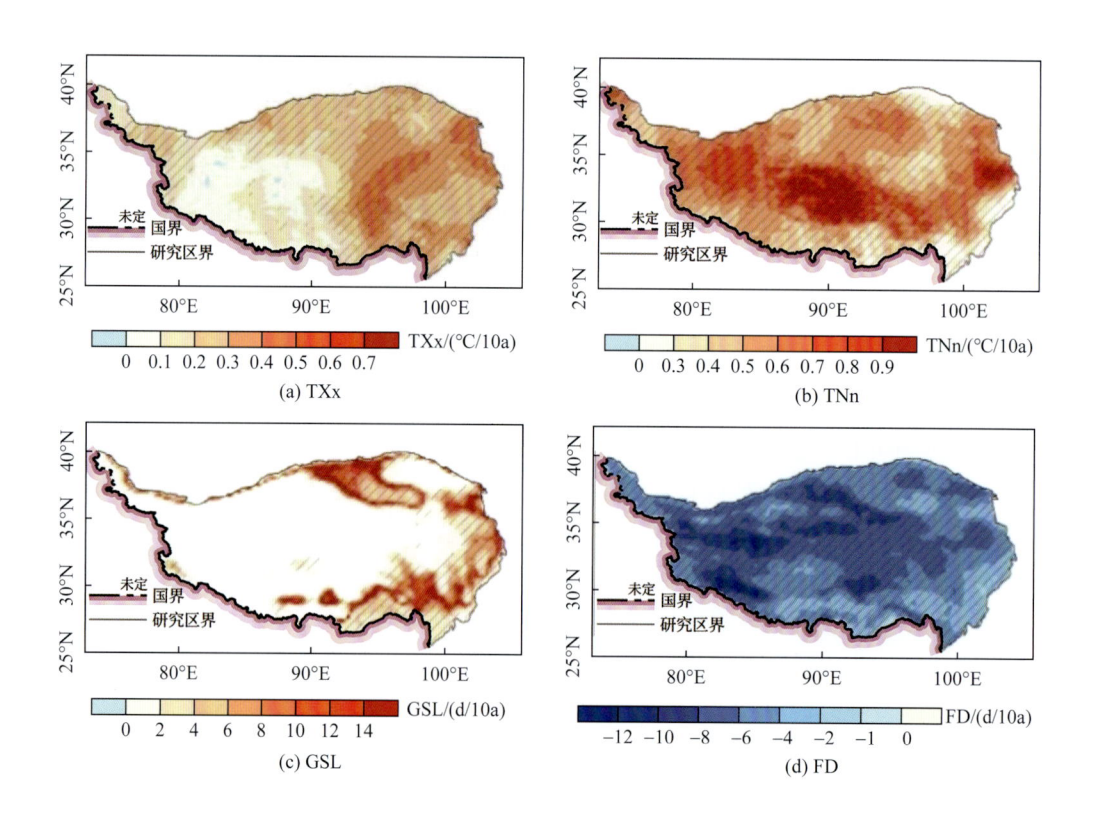

(a) TXx

(b) TNn

(c) GSL

(d) FD

第 3 章　青藏高原气候变化与暖湿化效应

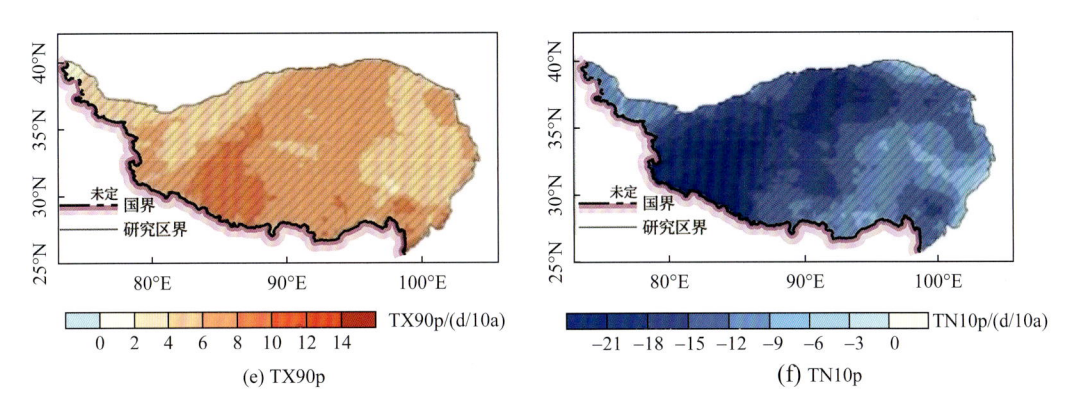

图 3.3　青藏高原极端温度指标变化趋势的空间分布
斜线区域表示趋势具有统计显著意义（$\alpha = 0.05$）

3.1.2　青藏高原变湿观测新事实

对青藏高原 1961～2020 年的年降水量变化趋势进行分析，以此揭示青藏高原气候变湿的特征。青藏高原 1961～2020 年的年降水量以 0.8%/10a 的速率增加（图 3.4），增加速率大大高于全球（0.13%/10a）、北半球（0.35%/10a）、中国同纬度（0.56%/10a）及周围陆地（0.27%/10a）区域的水平。从空间分布来看（图 3.5），年降水量的变化趋势出现了空间差异，青藏高原北部的增加趋势最为显著，而在青藏高原西部和东南部局地出现了显著的下降趋势。

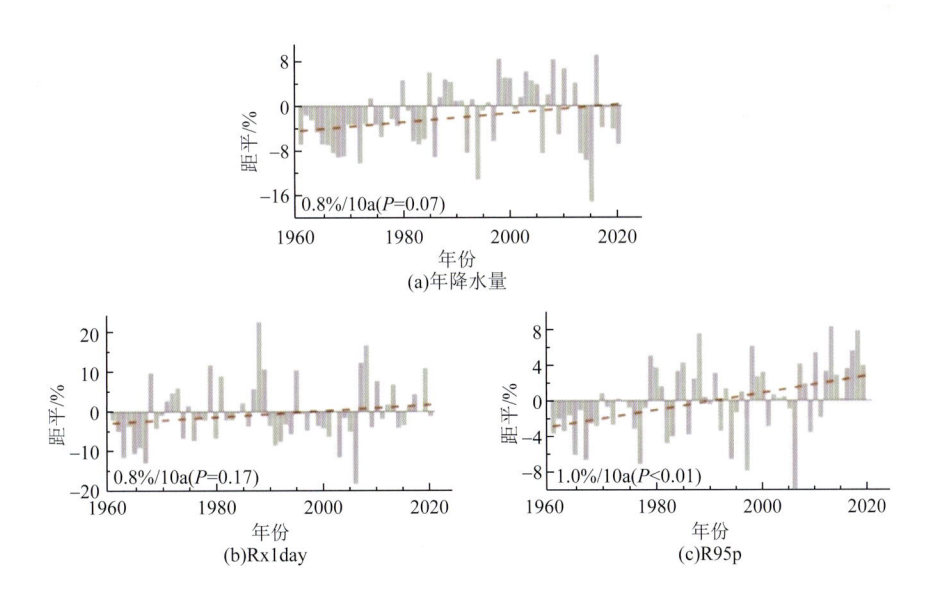

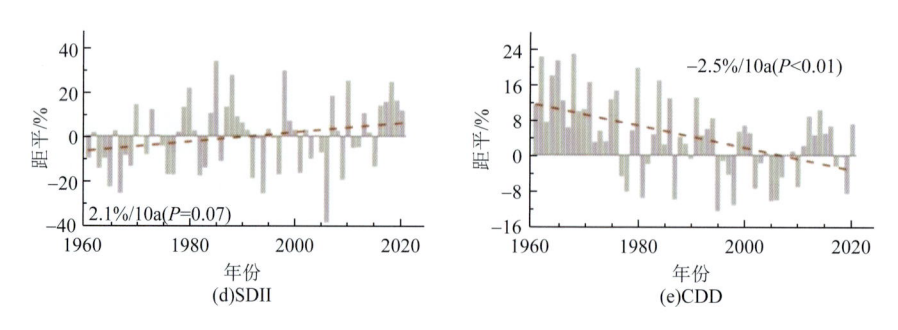

图 3.4　青藏高原年降水量和极端降水指标变化的时间序列（相对于基准时段的距平）

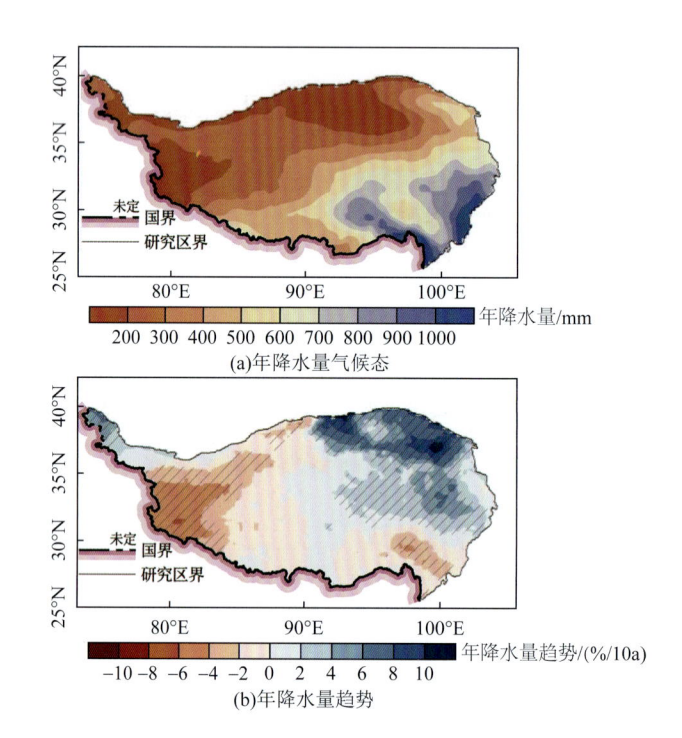

图 3.5　青藏高原年降水量气候态（1981～2010 年平均）和变化趋势（1961～2020 年）的空间分布
斜线区域表示趋势具有统计显著意义（$\alpha = 0.05$）

青藏高原 1961～2020 年各项极端降水指标（表 3.1）呈现出不同的变化趋势，其中 Rx1day 具有和年降水量接近的增加趋势（0.8%/10a），但在 90% 的置信水平上不显著；R95p 具有 1.0%/10a 的显著增加趋势（在 99% 的置信水平上显著）；SDII 具有 2.1%/10a 的显著增加趋势（在 90% 的置信水平上显著）；CDD 具有 −2.5%/10a 的显著减少趋势（在 99% 的置信水平上显著）。从空间分布来看（图 3.6），Rx1day 和 R95p 变化趋势的空间格局类似，仅幅度有差异，两个指标在青藏高原北部和东部局地的增加最突出，而在中部和东南部等区域有比较明显的下降趋势；SDII 在青藏高原大部分区域（除中部和东南部局地）均呈现不同程度的增加趋势，其中以北部和西部最为明显；CDD 出现下降趋势的范围涵盖了青藏高原中北部的绝大部分区域，仅在南部边缘区域出现了 CDD 的增加趋势。需要指出的是，青藏高原的气象观测台站稀缺，难以准确地体现出显著的降水时空变异特征（Gao et al.，2018；You et al.，2015）。但是观测事实表明，青藏高原干旱状况出现缓解兆头，这有利于气候向暖湿化转变。

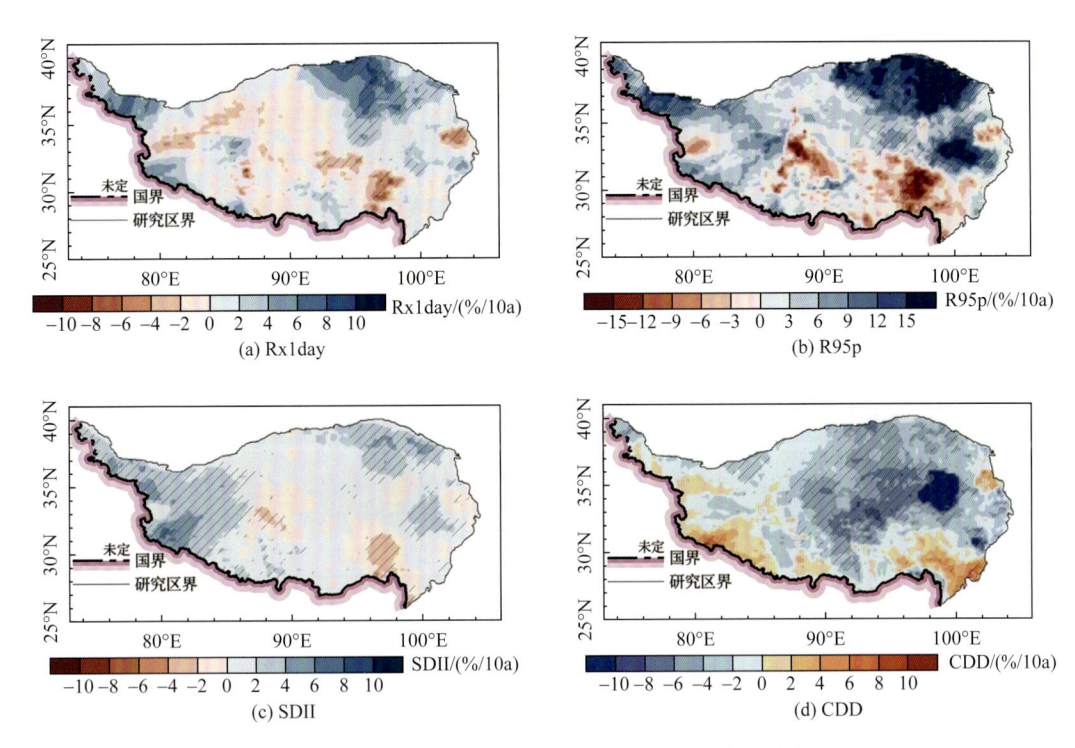

图 3.6 青藏高原极端降水指标变化趋势的空间分布

斜线区域表示趋势具有统计显著意义（α = 0.05）

3.1.3 青藏高原夏季降水南北反向趋势变化观测事实

1981～2020 年，虽然青藏高原夏季（6～8 月）降水变化的强度和范围有一定差异，但多套降水数据大体上反映出高原降水呈现"北多南少"的变化特征（图 3.7）。使用日本气象厅 55 年大气再分析资料数据集 JRA-55（Kobayashi et al.，2015）、全球降水气候中心（Global Precipitation Climatology Centre，GPCC）（Schneider et al.，2014）以及全球降水气候计划（Global Precipitation Climatology Project version 2.3，GPCP）（Adler et al.，2018）月平均降水资料与站点较为密集区域的观测数据进行对比，以讨论各个格点数据与站点观测资料的一致性。结果表明，GPCC 与站点观测降水的相关性最好，其次是 GPCP，最后为 JRA-55。GPCC 与站点观测降水变化幅度最为接近，GPCP 次之。可见，GPCC 和 GPCP 降水数据与站点观测降水数据一致性较好，1981～2020 年青藏高原夏季平均降水"北多南少"的趋势变化显著。图 3.8 展示了南北部区域平均的时间序列及其线性趋势。可以看出，青藏高原南部降水在1998年前表现为增多趋势，之后出现显著减少趋势（Li et al.，2021；Yue et al.，2021）。

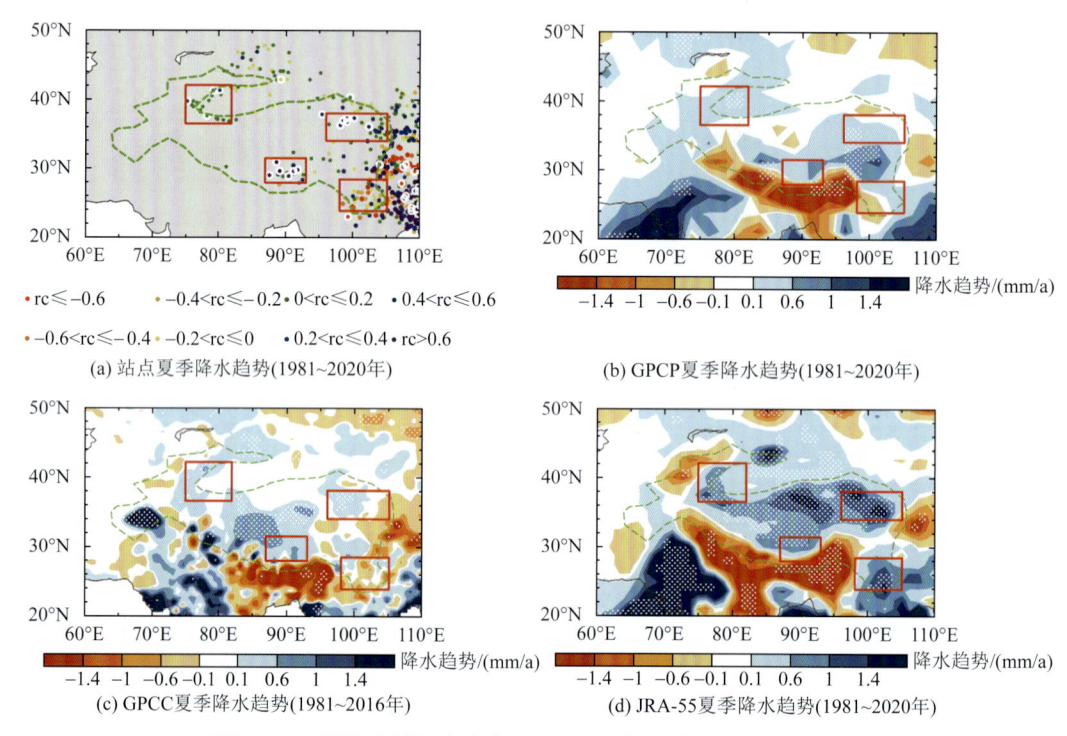

图 3.7　不同降水数据中青藏高原夏季平均降水的线性趋势变化

(a) 站点夏季降水趋势(1981~2020年)　(b) GPCP夏季降水趋势(1981~2020年)
(c) GPCC夏季降水趋势(1981~2016年)　(d) JRA-55夏季降水趋势(1981~2020年)

(a)rc 代表降水趋势，单位：mm/a；(a) 白色圆圈和 (b) ~ (d) 打点区表示通过 90% 显著性检验的区域。绿色虚线为青藏高原海拔大于 1500 m 的区域

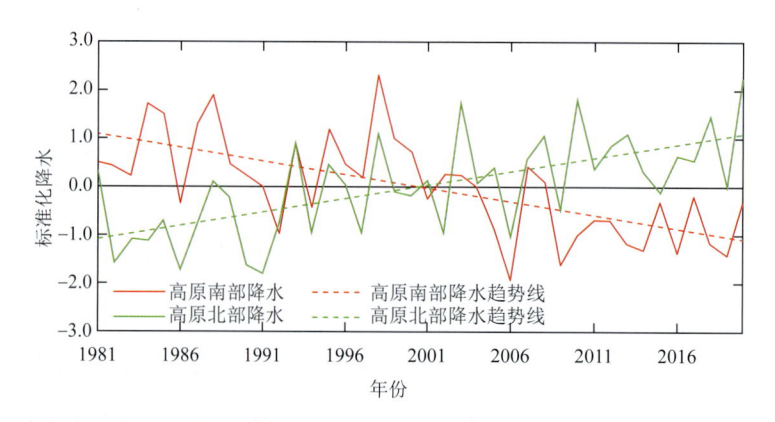

图 3.8　1981～2020 年夏季青藏高原南部降水（STPP）和北部降水（NTPP）的标准化时间序列及其线性趋势线

综上所述，青藏高原在 1961～2020 年经历了快速的增暖过程，同时降水也呈现出增加态势，其中夏季平均降水"北多南少"的趋势变化显著。区域平均的气温升高速率和降水增加速率均高于全球、北半球、青藏高原同纬度及周围陆地区域的水平，

56

上述结果证明,青藏高原的区域气候正朝暖湿化的方向变化。分区域来看,整个青藏高原的温度增加趋势都非常显著,青藏高原北部的暖湿化趋势更为突出。

3.1.4 TRMM 卫星产品与实测降水变分分析数据降水变率分布特征

本书研究使用变分订正的 TRMM 3B43 降水数据资料补充研究 1998～2018 年降水分布及变化情况。该数据集由 TRMM 3B43 逐月降水产品与来自中国气象局 2425 个站点的地面观测资料经变分订正得出,时间分辨率为一个月,时间跨度为 1998 年 1 月～2019 年 2 月,空间覆盖范围是全球 50°S～50°N,空间分辨率为 0.25°×0.25°(Sun et al.,2022)。

根据变分订正方法得到的订正后的热带降雨测量任务(TRMM)降水产品,可以计算得到青藏高原地区 1998～2018 年平均累积降水。从整体上看,青藏高原的降水自东南至西北逐渐减少,明显呈现出五个区域:青藏高原南缘的喜马拉雅山高雨量区、雅鲁藏布江拐弯处高雨量区、藏东南及川西相对湿润区、东北少雨区以及西部干旱区。夏季作为雨量较为集中的季节,呈现出与年降水量一致的降水分布特征。

1998～2018 年亚洲水塔地区的降水变化趋势表现为显著的空间不均匀性,季节差异显著。春季,青藏高原南缘降水呈减少趋势,而东北部呈增加趋势 [图 3.9(a)]。夏季,青藏高原主体大部分地区降水呈减少趋势,特别是青藏高原东南部减少趋势显著,而青藏高原东北部和西北部呈增加趋势 [图 3.9(b)]。秋季,青藏高原西部和东北部降水呈增加趋势,中部与东南部降水呈减少趋势 [图 3.9(c)]。冬季,青藏高原主体的降水变化不明显 [图 3.9(d)]。从年降水量空间分布来看,青藏高原年降水量的变化趋势出现了南北之

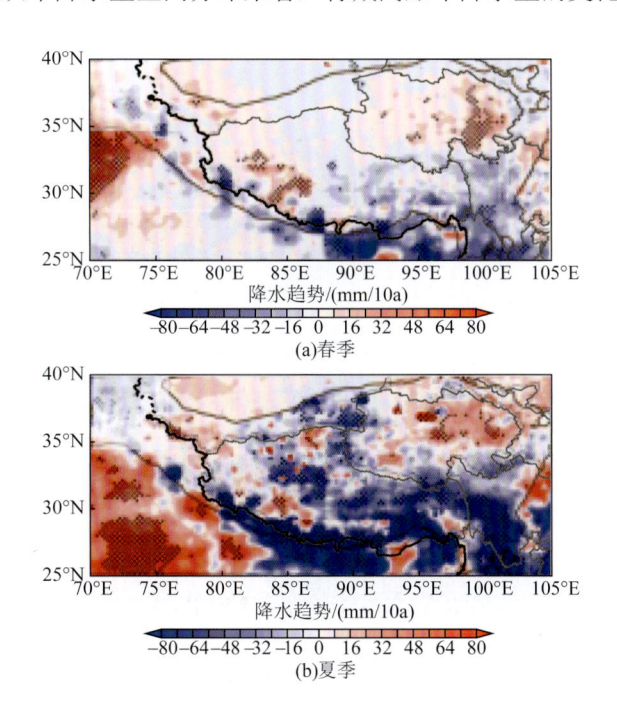

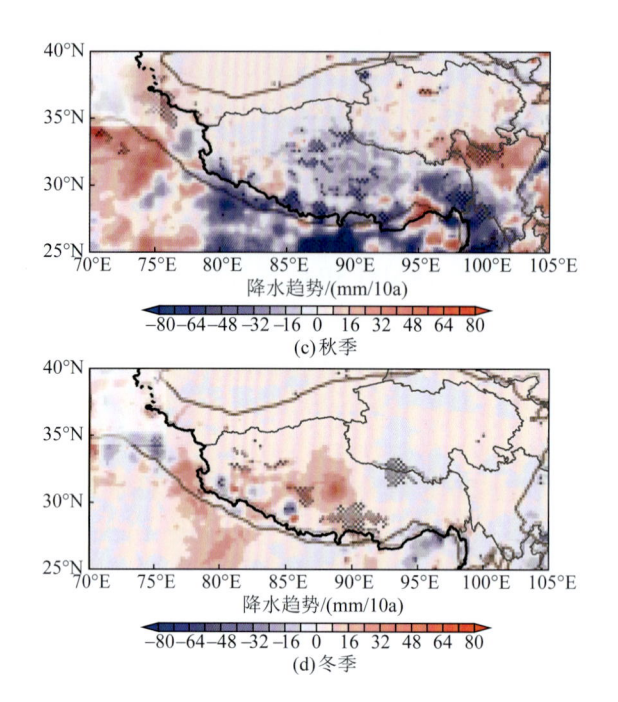

图 3.9　1998～2018 年青藏高原区域四季平均降水趋势分布
打点区域表示通过 90% 显著性检验的区域

间的空间差异显著，总体而言降水"北多南少"趋势变化十分显著，青藏高原北部的增加趋势较显著，而青藏高原东南部出现了显著的下降趋势（图 3.10）。

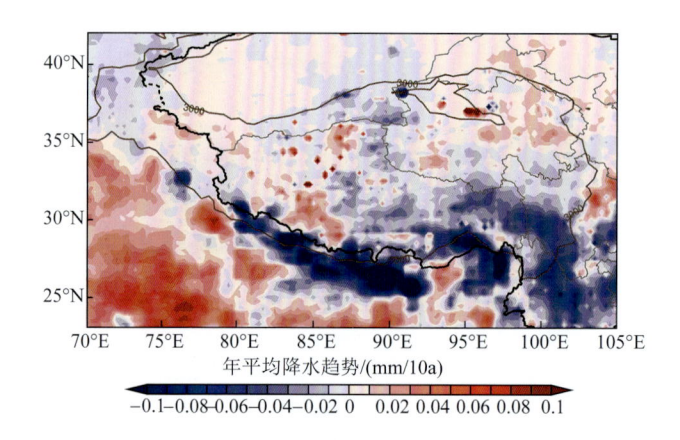

图 3.10　1998～2018 年青藏高原区域年平均降水趋势分布

3.2　青藏高原海拔依赖型变暖及其物理机制

研究表明，海拔是影响青藏高原气温变化的重要因素（You et al.，2016a，2020a，

第 3 章 青藏高原气候变化与暖湿化效应

2020b；Liu et al.，2019；Wu et al.，2013）。研究表明，高山地区变暖的速度快于海拔较低的地区，这种现象被称为海拔依赖型变暖，即升温速率随海拔升高而系统变化（You et al.，2020b；Rangwala and Miller，2012；Pepin et al.，2015）。青藏高原作为一个高大地形，其变暖幅度和海拔也有密切关系。不仅整个青藏高原的变暖幅度大于周围低海拔地区，青藏高原内部不同海拔的变暖幅度也不一致（You et al.，2016b；Kang et al.，2010；Wang et al.，2014）。

高山环境的温度变化比低海拔环境要快，因此海拔依赖型变暖可以加快山地生态系统、冰层系统、水文状况和生物多样性的变化速度（You et al.，2020b）。海拔依赖型变暖已成为高山地区的一个重要问题，全球和区域尺度的研究表明，其表现形式存在显著的空间差异（You et al.，2020b；Kang et al.，2010；Wang et al.，2014）。从整体上看，大多数研究都表明，在观测和气候模式中都存在海拔依赖型变暖，但在一些地区具有很强的季节性，这与地表观测的稀缺性、地面气象网格在高原上发展的相对局限性，以及与量化方法相关的不确定性/局限性等相关（You et al.，2020b；Rangwala and Miller，2012；Pepin et al.，2015）。以往对于青藏高原海拔依赖型变暖的研究多把青藏高原作为整体研究，缺少对此特征在青藏高原分区上的研究。本节以中分辨率成像光谱仪（MODIS）白天地温为例，结合青藏高原干湿分区（图3.11），在年尺度上分析青藏高原2001~2018年海拔依赖型变暖特征，以期加深对青藏高原海拔依赖型变暖空间模态的理解与认知（吴芳营等，2022）。

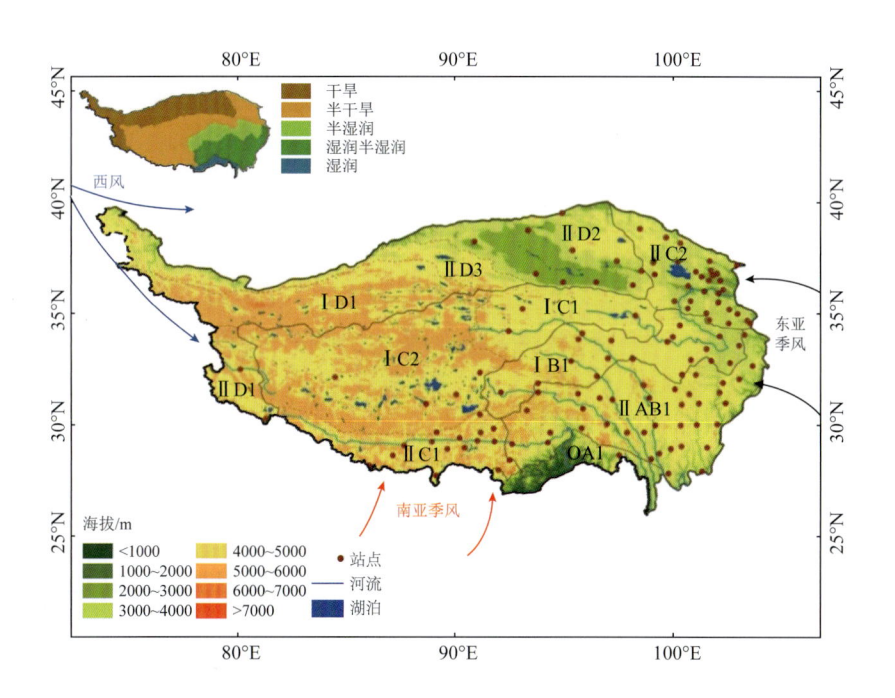

温度带	干湿地区	自然地带
Ⅰ 高原亚寒带	B 半湿润地区	ⅠB1 果洛那曲，高寒灌丛草甸地带
	C 半干旱地区	ⅠC1 青南，高寒草甸草原地带 ⅠC2 羌塘，高寒草原地带
	D 干旱地区	ⅠD1 昆仑，高寒荒漠地带
Ⅱ 高原温带	AB 湿润半湿润地区	ⅡAB1 川西藏东，山地针叶林地带
	C 半干旱地区	ⅡC1 藏南，山地灌丛草原地带 ⅡC2 青东祁连，山地草原地带
	D 干旱地区	ⅡD1 阿里，山地半荒漠、荒漠地带 ⅡD2 柴达木，山地荒漠地带 ⅡD3 昆仑北翼，山地荒漠地带
O 山地亚热带	A 湿润地区	OA1 喜马拉雅南翼山地常绿阔叶林地带

图 3.11　青藏高原分区以及气象站点分布

图 3.12 为 MODIS 白天地温的年际趋势在青藏高原以及五个干湿分区随海拔区间的变化，在不同的干湿分区海拔依赖型变暖呈不同的特征，从高原整体方面来说，>2000 m 海拔与变暖趋势的相关系数为 0.23，海拔区间的平均趋势从 –0.05℃ /10a 左右（2000～2500 m）增加到 0.5℃ /10a 左右（5000～5500 m），>5500 m 保持在较高水平，表明青藏高原存在显著的海拔依赖型变暖，且平均海拔每增加 100 m，地温增加 0.02℃ /10a；2000～5000 m 海拔与变暖趋势的相关系数为 0.17，>5000 m 海拔与变暖趋势的相关系数为 –0.01，表明虽然 >5000 m 的区域变暖趋势没有随海拔继续升高的情况，但是其保持在较高水平，加强了整体的变暖趋势与海拔的相关性（吴芳营等，2022）。

从五个干湿分区来说，>2000 m 海拔与变暖趋势的相关系数为 0.11～0.46，表明各分区存在显著的海拔依赖型变暖，但存在差异。其中，半湿润地区特征最显著，表现为相关系数（0.46）最大，同时该区域平均海拔每增加 100 m，地温增加 0.06℃ /10a；

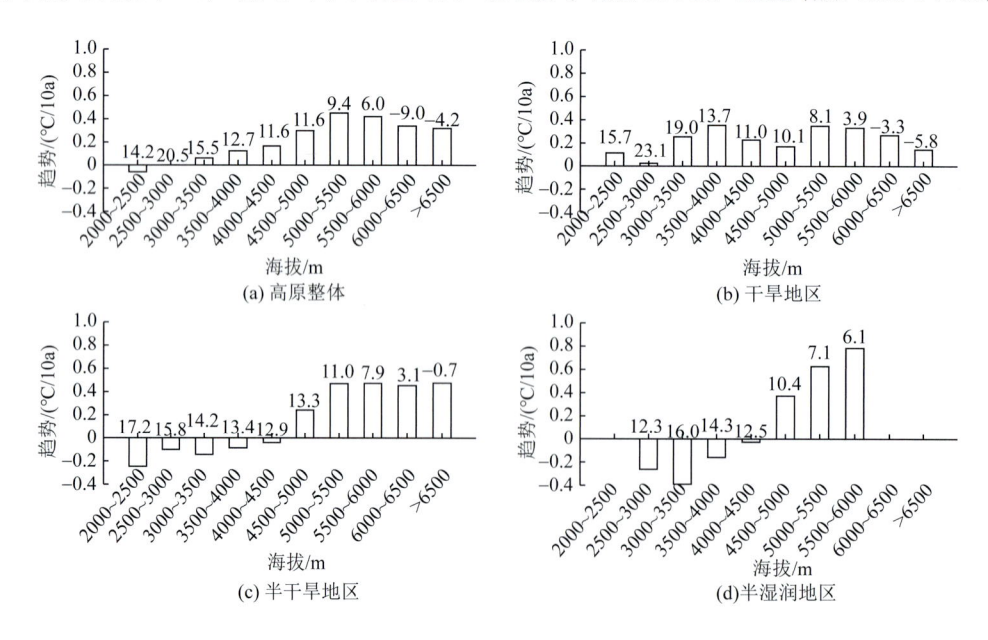

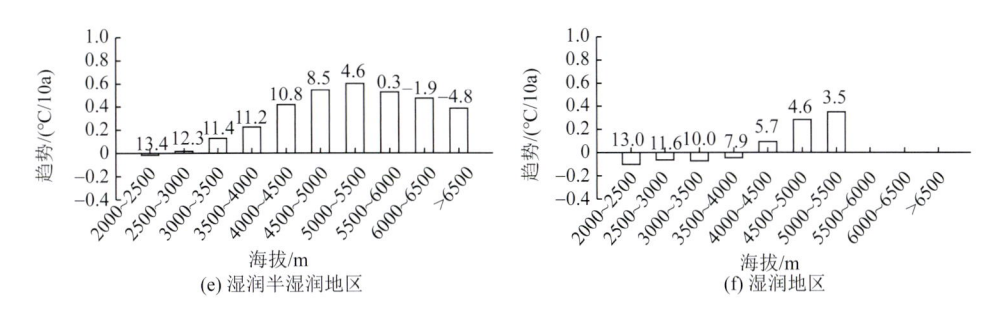

图 3.12　青藏高原以及五个干湿分区下 2001～2018 年 MODIS 白天地温的年际趋势随海拔区间的变化

柱状图上数字代表相应海拔区间的平均白天地面温度，单位为℃

湿润半湿润地区相关系数为 0.40，平均海拔每增加 100 m，地温增加 0.03℃/10a；半干旱地区相关系数为 0.34，平均海拔每增加 100 m，地温增加 0.03℃/10a；湿润地区相关系数为 0.29，平均海拔每增加 100 m，地温增加 0.01℃/10a；干旱地区相关系数为 0.11，特征最弱，平均海拔每增加 100 m，地温增加 0.01℃/10a。各分区 2000～5000 m 海拔与变暖趋势的相关系数为 0.06～0.41，>5000 m 海拔与变暖趋势的相关系数为 –0.07～0.18，因相关系数较小（绝对值<0.1）或未通过显著性检验，故认为 >5000 m 各分区均不存在显著的海拔依赖型变暖特征。总的来说，海拔依赖型变暖特征在青藏高原表现为偏湿润地区强于偏干旱地区，季风区强于西风区（吴芳营等，2022）。

目前，对于控制青藏高原海拔依赖型变暖的主要物理机制还未达成共识（You et al.，2020b）。有学者认为，青藏高原的海拔依赖型变暖可能是云辐射反馈和积雪反照率反馈联合作用的结果（Liu et al.，2009）。CO_2 加倍试验结果表明，青藏高原东部主要是云辐射反馈过程导致青藏高原增温幅度随海拔升高而增大，而青藏高原西南部则是积雪反照率反馈起主导作用（Chen et al.，2003）。各季节的增暖主导作用也不尽相同。冬、春季节高海拔地区气候异常变暖通常与积雪日数减少和积雪反照率降低有关，而在某些区域，云、土壤湿度以及低海拔区与海洋之间的距离可能是气温变化存在海拔依赖型的外强迫原因（Kotlarski et al.，2012；张渊萌和程志刚，2014）。有研究表明，青藏高原地表水汽含量的增加使向下长波辐射增强，导致青藏高原冬季增温最显著（Rangwala et al.，2009）。同时，白天、夜间云量的作用对青藏高原增温的影响机制也有差异（Duan et al.，2006），白天云覆盖增加使地表太阳辐射减少，导致最高气温降低，夜间云覆盖增加增强了大气逆辐射，向下长波辐射增加，导致最低气温增加。人为温室气体的排放（Duan et al.，2006）、土地利用的改变（Frauenfeld et al.，2005）以及城市化（You et al.，2008）等，都会导致青藏高原变暖放大效应以及海拔依赖型变暖现象（图 3.13）。同时，青藏高原西部资料缺乏，特别是海拔 5000 m 以上的观测资料十分欠缺，对青藏高原高海拔地区变暖放大效应及海拔依赖型变暖现象及其具体物理机制缺乏定量研究，未来亟须开展该科学问题的研究（You et al.，2020b；游庆龙等，2021）。

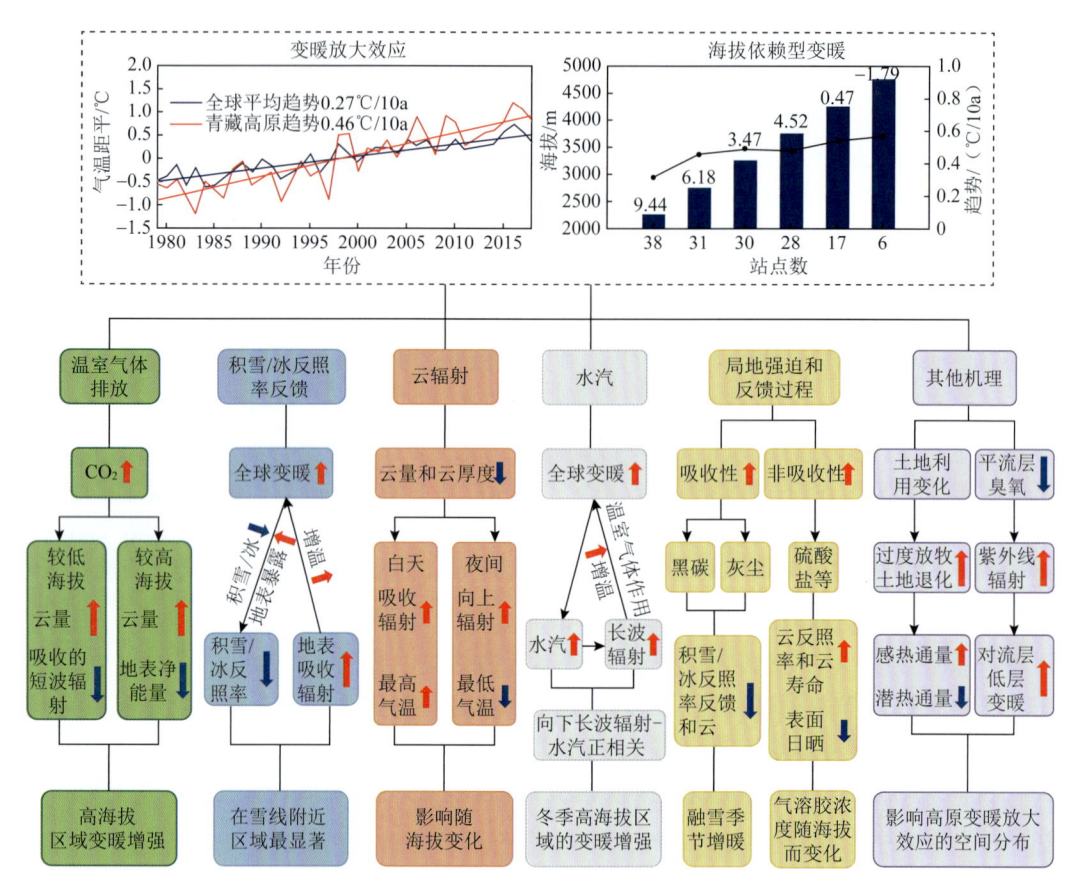

图 3.13 青藏高原变暖放大效应和海拔依赖型变暖的物理机制示意图（You et al.，2020b；游庆龙等，2021）

3.3 青藏高原大气动力结构变化与降水系统异常特征

Li 等（2021）研究表明，青藏高原降水趋势的南北反向变化与气候变暖背景下青藏高原低涡（简称高原低涡）发生频数的变化有密切关系。1998～2017 年青藏高原各站点降水趋势如图 3.14（a）所示。可见，青藏高原北部降水呈上升趋势，青藏高原南部降水呈下降趋势，降水趋势超过 90% 置信水平的站点主要分布在青藏高原南部和东北部。相应地，青藏高原北部降水与南部降水的差值有显著的增加趋势［图 3.14（d）中绿线］。由于气候态上青藏高原南部降水多于北部，因此青藏高原北部降水增多、南部降水减少的趋势表明，1998～2017 年，青藏高原降水的南北空间差异趋于减小。

总体而言，1998～2017 年，高原低涡的发生频数呈显著上升趋势，上升速率约为 0.42［图 3.14（c）］。同时，青藏高原北部和南部的高原低涡发生频数的增加速率有很大差异，高原低涡在高原北部的增加速率（0.38）是南部（0.039）的近 10 倍，说明产生于青藏高原北部的高原低涡数量快速增加，南部略有增加［图 3.14（c）］。可见，青藏高原北部（南部）高原低涡发生频数显著（微弱）增加的趋势对应青藏高原北部（南部）降水的增加（减少）趋势。此外，如图3.14(d)所示，高原低涡发生频数的南北差异显著增加（棕线），与青藏高原降水的区域性差异关系密切（绿线），相关系数为0.62，超过了99%的置信水平。由此推断，高原低涡作为青藏高原的主要降水系统之一，在一定程度上导致青藏高原夏季降水变化的区域性差异。

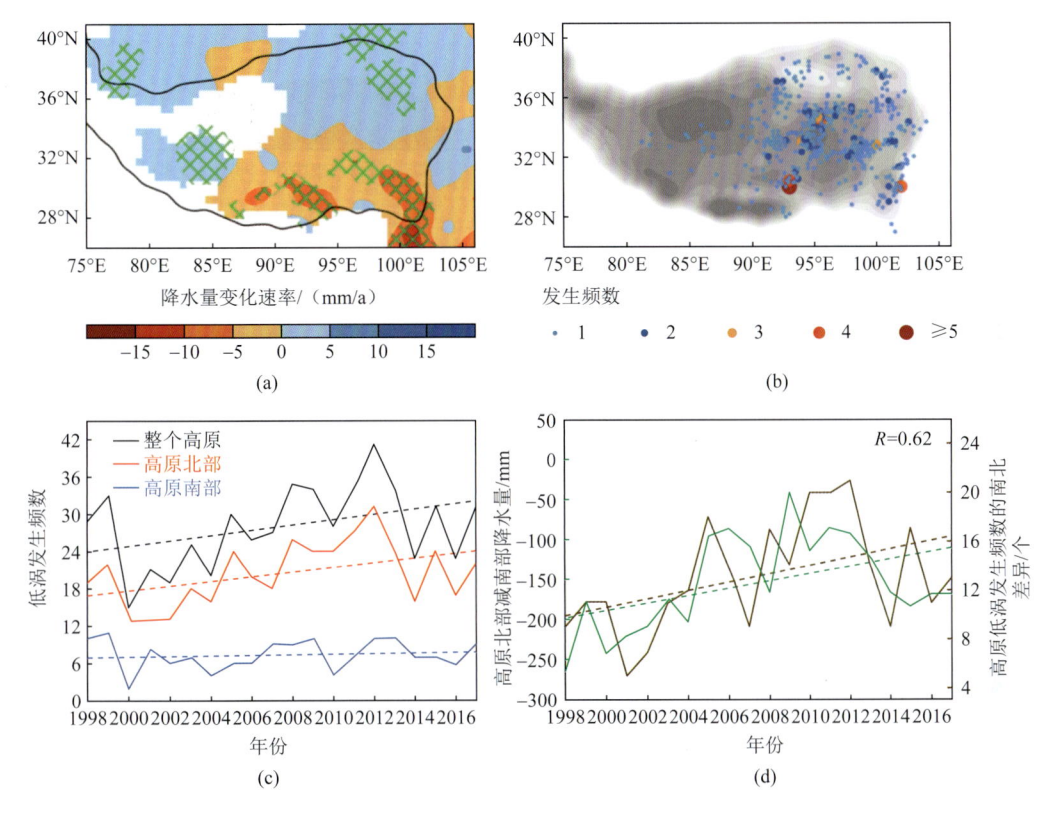

图 3.14 青藏高原降水南北方向变化趋势与高原低涡发生频数的关系（Li et al.，2021）

(a)1998～2017年5～8月降水量变化速率，黑色实线为海拔3000m等高线，绿色栅格为通过90%显著性检验的区域。(b)高原低涡的发生位置和在同一位置的发生频数，阴影表示海拔。(c)高原低涡发生频数及趋势，黑线为产生于整个青藏高原的低涡发生频数，红线为产生于高原北部的低涡发生频数，蓝线为产生于高原南部的低涡发生频数，其中前两者的趋势分别通过90%和95%显著性检验。(d)高原低涡发生频数的空间差异及趋势（北部减南部，棕线，趋势通过95%显著性检验），高原降水的空间差异及趋势（北部减南部，绿线，趋势通过95%显著性检验），右上角为高原低涡发生频数的空间差异和降水空间差异的相关系数，通过99%显著性检验

1998～2017年，青藏高原大部分地区气温增暖，其中变暖最显著的区域为90°E以东250 hPa附近［图3.15(a)］。此外，高原低涡的发生频数与高原中东部200～250 hPa气温呈显著正相关，通过了95%的显著性检验［图3.15(b)］。这与图3.15(a)中所示的显著变暖的区域相一致，说明青藏高原250 hPa附近的显著变暖可能对高原低涡的发生有显著影响。

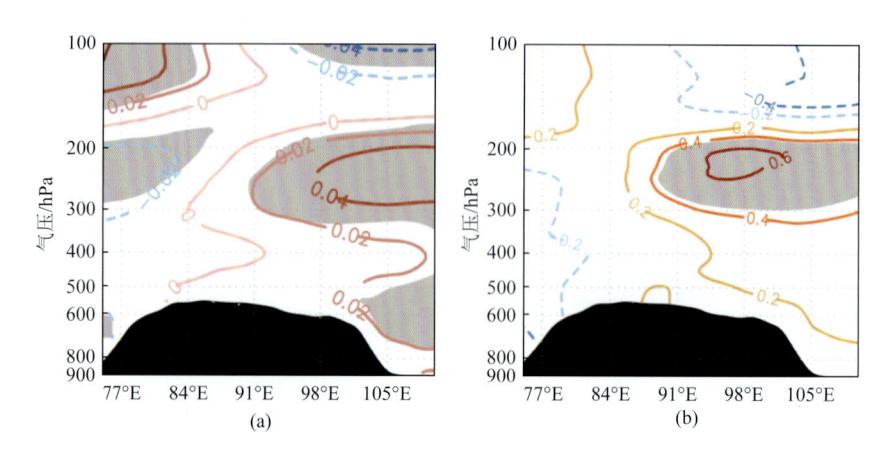

图 3.15　青藏高原气温变化速率及其与高原低涡发生频数的联系（Li et al.，2021）

(a) 30°～36°N 平均气温的变化速率（℃/a）；(b) 高原低涡发生频数和 30°～36°N 平均气温的相关系数。图中黑色阴影表示青藏高原地形；灰色阴影为通过 95% 显著性检验的区域

为了探讨高层大气变暖是如何影响高原低涡的，以图 3.16 中快速升温区域的 250 hPa 气温作为气温指数（即 IUT）来表征对流层高层气温的变化。IUT 与位势高度的显著正相关出现在 200 hPa 附近，相关系数最大值超过 0.8，200 hPa 以下相关系数随高度的降低而减小，说明 200 hPa 等压面环流场受青藏高原对流层高层变暖的影响最大［图 3.16(a)］。如图 3.16(b) 所示，当 IUT 增加时，青藏高原上空的高压和其北侧的低压更强，两者之间的位势高度梯度增加，使得此处西风变强。因此，当青藏高原大气趋于变暖时，高原北侧的高空西风急流增强。同时，合成分析也证实偏暖年的高空西风急流明显强于偏冷年。可见，青藏高原高层大气的升温使得高空西风急流强度增强。

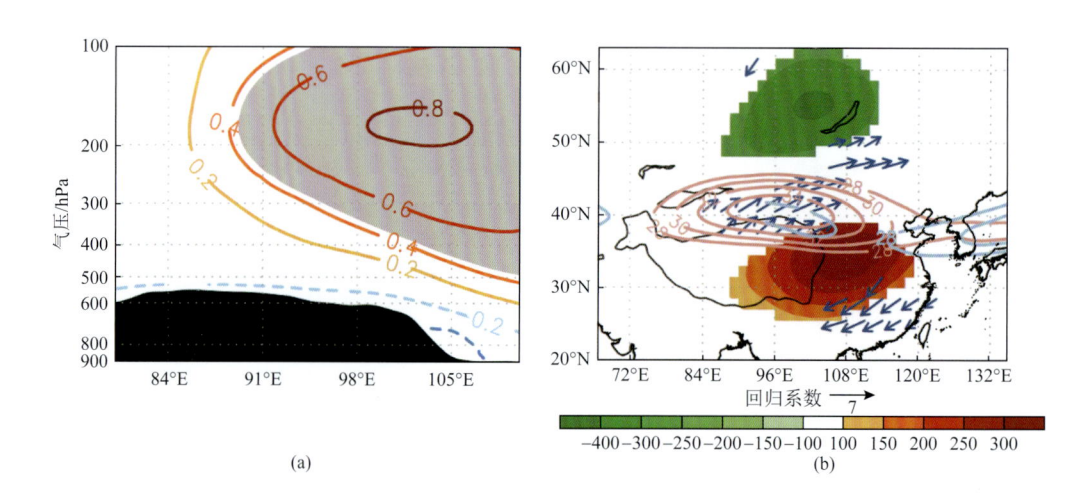

图 3.16　与青藏高原对流层高层气温变化相联系的环流场特征（Li et al.，2021）

(a) IUT 与 30°～36°N 平均位势高度的相关系数，黑色阴影为青藏高原地形；(b) 200 hPa 位势高度（阴影）和风场（矢量）对 IUT 的回归系数，以及暖年（红色等值线）和冷年（蓝色等值线）合成的全风速

第 3 章 青藏高原气候变化与暖湿化效应

选取 85°～105°E、36°～44°N 区域的平均 200 hPa 全风速作为西风急流指数，对与高空西风急流变化有关的散度场和垂直运动场的变化进行分析（图 3.17）。结果显示，总体上，当高空西风急流变强时，青藏高原中东部 400 hPa 以上的辐散场更强，500 hPa 的辐合场更强[图 3.17(a)]。根据质量守恒定律，高层辐散有利于低层的辐合和上升运动。400 hPa 的垂直运动速度和 500 hPa 散度场对西风急流指数的回归场显示，当 200 hPa 高空西风急流变强时，青藏高原北部的上升运动变强、南部的上升运动变弱[图 3.17(b)]；高原北部 500 hPa 等压面上为异常辐合而南部为异常辐散[图 3.17(c)]。事实上，大量研究已表明，青藏高原低层辐合场和上升运动是影响高原低涡发生发展的重要条件。因此，这种垂直运动和散度场的南北反向变化使得青藏高原北部高原低涡的发生频数显著增加，而在南部仅微弱增加（近似没有趋势），促使高原北部地区的降水呈上升趋势，高原南部呈下降趋势。

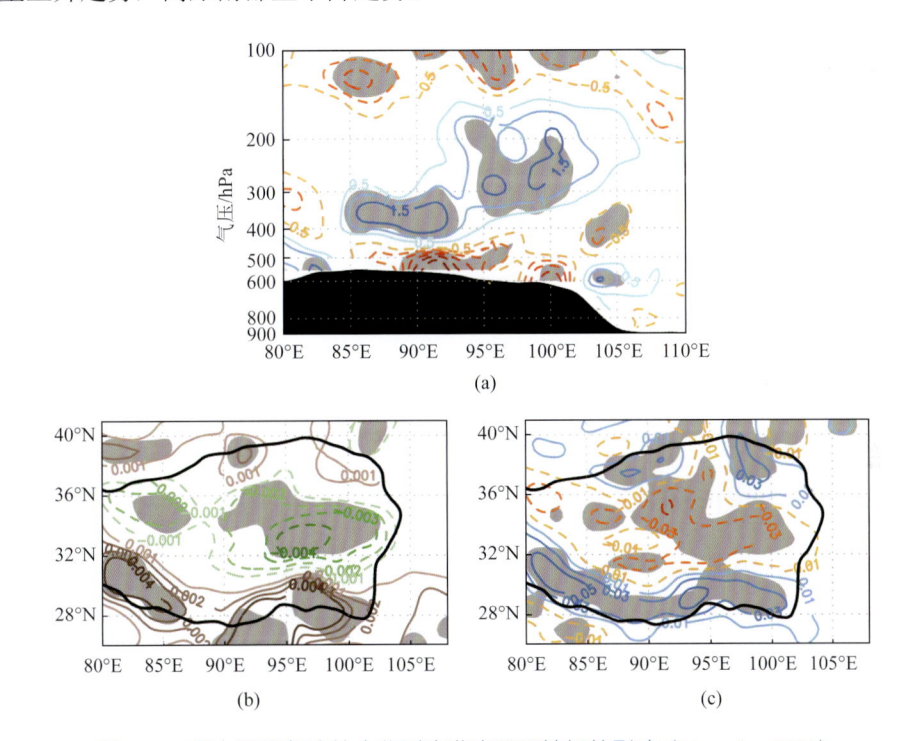

图 3.17 高空西风急流的变化对青藏高原环境场的影响（Li et al.，2021）

(a) 30°～36°N 平均的散度场对西风急流指数的回归系数；(b) 400 hPa 垂直运动速度对西风急流指数的回归系数；(c) 500 hPa 散度场对西风急流指数的回归系数。图中的灰色阴影表示通过 95% 显著性检验的区域，(a) 中的黑色阴影表示青藏高原地形，(b) 和 (c) 中的黑色等值线为 3000m 地形等高线

综上所述，青藏高原对流层高层大气的快速增暖，使得对高原低涡有重要影响的关键因素（上升运动和低层辐合）发生变化，这些关键因素变化趋势的区域性差异导致高原低涡在青藏高原北部和南部发生频数的变化速率不同，从而导致青藏高原降水出现南北反向变化趋势，示意图如图 3.18 所示。

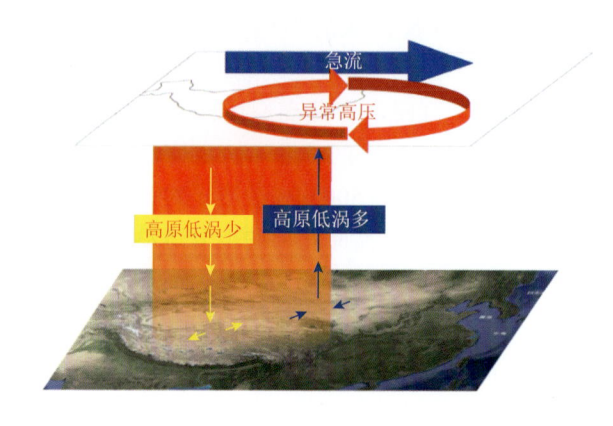

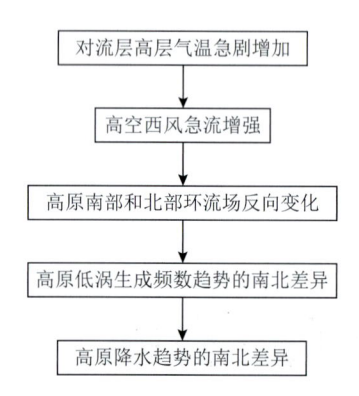

图 3.18　大气温度和环流异常对青藏高原低涡发生频数和降水的南北反向变化趋势影响的示意图

3.4　青藏高原降水区域变化趋势与海气异常影响特征

　　Yue 等（2021）的研究指出，青藏高原南部降水年代际的减少与赤道中太平洋和印度-太平洋暖池的偶极子型 SST 模态有关。青藏高原南部降水量偏多对应赤道中太平洋负 SST 异常以及印度-太平洋暖池正 SST 异常。赤道西太平洋的 SST 梯度导致东风异常和偶极子型降雨异常（即海洋性大陆的正降雨异常和赤道中西太平洋的负降雨异常）。在赤道西太平洋的降水较少，被抑制的热源激发了从菲律宾海延伸到孟加拉湾沿 15°～20°N 的异常反气旋带。孟加拉湾上空的低空反气旋式环流进一步增强了向青藏高原南部的水汽运输，并通过改变局地经向环流促使了青藏高原南部的水汽上升运动，进而使得高原南部降水增多。反之，赤道中太平洋出现正 SST 异常以及印度-太平洋暖池负 SST 异常，青藏高原南部降水减少。

　　Liu 等（2021）研究表明，1976～2015 年青藏高原南部降水先增加后减少，北部降水先减少后增加，水汽收支和对流活动在青藏高原降水的年代际变化中起着重要作用。青藏高原南部的降水变化主要是由于感热的持续减弱，它抑制了上升运动并阻碍向北的水汽输送。在青藏高原北部，冷位相的太平洋年代际振荡（IPO）和暖位相的大西洋多年代际振荡（AMO）的协同作用对青藏高原北部净水汽收支的年代际转折有重要影响；AMO 可以通过异常的波传播来影响贝加尔湖反气旋，从而减少青藏高原东部的水汽输出；IPO 使西风减弱，有利于青藏高原北部水汽增加，净水汽收支的变化导致青藏高原北部夏季降水的年代际变化。

从图 3.19 所示的夏季环流场的变化趋势中可以看出，在北半球中高纬地区对流层高层出现位势高度显著的"正—负—正—负—正—负"结构，表现为从热带外北大西洋附近到青藏高原和副热带东亚上空的一个定常罗斯贝波列 [图 3.19(a)]，造成青藏高原东北部出现异常反气旋式环流，青藏高原东南部和副热带东亚地区出现异常气旋式环流，南亚高压中心偏东偏北。在低空，中高纬地区出现与高层相似的异常中心，表现为准正压结构特征 [图 3.19(b)]。中国北部、蒙古国附近以及青藏高原南部受到高压系统控制，西南季风环流减弱。由此，高低空环流配置有利于青藏高原北部局地抬升运动增强，降水增加，而青藏高原南坡抬升运动减弱，降水减少。沿 80°～100°E 平均的经向垂直环流结构也表现出一致的特征，形成由青藏高原北部上升支和南坡下沉支组成的闭合垂直环流圈（图 3.20）。

(a) 200hPa 位势高度场和水平风场趋势 (1981~2020年)

(b) 海平面气压场和850hPa 水平风场趋势 (1981~2020年)

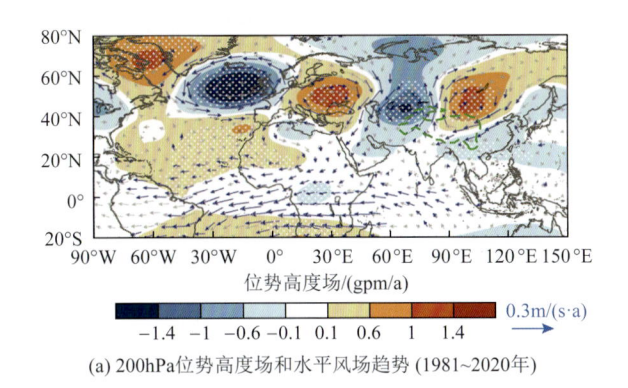

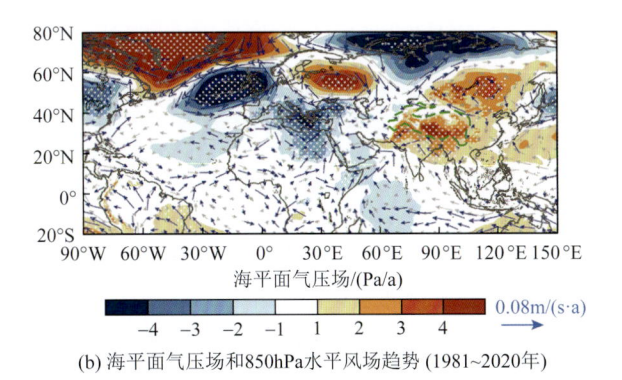

图 3.19　1981～2020 年夏季 200 hPa 去掉纬向平均的位势高度场（填色）和水平风场（箭头），以及海平面气压场（填色）和 850 hPa 水平风场（箭头）的线性趋势变化

打点区和蓝色箭头表示通过 95% 显著性检验的区域。绿色虚线为青藏高原海拔高于 1500 m 的区域

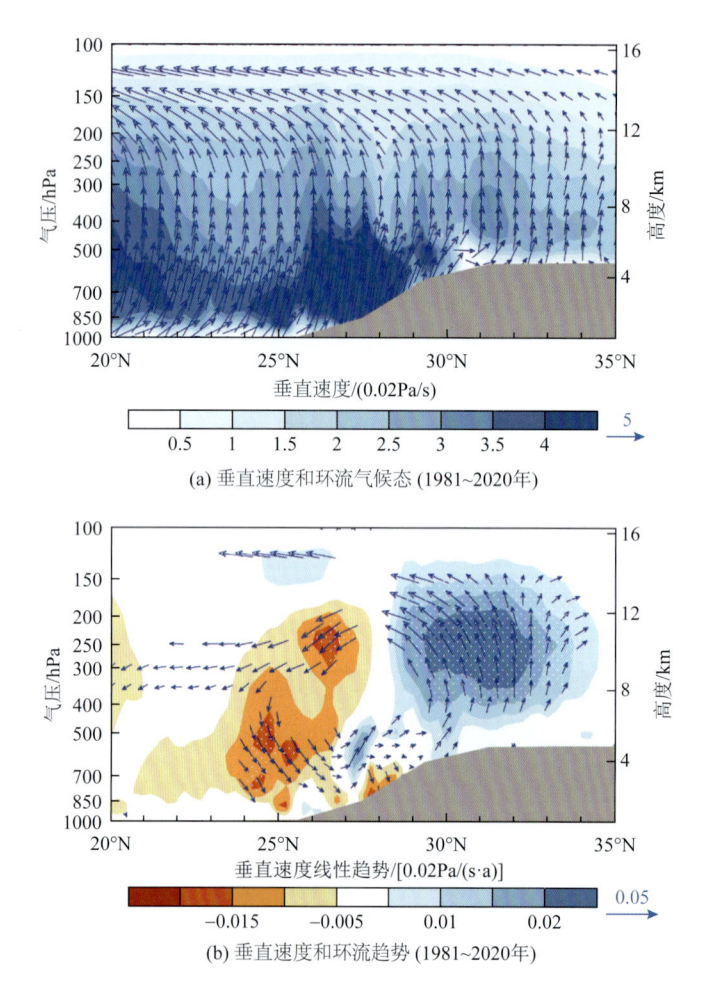

图 3.20　1981～2020 年夏季沿 80°～100°E 平均的垂直速度（填色）和经向垂直环流（箭头）的气候态分布及其线性趋势变化

打点区和蓝色箭头表示通过 95% 显著性检验的区域。灰色阴影为青藏高原地形

由图 3.21(a) 可以看出，1981～2020 年北大西洋海温呈现出增温趋势，增暖大值区位于中高纬度区域，这与 AMO 的增暖中心有所重叠。另外，前人研究指出，20 世纪 90 年代末，AMO 由冷位相转为暖位相（Si and Ding，2016），这与青藏高原南坡降水趋势变化的时间节点十分接近。Zhou 等（2019）也发现，西北大西洋增暖是青藏高原水汽在 20 世纪 90 年代中期出现年代际增加的重要贡献因子。从西北大西洋降水趋势变化中可以看到，除热带东大西洋和欧洲以西的洋面上出现降水正异常外，北大西洋夏季降水基本上表现为显著负异常［图 3.21(b)］。我们推测，AMO 和相应的北大西洋降水负异常可能是激发图 3.21 所示异常罗斯贝波列的重要因子。

从夏季 200 hPa 环流场与 AMO 指数的回归场（图 3.22）可以发现，AMO 能够引起从热带外北大西洋东传至青藏高原和副热带东亚上空的罗斯贝波列，其分布特征与图 3.22 中的波列相似。另外，AMO 指数与夏季降水的回归场也显示，青藏高原南坡出现降水负异常，而其北侧出现正异常，但其变化振幅比趋势变化略小（图3.23）。由此可见，AMO由冷位相转为暖位相是青藏高原南北部降水趋势差异的一个重要因子。

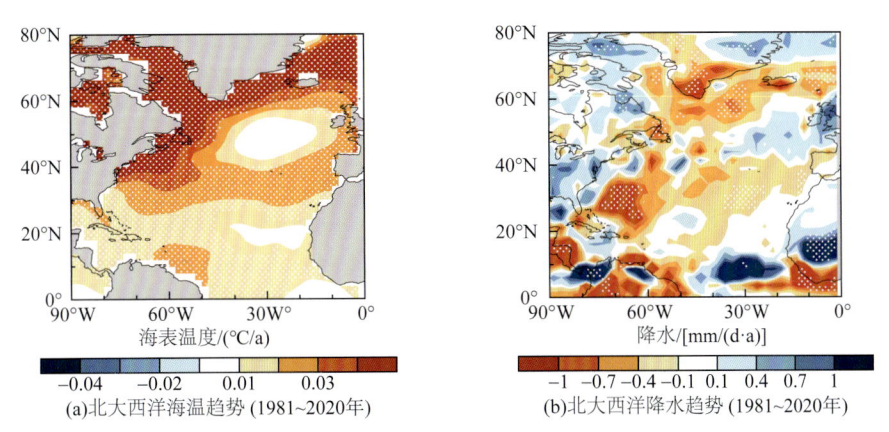

图 3.21　1981～2020年北大西洋夏季海表温度和降水的线性趋势变化

(a) 打点区表示通过95%显著性检验的区域；(b) 打点区表示通过90%显著性检验的区域

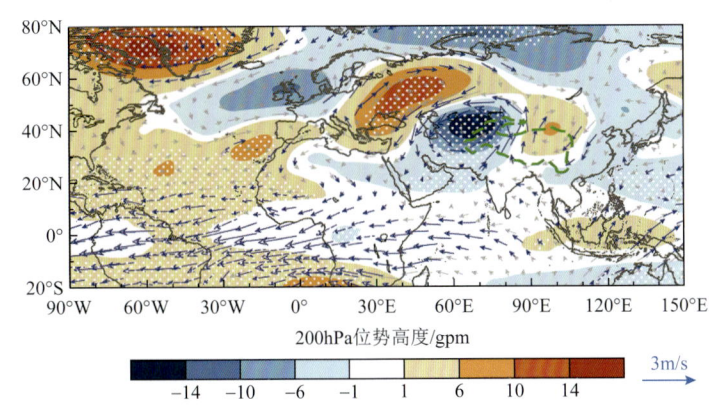

图 3.22　1981～2020年夏季200 hPa位势高度（填色）和水平风场（箭头）与标准化AMO指数的回归场

打点区和蓝色箭头表示通过95%显著性检验的区域。绿色虚线为青藏高原海拔高于1500 m的区域

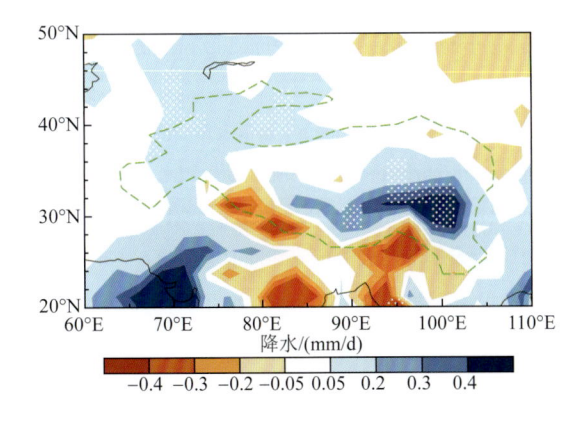

图 3.23　1981～2020年夏季降水与标准化AMO指数的回归场

打点区表示通过90%显著性检验的区域。绿色虚线为青藏高原海拔高于1500 m的区域

参考文献

段安民, 肖志祥, 吴国雄. 2016. 1979-2014年全球变暖背景下青藏高原气候变化特征. 气候变化研究进展, 12(5): 374-381.

吴芳营, 游庆龙, 蔡子怡, 等. 2022. 基于MODIS白天地温产品的青藏高原海拔依赖型变暖特征分析. 大气科学, 46(2): 442-454.

游庆龙, 康世昌, 李剑东, 等. 2021. 青藏高原气候变化若干前沿科学问题. 冰川冻土, 43(3): 885-901.

张渊萌, 程志刚. 2014. 青藏高原增暖海拔依赖性研究进展. 高原山地气象研究, 34(2): 91-96.

Adler R F, Sapiano M, Huffman G J, et al. 2018. The Global Precipitation Climatology Project (GPCP) monthly analysis (New Version 2.3) and a review of 2017 Global Precipitation. Atmosphere, 9(4): 138-164.

Chen B, Chao W C, Liu X. 2003. Enhanced climatic warming in the Tibetan Plateau due to doubling CO_2: a model study. Climate Dynamics, 20(4): 401-413.

Duan A, Wu G, Zhang Q. 2006. New proofs of the recent climate warming over the Tibetan Plateau as a result of the increasing greenhouse gases emissions. Chinese Science Bulletin, 51(11): 1396-1400.

Frauenfeld O W, Zhang T, Serreze M C. 2005. Climate change and variability using European Centre for medium-range weather forecasts reanalysis (ERA-40) temperatures on the Tibetan Plateau. Journal of Geophysical Research: Atmospheres, 110: D02101.

Gao Y, Xiao L, Chen D, et al. 2018. Comparison between past and future extreme precipitations simulated by global and regional climate models over the Tibetan Plateau. International Journal of Climatology, 38(3): 1285-1297.

Kang S, Xu Y, You Q, et al. 2010. Review of climate and cryospheric change in the Tibetan Plateau. Environmental Research Letters, 5(1): 15101.

Kobayashi S, Ota Y, Harada Y, et al. 2015. The JRA-55 reanalysis: general specifications and basic characteristics. Journal of the Meteorological Society of Japan, 93: 5-48.

Kotlarski S, Bosshard T, Lüthi D, et al. 2012. Elevation gradients of European climate change in the regional climate model COSMO-CLM. Climatic Change, 112(2): 189-217.

Li L, Zhang R H, Wen M, et al. 2021. Regionally different precipitation trends over the Tibetan Plateau in the warming context: a perspective of the Tibetan Plateau vortices. Geophysical Research Letters, 48: e2020GL091680.

Liu X, Cheng Z, Yan L, et al. 2009. Elevation dependency of recent and future minimum surface air temperature trends in the Tibetan Plateau and its surroundings. Global and Planetary Change, 68(3): 164-174.

Liu Y, Chen H P, Li H, et al. 2021. What induces the interdecadal shift of the dipole patterns of summer precipitation trends over the Tibetan Plateau? International Journal of Climatology, 41(11): 5159-5177.

Liu Y, Zhang Y, Zhu J, et al. 2019. Warming slowdown over the Tibetan Plateau in recent decades. Theoretical and Applied Climatology, 135(3): 1375-1387.

Pepin N, Bradley R S, Diaz H F, et al. 2015. Elevation-dependent warming in mountain regions of the world. Nature Climate Change, 5(5): 424-430.

Rangwala I, Miller J R. 2012. Climate change in mountains: a review of elevation-dependent warming and its possible causes. Climatic Change, 114(3-4): 527-547.

Rangwala I, Miller J R, Xu M. 2009. Warming in the Tibetan Plateau: possible influences of the changes in surface water vapor. Geophysical Research Letters, 36: L06703.

Schneider U, Becker A, Finger P, et al. 2014. GPCC's new land surface precipitation climatology based on quality-controlled in situ data and its role in quantifying the global water cycle. Theoretical and Applied Climatology, 115: 15-40.

Si D, Ding Y H. 2016. Oceanic forcings of the interdecadal variability in East Asian summer rainfall. Journal of Climate, 29: 7633-7649.

Sun C, Xu X D, Wang P J, et al. 2022. The warming and wetting ecological environment changes over the Qinghai-Tibetan Plateau and the driving effect of the Asian Summer Monsoon. Journal of Tropical Meterology, 28(1): 95-108.

Wang Q, Fan X, Wang M. 2014. Recent warming amplification over high elevation regions across the globe. Climate Dynamic, 43: 87-101.

Wu T, Zhao L, Li R, et al. 2013. Recent ground surface warming and its effects on permafrost on the central Qinghai-Tibet Plateau. International Journal of Climatology, 33(4): 920-930.

You Q, Chen D, Wu F, et al. 2020a. Elevation dependent warming over the Tibetan Plateau: patterns, mechanisms and perspectives. Earth-Science Reviews, 210:103349.

You Q, Kang S, Pepin N, et al. 2008. Relationship between trends in temperature extremes and elevation in the eastern and central Tibetan Plateau, 1961-2005. Geophysical Research Letters, 35: L04704.

You Q, Min J, Jiao Y, et al. 2016a. Observed trend of diurnal temperature range in the Tibetan Plateau in recent decades. International Journal of Climatology, 36(6): 2633-2643.

You Q, Min J, Kang S. 2016b. Rapid warming in the Tibetan Plateau from observations and CMIP5 models in recent decades. International Journal of Climatology, 36(6): 2660-2670.

You Q, Min J, Zhang W, et al. 2015. Comparison of multiple datasets with gridded precipitation observations over the Tibetan Plateau. Climate Dynamics, 45(3-4): 791-808.

You Q, Wu T, Shen L, et al. 2020b. Review of snow cover variation over the Tibetan Plateau and its influence on the broad climate system. Earth-Science Reviews, 201: 103043.

You Q, Zhang Y, Xie X, et al. 2019. Robust elevation dependency warming over the Tibetan Plateau under global warming of 1.5℃ and 2℃. Climate Dynamic, 53: 2047-2060.

Yue S Y, Wang B, Yang K, et al. 2021. Mechanisms of the decadal variability of monsoon rainfall in the southern Tibetan Plateau. Environmental Research Letters, 16: 014011.

Zhang X, Alexander L, Hegerl G C, et al. 2011. Indices for monitoring changes in extremes based on daily temperature and precipitation data: indices for monitoring changes in extremes. Wiley Interdisciplinary Reviews: Climate Change, 2(6): 851-870.

Zhou C Y, Zhao P, Chen J M. 2019. The interdecadal change of summer water vapor over the Tibetan Plateau and associated mechanisms. Journal of Climate, 32: 4103-4119.

第 4 章

青藏高原灾害天气特征与气候变化影响

青藏高原是黄河、长江、澜沧江等著名河流的发源地，在区域水循环中具有十分重要的作用（Qiu，2008；Xu et al.，2008）。同时，青藏高原独特的地形和复杂的下垫面特征，使其对亚洲乃至全球气候产生重要的热力、动力强迫作用（Yanai et al.，1992；Duan and Wu，2005），特别在亚洲季风气候环流形成和维持中具有十分重要的作用（Hahn and Manabe，1975；Wu and Zhang，1998）。青藏高原由于其特殊的地质、地形结构，也是灾害天气频发的地区之一（Tang et al.，2021，2022）。在气候变暖背景下，青藏高原积雪、冰川消融和永久冻土结构不稳定，导致雪崩、泥石流和滑坡等灾害出现显著加剧趋势（Yao et al.，2012）。关于青藏高原极端灾害天气及其变化的系统性研究相对比较薄弱，本章基于第二次青藏高原综合科学考察研究的成果，比较系统地阐述了青藏高原极端灾害天气总体和区域分布特征、变化趋势及其气候变化的影响和可能原因。为便于研究分析，将青藏高原划分为西北部（NW）、西南部（SW）、中南部（SC）、东北部（NE）和东南部（SE）（图4.1）（Tang et al.，2021，2022）。

4.1 青藏高原灾害天气分布及其总体变化特征

Tang等（2021）利用1979～2016年青藏高原气象站点观测数据，揭示了青藏高原灾害天气的分布特征。夏季是青藏高原雷暴发生最频繁的季节，年平均雷暴事件日数在70天以上。图4.1表明，青藏高原雷暴中心主要出现在青藏高原中部、西南部以及东南部部分地区。青藏高原雷暴天气主要出现在午后到前半夜，但青藏高原由南向北雷暴发生的时段不同，青藏高原中部和北部的那曲、沱沱河雷暴峰值的出现时段比南部的拉萨早3～6h。青藏高原70%以上的雷暴云的持续时间都小于1h。

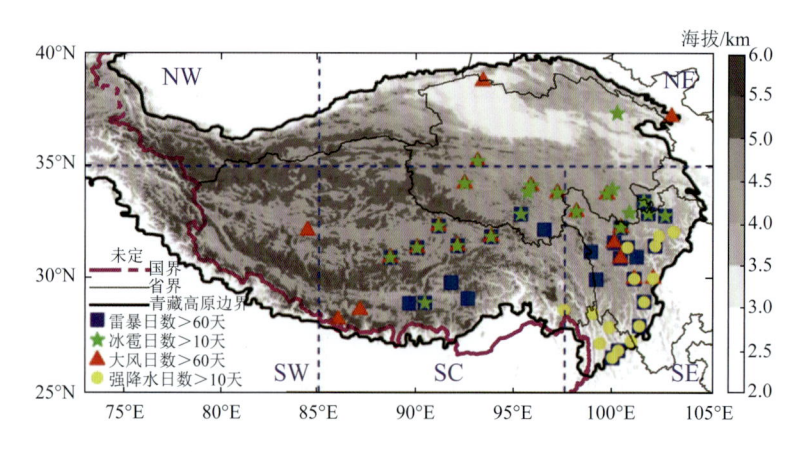

图4.1 1979～2016年青藏高原及其不同区域雷暴、冰雹、大风和强降水日数的年平均空间分布

青藏高原雷暴日数与卫星观测的闪电频数基本一致。Zheng和Zhang（2021）利用1998～2014年TRMM卫星的闪电成像仪（LIS）数据，研究了青藏高原及其周边地区的闪电时空分布特征。结果表明，青藏高原整体闪电频数远低于周边地区，为5 fl/(km²·a)，

第 4 章　青藏高原灾害天气特征与气候变化影响

呈现中东部多、西部少的基本特征。强闪电活动区域主要出现在青藏高原东南部的横断山区。青藏高原中部强闪电活动位于那曲至拉萨一带，主要位于念青唐古拉山附近。

青藏高原冰雹事件比较频繁。图 4.1 表明，大于 10 天以上的冰雹事件主要与念青唐古拉山和唐古拉山的分布有关，与地形抬升存在密切的关系，年平均日数高达 30 天，与雷暴天气的高值区不完全对应，东部和南部高雷暴地区的冰雹很少，说明该地区主要为雷雨天气。青藏高原地区的冰雹事件一般从春季末期开始，秋季初期结束，主要集中在 5～9 月。

青藏高原位于北半球中纬度地区，受副热带西风急流影响，加上海拔高、地形复杂，是我国出现大风日数最多、范围最大的地区（图 4.1）。大风天气主要分布在中西部，在山脉之间最为盛行，如念青唐古拉山和唐古拉山之间的盆地地区、唐古拉山和昆仑山脉之间的五道梁和沱沱河地区，年平均日数高达 160 天。

青藏高原强降水天气主要发生在藏东南地区（SE）（图 4.1），特别是横断山区，与该地区充足的水汽输送和地形分布密切相关。青藏高原的洪涝灾害相比我国东部地区来说，发生的频率不算高，但由于坡度大、地质条件不稳定，危害非常大。青藏高原中东部强降水事件集中出现在 7 月，强降水量和频次具有从东南向西北递减的空间分布特征。此外，青藏高原东北部地区强降水事件出现时间虽然比较短，但降水强度较大，局地性强，且大多在夜间出现。

青藏高原强降雪往往也带来严重灾害。青藏高原年平均积雪事件与积雪深度的高值区都与高大山脉有关，多位于喜马拉雅山、念青唐古拉山、唐古拉山、巴颜喀拉山以及阿尼玛卿山东部等周边地区，而在柴达木盆地和雅鲁藏布江中上游等周边地区积雪薄且持续时间短。多年平均积雪日数最大的站点位于巴颜喀拉山东段的曲麻莱站点，其年平均积雪日数达到 141.4 天。

青藏高原出现了显著的变暖趋势。整个青藏高原近地面日平均气温、日最低气温和日最高气温均表现出明显的上升趋势，分别为每 10 年上升 0.39℃、0.47℃和 0.41℃，都通过了 99% 的显著性检验，日最低气温上升速率更为明显（Tang et al., 2021）。

在气候变暖背景下，青藏高原雷暴、冰雹、大风日数总体呈减少趋势，而强降水日数总体呈增加趋势，特别是青藏高原东北部地区，但青藏高原灾害天气在不同区域的变化具有明显的差异（Tang et al., 2021）。图 4.2 给出了 1979～2016 年青藏高原及其不同区域的雷暴、冰雹、大风和强降水日数变化的空间分布。结果表明，青藏高原雷暴、大风、冰雹日数均呈显著的减少趋势。青藏高原暖季雷暴总日数减少速率每 10 年达到 5.2 天，冰雹总日数每 10 年减少 1.7 天。而青藏高原中南地区（SC）北部冰雹日数的减少速率远远大于西南、西北地区。青藏高原中南地区冰雹日数最大减少速率的站点分布在念青唐古拉山和唐古拉山之间的盆地地区，与冰雹日数的高值区域相对应。

75

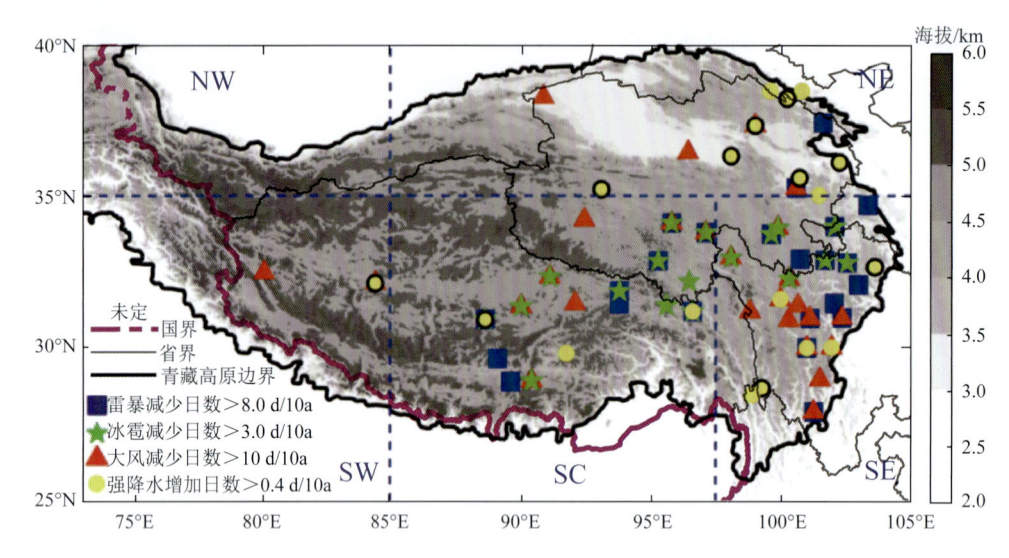

图 4.2　1979～2016 年青藏高原及其不同区域的雷暴、冰雹、大风和强降水日数变化的空间分布

大风总日数冷季每 10 年减少 4.3 天，略高于暖季的减少 3.6 天。冷季青藏高原东南地区（SE）和西南地区（SW）大风日数的减少趋势起主导作用，说明冷季的西风环流出现明显减弱现象。东南地区大风日数减少速率最大的站点分布在横断山脉东边的贡嘎山附近。而中南地区位于喜马拉雅山的聂拉木站点的大风日数呈显著的增加趋势。

青藏高原强降水日数在冷暖季总体上呈不显著的增加趋势，每 10 年暖季增加 0.06 天、冷季增加 0.02 天。东北地区（NE）的强降水日数增加速率最明显，最大的站点分布在柴达木盆地的东北部。青藏高原东北部强降水事件呈显著增加趋势，由此引发的滑坡、泥石流等次生灾害有加剧趋势。青藏高原东南部暖季降水量呈减少趋势，但降水强度呈增加趋势，说明藏东南地区极端暴雨灾害呈现增加趋势。青藏高原东北部暖湿化趋势明显，而东南部呈现一定的暖干化趋势（Tang et al.，2022）。

青藏高原整体总积雪日数、深度均呈减少趋势，特别是积雪日数呈显著减少趋势，为每 10 年减少 4.3 天，在中南部的积雪日数减少尤为明显，这与该区域冰川消退的趋势一致，说明在气候变暖背景下，该地区的降雪出现明显减少的趋势。

4.2　青藏高原灾害天气分布与变化区域性特征

下文对青藏高原各区域的灾害天气变化特征进行详细分析。

4.2.1　青藏高原东北部灾害天气分布与变化特征

青藏高原东北部是指 35°N 以北、85°E 以东的地区，包括青海北部、甘肃祁连山以南的大部分，有昆仑山东段、柴达木盆地、祁连山、青海湖等著名山脉、盆地和湖泊。本节主要对青藏高原东北部雷暴、冰雹、大风和强降水、强降雪等灾害天气事件时空

第 4 章 青藏高原灾害天气特征与气候变化影响

分布、变化特征及成因机制等进行详细分析。

青藏高原东北地区雷暴事件的高峰出现在夏季。图 4.3(a) 显示青藏高原东北地区的雷暴主要集中在其东部边缘区域，年平均雷暴日数可达到 30～50 天，而柴达木盆地的雷暴很少，基本在 15 天以下。图 4.3(b) 显示青藏高原东北地区的年平均冰雹日数大部分在 5 天以下，在东部边缘的个别地区可达 5～10 天。图 4.3(c) 显示青藏高原东北地区的大风日数比较多，大部分地区可以达到 30～60 天，个别地区可达 60 天以上，大风事件主要发生在春季，大风日数峰值出现在 3 月。图 4.3(d) 显示青藏高原东北地区强降水日数一般在 5 天以下，在东部边缘地带可达 5～10 天。强降水事件主要发生在 6～9 月。青藏高原东北地区东部降雪日数比较多，可超过 30 天，而柴达木盆地区域降雪事件较少。除大风事件外，雷暴、冰雹和强降水事件基本发生在暖季，冷季高原气温通常很低，且环境干燥，这些条件不适合对流系统的形成。

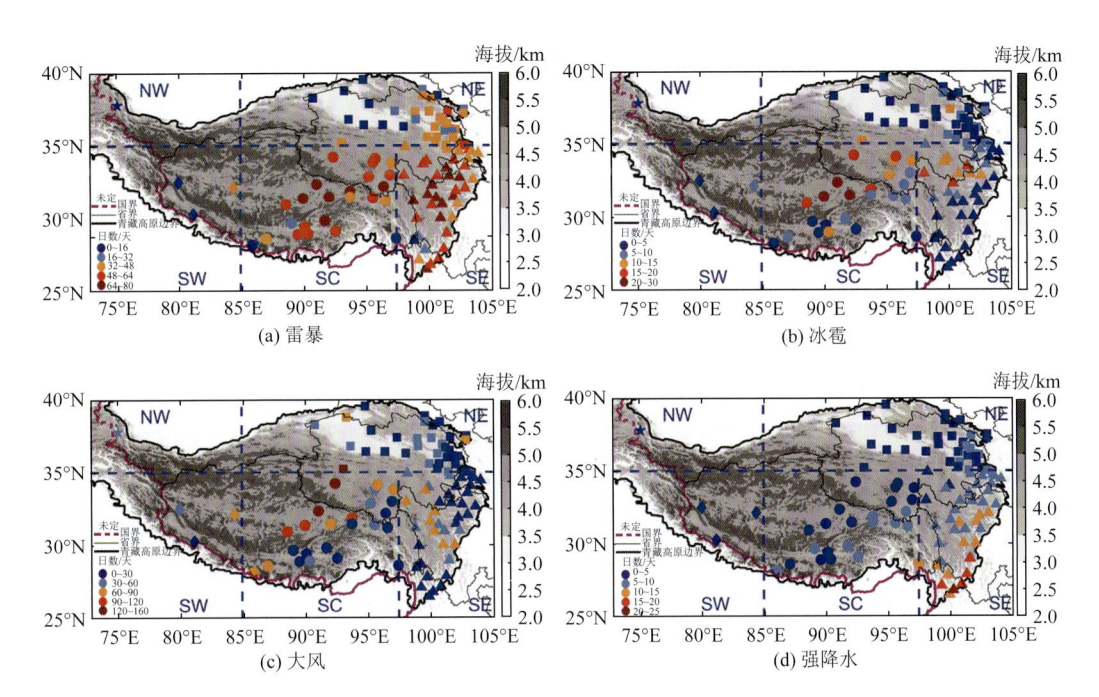

图 4.3 1979～2016 年青藏高原不同区域站点年平均雷暴、冰雹、大风、强降水日数的空间分布
(Tang et al.，2021)

图例的形状无意义，仅不同颜色代表不同的年平均日数，图中不同形状表示不同区域，正方形表示 NE 区域，三角形表示 SE 区域，圆点表示 SC 区域，菱形表示 SW 区域，五角星表示 NW 区域

在气候变暖背景下，青藏高原东北地区暖季雷暴、冰雹和大风事件均呈显著减少趋势，分别为每 10 年减少 3.5 天、1.2 天和 2.5 天，但减少趋势较青藏高原中南部、东南部小。该地区冷季的雷暴、大风也出现了明显的减少趋势。但冷暖季的强降水事件均出现了增加趋势，暖季的增加趋势更为明显，分别为每 10 年增加 0.03 天和 0.21 天。

从年代际变化看，1979～1999 年，青藏高原雷暴日数趋于增加，而 2000～2013 年趋于减少。相对而言，青藏高原东北地区平均年代际雷暴日数减少较小［图 4.4(a)］，

77

为每 10 年减少 3.6 天，部分地区的减少可达到 5～10 天，柴达木盆地的东部边缘略有增加现象。冰雹日数年代际变化与雷暴日数相似 [图 4.4(b)]，平均每 10 年减少 1.2 天，大部分地区减少在 2 天以下，东部边缘部分地区减少达到 2 天以上。青藏高原总体上大风日数呈显著的减少趋势，每 10 年减少 7.5 天。从 1997 年之后大风日数明显趋于减少。青藏高原东北地区大风日数的减少趋势也相对较弱 [图 4.4(c)]，平均每 10 年减少 4.6 天，柴达木盆地边缘的大风日数减少比较明显。

强降水日数呈显著增加趋势 [图 4.4(d)]，平均每 10 年增加 0.25 天，个别地区达到 0.6 天，表明青藏高原东北地区强降水可能引发的气象及其次生灾害事件呈显著增加趋势。从降水量来看，青藏高原东北地区冷暖季的强降水量均呈增加趋势，暖季更为显著，达到每 10 年增加 5.57 mm，冷季增加 0.50 mm。冷暖季的强降水强度也呈显著增加趋势。

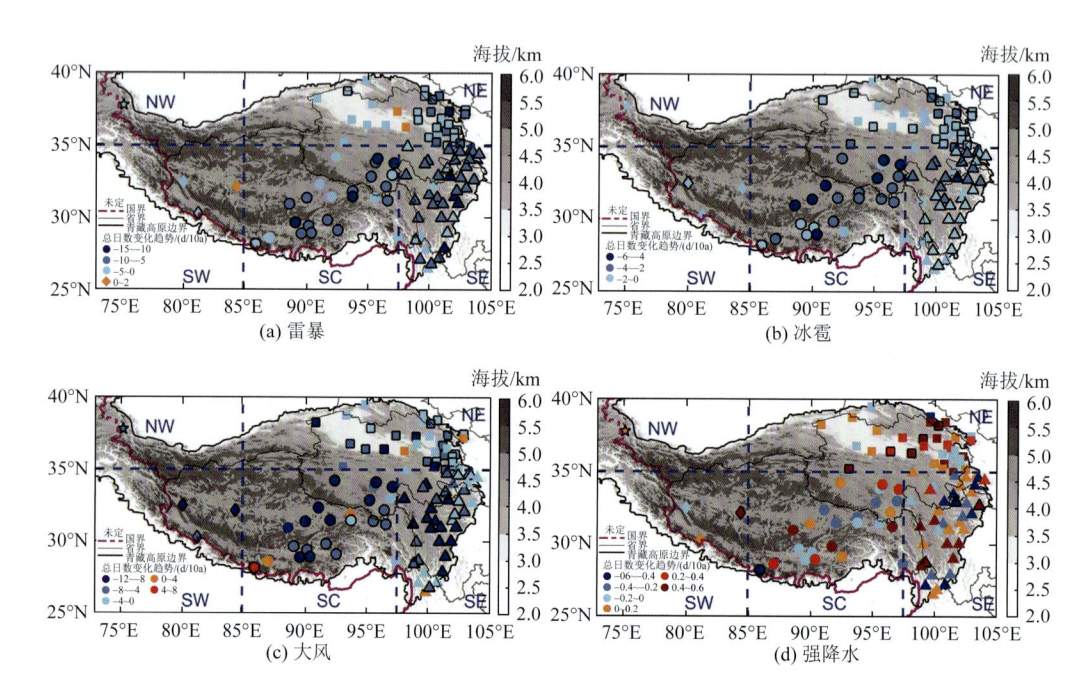

图 4.4　1979～2016 年青藏高原不同区域雷暴、冰雹、大风、强降水总日数变化趋势的空间分布
(Tang et al.，2021)

图中不同形状表示不同区域，正方形表示 NE 区域，三角形表示 SE 区域，圆点表示 SC 区域，菱形表示 SW 区域，五角星表示 NW 区域，具有黑色边框的图形代表该站点的变化趋势通过了 95% 的显著性检验。图例的形状不代表任何意义，仅颜色深浅代表不同的变化趋势，冷色代表下降趋势，暖色代表上升趋势

4.2.2　青藏高原中南部灾害天气分布与变化特征

青藏高原中南部是指 35°N 以南、85°～97.5°E 的地区，包括喜马拉雅山东段、雅鲁藏布江大拐弯、唐古拉山、念青唐古拉山等。该区域内包括黄河、长江等重要河流

的发源地。

青藏高原中南部雷暴事件比较多，高峰出现在7月。年平均雷暴事件在40～50天及以上［图4.3(a)］，在唐古拉山、念青唐古拉山等高大山脉地区的雷暴事件可达60天以上。该地区也是冰雹天气的多发区，主要与高大山脉分布有关［图4.3(b)］。在念青唐古拉山地区可达到20～30天，在唐古拉山地区可达到10～15天。在喜马拉雅山、雅鲁藏布江区域，冰雹一般在5天以下，部分地区可以达到5～10天。

青藏高原中南部大风事件比较多，主要与高大山脉分布密切相关，部分地区达到120天以上［图4.3(c)］。大风事件主要发生在春季，大风日数峰值出现在3月，峰值为8.7天，与该地区春季盛行西风环流有关，也与该地区高大地形对西风环流的阻挡有关。

中南部强降水日数在青藏高原中部一般在5天以下，而在靠近南部的地区可以达到5天以上［图4.3(d)］，强降水事件主要发生在6～9月的暖季，峰值日数为1.6天。降雪事件在唐古拉山地区较多，年平均降雪事件可达到60天以上。

在气候变暖背景下，青藏高原中南部雷暴、冰雹和大风事件均呈显著减少趋势。暖季青藏高原中南部雷暴、冰雹和大风事件每10年分别减少为6.8天、3.2天和4.1天，该地区也是青藏高原地区减少最明显的地区。该地区冷季的雷暴、大风也出现了明显的减少趋势。暖季强降水事件出现了不显著的增加趋势。

从年代际看，雷暴事件平均每10年减少7.2天，部分地区减少达到10天以上［图4.4(a)］，这种现象应与西风带的减弱密切相关。由于受该区域高大山脉的影响，冰雹事件最频繁，但减少趋势也最明显［图4.4(b)］，平均每10年减少3.2天，部分地区的减少达到4天以上。大风事件减少趋势也很明显［图4.4(c)］，平均每10年减少7.2天，大部分地区减少达到8～12天。该地区强降水事件呈不显著增加趋势［图4.4(d)］，每10年增加0.02天，相当一部分地区出现减少趋势。强降水量也呈不显著增加趋势。

4.2.3　青藏高原东南部灾害天气变化特征

高原东南部是指35°N以南、97.5°E以东的地区，主要包括横断山脉等，是怒江、澜沧江、金沙江等重要河流的流经地，是我国西南水电的重要开发区域，也是川藏铁路、公路经过的区域，研究该区域灾害天气的分布、变化具有重要意义。

青藏高原东南部是雷暴、雷电事件的高发区，年平均雷暴事件日数一般在40～50天及以上，最高可达80天［图4.3(a)］，这与该地区受亚洲夏季风直接影响产生的强对流天气过程有关。青藏高原东南部区域雷暴日数高峰出现在7月。雷暴事件的时空分布与夏季热力强迫和大尺度大气环流对青藏高原的影响密切相关。夏季强烈太阳辐射引起的热力强迫作用为青藏高原上的对流触发提供了有利条件。盛行的南亚夏季风和东亚夏季风极大地增强了向青藏高原南部和东部的水汽输送。该地区冰雹的高发区主要在其北部的山脉区域［图4.3(b)］，如阿尼玛卿山地区，可达10～15天，而在其南部地区普遍较少，在5天以下。青藏高原东南部大风事件比较多，大部分在30天以下，部分高大山脉分布地区可以达到30～60天及以上［图4.3(c)］，主要发生在春季，大风日数峰值出现在 3 月，峰值日数为 5.4 天。该地区是强降水事件最频繁的地区［图 4.3(d)］，特别是东南边缘地带，可以达到 20 天以上。强降水事件主要集中在 6～9 月，强降水日数峰值为 2.5 天。阿尼玛卿山降雪事件较多，年平均日数达到 60～90 天及以上。

在气候变暖背景下，青藏高原东南部雷暴事件呈显著的年代际减少趋势，平均每 10 年减少 7.0 天；冰雹事件每 10 年减少 1.6 天；大风事件减少更为明显，每 10 年减少 9.7 天。暖季青藏高原东南部雷暴、冰雹和大风事件均呈显著减少趋势，平均每 10 年分别减少 6.1 天、1.5 天和 4.2 天，是青藏高原减少最明显的地区。强降水事件以增加趋势为主［图 4.4(d)］，部分地区也出现减少趋势，横断山脉中部的强降水事件出现增加趋势，而其南部出现减少趋势。从冷暖季看，暖季平均强降水事件出现了减少趋势，强降水量呈增加趋势，说明降水强度呈增加趋势，容易导致暴雨灾害及滑坡、泥石流等次生地质灾害。冷季强降水事件出现了增加趋势，但降水（降雪）量呈现减少趋势，说明冷季的强降水强度出现减少趋势。

4.2.4 青藏高原西北、西南部灾害天气变化特征

青藏高原西北部是指 35°N 以北、85°E 以西的高原区域。该区域包括昆仑山以西、喀喇昆仑山等，北接塔里木盆地、塔克拉玛干沙漠。该区域气象观测站点只有 1 个，数据的代表性有限。青藏高原西南部是指 35°N 以南、85°E 以西的高原区域，包括喜马拉雅山西段、冈底斯山脉，由于该区域内气象观测站点只有 3 个，数据的代表性很有限。

图 4.3(a) 显示，青藏高原西北（NW）、西南（SW）地区雷暴事件少，年平均在 15 天以下。从季节看，青藏高原西北地区雷暴事件高峰出现在 6 月，而西南地区的高峰出现在 8 月。图 4.3(b) 表明，青藏高原西北、西南地区的冰雹很少，年平均冰雹日数大部在 5 天以内。图 4.3(c) 显示，青藏高原西北、西南地区的大风事件也相对较少。从季节看，青藏高原西北地区大风事件主要发生在春末夏初，大风事件日数峰值出现在 5 月，月峰值日数为 9.2 天。西南地区大风事件主要发生在春季，大风事件日数峰值出现在 3 月，月峰值日数为 6.1 天，主要由春季盛行的西风环流造成，与西南地区地形阻挡作用有关。青藏高原西北、西南地区几乎不会出现强降水天气［图 4.3(d)］，降雪事件年平均不到 30 天，平均雪深也在 1 cm 以下。考虑到青藏高原西北、西南地区雷暴、冰雹、强降水等事件较少、站点少、代表性不足，这里不再详细讨论相关的变化趋势。

4.3 青藏高原云降水形成过程物理结构特征

第二次青藏高原综合科学考察研究发现，受青藏高原复杂地形、西风-季风的协同作用，青藏高原云和降水形成过程具有独特的物理结构特征，由此造成青藏高原雷暴、冰雹、强降水事件的形成也具有独特性。在气候变化下，这种结构特征的变化不仅关系到青藏高原灾害天气的形成及其防御措施的调整，也关系到青藏高原生态环境安全

第 4 章　青藏高原灾害天气特征与气候变化影响

保障战略。

图 4.5 是 2020 年 8 月 16 日"空中国王"飞机在青藏高原东北部祁连山地区的观测考察结果。可以看到，与降水密切相关的强雷达回波沿地形分布，随地形高度抬升而抬升，反映的是西南季风气流沿地形爬升，水汽凝结形成云和降水的过程。

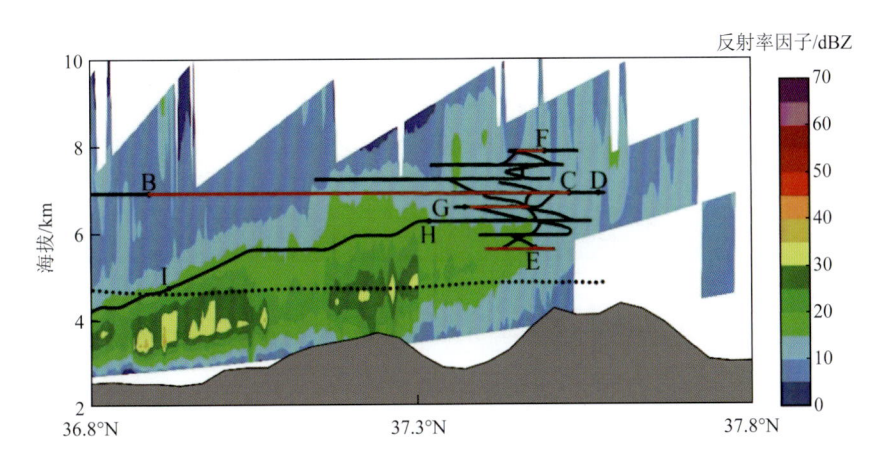

图 4.5　2020 年 8 月 16 日青藏高原东北部祁连山"空中国王"飞机探测轨迹（黑色实线）与对应的雷达反射率剖面（彩色阴影）和地形分布（灰色阴影）（黄颖等，2024）
红色实线为水平探测区域；黑色点线为 0 ℃层

图 4.6 为图 4.5 中 BC 区探测过程中飞机飞行轨迹与对应的雷达回波剖面图，云中存在弱对流区，对流区的雷达反射率超过 30 dBZ，飞机在强回波区上部水平探测，飞行高度为 6890 m，探测区域反射率变化范围为 5～15 dBZ。由图 4.6(a) 可见，在不同高度的山区上方，同一海拔的温度分布并不均匀，变化范围为 –13～–11℃。开始阶段随着地形高度增加，气温变化并不明显，但随着地形高度增加，气温开始明显升高，这应该是白天地形受太阳辐射作用造成的。

图 4.6(b) 显示，该高度层的液态水分布也不均匀，过冷水区位于探测区域东南部的河湟谷地上空，对应雷达剖面在 3.5～4.5km 高度上存在反射率大于 30dBZ 的弱对流区，LWC 最大值为 0.17g/m³，说明河谷地区水汽较多，导致液态水含量较高。图 4.6(c) 显示的云粒子谱仪（CIP）粒子数浓度在 10^{-1}～$10^2 L^{-1}$，粒子谱宽达 1550μm，主要为粒径在 500 μm 以下的粒子。降水粒子谱仪（PIP）粒子数浓度低于 $10L^{-1}$，大部分降水粒子粒径小于 1000μm。过冷水区 CIP 粒子数浓度较高，CIP 粒子谱较窄，粒径的分布更集中于 75～300μm。在混合相态云内，CIP 和 PIP 粒子数浓度相差较大，而在 09:16 之后的冰相云内两者变化较为一致。

由图 4.6 上部的 PIP 图像可见，该高度层的冰粒子差别较大，在液态水较为丰富区，存在大量雪团、霰的凇附体和聚合体，冰粒子的形成和增长主要通过凝华、凇附和聚并过程实现。随着飞机接近高海拔的山区，09:16 之后，冰粒子之间的聚并减弱，大粒径的雪团数量减少，PIP 谱宽缩窄，降水粒子粒径主要在 300～900μm，观测到不规则状、枝状和针柱状冰粒子，冰粒子主要通过凝华和聚并增长。

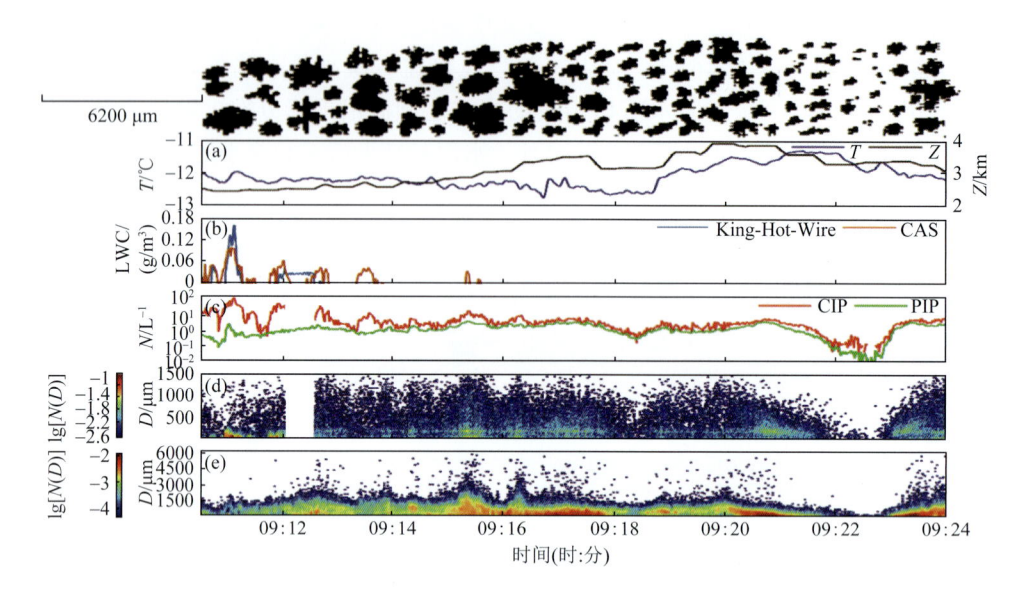

图4.6　2020年8月16日09:11～09:24"空中国王"飞机在6890m高度（平均温度-12.1℃）水平飞行（图4.5的BC区）时各物理量的时间变化（黄颖等，2024）

(a) 温度（T）和地形高度（Z）（蓝色线为温度，黑色线为地形高度）；(b) 液态水含量（LWC）（蓝色线为King-Hot-Wire含水量仪观测的LWC，橙色线为CAS计算的LWC）；(c) 粒子数浓度（N）（红色线为CIP观测的粒子数浓度，绿色线为PIP观测的粒子数浓度）；(d) CIP观测的粒子谱（去除前两个通道，即直径为75～1550μm的粒子谱）；(e) PIP观测的粒子谱（去除前两个通道，即直径为300～6200μm的粒子谱）。图中上方为对应时刻的PIP测量的冰粒子图像

图4.7是飞机从祁连山高海拔到低海拔的探测过程（图4.5的HI飞行段），可见，雷达回波变化范围为0～40dBZ，云中存在弱对流区。低层偏南季风气流向山区移动过程中受地形抬升作用而形成云，因此云回波分布与地形分布一致。飞机探测区域为层状云中上部，飞行高度由6.2km下降至4.6km，下垫面高度由3.9km逐渐降低至2.4km，探测高度高于5.9km的区域为山区。由图4.7(a)可见，此飞行段温度变化范围为-8.1～-1.6℃。液态水含量随高度的降低而增大，山区上空（飞行高度5.9～6.2km）温度较低，液态水含量较少，LWC最大值为0.08g/m³。低海拔上空云内液态水较为丰富，存在多个液态水含量高值区，这应与西南季风暖湿气流受地形抬升凝结和高层下落的冰粒子融化有关。液态水含量高值区的CIP、PIP粒子数浓度较低，说明小云滴对液态水的贡献较大。HI飞行段探测过程中LWC最大值为1.13g/m³，对应温度为-2.7℃。-5℃层附近（5～5.2km）存在大量过冷液态水，LWC最大值为0.78g/m³。对比低海拔和高海拔山脊上空-5℃层的液态水含量发现，山脊上空的液态水含量远低于谷地上空，说明水汽由低海拔向高海拔输送，海拔越高，水汽含量越少，凝结产生的液态水含量越小。CIP、PIP粒子数浓度变化范围分别为10^{-2}～10 L⁻¹和10^{-3}～1 L⁻¹，两者都随着高度的降低而越少。CIP粒子谱[图4.7(d)]显示，5.9km以上主要为粒径小于400μm的粒子，5.9km以下CIP粒子谱分布较为均匀。PIP粒子谱宽约为2000μm，随高度略有变化，5.9km以上降水粒子粒径集中于600～1500μm；5.6～5.9km PIP粒子谱宽缩小，降水粒子粒径多为

300～600μm；5.2～5.5km 降水粒的粒径多位于 300～700μm 和 1100～1500μm 两个区间内。

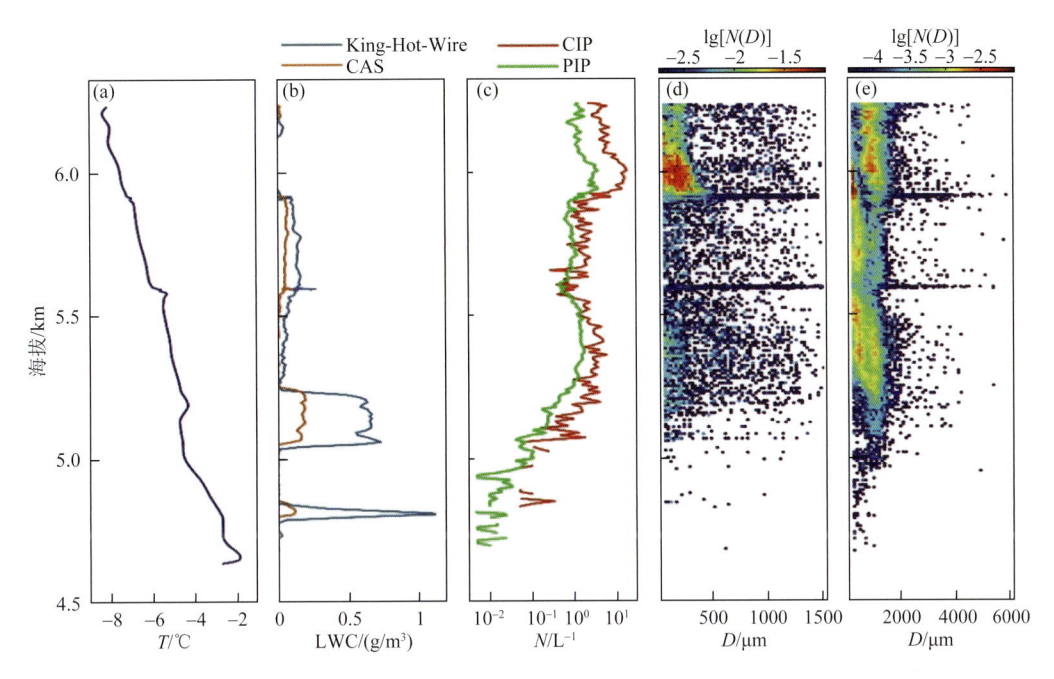

图 4.7　2020 年 8 月 16 日 11:31～11:37 在 HI 飞行段探测的
云物理量随高度平均分布（黄颖等，2024）

(a) 温度 T；(b) 液态水含量 LWC；(c) CIP、PIP 粒子数浓度（L^{-1}）；(d) CIP 粒子谱；(e) PIP 粒子谱

综上可知，在西南暖湿季风气流挟带的水汽由低海拔河湟谷地向高海拔祁连山爬升过程中，云和降水粒子数浓度增加，粒子平均粒径增大；低海拔谷地上空层状云中上部的液态水含量较高，山区云的中上部液态水含量较低。

2019 年 8～9 月在藏东南林芝地区采用 Ka 波段云雷达、微雨雷达和雨滴谱等进行的综合考察试验的结果表明，藏东南云和降水形成特征与复杂地形产生的局地热力环流、西风-季风协同作用过程等密切相关。

从图 4.8 显示的地面降水日变化分布可以看到，降水过程存在三个峰值，主要分布在午后、傍晚和凌晨。午后的强降水与青藏高原强烈的辐射引发的抬升作用有关，傍晚和凌晨的降水峰值与局地山谷风热力环流有关（李嗣源等，2023）。午后阶段，山区强烈的太阳辐射造成明显的上坡风和强上谷风环流，在山坡迎风坡受阻挡抬升，并激发出强的地形波，产生强对流云和降水；傍晚阶段，山脉强烈的长波辐射冷却效应造成强下坡风在谷底辐合抬升，促进山谷上空的弱对流、层状云发展；凌晨阶段，下坡风达到最强，产生强下谷风环流（山风），下坡风在谷底产生强烈的抬升作用，形成深厚的层状云降水过程。

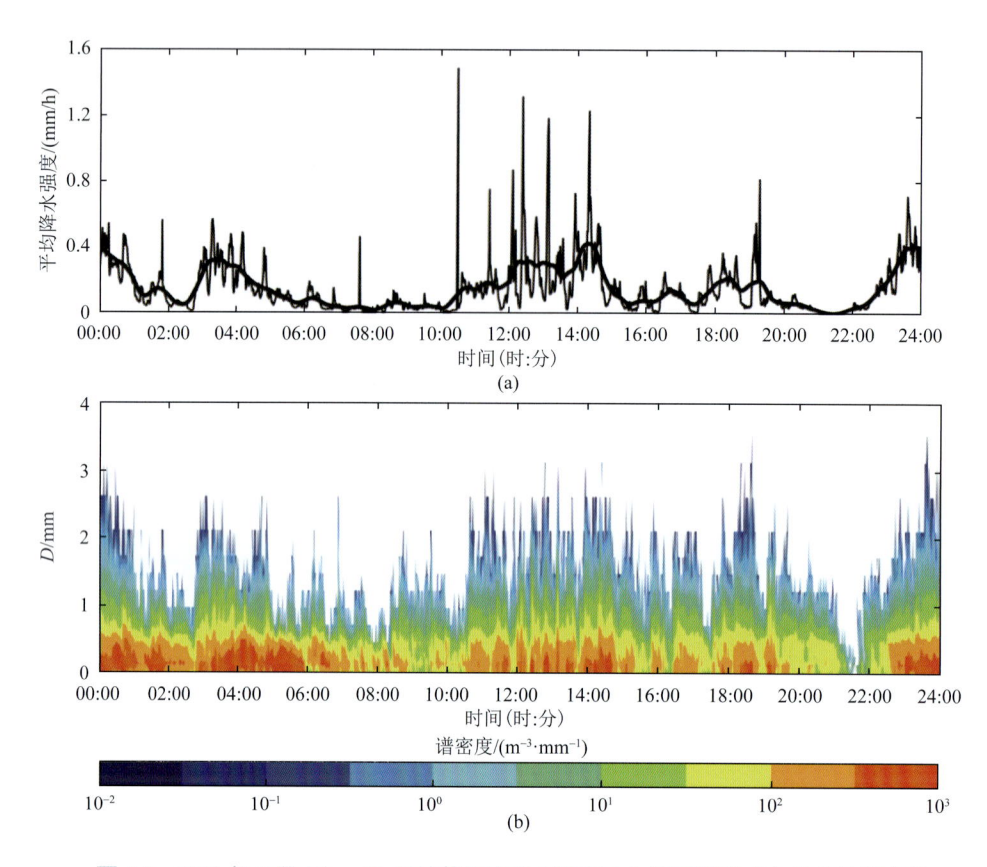

图 4.8　2019 年 9 月 10 ～ 22 日林芝平均降水强度（a）及雨滴谱（b）分布的日变化

4.4　气候变化与高原灾害天气变化的关联性

　　青藏高原灾害天气变化的直接原因是西风－季风环流的异常变化（Tang et al.，2021）。在全球气候变暖背景下，青藏高原西风环流北移，导致流经高原的冷空气减弱，从而使大气斜压不稳定性和强对流触发机制减弱，最终导致雷暴、冰雹和局地大风事件显著减少。西风环流北移的主要原因是贝加尔湖附近加强的反气旋环流对中纬度西风带及其相关冷气流产生强烈的阻塞效应。而贝加尔湖附近反气旋环流的加强主要与北大西洋涛动（NAO）相关的西北大西洋海温异常引发的强低频波列传播有关。该低频波列从北大西洋经欧洲传播到东亚，并在其传播路径上形成一系列异常气旋和反气旋环流，特别是加强了贝加尔湖附近反气旋环流，从而对经过青藏高原的中纬度西风及其相关的冷空气产生了强烈的阻塞效应，促使其向北移动。同时，低频波列传播引起高层更大幅度变暖，青藏高原高层增暖大于低层，从而增加了青藏高原大气的稳定性，不利于青藏高原深对流天气的发生与发展，进而造成雷暴、冰雹等强对流天气过程减弱。

　　青藏高原净水汽通量的显著增加趋势，主要是纬向风（西风环流）减弱导致其东边界水汽输出显著减弱以及经向风（季风环流）增强导致其南边界水汽输入增加而引起的。青藏高原强降水事件的增加主要与来自这两个边界的水汽输送增加有关。由于青藏高原以北与贝加尔湖西南部之间反气旋系统的显著增强，青藏高原东部的水汽通量呈现显著增加的趋势。反气旋环流南侧加强的东风可以将更多的水汽从北太平洋输送到青藏高原。同时，可以清楚地看到，由于南亚季风环流的增强，虽然孟加拉湾和阿拉伯海的水汽通量有增加的趋势，但青藏高原南边界水汽通量的输入趋势并不显著。这是由于暖季青藏高原上升气流的减弱和局地经向气旋环流的形成，水汽不能有效地越过喜马拉雅山输送到青藏高原。因此，青藏高原东南部和中南部地区强降水事件的变化趋势并不显著。

图 4.9 给出了气候变化背景下，青藏高原极端天气事件的变化和与 NAO 有关的大气环流异常相联系的示意图。一方面，与 NAO 相关的西北大西洋海温异常引发的强波列从北大西洋经欧洲传播到东亚，并在其传播路径上形成一系列异常气旋和反气旋环流。波列传播引起的高层更大幅度的变暖极大地增加了青藏高原大气的稳定性。与此同时，贝加尔湖附近反气旋环流的加强，对中纬度西风环流及其冷空气产生了强烈的阻挡效应，并促使其向北移动。因此，青藏高原的斜压不稳定性和对流触发机制减弱，最终导致青藏高原强对流天气事件呈显著减少趋势。另一方面，加强的反气旋环流可以显著增强其南侧的东风气流，使更多的暖湿气流从北太平洋输送到青藏高原东北部，导致青藏高原东北部暖湿化趋势明显，强降水事件呈显著增加趋势。

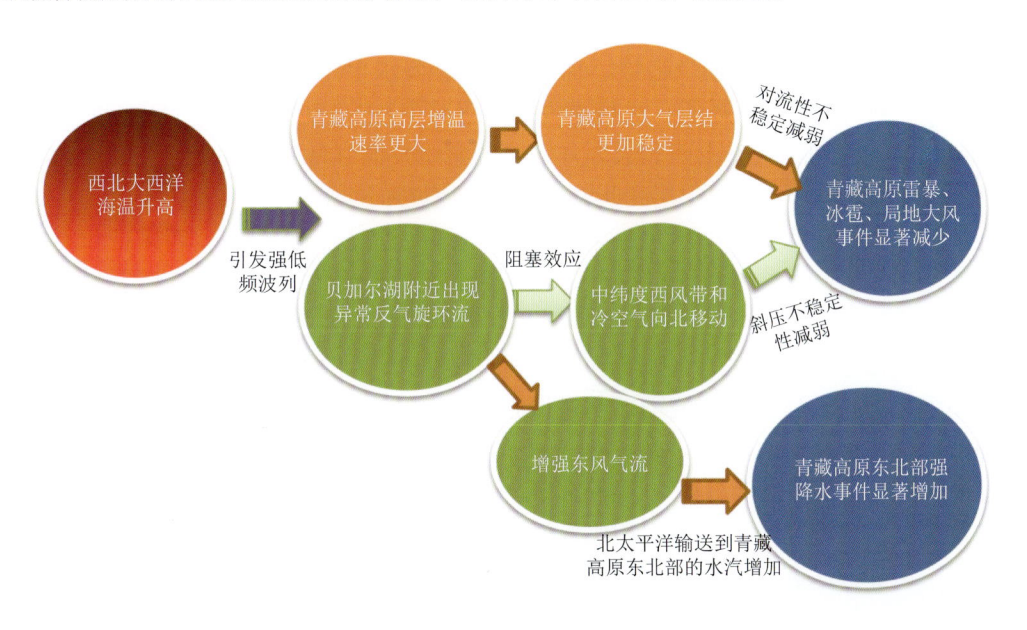

图 4.9 暖季青藏高原强风暴和强降水事件与全球变暖关系（Tang et al.，2021）

本章阐述了青藏高原雷暴、冰雹、大风和强降水事件的时空分布、变化趋势和可能原因，并依据科考数据，对青藏高原北部和南部的云结构和降水特征进行了分析，得出如下结论：

（1）青藏高原独特的地形、气候特征，造成青藏高原雷暴、冰雹、大风和强降水等灾害性天气具有鲜明的时空分布特征。夏季是青藏高原雷暴发生最频繁的季节，年平均雷暴日数在 70 天以上。雷暴中心主要出现在青藏高原中部的那曲、安多，青藏高原西南部的日喀则，以及青藏高原东南部地区。70% 以上雷暴云的持续时间都小于 1h。青藏高原冰雹事件比较频繁，主要集中在 5～9 月，主要分布在念青唐古拉山和唐古拉山一带，年平均日数高达 30 天，与雷暴天气的高值区不完全对应，东部和南部高雷暴地区的冰雹很少。青藏高原是我国出现大风日数最多、范围最大的地区，主要分布在中西部，在山脉之间最为盛行，如念青唐古拉山和唐古拉山之间的盆地地区、唐古拉山和昆仑山脉之间的五道梁和沱沱河地区，年平均日数高达 160 天。青藏高原强降水天气主要发生在藏东南地区，特别是横断山区。青藏高原的洪涝灾害相比我国东部地区来说，发生的频率不算高，但由于坡度大、地质条件不稳定，危害非常大。青藏高原东北部地区强降水事件出现时间虽然比较短，但降水强度较大，局地性强，且大多在夜间出现。青藏高原强降雪往往也带来严重灾害，青藏高原年平均积雪事件与积雪深度的高值区都与高大山脉有关，多位于喜马拉雅山、念青唐古拉山、唐古拉山、巴颜喀拉山以及阿尼玛卿山东部等周边地区，而在柴达木盆地和雅鲁藏布江中上游等周边地区积雪薄且持续时间短。多年平均积雪日数最大的站点是位于巴颜喀拉山东段的曲麻莱站点，其年平均积雪日数达到 141.4 天。

（2）在气候变暖背景下，青藏高原的雷暴、冰雹和大风事件总体呈显著减少趋势，而强降水事件有增加趋势，但存在很大的空间变化。藏东南、中南部地区雷暴、冰雹和大风事件有更为明显的减少趋势，而东北地区强降水事件有显著的增加趋势。

（3）青藏高原雷暴、冰雹、大风事件的显著减少与 NAO 异常引起的高原西风带、大气层结改变密切相关。由西北大西洋海温异常引发的强低频波列从北大西洋经欧洲传播到东亚，导致青藏高原上层变暖幅度更大，使贝加尔湖附近出现异常反气旋环流，从而导致青藏高原大气层结更加稳定，并产生阻塞效应，迫使中纬度西风带和冷空气向北移动。青藏高原快速增温的条件应该有利于高原对流的发生，但高原上的斜压不稳定性和对流触发机制减弱，导致高原雷暴、冰雹和大风事件呈现显著减少的趋势。

青藏高原强降水事件的变化也与和 NAO 有关的大气环流异常存在密切的联系。贝加尔湖附近加强的反气旋环流可以明显增强其南侧和青藏高原东北部的东风气流，使得青藏高原东边界的水汽输入显著增加，加上青藏高原东北地区低云量显著增加，使得该地区产生更多强降水事件。此外，青藏高原高层更大幅度变暖导致的强下沉气流，以及在青藏高原南部迎风坡形成的局地经向气旋环流，会抑制和阻挡暖湿气流通过青藏高原南边界输送到青藏高原，因此，藏东南和青藏高原中南部强降水事件的变化趋势并不显著，藏东南地区存在一定的暖干化趋势。

（4）从青藏高原云和降水形成特征看，不管是青藏高原北部，还是南部，青藏高原云和降水的形成过程与地形、西风 – 季风协同作用下的热力、动力特征和水汽输送密切相关。西风 – 季风环流的协同作用构成青藏高原云和降水形成的动力、水汽条件。地形辐射加热、冷却和山谷热力差异形成的局地热力环流，有利于云和降水过程的转化与维持，导致白天和夜间降水出现多次峰值。

在气候变暖的情况下，西风环流北移，青藏高原大气热力层结趋于稳定。冷季不利于中高云和积雪天气的形成，而暖季不利于青藏高原南部对流降水过程的形成。同时，南亚季风增强，有利于将印度洋水汽输送到青藏高原，促进低云和降水的形成，而青藏高原以北与贝加尔湖南部之间出现加强的反气旋环流，使得其南侧的东风气流将更多的水汽从北太平洋输送到青藏高原东北部，有利于青藏高原东北部云和降水增加，因此，青藏高原东北部暖湿化趋势显著。

西风环流减弱会造成青藏高原大气斜压性减弱、稳定性增强，对流促发机制减弱，从而造成一般性雷暴、冰雹等对流天气呈减弱趋势，云和降水形成过程由不稳定性对流云向稳定性层状云转变。一旦大气出现强扰动，这种稳定性遭到破坏，会造成极端雷暴、冰雹、暴雨、暴雪和局地大风等事件的发生。同时，季风环流增强，使水汽输送增加，由于大气的稳定性增加，暖性降水（低云降水）呈现增强趋势，由此引发的极端强降水也会出现增强趋势。另一个非常重要的问题是，这种变化趋势会导致青藏高原降水相态变化，液态降雨增多，固态降雪减少，由此造成青藏高原冰川积雪减少，引发更为严重的水循环、生态环境的改变，从而值得进一步研究和验证。

参考文献

黄颖，付丹红，郭学良，等. 2024. 青藏高原东北部祁连山一次降水性层状云微物理特征的飞机观测研究. 大气科学，48(2)：539-554.

李嗣源，郭学良，唐洁，等. 2022. 青藏高原东南局地山谷风环流在一次地形云和降水形成中的作用. 大气科学，47(5)：1576-1592.

Duan A, Wu G. 2005. Role of the Tibetan Plateau thermal forcing in the summer climate patterns over subtropical Asia. Climate Dynamics, 24: 793-807.

Hahn D G, Manabe S. 1975. The role of mountains in the South Asian monsoon circulation. Journal of the Atmospheric Sciences, 32: 1515-1541.

Qi P, Guo X L, Chang Y, et al. 2022. Cloud water path, precipitation amount, and precipitation efficiency derived from multiple datasets on the Qilian Mountains, Northeastern Tibetan Plateau. Atmospheric Research, 274: 106204.

Qiu J. 2008. China: The third pole. Nature, 454: 393-396.

Tang J, Guo X L, Chang Y, et al. 2021. Temporospatial distribution and trends of thunderstorm, hail, gale, and heavy precipitation events over the Tibetan Plateau and associated mechanisms. Journal of Climate, 34(24): 9623-9646.

Tang J, Guo X L, Chang Y, et al. 2022. Long-term variations of clouds and precipitation on the Tibetan Plateau and its subregions, and the associated mechanisms. International Journal of Climatology, 42: 9003-9022.

Wu G, Zhang Y. 1998. Tibetan Plateau forcing and the timing of the monsoon onset over South Asia and the

South China Sea. Monthly Weather Review, 126: 913-927.

Xu, X, Lu C, Shi X, Gao S. 2008. World water tower: an atmospheric perspective. Geophysical Research Letter, 35: L20815.

Yanai M, Li C, Song Z. 1992. Seasonal heating of the Tibetan Plateau and its effects on the evolution of the Asian summer monsoon. Journal of the Meteorological Society of Japan, 70: 319-351.

Yao T, Thompson L, Yang W, et al. 2012. Different glacier status with atmospheric circulations in Tibetan Plateau and surroundings. Nature Climate Change, 2: 663-667.

Zheng D, Zhang Y. 2021. New insights into the correlation between lightning flash rate and size in thunderstorms. Geophysical Research Letters, 48: e2021GL096085.

第 5 章

青藏高原地 – 气相互作用特征与气候变化影响

5.1 青藏高原多圈层地-气相互作用立体综合观测系统

在全球气候变暖背景下，青藏高原是气候变化的敏感区域，是研究全球气候、生态和环境变化的天然实验室。青藏高原气候、生态、环境变化不仅反映在水环境（冰川、积雪、冻土、湖泊、湿地）与植被环境（草地、荒漠、森林、灌木等）方面，而且会影响生态系统的碳氮循环过程以及青藏高原区域及全球的大气水汽和污染物的输送和交换，地-气相互作用过程对青藏高原、亚洲季风区乃至北半球的天气气候均有重要影响。青藏高原对我国、亚洲甚至北半球的人类生存环境和可持续发展起着重要的环境和生态屏障作用，其生态环境的变化直接影响着青藏高原经济社会的可持续发展，甚至影响我国的国际地位。

1970～2020年，国内外科学家针对青藏高原的地-气相互作用及其气候效应方面进行了大量的研究。在观测试验研究方面，自20世纪70年代以来，国内外科学家进行了多次关于青藏高原的大气科学试验，如第一次、第二次、第三次青藏高原大气科学试验，全球能量水循环之亚洲季风青藏高原试验研究（GAME/Tibet），全球协调加强观测计划亚澳季风之青藏高原试验研究（CAMP/Tibet），中日气象灾害合作研究中心项目（JICA计划项目），多次喜马拉雅山珠穆朗玛峰地区和林芝地区大气科学试验，青藏高原观测研究平台（TORP）的建立等，以上大型野外试验和研究项目的实施，积累了宝贵的第一手野外观测资料，促进了对高原地-气相互作用的定量理解。但对于广袤的青藏高原而言，其下垫面多样、地形复杂、气候条件严酷，致使现有观测在高原西部和一些特殊地形区（如山脉的不同海拔、不同坡面）的观测匮乏，限制了对高原地-气相互作用的系统认知。此外，从观测的技术手段而言，以往观测大多利用常规的观测手段，如自动气象站等，随着观测技术的进步，利用一些先进的仪器（如微波辐射计、风温廓线雷达、大孔径闪烁仪等）在高原进行综合布网和系统观测逐渐成为发展趋势。

青藏高原多圈层地-气相互作用立体综合观测系统的建立有以下几方面的综合因素。首先，在西风-季风协同作用下，受不同尺度复杂地形、下垫面和辐射等共同影响，青藏高原天气气候系统复杂多变，独具特色，是雪灾、风灾、暴雨、雷电等极端天气气候事件和山洪、雪崩、冰崩、泥石流等次生天气灾害的频发区域，同时移出青藏高原的极端天气系统也是青藏高原周边和下游地区灾害频发的重要原因。因此，建立青藏高原综合立体观测系统，通过对观测资料的综合分析研究，可以揭示青藏高原极端天气气候事件产生的机理、演变规律、变化趋势及其影响，提高我国对青藏高原极端天气气候事件的预报预测和灾害风险评估水平及科学防范和应对能力。其次，建立青藏高原综合立体观测系统，是完善全国乃至亚洲地区气候变化监测网络的重要环节。随着全球变暖的加剧，各地极端天气气候事件频发，给包括中国在内的亚洲国家造成了严重的经济和人口损失。随着高原气候研究的深入，青藏高原的气候变化与周边地区的极端天气气候事件关联性逐渐明晰。然而，针对整体青藏高原气候环境变化的观测系统，在其基础之上的气候变化规律研究仍然薄弱（尤其在青藏高原的西北部地区）。而建设青藏高原气候变化监测系统对于气候变化研判、极端气象事件预报、增强中国

第5章 青藏高原地-气相互作用特征与气候变化影响

在亚洲地区气候变化研究影响力具有基础性作用，有利于促进全球气候共同治理、减轻气候异常对包括中国在内的周边国家的人口及经济的负面影响。最后，通过对青藏高原多圈层相互作用过程开展大范围的综合立体观测，进而开展西风-季风历史演化及相互作用机理、气候变化与西风-季风协同作用、地-气相互作用及其气候效应、西风-季风相互作用对青藏高原、水资源变化的影响、西风-季风相互作用及其环境效应等研究，解析不同时间尺度西风、季风的演化特征、规律及其与全球变化的关系，现代西风-季风相互作用对青藏高原环境、灾害的影响，地-气相互作用的远程效应等，对深入揭示青藏高原气候变化机制和减小对气候环境变化认识的不确定性具有重要的战略意义与科学价值，同时也可为青藏高原的生态环境保护、生态安全屏障建设和经济社会发展规划与决策制定提供重要的科学依据和数据支撑。

在此背景下，中国科学院青藏高原研究所自成立以来便开始开展地-气相互作用过程的野外观测试验，并建立了青藏高原综合立体观测研究平台。自2017年以来，在中国科学院"泛第三极环境变化与绿色丝绸之路建设"A类战略性先导科技专项和科技部"第二次青藏高原综合科学考察研究"国家科技专项的支持下，以青藏高原观测研究平台（TORP）为基础，新建立了11个综合观测站、10套微波辐射计和10套风吹雪仪等，建成了青藏高原综合立体观测研究平台（图5.1）。该平台共有28个综合观测站、3个土壤温湿观测网和14个多圈层地-气相互作用观测点。每个综合观测站包括一个边界层塔（或自动气象站），一套包含辐射四分量观测系统、5层土壤温湿度观测系统、一套湍流测量系统、一个CO_2/H_2O通量观测系统装置和一个微波辐射计（表5.1）。

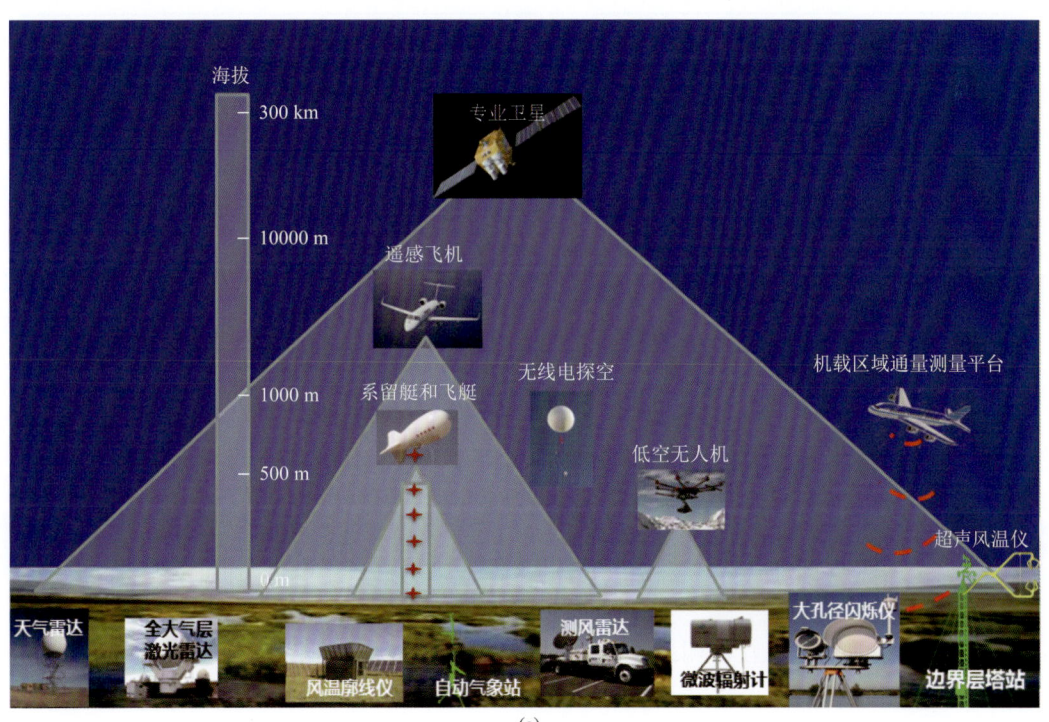

(a)

(b)

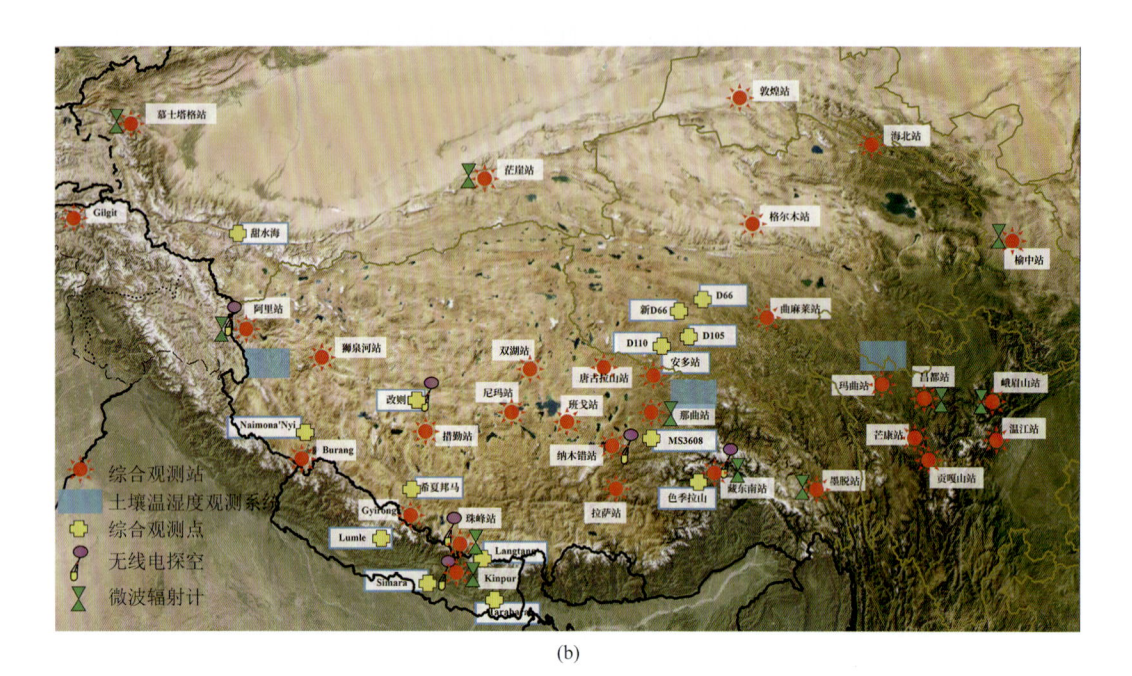

图 5.1 青藏高原多圈层综合立体观测研究示意图（a）及青藏高原多圈层地－气相互作用立体综合观测系统的站点分布图（b）

表 5.1 青藏高原多圈层地－气相互作用立体综合观测系统的站点观测仪器配置

观测站	观测项目
加强观测站点	· 20m 大气边界层塔（Vaisala）：风速、风向、空气温度和湿度（观测高度：1.0m、2.0m、4.0m、10.0m 和 20.0m）、地表温度、土壤热通量（深度 10～20cm）、气压、降水量 · 辐射观测系统（CNR-1，Kipp & Zonen）：短波辐射（向下和向上）；长波辐射（向下和向上） · 土壤湿度和土壤温度观测系统（SMTMS）：土壤湿度（深度：10cm、20cm、40cm、80cm 和 160cm）；土壤温度（深度：10cm、20cm、40cm、80cm 和 160cm） · GPS 探空系统（MW2I DigiCOR.A III, Vaisala）：气压、温度、湿度和风速、风向廓线 · 风廓线和 RASS（LAP3000，Vaisala）：空气温度、风速和风向廓线 · 微波辐射计（MWP967KV）：地表至 10km 高度温度和湿度廓线 · 湍流通量观测系统（CSAT3，Campbell 和 LI7500，Campbell）：风速、风向、空气温度、相对湿度、表层长度尺度、感热通量、潜热通量、CO_2/H_2O 通量、稳定度参数
普通观测站点	· 10m 自动气象站（AWS）（Naisala）：风速、风向、空气温度和湿度（观测高度：1.5m 和 10.0m）；地表温度；土壤热通量（深度：10cm 和 20cm）；气压、降水量 · 辐射观测系统（CNR-1，Kipp & Zonen）：短波辐射（向下和向上）；长波辐射（向下和向上） · 土壤湿度和土壤温度观测系统（SMTMS）：土壤湿度（深度：10cm、20cm、40cm、80cm 和 160cm）；土壤温度（深度：10cm、20cm、40cm、80cm 和 160cm）

5.2 青藏高原地气过程特征及其对气候变化的响应

青藏高原地－气相互作用主要描述地表与大气之间的动量、热量、水汽和二氧化碳等通量的传输和交换过程，其中，动力学粗糙度、热力学粗糙度、地表反照率和土壤参数等地表参数是决定地－气相互作用强度的重要因子。因此，对地－气相互作用

第5章 青藏高原地-气相互作用特征与气候变化影响

过程的精确观测对于理解大气边界层结构、提升数值模拟能力具有十分重要的科学意义和实用价值（马耀明等，2006）。

青藏高原拥有复杂的地形和异质的下垫面特征，利用青藏高原科学试验获取的地-气相互作用过程观测资料，对高原草甸、戈壁、高山、荒漠、湖泊等复杂异质下垫面上的表面温度、边界层气象要素、水循环要素、辐射通量和湍流通量（感热、潜热和动量通量）交换过程进行了细致的研究（Ma et al.，2005；Han et al.，2015；Wang et al.，2019）。研究发现，青藏高原地表动力学和热力学粗糙度有显著的差异，这种差异最终会影响到青藏高原地表和大气之间的动力和热力传输效率（Ma et al.，2002）。Ma等（2005）利用青藏高原多圈层地-气相互作用综合观测资料，计算得到青藏高原各类典型地表（荒漠、草甸、草原、森林、湖泊、湿地等）的动力学和热力学粗糙度、热输送附加阻尼等地-气相互作用参数，为改进青藏高原陆面过程模拟、提高青藏高原陆气耦合数值预报精度提供了重要的模式地表参数真值。Han等（2015）利用在青藏高原多个站点观测得到的大气边界层廓线数据，得到了青藏高原山地地区有效动力学粗糙度（表5.2），发现其比局地动力学粗糙度大1～2个量级，且具有显著的空间异质性特征。藏北地区的空气动力学粗糙度具有显著的季节变化特征，2～8月空气动力学粗糙度随着积雪融化和植被增长而增大，最大值达到4～5cm，而9月至次年2月空气动力学粗糙度逐渐减小，最小值为1～2cm，较小的空气动力学粗糙度主要是由降雪过程造成的，同时在Noah-MP陆面模式中采用多种下垫面的空气动力学粗糙度，极大地改进了模式对感热和潜热通量的模拟性能。Wang等（2015）基于涡动相关观测得到高海拔小湖的动力学粗糙度参数为10^{-4}m，描述动力学粗糙度参数化方案的查诺克数和粗糙雷诺数分别取值为0.031和0.54。这一改进的参数化方案可以有效改进对湖气之间感热和潜热通量的低估，并且该优化参数化方案也适用于模拟青藏高原大型湖泊的湖气相互作用（Wang et al.，2019）。

表5.2 珠峰站、狮泉河站和理塘站平均有效空气动力学粗糙度和零平面位移（Han et al.，2015）

站名	平均零平面位移高度（d_0）/m	有效空气动力学粗糙度（zomeff）/m
珠峰站	551.7±39.0	68.9±5.0
狮泉河站	81.9±34.5	10.2±4.3
理塘站	60.7±11.1	6.0±1.1

近年来，青藏高原湖泊过程的观测研究逐渐增多。采用涡动相关观测的湖泊主要是分布在青藏高原中东部季风影响区的大型湖泊，如纳木错（Wang et al.，2015，2019；Wang J et al.，2020）、青海湖（Li et al.，2016）、色林错（Guo et al.，2016）和鄂陵湖（Li et al.，2015），并以非结冰期为主要观测时段。青藏高原湖泊蒸发量及其变化的观测研究发现，在相同的气候环境背景条件下，纳木错小湖（简称"小湖"）和纳木错大湖（简称"大湖"）的气象要素与湖气水热交换通量的季节变化之间存在显著差异。相对于"小湖"，"大湖"最大的湖表温度低3℃左右，风速更大，空气温度和湖表温

度存在明显的峰值滞后。"小湖"非结冰期的湖面蒸发量为 812 mm 且能量闭合率可达 0.97（Wang et al.，2017）；而"大湖"非结冰期的湖面蒸发量为 981mm 且能量闭合率可达 0.859（Wang et al.，2019）。基于湖泊非结冰期能量闭合，结合站点观测资料、卫星遥感资料和再分析资料，得到青藏高原 75 个大型湖泊 2003～2016 年的冰物候和蒸发量结果（Wang B et al.，2020），研究发现，湖泊蒸发量和冰物候变化显示出很大的时空分布差异，南部湖泊的蒸发量要高于北部湖泊；若湖泊具有较高的海拔、较小的面积、较高的纬度，则其非结冰期较短且蒸发量较低。75 个大型湖泊的年蒸发量为（294±12）亿 t，而青藏高原所有湖泊的年蒸发量为（517±21）亿 t。

地表反照率是陆面过程的重要参数，决定了地表能量平衡与净辐射通量的再分配过程。Chen 等（2012）分析了珠峰站土壤湿度对地表反照率和地表能量分布的影响，发现珠峰站夏季土壤湿度的增大对应地表反照率的减小，地表反照率在降雪和融雪过程中变化剧烈，是净辐射估算的重要因素。因此，降雪过程中地－气相互作用强度变化剧烈，而准确估算降雪过程是当前研究的重点和难点之一。当前数值模式中使用的积雪参数化方案大多是基于欧亚大陆积雪数据建立的，欧亚大陆积雪为深厚积雪，生命期长，积雪反照率一般大于 0.8，而青藏高原积雪属于浅薄积雪，生命期一般不超过 5 天，积雪反照率一般不超过 0.5，不准确的积雪参数化方案是数值模式在青藏高原冷季模拟表现为冷偏差的原因，如 Noah 陆面模式高估了积雪反照率，导致青藏高原表现为显著的冷偏差（Liu et al.，2019）。基于遥感反照率数据和雪深资料改进的 Noah 陆面模式积雪反照率参数化方案，在很大程度上缓解了模式模拟的冷偏差、反照率高估以及地表感热通量低估等问题，显著改进了青藏高原降雪和融雪过程的模拟（图 5.2）（Liu et al.，2021，2022）。此外，Xie 等（2018）评估了公共陆面模式（community land model，CLM）

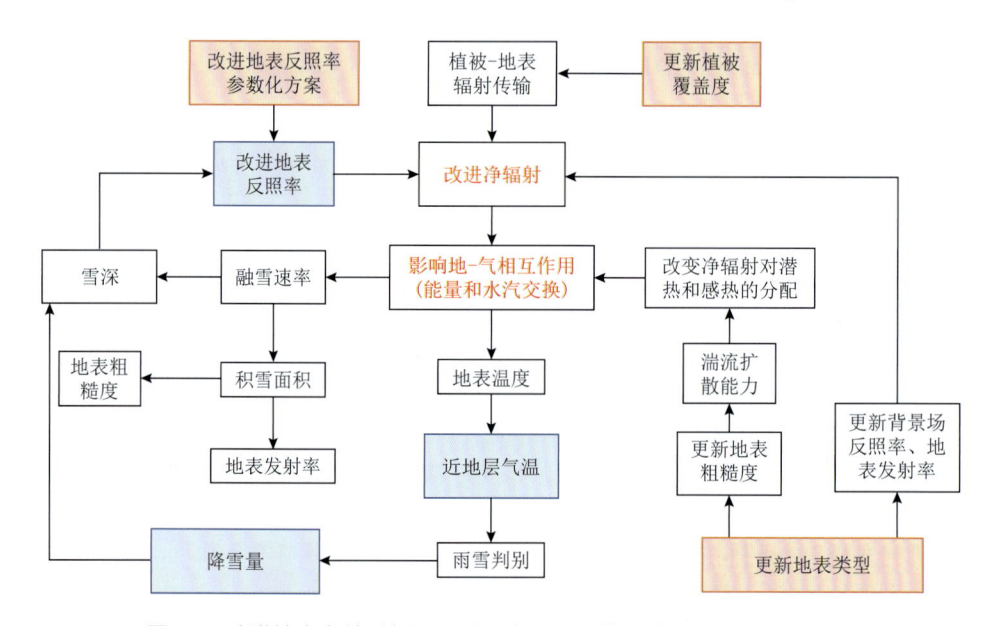

图 5.2　改进地表参数对气温、反照率、降雪的影响（Liu et al.，2022）

第5章　青藏高原地-气相互作用特征与气候变化影响

中积雪参数化方案对青藏高原地区积雪分布和能量收支的模拟性能，发现积雪参数化方案考虑雪的累积和融化过程时，与积雪相关的物理量的模拟结果较好，是地表能量通量特别是净辐射和感热通量模拟结果较好的有利因素。青藏高原大风极大地影响了积雪的空间分布，在进行青藏高原积雪数值模拟时，考虑风吹雪过程和合适的模式驱动数据，可以显著提高模式对积雪覆盖状况以及地-气相互作用的模拟精度（Xie et al.，2019）。

另外，改进土壤水、热传导参数化方案也是陆面模式发展的重要部分，对于深入理解地-气相互作用过程对大气边界层的影响至关重要。Liu 等（2021）发展了一套砾石参数化方案，并对青藏高原玛多站土壤温度、湿度和辐射通量等模拟结果进行了验证，指出陆面模式中加入砾石有效改善了陆面模拟性能，且气候模式中加入砾石显著提高了模式对青藏高原气温和降水等气象要素的模拟能力。Xu 等（2022）研究指出，改进的砾石参数化方案模拟的年平均地表温度在空间分布上与观测结果更加一致，模拟结果更加准确，且改善了降水模拟的湿偏差，显著改善了青藏高原高空和低空风场（图 5.3）。Yuan 等（2021）发现 CLM 仅考虑砾石或有机碳含量的土壤水、热参数化方案时，会高估土壤温度和土壤湿度，而综合考虑砾石和有机碳对土壤温度、湿度的影响时，会显著提高对青藏高原暖季土壤温度、湿度的模拟能力，同时指出土壤孔隙度、饱和热导率

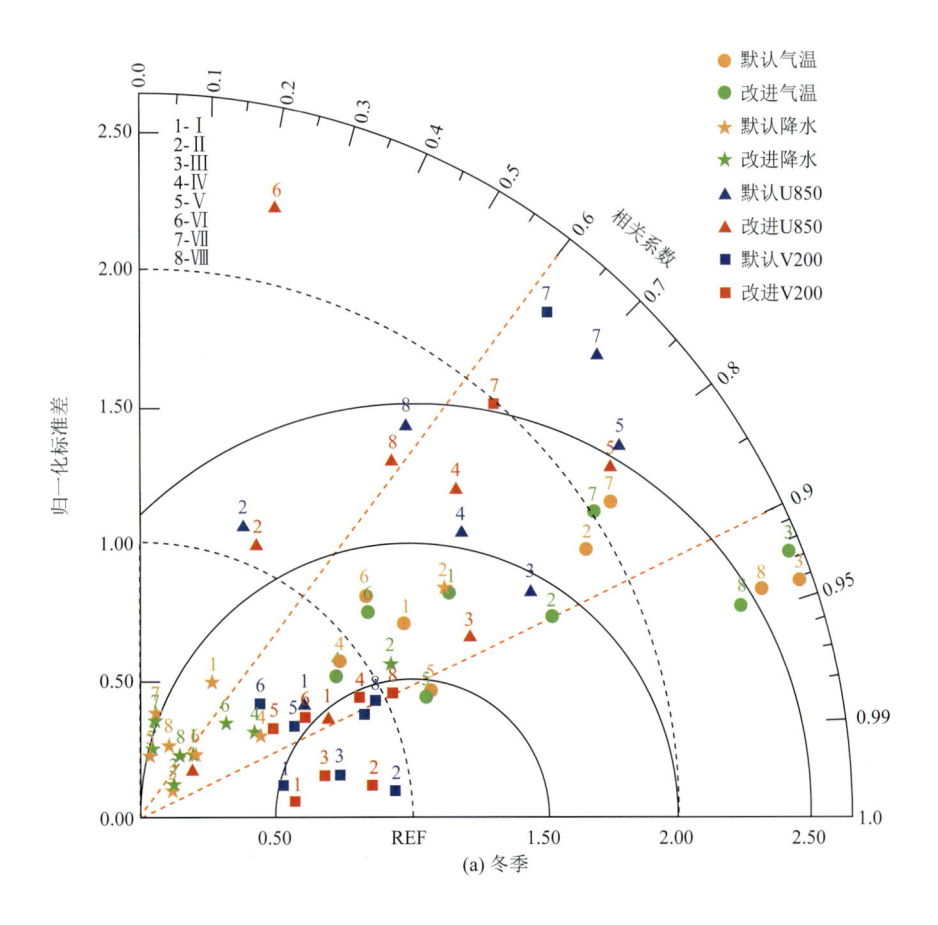

(a) 冬季

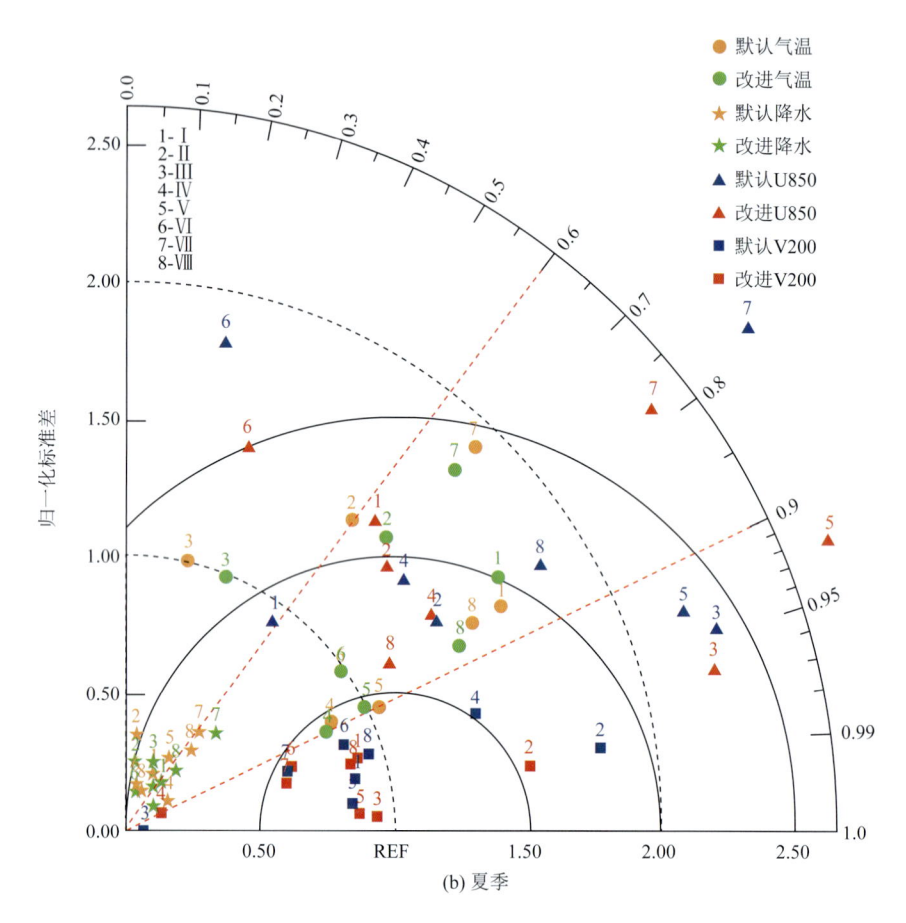

图 5.3　2000～2001 年夏季和冬季默认的和改进的砾石方案模拟的气温、降水和风速（Xu et al.，2022）

U850、V200 分别代表 850hPa 层的径向风、200hPa 层的纬向风

和干土热导率的变化是影响土壤温度、湿度变化的关键水热参量。付春伟等（2022）评估了 Luo 土壤热导率参数化方案、Johansen 土壤热导率参数化方案、Côté 土壤热导率参数化方案和虚温参数化方案对土壤温度、湿度的模拟能力，指出 Côté 土壤热导率参数化方案对土壤温度模拟偏差更小，Luo 土壤热导率参数化方案对土壤湿度的模拟效果更好，而在虚温参数化方案中引入相变效率，会减少模式对土壤湿度模拟的负偏差，进一步提升陆面模式对土壤湿度的模拟能力。

青藏高原复杂地表对大气的动力和热力效应主要通过高原近地层和边界层逐步影响到自由大气（马耀明等，2006），地气之间的能量和物质输送是大气边界层发展的重要驱动力，研究青藏高原区域非均匀下垫面地气能量交换特征和大气边界层结构特征，对于青藏高原动力和热力作用的气候效应研究至关重要。李茂善等（2011）使用无线电探空观测资料对藏北高原那曲地区和珠峰大本营地区的边界层高度进行分析，认为藏北地区的大气边界层高度在干湿季节具有不同的特征，干季边界层高度高于湿季；而珠峰大本营地区由于冰川风的影响，该地区的边界层高度日变化显著，最高可达 3888 m。Lai 等（2021）利用珠峰站的探空数据和地面观测数据、ERA5 再分析数据以及大气边界层模型,揭示了喜马拉雅山中段冬季大气边界层的发展受到大尺度西风变化的强烈影响;西风动量下传到山谷将产生更大的感热通量,并形成一个局地异常的热力驱动;大尺度西风影响了大气的稳定性,夜间易形成深厚的残余层,且促进了午后极端深厚的大气边界层的形成(图 5.4)。该研究结果证明了青藏高原复杂的山地地形与大尺度西风环流的相互作用对大气边界层的增长起着关键的作用,解释了喜马拉雅山中段冬季大气边界层发展的驱动机制,为深入理解青藏高原地表、边界层大气、对流层大气和西风环流的物质和能量的交换过程提供了理论参考。

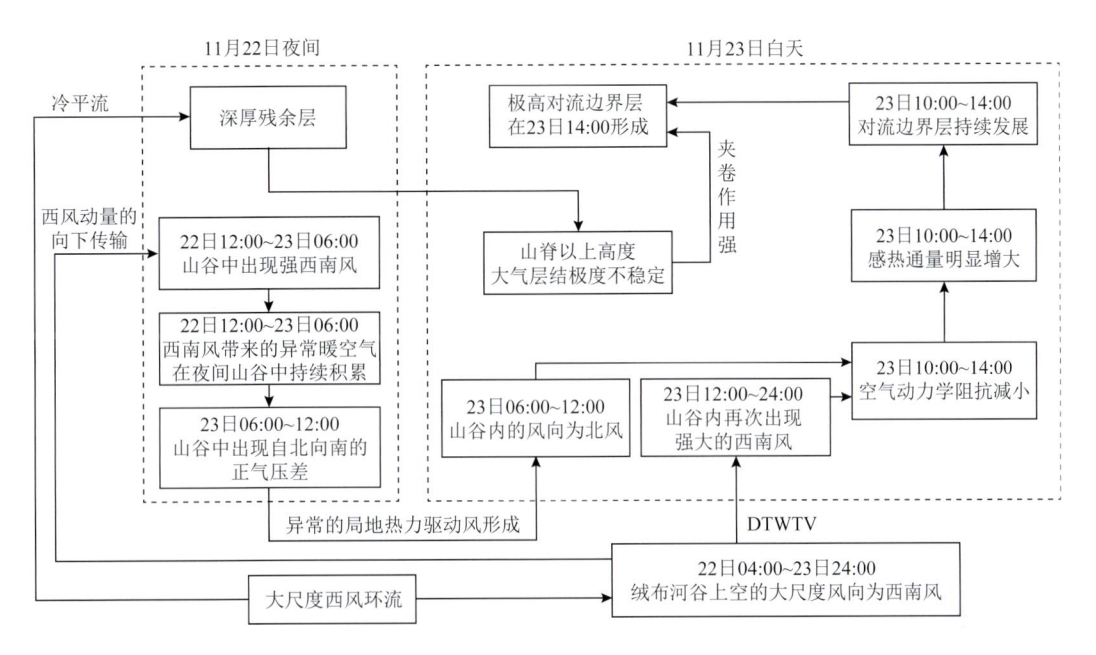

图 5.4 西风环流和山谷地形相互作用对地面风场、地表能量通量和大气边界层高度影响物理过程的构建(Lai et al.,2021)

Sun 等(2020a,2021)利用 2014 年 6 月、8 月和 11 月在林芝站、纳木错站、珠峰站和阿里站的野外探空数据与 ERA5 再分析数据探讨了青藏高原雨季和干季地表状况影响边界层发展演变的特征,发现纳木错站和珠峰站的边界层能量收支存在显著的季节变化特征,这与土壤湿度和积雪的季节变化密切相关,也与南亚季风和西风带对青藏高原影响的季节变化有关(图 5.5)。研究进一步指出,雨季时得益于南亚季风对青藏高原气候的强烈影响,两站土壤湿度均较大,自由大气内水汽含量较高,边界层顶热量和水气交换非常强烈,此时土壤湿度在地气耦合的空间分布中起主导影响。而在干季时,两站的土壤湿度非常低,且在一定时期内有积雪存在,同时自由大气内水汽含量非常低,这导致干季时边界层顶存在显著的热量交换,而水汽交换非常弱,此时积雪厚度在边界层能量收支以及地表加热与边界层高度关系的空间分布中起主导影响。此外,边界层结构特征对降水也有一定的影响,天气预报模式(WRF)边界层参数化方案对西南涡降水模拟的敏感性研究表明,ACM2 和 YSU 方案对降水模拟表现较好,采用参数调整降低混合强度的 ACM2 方案模拟的边界层温湿结构更符合实际观测，因此，根据不同特定区域下垫面环境与气候状况合理选择方案的特性和混合强度是准确模拟边界层结构及其降水过程的关键。Sun 等（2020b）利用 WRF 耦合 Noah 陆面和 BouLac 边界层方案，对那曲地区开展了地气耦合对土壤湿度的敏感性试验，探讨了雨季土壤状况对边界层发展演变及其热力性质的影响，发现在晴天有云的天气条件下，随着土壤初始湿度的增大，地表感热通量逐渐降低，地表潜热通量逐渐增大，夹卷感热通量和夹卷潜热通量中间部分增大，两端比例降低，表明随着土壤湿度的增大，对流云云量增多。

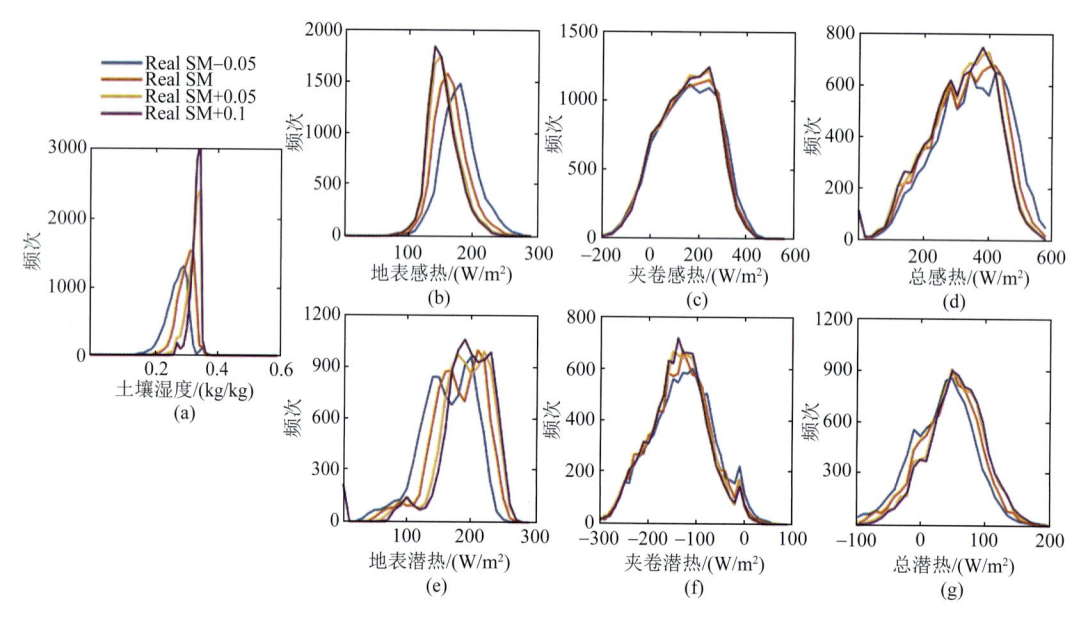

图 5.5 那曲地区晴天条件下边界层能量收支与土壤湿度敏感性关系（Sun et al.，2021）
Real SM 是指初始时刻的真实土壤湿度，是使用遥感影像 MODIS 的 LAI 估算的，-0.05、+0.05 以及 +0.1 分别是对 Real SM 做了一定修改的模拟结果

另外，降水再循环率是全球水循环系统中地-气相互作用强度的指示因子，张宏文等（2020）结合准熵平衡后向轨迹追踪法，研究了 CCSM4 和 WRF 模拟的 1982～2005 年青藏高原降水再循环率的空间分布规律和季节变化特征，发现 WRF 模拟的青藏高原降水再循环率为 0.32，表明青藏高原降水主要来源于外部输送水汽的贡献，青藏高原南部流域表现出湿季低、干季高的季节变化特征，而青藏高原北部流域则表现出相反的季节变化特征；进一步研究发现，WRF 能够更精细地呈现青藏高原不同土地覆盖类型降水再循环率的空间分布特征，其中草地、灌木和稀疏植被的降水再循环率较高。为了更好地理解青藏高原非均匀下垫面对降水的贡献，Gao 等（2020）基于 WRF，采用水汽追踪法，对年平均、季节变化和日变化的降水再循环率进行了定量探究，研究发现，降水再循环率从冬季 0.1 增大到夏季 0.4，最大值出现在三江源地区；而青藏高原中部地区，8 月降水再循环率高达 0.8，表明夏季大部分降水通过局地蒸散发的形式在高原中部产生再循环，揭示了夏季青藏高原地-气相互作用对降水的影响

明显强于冬季（图5.6）。此外，通过采用最大协方差分析法和相关分析法，发现青藏高原地表温度、土壤湿度和积雪对中亚和南亚的降水影响具有高度的相关关系。青藏高原中东部地区6月地温异常与中亚东北部地区7月降水异常存在显著的正相关关系，青藏高原西部地区6月地温异常与南亚中东部地区7月降水异常存在明显的正相关关系，青藏高原西部地区7月地温异常与整个南亚地区7月降水异常存在更加明显的正相关关系；青藏高原中东部地区5月地表土壤湿度异常分别与中亚东部和南亚中东部地区6月降水异常存在比较明显的正相关关系；青藏高原中部和南部地区冬季积雪异常与几乎整个中亚和南亚地区夏季降水异常存在十分显著的正相关关系，两要素场之间的协方差均高于70%。总的来说，中亚中东部地区夏季降水变化主要受青藏高原中东部地区地表热力要素的影响，南亚中北部地区夏季降水异常受青藏高原中西部陆面过程地表特征变化的影响显著。

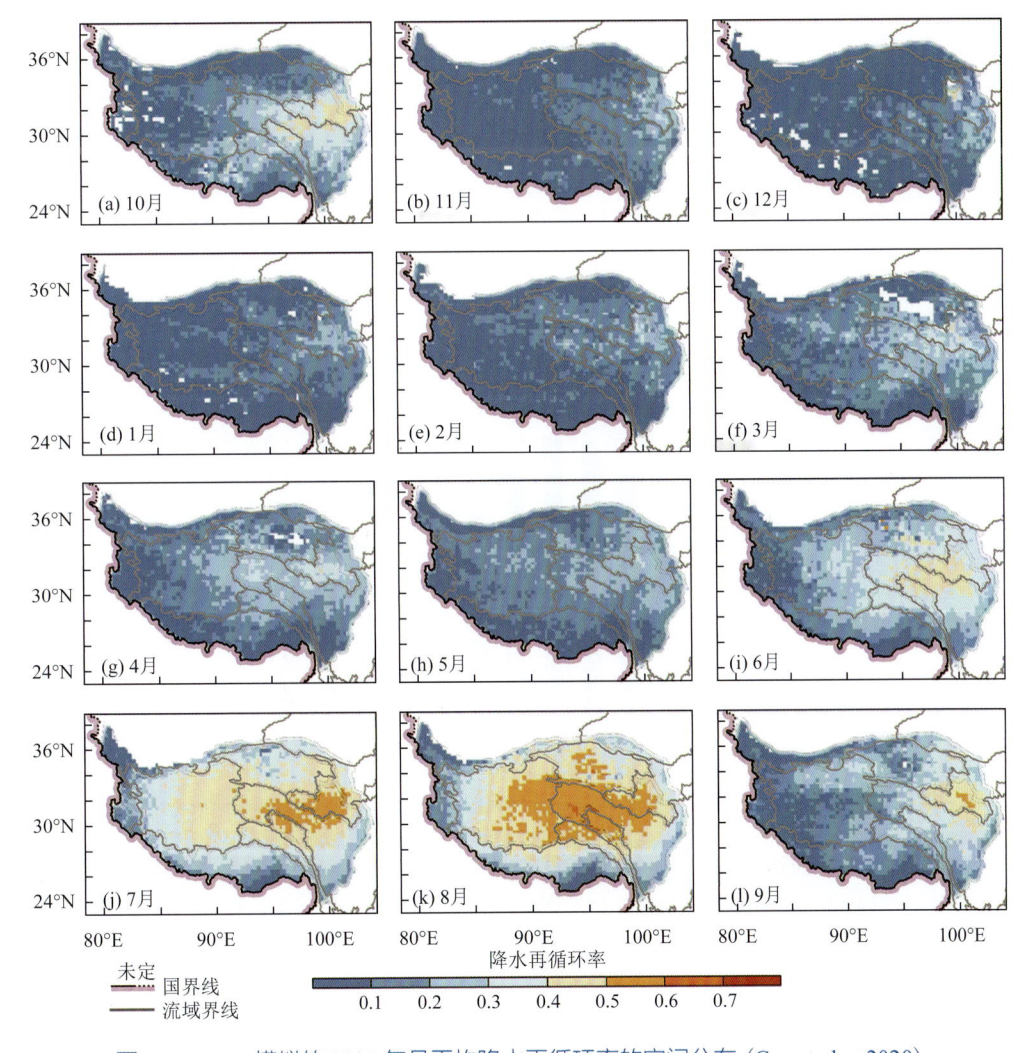

图5.6 WRF模拟的2001年月平均降水再循环率的空间分布（Gao et al., 2020）

5.3 青藏高原水热过程特征与气候变化影响

5.3.1 青藏高原水热过程特征及影响因素

受喜马拉雅山的影响，孟加拉湾水汽只能到达青藏高原的东南部，使青藏高原东部为湿润区，植被丰富，西部为干旱区，地表主要为裸土。同一时间不同气候区的地面热源强度存在差异的原因是降水较多的地区土壤湿度较大、蒸发潜热较大，在较湿润地区干旱时段以感热为主，雨季潜热则超过感热占据主导地位。就年平均而言，位于中西部干旱荒漠地区的感热占比远大于潜热，而东南部较湿润地区的感热和潜热相当，感热稍大一些。对于干旱区，地面热源在 1～5 月呈现出增长趋势，在 5 月达到一年中的最大值，为 130W/m² 左右，此后逐渐降低，大约为 80W/m²。对于半干旱区，地面加热场的高值集中在 3～5 月，其值为 130W/m² 左右。对于半湿润区，一年中存在两个峰值，第一个峰值发生在 3～5 月，第二个峰值发生在 9～11 月，其中 4 月和 10 月的地表加热场的值可达 140W/m² 以上，1～2 月的地面热源为一年中最低，只有 80W/m²（图 5.7）。由青藏高原干旱区、半干旱区和半湿润区地面热源的季节变化可知，不同气候区的地面热源普遍在春季最大、冬季最小。对于干旱区，地面热源的强度关系为春季＞夏季＞秋季＞冬季；对于半干旱区，夏秋冬季的地面热源强度相当；对于半湿润区，春秋季的地面热源强度大于夏冬两季。

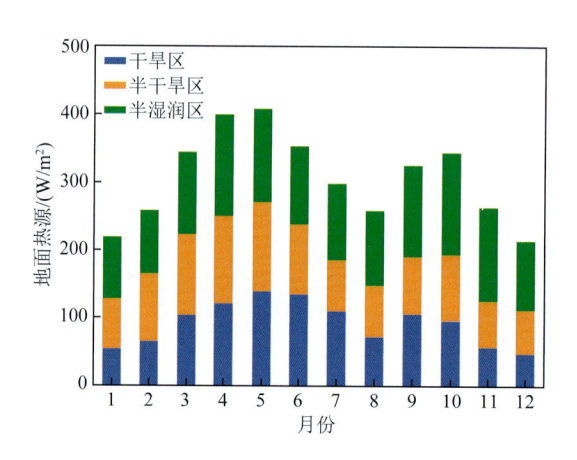

图 5.7　青藏高原干旱区、半干旱区和半湿润区地面热源的月际变化

研究表明，植被改善后，各季节地面热源以增加为主，尤其夏季，热源增量最大；冬春季感热对地面热源增量贡献较大，潜热贡献相对较小；夏秋季感热与潜热对地面热源增量贡献同等重要（华维等，2008；黄小梅等，2014）。地面热源强度是感热通量与潜热通量的综合反映，既表现了温度影响下的热量交换，又反映了水分分配过程中蒸散作用导致的热量分配。严晓强等（2019）研究了那曲高寒草地地面热源与气象因子的关系，得到该地区地面热源与风速、地表温度、土壤湿度以及净辐射通量资料的关

系显著。其中，地面热源全年对净辐射通量响应显著，与地表温度在春、秋以及冬季响应显著，与土壤湿度在春、夏以及秋季响应明显，与风速在春季响应特征较为突出。张超等（2018）分析了青藏高原中东部地区季节转换对地面加热场（包括它的分量感热、潜热）的影响后发现，在旱季青藏高原地面对大气加热以感热为主，其中尤以青藏高原西部最强。进入雨季后，潜热作用加强，整个东半部都转以潜热为主，说明青藏高原地表热源与下垫面和季节变化有着密切的联系。此外，青藏高原地面热源还可能与季风有关。3~5月青藏高原主体由感热占据，感热强度快速上升且呈西高东低的分布态势，潜热强度较小但随时间而增强。季风爆发后的6~8月，青藏高原感热强度减弱，潜热强度迅速增强且呈东高西低的分布特征。随着季风的消退，9~10月青藏高原整体的潜热强度急剧下降，整体强度降至100W/m^{2}左右，与感热强度相当。同时，青藏高原地区地面潜热也呈现出向西南方向逐渐消退的倾向，青藏高原西部地表潜热强度减弱，但整体而言，青藏高原地区地表潜热仍然呈现出东高西低的分布特征（Chen et al.，2017；韩熠哲等，2018）。段安民等（2018）比较了青藏高原积雪深度及地表感热加热的空间分布特征，发现积雪与感热并不存在反向变化的特征。例如，青藏高原积雪冬季最厚，主要位于喜马拉雅山、唐古拉山和巴颜喀拉山等山脉，而冬季平均的地表感热通量在这些山地区也为正值。此外，青藏高原夏季积雪最薄，面积最小，而感热通量在夏季仅次于春季，二者并无简单的线性关系。这一方面是因为青藏高原积雪空间分布局地特征明显，而感热主要受地面风速和地气温差影响，空间分布相对均匀；另一方面，青藏高原大部分地区积雪较薄，受日照影响持续时间较短，季节平均的结果掩盖了积雪与感热的反向联系。

5.3.2 青藏高原水热过程特征对气候变化响应

ERA5再分析资料地表感热通量月平均分布特征显示，青藏高原地区的感热分布特征随着时间的推移呈现出明显的先增强后减弱的特点。1~3月，青藏高原地区地表感热呈现出明显的增强趋势，这是春季太阳辐射的增强以及高原地表积雪融化引起的反照率减小所致，且青藏高原地表风速的增加也会影响高原地表感热的变化。由于青藏高原中部和西部较干旱，植被稀疏，而青藏高原东部植被较丰富，降水量较大，因此青藏高原的感热高值区处于青藏高原中西部地区且整体呈现西高东低的分布特征。4月青藏高原地表感热强度迅速上升且西高东低的分布特征更为明显。青藏高原中西部的感热高值区面积持续扩大且在青藏高原北部地区出现一个新的感热高值区。5月青藏高原地表感热强度仍旧呈现上升趋势且青藏高原西部及中部地区的感热强度明显增强并于5月中下旬达到最强。南亚夏季风的爆发所带来的暖湿空气和充沛水汽，使得自6月开始青藏高原中西部感热高值区开始逐渐消退，但高原地表感热仍呈明显的西高东低的分布特征，高原北部的感热高值区维持不变。7月，受南亚季风影响，青藏高原中西部感热高值区的面积持续收缩且强度持续下降，而青藏高原北部感热高值区受季风影响较小，面积与强度整体维持不变。8月，受季风影响，青藏高原整体除北部感热高值区外，感热强度均较低，整体维持在40W/m²左右。自9月开始，随着青藏高原地区地表温度的逐渐下降，地表感热也逐渐下降，在12月除了青藏高原中西部和东南部部分地区外，剩余地区地表感热强度降至10W/m²以下。青藏高原地表感热在1～5月呈现出西高东低的分布态势，且其强度持续增强并于5月达到最大。随着季风的爆发与推进，青藏高原中西部地区地表感热高值区的感热强度迅速减弱，仅在青藏高原北部存在一个感热的高值区。季风消退后的9～12月地表感热强度逐渐下降，并在12月除了青藏高原中西部和东南部部分地区外，青藏高原大部分地区地表感热降至10W/m²以下。

1981～2020年，青藏高原地区西部和东南部地区地表感热呈现较为明显的上升趋势，与之相对，青藏高原中部地区和北部地区的感热强度呈现出明显的下降趋势；青藏高原地区的近地层温差呈现出与地表感热类似的变率分布特征［图5.8(a) 和 (b)］，这表明青藏高原地区感热变率的分布模态主要是由高原地气温差所决定的。相比于地气温差，高原10m风速在过去40年间整体呈下降的趋势，尤其是在高原中西部地区，风速的下降趋势相较于高原东部更加明显［图5.8(c)］。通过计算风速与地气温差的乘积可以看出，其变率的整体分布特征与地表感热通量的变率分布特征基本一致［图5.8(d)］。整体而言，青藏高原地区西部和东南部地表感热呈上升趋势，而高原中部和北部地区地表感热呈较为明显的下降趋势，这种变化主要由地气温差所决定。

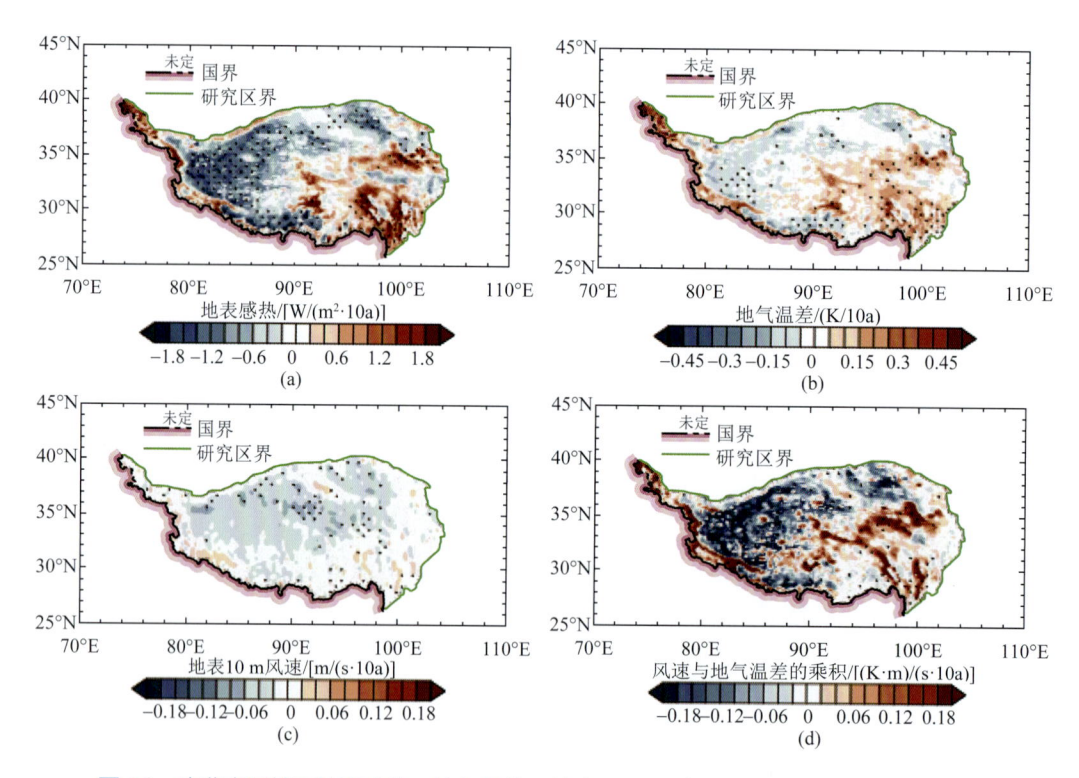

图5.8 青藏高原地区地表感热、地气温差、地表10m风速及风速与地气温差的乘积的年代际变率的空间分布

黑点区域表示该地区通过了95%显著性检验

第5章 青藏高原地-气相互作用特征与气候变化影响

图 5.9 为青藏高原地区地表感热及其影响因素的年变化特征,由图 5.9 可知,青藏高原地表感热围绕 27W/m² 呈现微弱的上升趋势。受气候变化的影响,青藏高原地区地表温度和地表 2 m 温度在 1981～2020 年呈现出较为明显的升温趋势,同时地气温差也随之增强。与之相对,青藏高原地区 10 m 风速则整体呈现较为明显的下降趋势。尽管地气温差与风速之间的年际变化呈反向变化特征,但两者的乘积则呈上升趋势,表明地气温差在高原地表感热的变化中起主导作用。值得注意的是,青藏高原地区地气温差的整体变率分布特征与高原地表感热的整体变率分布特征较为相似,这进一步说明青藏高原地表感热的变化主要由青藏高原的地气温差所决定。

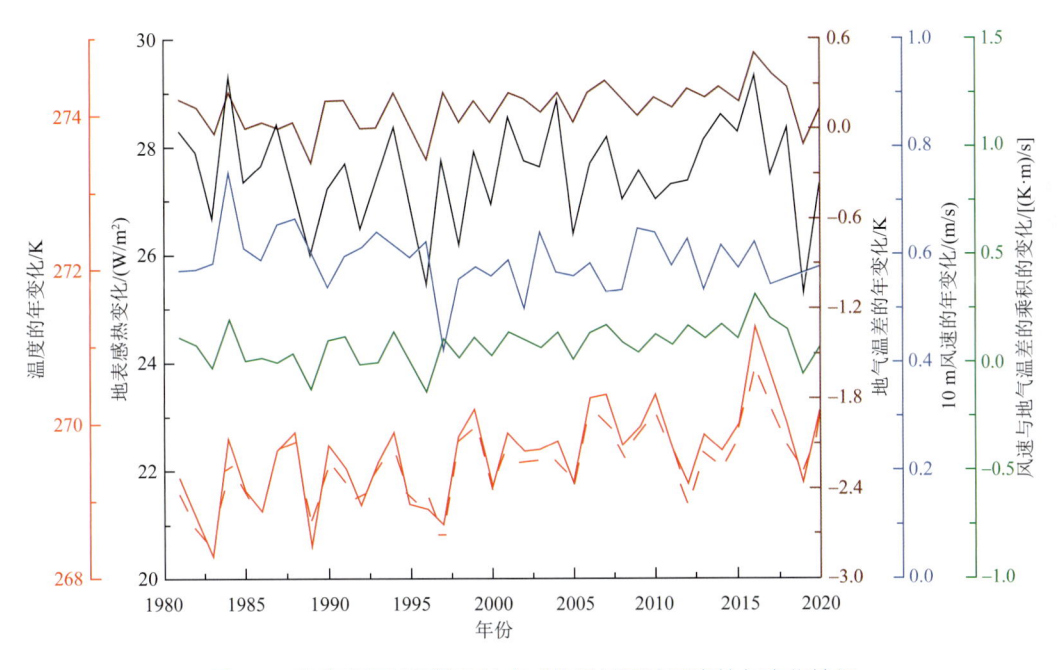

图 5.9 青藏高原地区整体地表感热及其影响因素的年变化特征
黑线代表地表感热变化;红色实线和红色虚线分别代表地表温度和地表 2m 温度的年变化;酒红色实线代表青藏高原地区地气温差的年变化;蓝色实线代表 10m 风速的年变化;绿色实线代表风速与地气温差的乘积的变化

青藏高原地区的地表潜热通量在 1～5 月季风来临前强度持续增强且呈现出东高西低的分布态势。同时,青藏高原中西部及高原北部均存在潜热低值区,且与感热的高值区相对应。随着南亚季风的爆发和发展,青藏高原地表潜热强度迅速增加且呈现出东高西低的分布态势,同时青藏高原北部仍旧存在一个潜热低值区与感热高值区相对应。随着季风的消退,青藏高原地表潜热强度骤降至 10W/m² 左右,其强度弱于同期的地表感热强度。

青藏高原地区地表潜热在 1981～2020 年呈现明显的上升趋势,而青藏高原地区的降水则在高原主体地区也呈现上升趋势,且其变率与高原潜热变率的分布模态大体一致(图 5.10)。青藏高原东南部地区降水存在明显的下降趋势,而该地区对应的地表潜热仍旧呈增强的态势。这主要是由于青藏高原东南部地区植被茂密、降水充沛,植物的蒸腾作用会对地表潜热产生影响。这说明地表潜热在青藏高原主体受到降水的影响，而在高原东南部地区主要受到下垫面以及地表植被的影响。

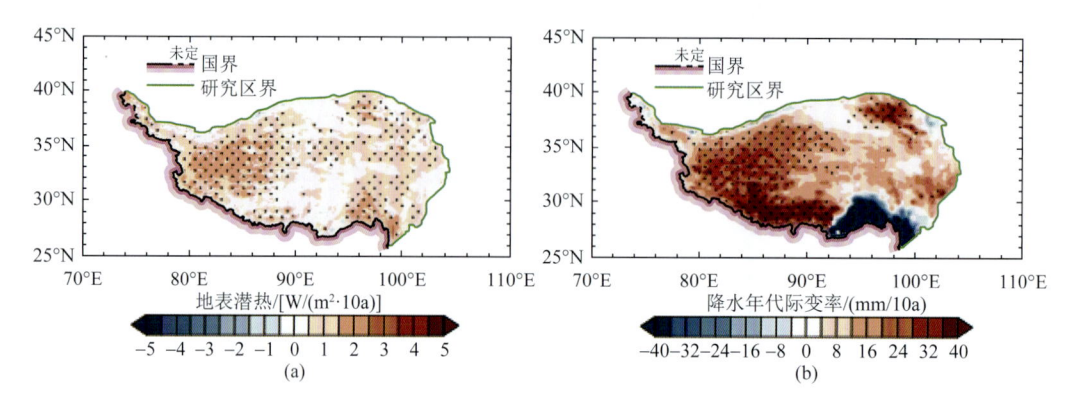

图 5.10　青藏高原地区地表潜热及降水年代际变率的空间分布
黑点区域表示该地区通过了 95% 显著性检验

在春季、夏季和秋季，青藏高原地表潜热整体呈增强的趋势，而在冬季青藏高原潜热基本不变。与地表潜热相比，青藏高原地区降水变率在除青藏高原东南部地区外整体变化与该地区潜热变率相一致。然而，在青藏高原东南部地区，四个季节的降水均呈较显著的下降趋势。这可能也与该地区的下垫面植被特征有关。青藏高原整体的潜热通量的年变化和季节性变化均呈现上升的趋势。其中，春季夏季潜热的增长率明显高于秋季和冬季的增长率。青藏高原地区除东南部部分地区外，其余地区的潜热变化与降水变化呈现出良好的对应关系，而在东南部的地表潜热则主要受到地形、下垫面以及植被蒸腾作用的影响。

青藏高原地表热源在 1～3 月呈逐渐增强的变化特征，在 3 月前青藏高原整体地表热源强度小于 $45W/m^2$，随后地表热源强度快速增强并于 7 月达到最强，此时青藏高原整体地表强度介于 105～$120W/m^2$，而东部部分地区地表热源强度甚至强于 $120W/m^2$。7 月开始青藏高原地表热源强度逐渐减弱，并于 10 月开始青藏高原整体地表热源强度弱于 $45W/m^2$，到 12 月青藏高原东部和北部大部分地区地表热源强度甚至弱于 $15W/m^2$。

在年际尺度上，青藏高原西部和北部地区地表热源在 1981～2020 年整体呈显著的减弱趋势，其整体减弱强度达到 $3W/(m^2·10a)$（图 5.11）。而在青藏高原东部地区地表热源呈显著增加趋势，且强度达到 $5W/(m^2·10a)$。在春季青藏高原地表热源整体呈上升趋势，其中在青藏高原东部地区上升趋势显著强于高原其余地区，东部地区的上升强度超过 $5W/(m^2·10a)$，而在青藏高原其余地区上升强度弱于 $2W/(m^2·10a)$。夏季青藏高原地表热源的变率强度较弱，整体维持在 -2～$2W/(m^2·10a)$。仅在青藏高原东南部部分地区受到潜热的影响，存在一个地表热源增强的高值区，变率强度超过 $5W/(m^2·10a)$。秋季青藏高原地表热源在高原地区整体呈增强趋势，而青藏高原东部地区地表热源的增强明显强于西部地区。在冬季青藏高原地表热源呈南增北减的偶极子变率分布，即在青藏高原南部地区地表感热主要呈增强趋势，而在青藏高原北部地区呈减弱趋势。整体而言，夏季青藏高原地表热源的变化主要由潜热主导，而冬季青藏高原地表热源主要受到地表感热变化的影响。春秋两季青藏高原热源的变率分布主要由感热和潜热共同影响。

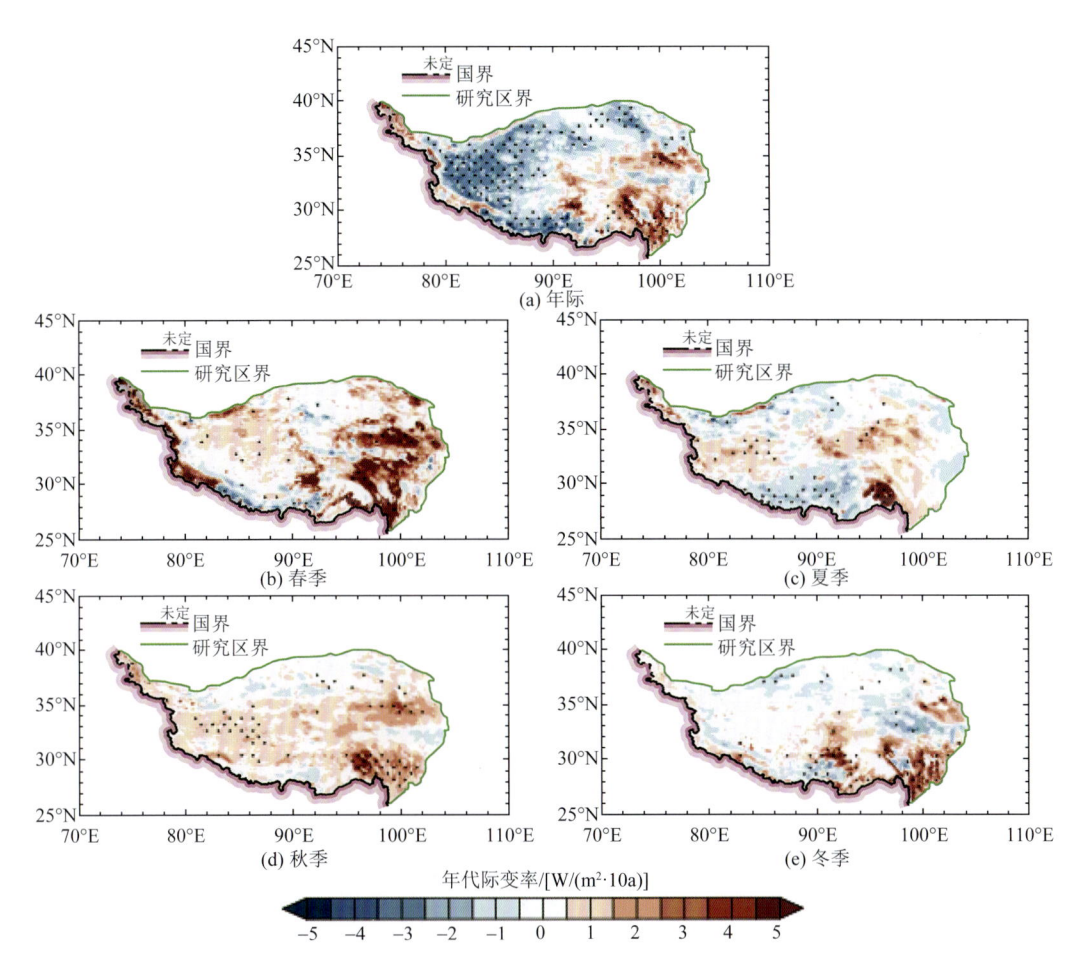

图 5.11 青藏高原地区地表热源在每年和不同季节的年代际变率的空间分布

黑点区域表示该地区通过了 95% 显著性检验

5.3.3 卫星遥感反演青藏高原水热过程影响因素数据分析

基于静止卫星 FY-4A 的青藏高原水热过程空间分布特征分析结果（图 5.12）表明，除西北部冰川外，青藏高原西部大部分区域主要呈现出地表向大气的感热传输，东部大部分区域主要呈现出大气向地表的感热传输。其中，在青藏高原南部、西南部横断山区出现了大于 25W/m² 的年平均感热传输。感热在年平均空间分布上的高值中心不同于潜热，其原因可能是青藏高原西部地区地表下垫面类型多为裸土，不同于南部水汽通道地区（27°N，95°E）的森林下垫面，其植被覆盖低，地表与大气热量传输较为迅速。

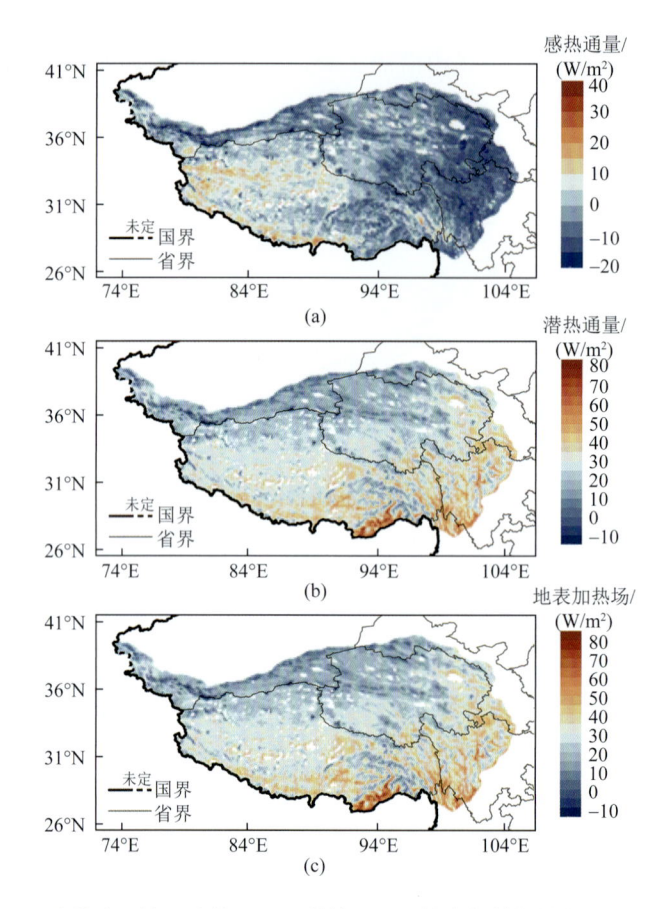

图 5.12　青藏高原地区感热通量、潜热通量和地表加热场的年平均空间分布图

青藏高原地区潜热分布主要受下垫面类型和海拔的影响，呈现出不均匀的空间分布。在青藏高原南部森林覆盖区域表现出较高的年平均数值（50～80W/m^2），而绝大部分地区潜热年平均数值低于 30W/m^2，西北部冰川地区潜热年平均数值甚至在 10W/m^2 以下。热力因素和水分条件对青藏高原潜热变化影响较大，如以 90°E 为界，潜热通量在青藏高原东部的年平均数值略高于青藏高原西部，尤其是藏东南地区为潜热通量的高值区。

青藏高原大部分区域年平均地表加热场数值为正，说明青藏高原主体部分表现出地面热源，大气从地表中吸收能量。局部地区年平均地表加热场表现出负值，说明这些地区地面向大气中吸收能量。总体来看，青藏高原的地表加热场强度出现负值的地区有两种类型：一种是青藏高原上的冰川地区，年平均地表加热场大小在 –10W/m^2 左右，由于青藏高原海拔较高，大部分冰川不随着季节变化而发生冻融过程，温度始终处于零下。潜热、感热传输较少。另一种是青藏高原北部裸土和柴达木盆地的沙漠区域，由于裸土和砂土储水能力较低，潜热释放不及森林或者草甸下垫面。

5.3.4 青藏高原水热过程特征与气候变化关联性模型分析

基于SEBS模型的青藏高原多年平均（2001～2018年）的地表感热通量结果（图5.13）显示，青藏高原年平均地表感热通量主要在0～150W/m²变化。在西藏东南部地区、沿喜马拉雅山区、青藏高原西北边缘、念青唐古拉山等常年被冰雪覆盖地区，年平均地表感热通量呈现出负值，这主要是地气间温度梯度为负导致的。在喜马拉雅山北坡沿雅鲁藏布江河谷一带、羌塘高原腹地、青藏高原西北边缘等地区的地表感热通量较大；在青藏高原东部、西藏东南部及横断山区的感热通量较小。青藏高原整体的年平均地表感热通量为(40.8 ± 4.7) W/m²，以90°E为界，青藏高原东部的年平均地表感热通量为(33.9 ± 3.4) W/m²，青藏高原西部的年平均地表感热通量为(50.7 ± 6.6) W/m²，青藏高原西部的感热通量要明显大于东部。

青藏高原地表感热通量在春季最大，尤其在青藏高原西部，大部分地区的地表感热通量超过了50W/m²，喜马拉雅山北坡沿雅鲁藏布江河谷一带的地表感热通量最强，超过了125W/m²，春季地表感热通量平均值为(50.7 ± 6.1) W/m²。秋季的地表感热通量次之，主要在0～100W/m²变化，多年平均值为(42.3 ± 5.4) W/m²，其空间分布与春季相似，在高原的西部及喜马拉雅山北坡沿雅鲁藏布江河谷一带较大，在青藏高原东南部较小。冬季的地表感热通量小于秋季，主要在0～100W/m²变化，多年平均值为(39.9 ± 5.9) W/m²。夏季的地表感热通量最小，主要在0～75W/m²变化，多年平均值为(30.2 ± 5.7) W/m²。青藏高原东南部大片区域的地表感热通量均小于25W/m²，但在青藏高原东北部的柴达木盆地地区有个别高值区，大于100W/m²，这主要是该地区夏季较大的地气温差导致的。同样值得注意的是，在沿喜马拉雅山地区、西藏东南部地区和青藏高原西北边缘等地区，无论是年平均值还是不同季节平均值，地表感热通量均较小甚至出现负值，主要是这些地区常年被冰雪覆盖，地气间的温度梯度为负所致。

与感热通量不同，潜热通量受地气间水汽梯度的影响较大，表现出截然不同的空间分布特征。青藏高原年平均地表潜热通量呈现由东南向西北递减的空间变化趋势，这与该地区降水和土壤湿度的空间变化存在很大的一致性。地表潜热通量的最大值出现在青藏高原东南部的横断山区，超过125W/m²，最小值出现在青藏高原西部和北部边缘，小于25W/m²。潜热通量在湖泊比较集中的青藏高原腹地数值较大，而在冰雪覆盖的区域数值较小，如喜马拉雅山、喀喇昆仑山、念青唐古拉山、西藏东南部等地区。总体而言，整个青藏高原多年平均地表潜热通量主要在0～125W/m²变化，高原整体平均值为(40.8 ± 1.8) W/m²。以90°E为界，青藏高原东部的年平均地表潜热通量为(46.0 ± 1.7) W/m²，青藏高原西部的年平均地表潜热通量为(33.2 ± 3.7) W/m²，青藏高原东部的潜热通量要明显大于高原西部地区。

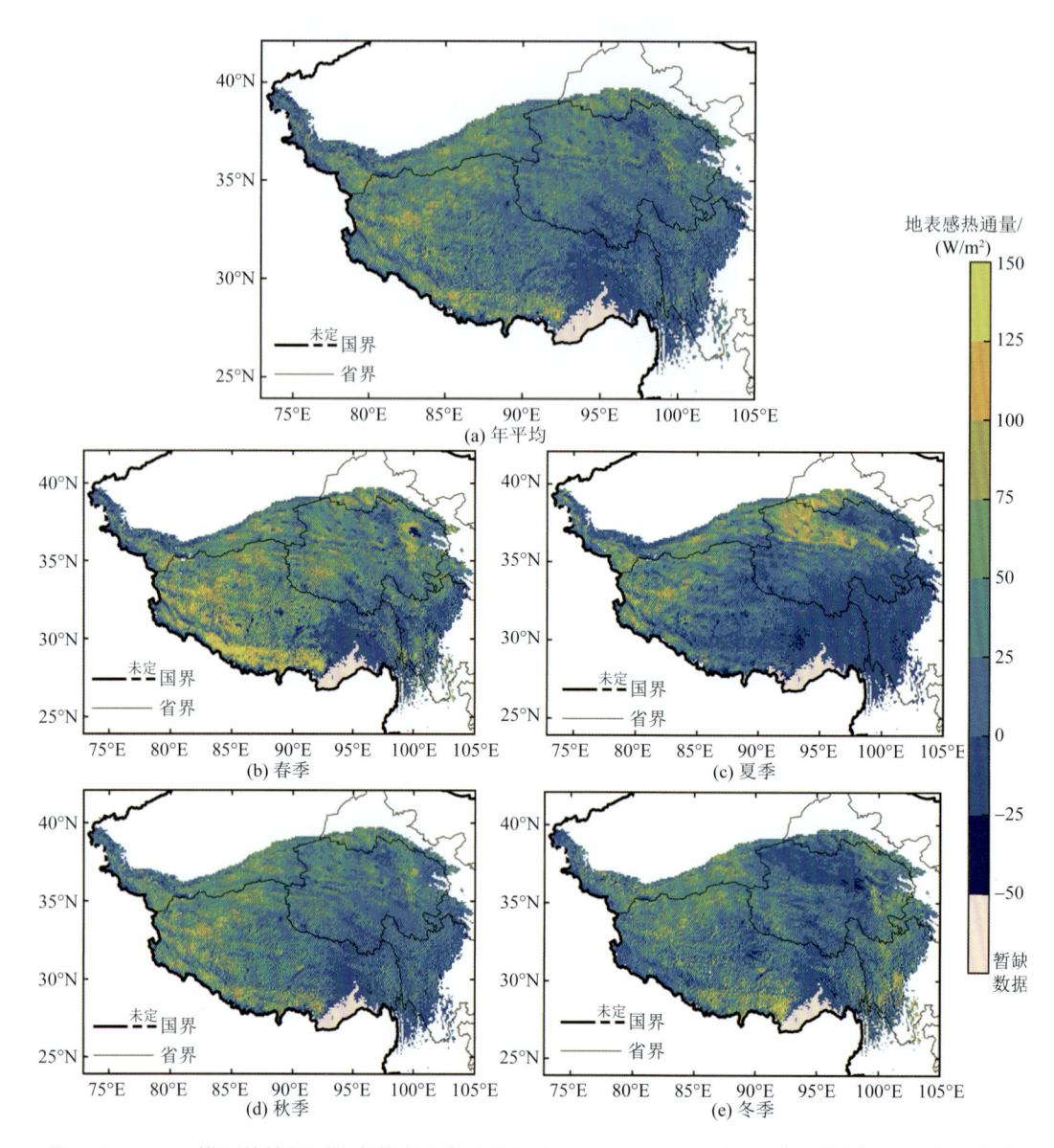

图 5.13　SEBS 模型估算得到的青藏高原多年平均（2001～2018 年）地表感热通量的空间分布情况

2001～2018 年，青藏高原年平均蒸散发总量为（1.238±0.058）万亿 t（Han et al., 2021），但其变化趋势存在很大的空间差异性（图 5.14）。总体来说，以 90°E 为界，青藏高原东部总体呈增加趋势，青藏高原西部总体呈减少趋势。青藏高原东部蒸散发的增加速率主要为 2.5～7.5 mm/a，且通过显著性检验；青藏高原西部大部分地区呈现减少趋势，且减少趋势显著，速率大于 7.5 mm/a。就季节而言，春夏两季，蒸散发减少趋势明显，尤其在青藏高原西部地区；秋季，蒸散发增加和减少的区域在整个青藏高原呈相间分布状态，但增加和减少的速度相较春夏减弱很多；冬季，蒸散发减少趋势占主导，尤其是在青藏高原西部，而青藏高原东部部分区域呈现增加趋势。

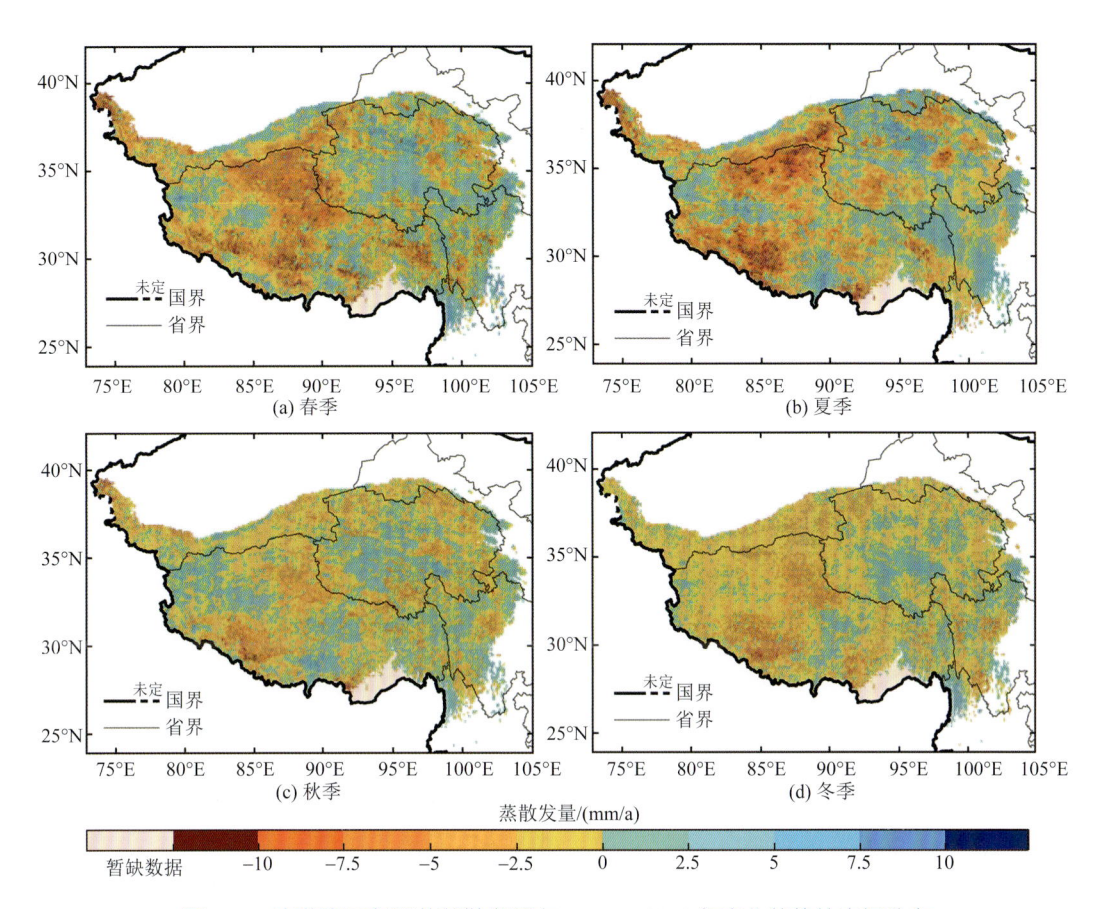

第5章 青藏高原地-气相互作用特征与气候变化影响

图5.14 青藏高原各季节蒸散发量在2001~2018年变化趋势的空间分布

青藏高原年平均地面热源（图5.15）主要在 0~175W/m² 变化，个别地区的地面热源值会超出这一范围；喜马拉雅山北坡沿雅鲁藏布江河谷地区的地面热源值较大，大于 150W/m²；而西藏东南部地区的地面热源值较小，不超过 50W/m²。青藏高原整体平均的地面热源为 (81.6±3.2)W/m²（误差为年平均地面热源的均方根误差，下同），以 90°E 为界，青藏高原东部的平均地面热源为 (79.3±3.4)W/m²，青藏高原西部为 (83.9±4.0)W/m²，青藏高原西部的地面热源强度略大于青藏高原东部。地面热源主要受地表净辐射通量控制，因此，青藏高原地面热源在夏季最强，大部分地区均超过了 100W/m²，平均值为 (110.6±3.3)W/m²；春季的地面热源强度次之，主要在 50~175W/m² 变化，平均值为 (94.1±3.1)W/m²；秋季的地面热源强度小于春季，主要在 25~100W/m² 变化，平均值为 (70.3±4.7)W/m²；冬季的地面热源强度最弱，大部分地区均低于 75W/m²，尤其是青藏高原东北部的柴达木盆地和西藏东南部地区，区域平均值为 (51.3±4.9)W/m²。值得注意的是，在沿喜马拉雅山地区、西藏东南部地区和青藏高原西北边缘等地区，无论是年平均值还是不同季节平均值，地面热源强度均很弱，这与这些地区常年被冰雪覆盖有关。

109

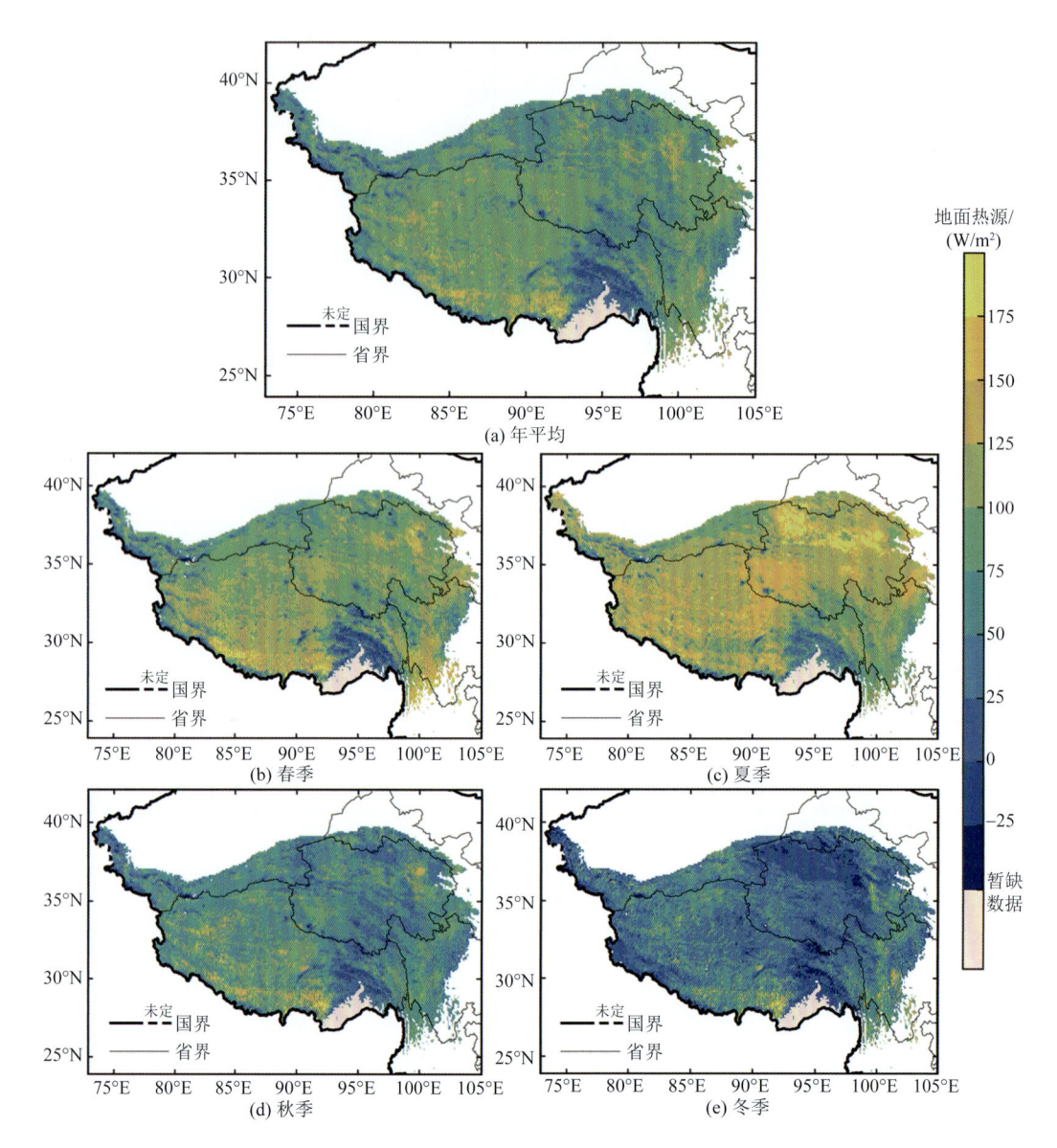

图 5.15　SEBS 模型估算得到的青藏高原多年平均（2001～2018 年）地面热源的空间分布情况

　　青藏高原昼间地面热源于 2001～2018 年呈增强趋势，增速为 0.14W/(m²·a)（$P<0.05$），而变化趋势在青藏高原西、中、东部差异明显，如以 85°E 和 95°E 为界，西部热源略微减弱 [–0.10W/(m²·a)]，而中部 [0.24W/(m²·a)（$P<0.05$)] 和东部 [0.30W/(m²·a)（$P<0.05$)] 热源均显著增强。青藏高原 2001～2018 年昼间感热与昼间潜热的年际变化趋势相反，昼间感热显著增强 [0.26W/(m²·a)（$P<0.05$)] 而昼间潜热显著减弱 [–0.13W/(m²·a)（$P<0.05$)]，同样以 85°E 和 95°E 为界，结果显示，青藏高原西、中、东部昼间感热与潜热的变化趋势均完全相反，即感热（潜热）在青藏高原西部和中部增强（减弱）而

110

第5章 青藏高原地–气相互作用特征与气候变化影响

在东部减弱（增强），青藏高原东部昼间感热和潜热的年际变化趋势均与中部、西部完全相反。青藏高原地面热源的强度变化主要受该区域地表净辐射通量、地气温差、风速和降水等因素的影响，2001～2018年青藏高原昼间地气温差与风速均呈增大趋势，使得昼间感热显著增强，而昼间潜热因受到略微增多的降水与显著减弱的地表净辐射通量两方面的共同影响而呈减弱趋势。

基于Noah-MP模拟的青藏高原1981～2018年地表感热和潜热结果表明，青藏高原东部年平均感热通量显著低于高原中部和西部（图5.16），分别为35.4W/m²、45.1W/m²和48.4W/m²，而青藏高原东部的潜热通量则明显高于高原中部和西部地区（图5.17），分别为27.4W/m²、22.1W/m²和15.2W/m²。从长期变化趋势来看，青藏高原中部和西部的感热通量和潜热通量年际变化均大于高原东部地区。

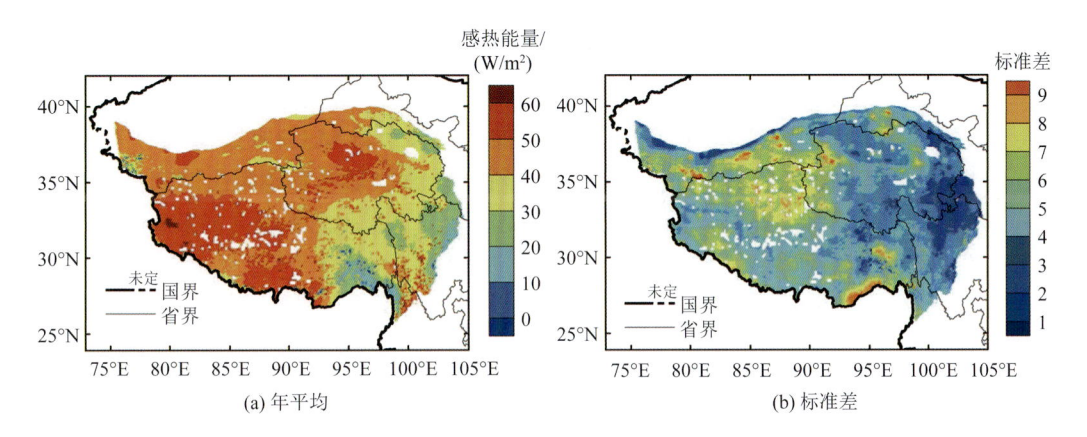

图 5.16 模拟的 1981～2018 年高原年平均感热通量及其标准差

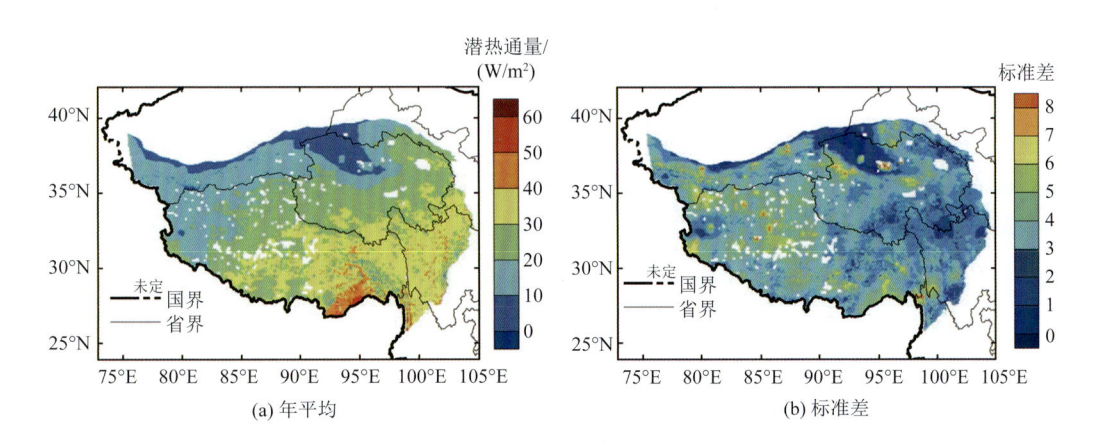

图 5.17 模拟的 1981～2018 年高原年平均潜热通量及其标准差

青藏高原气候要素及水文循环变化如图5.18所示。在全球气候变暖的背景下，青藏高原地区的臭氧含量减少，中高纬度之间高空气压梯度力减弱导致青藏高原地区存在明显的气温升高、风速减弱的现象，这又会进一步导致青藏高原向外输出的热量减少，使得青藏高原增温率存在明显的海拔依赖效应，青藏高原的增温率远高于全球的平均增温率。青藏高原快速抬升的温度一方面导致青藏高原的辐射冷却增强，另一方面也对应着青藏高原的感热通量减小、潜热通量增加和波文比下降，这些结果已经从前述的站点观测、遥感反演和模型模拟中得到了印证。感热通量减小和大气辐射冷却增加又进一步使得青藏高原大气热源减弱，青藏高原季风强度减弱；另外，感热通量减小、潜热通量增加会使得云的抬升凝结高度降低，更易引发对流降水。因此，青藏高原的降水和湖泊面积呈现出显著的空间分布不均匀的特征，中心主体区域降水增加、湖泊面积增大、径流量增加；青藏高原周边区域降水减少、湖泊面积萎缩、径流量减少。第二次青藏高原综合科学考察研究观测表明，青藏高原 13 条大型河流的年径流总量为 6560 亿 t（Wang et al.，2021）。

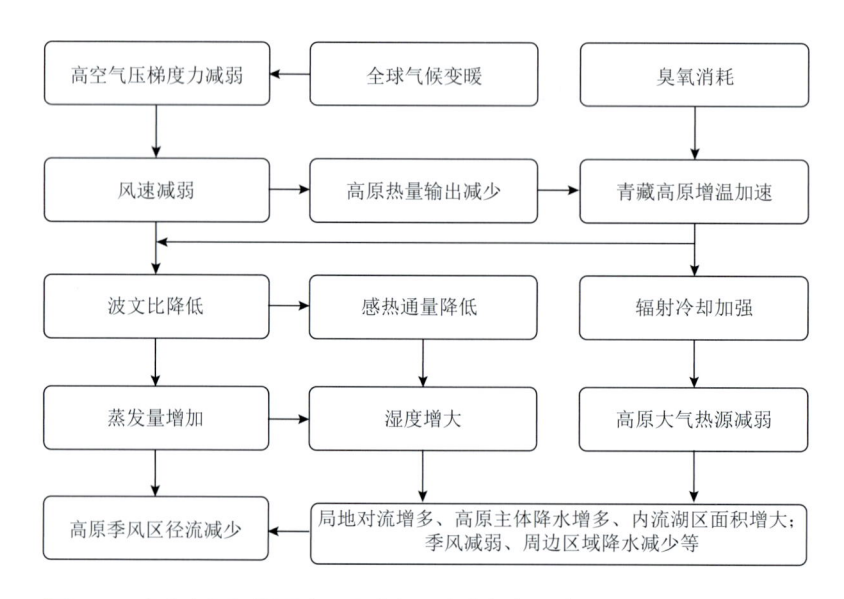

图 5.18　青藏高原气候要素及水文循环变化框架示意图（Yang et al.，2014）

参考文献

段安民, 肖志祥, 王子谦. 2018. 青藏高原冬春积雪和地表热源影响亚洲夏季风的研究进展. 大气科学, 42(4): 755-766.

付春伟, 胡泽勇, 卢珊, 等. 2022. 基于 CLM4.5 模式的季节冻土区土壤参数化方案的模拟研究. 高原气象, 41(1): 93-106.

韩熠哲, 马伟强, 马耀明, 等. 2018. 南亚夏季风爆发前后青藏高原地表热通量的长期变化特征分析. 气象学报, 76(6): 920-929.

华维, 范广洲, 周定文, 等. 2008. 青藏高原植被变化与地表热源及中国降水关系的初步分析. 中国科学 D 辑: 地球科学, 38(6): 732-740.

黄小梅, 肖丁木, 焦敏, 等. 2014. 近 30 年青藏高原大气热源气候特征研究. 高原山地气象研究,

34(4): 38-43.

李茂善, 马耀明, 马伟强, 等. 2011. 藏北高原地区干、雨季大气边界层结构的不同特征. 冰川冻土, 33: 72-79.

马耀明, 姚檀栋, 王介民. 2006. 青藏高原能量和水循环试验研究——GAME/Tibet 与 CAMP/Tibet 研究进展. 高原气象, 25: 344-351.

严晓强, 胡泽勇, 孙根厚, 等. 2019. 那曲高寒草地长时间地面热源特征及其气候影响因子分析. 高原气象, 38(2): 253-263.

张超, 田荣湘, 茆慧玲, 等. 2018. 青藏高原中东部地区地表感热通量的时空变化特征. 气候变化研究进展, 14(2): 127-136.

张宏文, 续昱, 高艳红. 2020. 1982-2005 年青藏高原降水再循环率的模拟研究. 地球科学进展, 35(3): 297-307.

Chen B, Hu Z, Liu L, et al. 2017. Raindrop size distribution measurements at 4500 m on the Tibetan Plateau during TIPEX-III. Journal of Geophysical Research: Atmospheres, 122(20): 11092-11106.

Chen X, Su Z, Ma Y, et al. 2012. Analysis of land-atmosphere interactions over the North region of Mt. Qomolangma (Mt. Everest). Arctic, Antarctic, and Alpine Research, 44: 412-422.

Gao Y, Chen F, Ma H, et al. 2020. Understanding precipitation recycling over the Tibetan Plateau using tracer analysis with WRF. Climate Dynamics, 55: 2921-2937.

Guo Y, Zhang N, Ma H, et al. 2016. Quantifying surface energy fluxes and evaporation over a significant expanding endorheic lake in the central Tibetan Plateau. Journal of the Meteorological Society of Japan, 94: 453-465.

Han C, Ma Y, Su Z, et al. 2015. Estimates of effective aerodynamic roughness length over mountainous areas of the Tibetan Plateau. Quarterly Journal of the Royal Meteorological Society, 141: 1457-1465.

Han C, Ma Y, Wang B, et al. 2021. Long-term variations in actual evapotranspiration over the Tibetan Plateau. Earth System Science Data, 13(7): 3513-3524.

Lai Y, Chen X, Ma Y, et al. 2021. Impacts of the westerlies on planetary boundary layer growth over a valley on the north side of the central Himalayas. Journal of Geophysical Research: Atmospheres, 126: e2020JD033928.

Li M, Liu X, Shu L, et al. 2021. Variations in surface roughness of heterogeneous surfaces in the Nagqu area of the Tibetan Plateau. Hydrology and Earth System Sciences, 25: 2915-2930.

Li X, Ma Y, Huang Y, et al. 2016. Evaporation and surface energy budget over the largest high-altitude saline lake on the Qinghai-Tibet Plateau. Journal of Geophysical Research: Atmospheres, 121: 10470-10485.

Li Z, Lyu S, Ao Y, et al. 2015. Long-term energy flux and radiation balance observations over Lake Ngoring, Tibetan Plateau. Atmospheric Research, 155: 13-25.

Liu L, Ma Y, Menenti M, et al. 2019. Evaluation of WRF modeling in relation to different land surface schemes and initial and boundary conditions: a snow event simulation over the Tibetan Plateau. Journal of Geophysical Research: Atmospheres, 124: 209-226.

Liu L, Ma Y, Yao N, et al. 2021. Diagnostic analysis of a regional heavy snowfall event over the Tibetan

Plateau using NCEP reanalysis data and WRF. Climate Dynamics, 56: 2451-2467.

Liu L, Menenti M, Ma Y, et al. 2022. Improved parameterization of snow albedo in WRF + Noah: methodology based on a severe snow event on the Tibetan Plateau. Advances in Atmospheric Sciences, 39: 1079-1102.

Liu Y, Lyu S, Ma C, et al. 2021. Gravel parameterization schemes and its regional assessment on Tibetan Plateau using RegCM4. Journal of Advances in Modeling Earth Systems, 13: e2020MS002444.

Ma Y, Fan S, Ishikawa H, et al. 2005. Diurnal and inter-monthly variation of land surface heat fluxes over the central Tibetan Plateau area. Theoretical and Applied Climatology, 80(2): 259-273.

Ma Y, Osamu T, Hirohiko I, et al. 2002. Analysis of aerodynamic and thermodynamic parameters on the grassy marshland surface of Tibetan Plateau. Progress in Natural Science: Materials International, 12(1): 36-40.

Sun G, Hu Z, Ma Y, et al. 2020b. Simulation analysis of local land atmosphere coupling in rainy season over a typical underlying surface in the Tibetan Plateau. Hydrology and Earth System Sciences, 24: 5937-5951.

Sun G, Hu Z, Ma Y, et al. 2021. Analysis of local land atmosphere coupling characteristics over Tibetan Plateau in the dry and rainy seasons using observational data and ERA5. Science of the Total Environment, 774:145138.

Sun G, Hu Z, Ma Y. 2020a. Analysis of local land-atmosphere coupling in rainy season over a typical underlying surface in Tibetan Plateau based on field measurements and ERA5. Atmospheric Research, 243: 105025.

Wang B, Ma Y, Chen X, et al. 2015. Observation and simulation of lake-air heat and water transfer processes in a high-altitude shallow lake on the Tibetan Plateau. Journal of Geophysical Research: Atmospheres, 120: 12327-12344.

Wang B, Ma Y, Ma W, et al. 2017. Physical controls on half-hourly, daily, and monthly turbulent flux and energy budget over a high-altitude small lake on the Tibetan Plateau. Journal of Geophysical Research: Atmospheres, 122: 2289-2303.

Wang B, Ma Y, Su Z, et al. 2020. Quantifying the evaporation amounts of 75 high-elevation large dimictic lakes on the Tibetan Plateau. Science Advances, 6: eaay8558.

Wang B, Ma Y, Wang Y, et al. 2019. Significant differences exist in lake-atmosphere interactions and the evaporation rates of high-elevation small and large lakes. Journal of Hydrology, 573: 220-234.

Wang J, Huang L, Ju J, et al. 2020. Seasonal stratification of a deep, high-altitude, dimictic lake: Nam Co, Tibetan Plateau. Journal of Hydrology, 584: 124668.

Wang L, Yao T, Chai C, et al. 2021. TP-river: monitoring and quantifying total river runoff from the Third Pole. Bulletin of the American Meteorological Society, 102: E948-E965.

Wang S, Ma Y, Liu Y. 2022. Simulation of sensible and latent heat fluxes on the Tibetan Plateau from 1981 to 2018. Atmospheric Research, 271: 106129.

Xie Z, Hu Z, Ma Y, et al. 2019. Modeling blowing snow over the Tibetan Plateau with the community land model: method and preliminary evaluation. Journal of Geophysical Research: Atmospheres, 124(6):

9332-9355.

Xie Z, Hu Z, Xie Z, et al. 2018. Impact of the snow cover scheme on snow distribution and energy budget modeling over the Tibetan Plateau. Theoretical and Applied Climatology, 131: 951-965.

Xu Y, Lyu S, Ma Y, et al. 2022. Gravel parameterization scheme and verification using BCC_CSM. Theoretical and Applied Climatology, 148: 147-1661.

Yang K, Wu H, Qin J, et al. 2014. Recent climate changes over the Tibetan Plateau and their impacts on energy and water cycle: a review. Global and Planetary Change, 112: 79-91.

Yuan Y, Ma Y, Zuo H, et al. 2021. Modification and comparison of thermal and hydrological parameterization schemes for different underlying surfaces on the Tibetan Plateau in the warm season. Journal of Geophysical Research: Atmospheres, 126(22): e2021JD035177.

第6章

青藏高原水环境对气候变化响应特征

6.1 青藏高原大气水分循环过程特征及其气候变化的影响

青藏高原是全球气候变化的敏感区，其气候变化具有超前性，近年来青藏高原变暖幅度超过北半球及同纬度的其他地区，冰川退缩、冻土融化、湖泊扩张，青藏高原正趋于暖湿化。因此，在气候变暖背景下，气温的升高对青藏高原大气水分循环的影响是目前研究的重要科学问题。

影响青藏高原大气水分循环的因素主要分为自然因素和人为因素两个方面。从自然角度而言，影响水分循环的因素主要有气象条件（包括大气环流、温度、降水、日照、风速、蒸发等）和地理条件（包括地形、地质、土壤、植被等），河流、湖泊、冰川、冻土、湿地等要素的变化及蒸发、径流等过程的变化对水循环变化起着重要作用。另外，人类活动不断改变着自然环境，并越来越强烈地影响着水分循环过程。水分循环过程是通过蒸发、水分输送、降水和径流来实现的。由于太阳辐射，从海洋表面蒸发到空气中的水分被气流输送到陆地上空，通过物理过程凝结成云而降水，降到地面的水又通过江河和渗透回到海洋，形成海陆之间水分交换，这被称作水分外循环。水分从陆地表面水体、湿土蒸发及植物蒸腾到空中凝结再回落到陆地表面，这一过程被称作水分内循环。水分内、外循环中大气环流均起着重要作用。平均海拔 4000m 以上的青藏高原，比平原地区接收到更多的太阳辐射，高原地表吸收太阳能，不断加热该地区的空气，大气受热上升，地面气压下降，高原"抽吸"外围气流，东亚季风、印度季风裹挟大量水汽形成引向高原的关键水汽通道，并"转运"到高原下游地区。另外，青藏高原拥有 4 万多条冰川、面积大于 $1km^2$ 的湖泊 1000 多个，如此众多的冰川、湖泊及地下水、河流形成了一座"水塔"，对中国乃至全球气候变化产生重要影响。

青藏高原水汽含量丰富，是全球大气水分循环机制中关键的"供水源"之一。青藏高原冬半年降水量约占全年总降水量40%，并以积雪形式存储，是夏季河流径流的潜在水源，夏半年降水量占全年总降水量60%，为下游大江大河径流提供了重要保障，青藏高原类似维持着一个庞大的中空"蓄水池"。青藏高原水分循环具有不同区域气候响应特征。青藏高原西部以感热加热为主，而中东部则感热与潜热加热同等重要，且是降水变率较大的地区。

作为南亚夏季风成员的季风低压系统从印度北部和中部向青藏高原西南部供应水分，使其平均日降水量增加15%，雨日增加10%，高原西南部夏季降水总量的60%以上与此有关。青藏高原在中纬度西风带"下游效应"中扮演了重要角色，高原北侧水汽输送与中国北方旱涝的密切关联是中纬度西风带水汽输送影响东亚气候的主要特征。气候变化温度升高引发青藏高原南部积雪消融和冻土融冻过程，改变了青藏高原水汽循环、热力性质以及环流状况。印度中北部水汽输送决定了青藏高原西南部的整体湿润程度，如果没有这种水汽传输途径，青藏高原西南部将更加干燥。地理纬度和海拔决定了青藏高原地区南湿北干的大气水汽分布特征，而大气环流变化（ENSO、西伯利亚高压、东亚大槽等）则是青藏高原及周边地区大气水汽分布及其变化的主要原因。这对理解和评估未来青藏高原降水变化对气候强迫的作用，以及该地区生物圈、水圈和冰冻圈的变化具有重要意义。青藏高原位于亚洲特殊的地理位置：东亚季风区的西部和印度季风区的北部，其水汽收支状况受到南亚季风、东亚季风、中纬度西风等系统共同作用的影响（徐祥德等，2002）。叶笃正等（1957）提出了青藏高原对大气环流具有重要的动力与热力强迫作用。梁宏等（2006a）指出，由于青藏高原南部地区海拔较高，阻止了南亚季风的北上，因此大量的水汽堆积在青藏高原南部地区并形成降水，这使得该地区成为我国一个降水的大值中心。而青藏高原的阻挡作用使得水汽输送转向我国长江中下游地区，这让青藏高原南部地区成为我国东部地区水汽输送的"转运站"（苗秋菊等，2004）。同时，青藏高原南部地区存在着广阔的冻土及积雪覆盖，而气候变化所导致的温度升高会造成积雪的消融和冻土的融冻过程，这些都会改变青藏高原的水汽循环、热力性质以及环流状况（Wang et al.，2002）。林振耀和吴祥定（1990）探讨了青藏高原地区的水汽输送路径，认为青藏高原地区主要存在两条水汽输送路径，一条来自阿拉伯海从青藏高原西部进入青藏高原，另一条来自青藏高原东南部的雅鲁藏布江河谷。

青藏高原夏季降水与孟加拉湾的水汽输送及副高的水汽输送关系密切（缪启龙等，2007），印度半岛北部到孟加拉湾异常的反气旋导致青藏高原东南部降水偏多（谢欣汝等，2018）。林厚博等（2016）分析指出了四条影响夏季高原降水的水汽通道：西风带、阿拉伯海、孟加拉湾北部及南海水汽通道，并指出青藏高原夏季降水量高值年与孟加拉湾北部通道水汽输送强年有较好的对应。阿拉伯海水汽通道的强度最强，通过先影响其他 3 个水汽通道，再间接影响青藏高原夏季降水。冯蕾和魏凤英（2008）通过研究青藏高原夏季降水与周边水汽输送的关系发现，青藏高原涝年，即青藏高原东南部地区降水异常偏多的水汽输送主要来自印度洋、孟加拉湾海区的向北输送和中纬度偏东方向海洋的向西输送。当印度洋、孟加拉湾地区的西南水汽输送以及中国东部海洋上偏东水汽输送增强时，青藏高原易出现东南型降水，相反则易出现东北型降水；当中国东部海洋上异常向西的水汽输送增强时，青藏高原易出现偏南型降水；当青藏高原西部地区处于水汽的辐散区，来自中纬度的偏西水汽输送以及来自蒙古高原的偏北水汽输送加强时，青藏高原上易出现偏北型降水。

王霄等（2009）利用再分析资料分析青藏高原及周边地区的水汽输送补偿，指出水汽进入青藏高原通过的水汽通道主要为西风带水汽通道、印度洋-孟加拉湾水汽通道和南海-孟加拉湾水汽通道，水汽在青藏高原西南侧、喜马拉雅山中段和青藏高原南侧进入青藏高原。朱福康等（2000）发现，夏季在青藏高原地区东部存在以甘孜为中心的高空湿区，并且夏季存在一条来自仲巴入口的水汽通道，表明青藏高原西南部水汽通道的重要性。梁宏等（2006b）研究表明，青藏高原东南部地区大气总水汽量的年变化在 0.3～3.0cm，青藏高原其他地区大气总水汽量的年变化在 0.2～2.0cm；青藏高原东南部河谷的导流作用非常显著，是暖湿气流进入青藏高原内部地区的重要途径。多数据集合均值表明，在气候平均条件下，青藏高原在夏季是一个水汽汇聚点，水汽净收支为 4mm/d。来自印度洋和孟加拉湾南部边界的水汽输送主导了青藏高原的夏季降水。据估计，青藏高原西侧边界的水汽约占南侧边界的 32%。东南部的夏季降水呈现强烈的年际变率，标准差为 1.3mm/d，但没有显著的长期趋势。研究表明，来自南方的西南季风和北方的内陆空气传输影响了青藏高原东部玉树的季节降水，西南季风主要带来的是水分，但西南地区的输送通量比青藏高原南部弱。然而，来自北方或局部蒸发的内陆水分的贡献增强。在青藏高原南部，沿喜马拉雅山南坡，由于夏季和冬季季风湿度的变化，所以存在明显的季节性西风湿气运输。青藏高原西部的研究结果表明，该区域受到西南季风水汽的影响。对流云和降水的频繁发生表明青藏高原水汽含量非常丰富，反映了青藏高原是全球大气水分循环关键"供水源"之一。

  青藏高原位于喜马拉雅山背风面。Chen 等（2012）通过分析认为，北半球夏季到达青藏高原的水汽与大尺度环流密切相关，由于喜马拉雅山的阻挡，南亚季风水汽很难顺利传输至青藏高原上空。雅鲁藏布大峡谷是南亚水汽输送到青藏高原东部地区的主要通道（Chen et al.，2012；Wu and Zhang，1998；Yang et al.，2014）。青藏高原西南部是一个具有脆弱生态系统的半干旱地区，其上空的一些不稳定对流会导致东亚发生极端降水和严重洪涝（Tao and Ding，1981；Maussion et al.，2014）。而季风低压系统不可能发展直接进入青藏高原西南部。大气湿度分析表明，水汽从青藏高原南部边界运输至青藏高原，主导了青藏高原西部的夏季降水，但是运输路线仍不清楚。热感应上坡风可能沿南部周边运输水分，然而喜马拉雅山的高度足以凝结消除大部分上坡期间的水流，留下的水分很少可用于高原降水。Dong 等（2016）通过分析确定了从印度低地到青藏高原西南部地区存在水汽的"上下"运输路线（图 6.1）。这种全新的路线主要由两个步骤组成：首先，含有大量云气的潮湿空气随着印度次大陆上的对流系统升高；然后，大气层中的南风或西南风将高空水汽平流输送至喜马拉雅山上方和青藏高原西南部。模拟同位素降水的研究表明，该路线传输的水汽最终大部分可以为青藏高原西南部地区提供夏季降水来源，这表明该路径主导了青藏高原西南部地区的水分供应（Dong et al.，2016）。

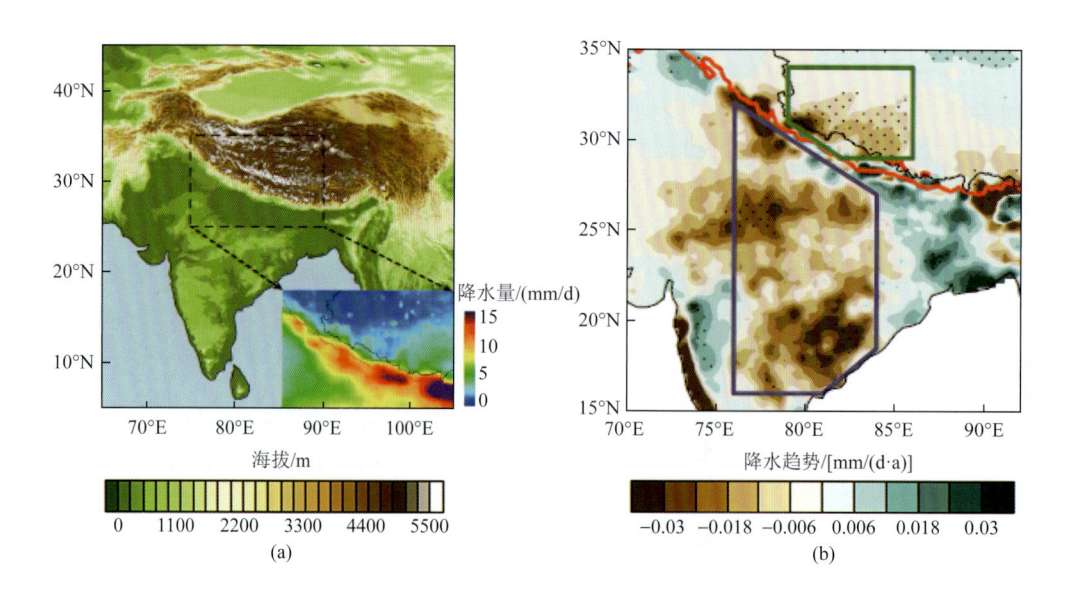

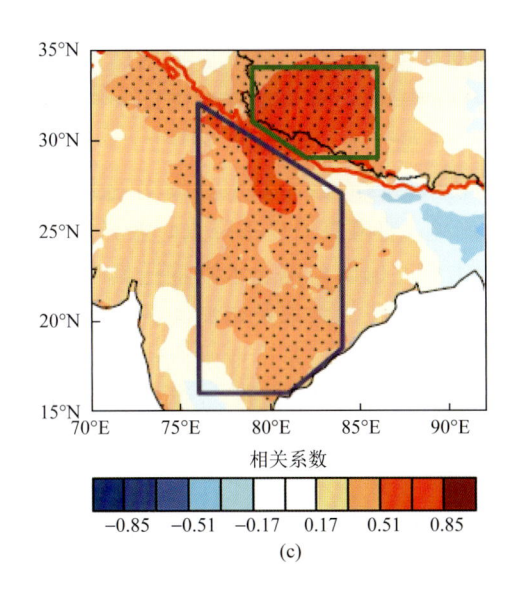

第 6 章　青藏高原水环境对气候变化响应特征

图 6.1　印度中北部与青藏高原西南部水汽特征（Dong et al.，2016）

夏季西风带气流经过青藏高原发生爬坡和绕流，最终在西侧和北侧形成两条水汽输送通道，其中西侧水汽输送侵入南亚季风区，北侧水汽输送随中纬度西风气流东进汇入东亚季风区。青藏高原西侧与北侧水汽输送的变异是相对独立的。青藏高原西侧水汽输送的变化与夏季降水的显著相关区主要局限在青藏高原西南侧，与东亚降水并无显著关联。显然，青藏高原西侧水汽输送汇入高几个量级的南亚季风区水汽输送，最后对东亚气候的影响可忽略不计。青藏高原北侧水汽输送经历 20 世纪 60 年代的偏弱、70 年代末的增强和 90 年代末的减弱，与中国北方的夏季旱涝演变及其干旱化趋势相吻合，且有很显著的统计相关性。可见，青藏高原北侧水汽输送与中国北方旱涝的密切关系是中纬度西风带水汽输送影响东亚气候的主要表现。

青藏高原水汽分布区域特征突出。青藏高原夏季平均水汽含量自东向西随海拔增加而减小，东南部湿润、西北部干燥，高原夏季降水整体也由东南向西北递减。春到夏，大气水汽含量从青藏高原东南部向西北方向逐渐增加，5~9 月为高值期，7~8 月是高湿中心带；青藏高原主要存在东南部、西南部和西北部 3 个明显的大气总水汽量高值中心，以及东南、西南和西北 3 个水汽通道，两者具有密切的关系；夏季青藏高原降水与水汽含量都存在南北反向的变化，当青藏高原夏季水汽含量出现南多北少时，高原南侧水汽的局地强非均匀性分布与地形强迫抬升作用，以及局地动力扰动是高原周边多雨中心形成的重要原因。水汽从高原主体的南边界、西边界输入，从东边界、北边界输出，其中，南边界为主要水汽输入边界，东边界为主要水汽输出边界。西边界水汽输入量、北边界水汽输出量呈弱增加趋势，南边界水汽输入量、东边界水汽输出量呈减少趋势。总水汽输入、输出量均呈减少趋势，净水汽收支量呈减少趋势；青藏高原水汽主要来自阿拉伯海、孟加拉湾、南海和西太平洋，以及中纬度西风输送，但夏季南边界水汽输送对青藏高原主体降水有决定性作用；青藏高原主体水汽变化受外界水汽输送和区域水分循环影响，在青藏高原外循环水汽输送减少条件下，高原主体气候暖湿化表明，青藏高原主体水汽内循环在高原水分循环中具有重要的作用；青藏高原东南缘是一个水汽汇，输入水汽有66%流出，34%保留在其内部。青藏高原对周边外部水汽输送具有明显响应。青藏高原水汽收支受到南亚季风、东亚季风、中纬度西风等系统共同作用的影响。青藏高原夏季降水时空异常与周边印度洋、孟加拉湾、东部海洋水汽输送，以及中纬度偏西与偏北水汽输送具有密切关系。夏季青藏高原降水存在西风带、阿拉伯海、孟加拉湾北部及南海4条水汽输送通道，青藏高原东南部的雅鲁藏布大峡谷导流作用非常显著，是南亚水汽输送到高原东部、进入高原内部的主要通道。

1960年以来，青藏高原整体呈现一致的增暖趋势，气温倾向率远高于全国的增暖水平。青藏高原边缘地区气候变暖要明显高于高原腹地，青藏高原的北部边缘，特别是柴达木盆地是青藏高原气候变化的敏感区，高原南部边缘喜马拉雅山气温升温也十分明显，其中珠穆朗玛峰地区是中国升温趋势最明显的地区之一，其变暖时间早于全球，幅度大于全球。青藏高原上有近2/3的区域降水呈现增加的趋势，但增加速率不是很大，主要分布在青藏高原中部腹地偏东区域、高原西北角和高原东南角。而青藏高原上降水减少的区域主要分布在喜马拉雅山区域、高原中部偏西区域和高原东南边缘，其中降水减少最明显的区域是喜马拉雅山区域。青藏高原地区云量分布整体呈自东向西减少的态势；近20年，中高云量在青藏高原呈上升趋势，低云量则呈明显下降趋势。基于地表能量平衡模型的研究发现，青藏高原的感热通量整体呈减弱趋势，而潜热通量整体呈增加趋势。另外，青藏高原土壤冻融过程会影响土壤湿度异常的持续性，没有冻融过程会使得春季土壤湿度的记忆性缩短。青藏高原地表温度的升高导致冻土融化，进而促进高原大气变湿，且高原中部有最明显的变湿趋势。在青藏高原变暖和变湿的背景下，植被密度在整个青藏高原地区存在增加的趋势。近40年，夏季青藏高原南缘关键区，除东边界外，其余各边界水汽收支年际变化均呈减少趋势，尤以北边界的减少最为明显。印度热低压的"转换"效应制约着南边界水汽收入的变化，其减少引起进入南缘关键区的水汽呈减少趋势；青藏高原东部及邻近地区总水汽收入呈减少趋势，伴随东亚夏季风的减弱，夏季风挟带的南来水汽在青藏高原东部及邻近地区扩展强度的减弱是整个区域水汽收入减少的主要原因。青藏高原"湿池"夏季水汽来源还存在一条来自仲巴入口的水汽通道，表明青藏高原西南部水汽输送的重要性。从印度低地到青藏高原西南部存在水汽"上下"运输路线：含有大量云气的潮湿空气随印度次大陆的对流系统升高，然后大气层中部南风或西南风将高空水汽平流输送至喜马拉雅山上方和高原西南部，为其提供夏季降水来源；近30年，青藏高原"湿池"呈显著的增强趋势，增湿幅度最大值在200~400hPa，具有3~4年、7~8年周期变化，与我国夏季水汽输送有密切联系，并对周边和下游地区天气气候有重要影响；青藏高原"湿池"是我国东部和北部地区水汽输送的"转运"站，不仅为长江流域梅雨形成提供了重要的水汽来源，还是长江中下游地区旱涝、暴雨，以及南方冰冻雨雪等灾害天气气候的上游水汽输送关键区；青藏高原东部及邻近地区的年大气可降水量总体呈减少趋势，总水汽收入也呈减少趋势，这与东亚夏季风的减弱有密切关系。

阿拉伯海、孟加拉湾、南海通道水汽输送年际变化较大，西风带通道相对稳定、变化较小；夏季高原水汽主要从阿拉伯海一带逐渐向东移动到孟加拉湾，与南海水汽汇集，然后从青藏高原东南部进入青藏高原，少部分水汽则从青藏高原西南部直接移入青藏高原。冬春季青藏高原及邻近地区水汽主要来源于中纬度偏西风水汽输送，夏季主要来源于孟加拉湾、南海、西太平洋偏南风水汽输送，秋季则主要来源于西太平洋；青藏高原东南部是一个水汽汇。南海夏季风爆发前，以西边界水汽输入为主，爆发后则以南边界输入、东边界输出为主。

夏季青藏高原水汽表现出随海拔升高而减少的分布特征，高原南部降水转化率明显大于北部地区。夏季风开始前期，青藏高原主体上空水汽具有明显的日变化，但区域差别显著；青藏高原水汽输送时空变化特征明显。青藏高原南侧、东侧来自印度洋、南海、西太平洋，以及西侧内陆地区的潮湿气流，在大气环流与复杂地形影响下，挟带大量水汽沿阿拉伯海、孟加拉湾、南海和高原西风带通道进入高原及周边地区；近30年，青藏高原西风带和阿拉伯海通道水汽通量呈弱增长趋势，而孟加拉湾北部和南海通道则呈减弱趋势。

6.2 青藏高原冰川变化与暖湿化相关区域特征

在全球变暖和冰川退缩加快的大背景下，中国西部主要寒区流域 1961～2006 年冰川物质平衡主要为负增长，呈现以青藏高原为中心，冰川物质损失由中心向外围逐步增加的变化趋势。由于流域间气候系统、冰川规模、地形条件等的差异，冰川融水对河流的补给比重各地不一，总的分布趋势是由青藏高原外围向高原内部随着干旱度的增强与冰川面积的增大而递增。青藏高原七大江河径流量亦呈现出不稳定的变化趋势。从趋势上看，短期内冰川退缩将使河流水量呈增加态势，但亦会加大以冰川融水补给为主的河流或河段的不稳定性；而随着冰川的持续退缩，冰川融水将锐减，以冰川融水补给为主的河流，特别是中小支流将面临逐渐干涸的威胁。

6.2.1 冰川物质平衡变化

近 50 年来，青藏高原的冰川整体上处于亏损状态，冰川储量减少约 20%，面积减少约 18%。冰川变化存在空间和时间差异。基于卫星遥感技术监测青藏高原冰川变化，也发现喜马拉雅山等地区冰川消融最快，从青藏高原东南缘往高原内陆地区消融减慢，而羌塘高原、阿尔金山、昆仑山脉直到帕米尔高原东部等地区冰川变化几乎处于平衡状态，甚至有所积累（叶庆华等，2016）。姚檀栋等（2016）研究认为，大气环流对冰川变化有强烈影响，季风减弱、降水减少的区域冰川退缩严重。青藏高原地区冰川退缩已经引起大范围的湖泊扩张和径流增加。湖泊扩张将引起冰湖溃决等灾害，径流增加将引起洪水等灾害，这将影响其下游地区人类的生存环境。在空间上，喜马拉雅山及藏东南地区冰川末端和面积后退幅度最大，向青藏高原内部逐渐降低，西昆仑山、喀喇昆仑山及帕米尔高原地区有一定数量的冰川处于稳定或前进状态；冰川物质平衡出现同样的空间变化差异，物质亏损幅度呈现从喜马拉雅山向青藏高原腹地减小的格局。第二次青藏高原综合科学考察研究发现，自1976年以来，藏东南冰川退缩幅度平均每年达4m，有的冰川退缩甚至超过每年60m；唐古拉山中东段与念青唐古拉山西段、喜马拉雅山冰川末端退缩速率相当，平均为每年20～30m；向西至各拉丹冬地区约为每年17m，普若岗日冰原则减小为每年4m左右；至喀喇昆仑山、西昆仑山冰川末端变化不明显。面积变化上，藏东南减小幅度最大，超过25%，个别小型冰川甚至达50%以上；唐古拉山中东段、念青唐古拉山西段、喜马拉雅山冰川总体减小20%左右；向西至各拉丹冬地区减小约8.8%，普若岗日冰原则减小约5.0%；至喀喇昆仑山、西昆仑山仅为1.4%～4.0%。在时间上，20世纪90年代冰川状态发生了变化，出现重要的转折。在此之前，冰川长度、面积及物质平衡持续减小；在此之后，青藏高原西北部西风带冰川出现稳定甚至前进，物质平衡由负转正，出现了"喀喇昆仑异常"，而东部和南部季风区冰川退缩幅度进一步加大。随着气候变暖的持续和人类活动强度的增加，青藏高原的冰川在整体上已经处于不稳定状态。相应的冰川灾害，如冰崩、冰川跃动、冰湖溃决洪水、冰川泥石流等灾害表现出增加的趋势。青藏高原及其周边地区分布着约10万km^{2}的冰川，维系着众多高原湖泊，是长江、黄河等大江、大河的发源地。关于青藏高原冰川的变化格局、变化幅度和原因存在很大的争议。姚檀栋等（2016）提出，从西风与季风的相互作用切入，通过对冰川状态的大范围遥感观测和实地观测的结合，全面评估青藏高原地区冰川变化的整体格局、幅度及其驱动因素。研究发现，在气候变暖影响下，青藏高原地区冰川整体呈退缩趋势，但也存在明显的空间差异。在季风控制的喜马拉雅山等地区，冰川退缩严重，在季风环流与西风环流交汇的青藏高原腹地，冰川退缩较弱，在西风环流控制的帕米尔高原等地区，冰川退缩不明显，甚至有部分冰川扩张。

　　根据冰川分布及周边河网，藏东南地区主要包括帕隆藏布（雅鲁藏布江一级支流）流域及其周边地区（图6.2），是我国海洋性冰川分布最为集中的地区，冰川水资源储量十分丰富，同时藏东南地区也是整个青藏高原冰川消融最为剧烈的地区之一。藏东南地区的冰川主要分布在念青唐古拉山中东段、岗日嘎布山、横断山西部的伯舒拉岭以及喜马拉雅山东段的南迦巴瓦峰区域。该地区山高谷深，平均海拔超过4300m，最高峰为喜马拉雅山东段的南迦巴瓦峰，海拔7782m，而最低的雅鲁藏布大峡谷海拔不到500m，最大海拔落差超过7000m。受地形影响，藏东南地区形成了罕见的水汽通道，降水丰沛，是整个青藏高原最为湿润的地区，喜马拉雅山及岗日嘎布山以南地区年降水量在1000mm以上；念青唐古拉山南麓的察隅、波密和易贡年降水量也在790mm以上（齐文文等，2013）。受丰沛的降水和高海拔带来的低温影响，藏东南地区发育有数量众多和规模宏大的海洋性冰川，冰川总面积超过7000km^2。

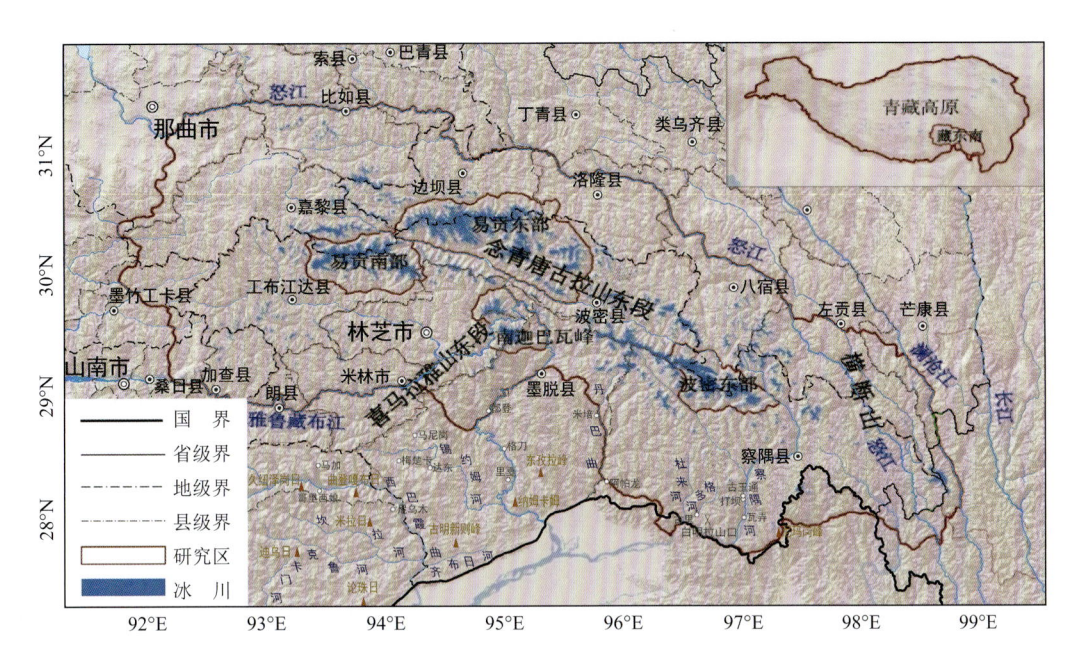

第 6 章　青藏高原水环境对气候变化响应特征

图 6.2　藏东南地区的地理位置及冰川分布

联合 ICESat 数据（2003～2008 年）、DEM 数据（2010 年和 2014 年）、CryoSat-2 数据（2011～2020 年）和 ICESat-2 数据（2019～2020 年），可得到将近 20 年（2003～2020 年）的冰川表面高程变化时间序列，再通过冰川质量 – 体积转换因子 [冰川密度：$(900\pm17)\,kg/m^3$]，即可将其转化为冰川物质平衡时间序列（图 6.3）(Wu and Zhang, 1998)。2003～2020 年，藏东南地区的冰川表面高程变化速率为 $(-0.73\pm0.02)\,m/a$，冰川物质平衡为 $(-0.66\pm0.02)\,m\,w.e./a$，相当于每年损失 48.6 亿 t 的冰川水资源。另外，通过 2019 年的 ICESat-2 数据与 2000 年的 NASA DEM，同样可得到 2000～2019 年整个藏东南地区的冰川表面高程变化值 [$(-0.71\pm0.18)\,m/a$] 以及四个子区域的变化值，整体结果如表 6.1 所示。

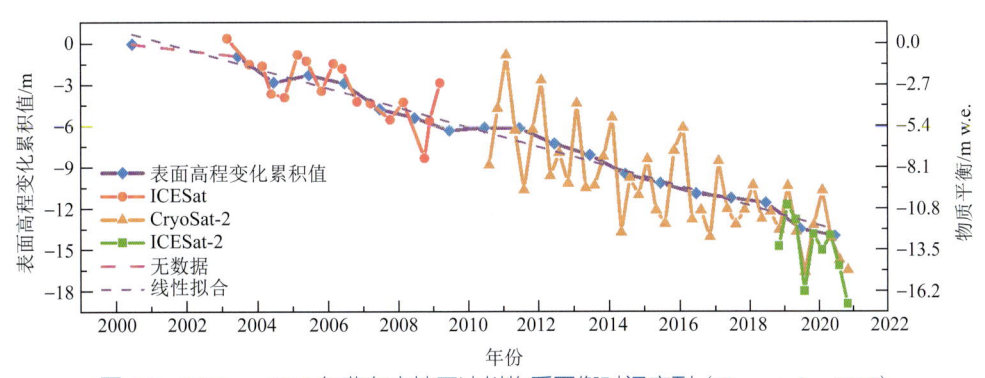

图 6.3　2000～2020 年藏东南地区冰川物质平衡时间序列（Zhao et al., 2022）

表 6.1　藏东南地区及其子区域的冰川表面高程变化值统计信息 (Zhao et al., 2022)

区域	冰川面积 /km²	高程变化速率 /(m/a)（2000～2019 年）	质量收支 /(Gt/a)（2000～2019 年）	高程变化速率 /(m/a)（2011～2020 年）	质量收支 /(Gt/a)（2011～2020 年）
藏东南	7408	−0.71±0.18	−4.72±1.18	−0.83±0.04	−5.53±0.27
易贡东部	1957	−0.70±0.18	−1.24±0.31	−0.85±0.22	−1.49±0.39
易贡南部	899	−0.51±0.13	−0.41±0.10	−0.66±0.32	−0.53±0.26
南迦巴瓦峰	298	−0.61±0.15	−0.16±0.04	−0.89±0.33	−0.24±0.09
波密东部	829	−1.16±0.29	−0.89±0.22	−1.14±0.28	−0.87±0.21

通过高空间覆盖范围的 ICESat-2 数据，可分析藏东南地区冰川物质平衡的空间分布特征（图 6.4）。在 0.5°×0.5° 的网格尺度，藏东南地区冰川物质损失最严重的区域位于横断山区（藏东南地区的东北部），2000～2019 年物质平衡速率达到了（−1.29±0.32）m w.e./a；藏东南地区东部区域的冰川物质损失比西部区域要快很多，东部区域的表面高程变化速率约为 −0.9m/a，而西部区域的表面高程变化速率则为 −0.5m/a；此外，藏东南地区成片分布的大型冰川的表面高程速率要低于周边零星分布的小型冰川。

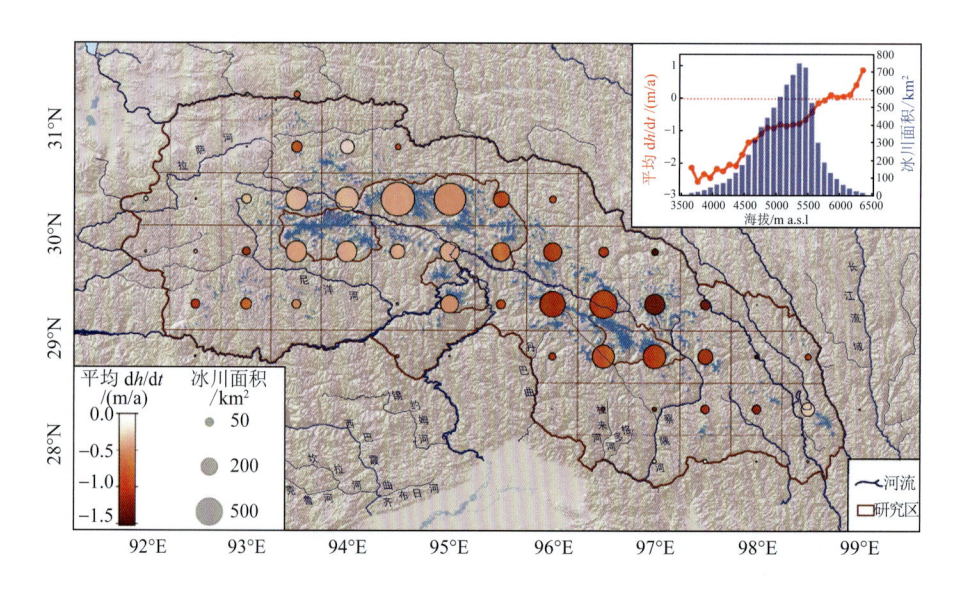

图 6.4　藏东南地区冰川表面高程变化空间分布（0.5°×0.5° 网格）(Zhao et al., 2022)
圆的大小代表每个网格内冰川的面积；圆的颜色代表每个网格内冰川表面高程变化值。右上角的小图表示藏东南地区冰川面积和冰川表面高程随海拔的变化

冰川变化受其所处气候环境的影响，青藏高原冰川变化的空间差异是不同气候背景下冰面大气间能量物质交换的结果，因此在青藏高原不同地区开展冰面能量平衡研

究，准确理解冰川和大气间的相互作用过程，有利于解释当前并预测未来青藏高原冰川变化。

关于青藏高原海洋性、亚大陆性和极大陆性冰川的冰面能量平衡研究表明，夏季（6～8月）冰面能量主要来自净辐射和感热，冰面吸收的热量主要用于冰面消融和蒸发/升华（Li，2018；Sun et al.，2012，2014；Yang W et al.，2011；Zhu et al.，2015）；在冬季，冰面存在一个半永久的辐射亏损，同时冰面升华物质损失从冰面带走大量热量，从而不断冷却冰面、加大冰体的冷储；而冰面热源主要来自大气向下的感热加热和冰下向上的热传导（Li，2018）。反照率－冰川消融的正反馈机制和云辐射强迫是控制青藏高原冰面能量平衡的两个主要方面（Yang K et al.，2011）。随着冰面吸收能量增加，冰面温度升高、冰面消融，使得冰面反照率降低，从而导致冰面吸收更多短波辐射，从而增大冰面消融；另外，云量通过改变向下辐射变化（减小向下短波辐射、增加向下长波辐射）来影响冰面能量平衡变化。对祁连山老虎沟12号冰川和喜马拉雅山东绒布冰川的研究显示，在月时间尺度上，夏季云对向下长波辐射增加幅度大于对向下短波辐射减小幅度，在不考虑冰面反照率变化的情况下，夏季云的出现通常会增大冰面能量输入，从而促进冰川消融；而对新西兰南阿尔卑斯山Brewster冰川研究显示（Conway et al.，2015），云对净辐射的影响有显著季节变化：夏季云减小净辐射而在冬春秋三个季节增加净辐射；对于全球绝大多数山地冰川来说，夏季云量减小冰面净辐射输入。对于南北极地区来说，云辐射强迫作用也存在很大争议。因此，对于青藏高原地区云辐射强迫对冰面能量平衡影响，还需要在不同地点开展更多野外观测加以研究。

青藏高原夏季和冬季冰面物质损失的形式不同：夏季以冰面消融为主，冬季以升华为主。对于海洋性冰川来说，除净辐射和感热外，夏季的凝结放热也能够显著促进冰川消融。夏季整个青藏高原由南亚夏季风控制，随着季风强度增加，冰面消融显著增强（Yang et al.，2014）；而对于冬季来说，处于西风控制下的青藏高原大部分地区，较高的近地面风速加大了冰面向大气的潜热输送，从而加大了冰面升华。综合目前青藏高原能量平衡研究发现，在南亚夏季风盛行期，云量变化会显著影响高原雪冰面物质和能量交换。南亚夏季风盛行期多云的气象条件会促进冰雪消融；而在非季风期，少云导致的净长波损失加剧、升华潜热消耗和对冰雪加热的能量损失显著抑制消融；通过青藏高原冰川消融区的表面能量平衡比较，结果表明，青藏高原冰川表面能量平衡具有一定的规律性；对于大陆性冰川，净辐射绝对量和对冰面热源的贡献均较小，冰面吸收的热量很大一部分用于升华和蒸发，从而减弱了消融耗热；而对于海洋性冰川，其冰面吸收的能量却主要用于冰川消融，而不是升华和蒸发。这意味着青藏高原冰川对不同气候条件的敏感性具有较大的空间变异性。

6.2.2 青藏高原代表性冰川区域温度及降水变化趋势

IPCC第五次和第四次评估报告都指出，随着全球温度的不断升高，全球山地冰川和冰盖都发生了不同程度的退缩，并导致海平面不断升高。7个代表性冰川分布区（帕米尔高原，喀喇昆仑山，西昆仑山与藏东南，喜马拉雅山东段、中段、西段）1980～2018年2m年平均温度绘制的年际变化曲线与年平均、夏半年和冬半年温度变率特征如下：自1980年来的近40年，这7个代表性冰川地区温度年际变化曲线呈一致升温趋势，尤其是1998年后代表性冰川年代际升温趋势更为明显，其描述出冰川区地面温度变率为0.26～0.54℃/10a，其中喜马拉雅山中段的温度变率最大，可达0.54℃/10a；喜马拉雅西段、东段的温度变率分别为0.39℃/10a和0.37℃/10a，藏东南为0.37℃/10a，相对于青藏高原南缘温度上升偏弱，青藏高原北部帕米尔高原、喀喇昆仑山以及西昆仑山冰川区邻近地面气象站温度变率亦在0.29～0.26℃/10a，与中国气象局气候变化中心指出的近40年来，青藏高原冰川区地面温度升高显著，且远高于中国区域平均增温水平（0.16℃/10a）的结论一致。

喜马拉雅山中段是平均年降水量最多的区域，可达1200mm/a以上，其次是喜马拉雅山东段、西段与藏东南区域，而帕米尔高原、西昆仑山以及喀喇昆仑山区域的年降水量较少，降水量范围为30～300mm/a。青藏高原冰川分布区年平均、夏半年和冬半年降水变率南北差异显著，其中藏东南和喜马拉雅山西段、中段、东段呈现显著下降趋势，喜马拉雅山中段的降水负变率最大（−229mm/10a）；其次是喜马拉雅山西段，降水变率为−128mm/10a，喜马拉雅山东段与藏东南冰川区的降水变率分别为−94mm/10a和−93mm/10a。青藏高原北缘冰川区，即帕米尔高原、喀喇昆仑山以及西昆仑山，其本身的降水量较少，属于干旱区，但在过去的20年时间，降水的变化趋势总体呈弱上升特征，其中帕米尔高原与喀喇昆仑山正变率分别约为35mm/10a和31mm/10a；西昆仑山年降水量变化趋势较弱。自1998年以来，20年时间各冰川区降水年际变化与变率突显出青藏高原冰川区降水变化南北差异显著，其中藏东南和喜马拉雅山西段、中段、东段呈现显著下降趋势及负变率特征，而帕米尔高原、西昆仑山以及喀喇昆仑山区域降水的变化趋势总体呈弱上升及弱正变率特征。

青藏高原的温度和降水变化与高原冰川退缩的关联及影响分析表明，青藏高原不同区域的冰川退缩程度存在差异，而其退缩程度的南北差异却与冰川区全年、夏半年、冬半年降水变率均呈明显的关联性。也就是说，气候变暖是青藏高原冰川退缩的主因，而代表性冰川区降水"补给"变化亦是青藏高原南、北缘地区冰川退缩程度差异不可忽视的关键因素之一。

结合温度和降水变化的分布，我们将青藏高原冰川区大致分为两个区域，分别为青藏高原北部偏西的区域A(32°～39.5°N，70°～88°E)以及青藏高原南部（南缘、东南部）区域B(24°～32°N，78°～102°E)。其中，区域A包括帕米尔高原-喀喇昆仑山冰川区以及西昆仑山冰川区，该区域降水呈现上升趋势，部分地区上升趋势显著，表现出该区域冰川区降水呈"正补给"特征，导致这一区域冰川退缩程度弱，个别冰川甚至出现冰线延伸现象［图6.5(a)］；区域B包括喜马拉雅山-藏东南冰川区，该区域降水呈现下降趋势，且下降趋势较为显著，表现出该区域冰川区降水呈"补给失衡"特征［图6.5(b)］，导致这一区域冰川退缩程度显著，且退缩速率较大［图6.5(a)］。

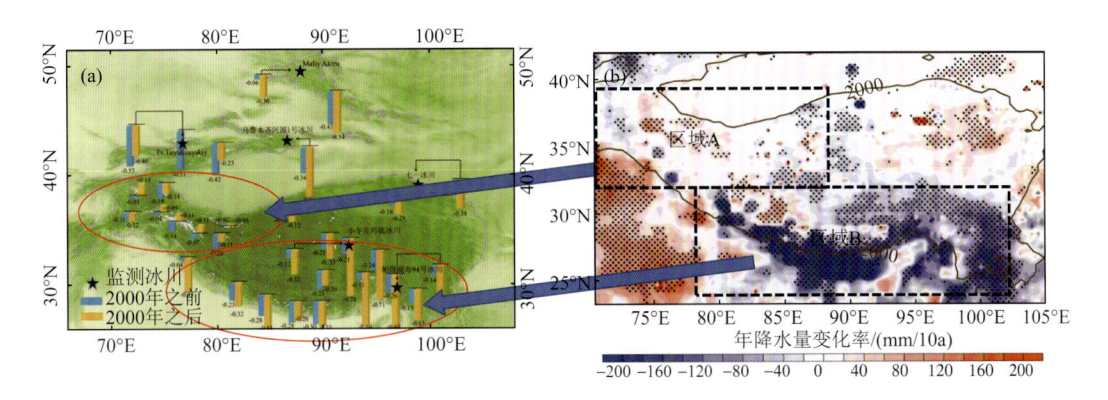

第 6 章 青藏高原水环境对气候变化响应特征

图 6.5 青藏高原及其周边地区冰川物质平衡及降水量变化

(a) 20 世纪 70 年代以来青藏高原及其周边地区不同时期冰川物质平衡变化（单位：m w.e./a）（王宁练等，2019）；
(b) 1998~2018 年平均年降水量变化率（打点区域在 90% 置信水平下显著）

冰川的物质平衡表示某一时段内冰川物质的收支状况，当冰川的物质平衡为正值时，表明该冰川物质处于累积状态；反之则为亏损状态，冰川会减薄或退缩。基于王宁练等（2019）青藏高原区域冰川区研究结果，从各点冰川物质平衡变化与降水年变化相关性的视角可以发现，二者的变化率呈显著相关特征，相关系数为 0.413（置信度达95%）。这表明降水下降速率大可能导致该区域冰川退缩速率加快，物质亏损速率大；反之，当降水呈上升趋势时，该区域冰川退缩物质亏损速率较小（或物质平衡处于正值）。进一步考虑南北部冰川退缩程度差异与不同区域季风相关的水汽输送及其云降水的关联性，采用 ERA5 低云量再分析资料，研究青藏高原冰川区物质平衡变化（王宁练等，2019）与对应区域低云量的相关关系，结果发现，冰川区低云量与物质平衡变率亦有显著相关特征，相关系数为 0.429（置信度达 95%）。此研究结果可揭示出冰川物质平衡变率（冰川退缩程度）还与区域大气云降水及其水汽输送密切相关。

6.2.3 印度洋海温变化及其对冰川区降水"补给"水汽输送的影响效应

图 6.6 为 1998~2018 年夏半年 500hPa 和 700hPa 水汽通量的变率。在 500hPa 上，从阿拉伯海及孟加拉湾上空向北输送的水汽呈加强趋势，该正变率水汽通量绕过印度半岛进入青藏高原西北部区域，使北部区域 A 的水汽增多，导致该区域降水量上升。而分析青藏高原南部区域 B 中低层 700hPa 的水汽输送变化趋势，可以发现从青藏高原南坡流入青藏高原南部以及藏东南区域的水汽减弱。追溯这一区域水汽输送减弱的原因，发现在 700hPa，一方面在青藏高原东南部西南季风减弱趋势影响下，从印度洋向大陆输送的水汽通量呈负变率特征，另一方面源自中国南海及太平洋东亚季风的水汽输送亦呈减弱趋势。这与区域 B 降水减少密切相关。由此，进一步分析夏半年季风区在 500hPa 与 700hPa 南北向的水汽输送变化趋势。图 6.6(c) 和图 6.6(d) 展示了 2000~2018 年夏半年（3~8 月）南北方向水汽通量的变率。其中，水汽通量在

500hPa、70°～100°E 呈上升趋势，且在 700hPa、80°～120°E 呈下降趋势，这也同样表明水汽输送在高层加强、低层减弱。

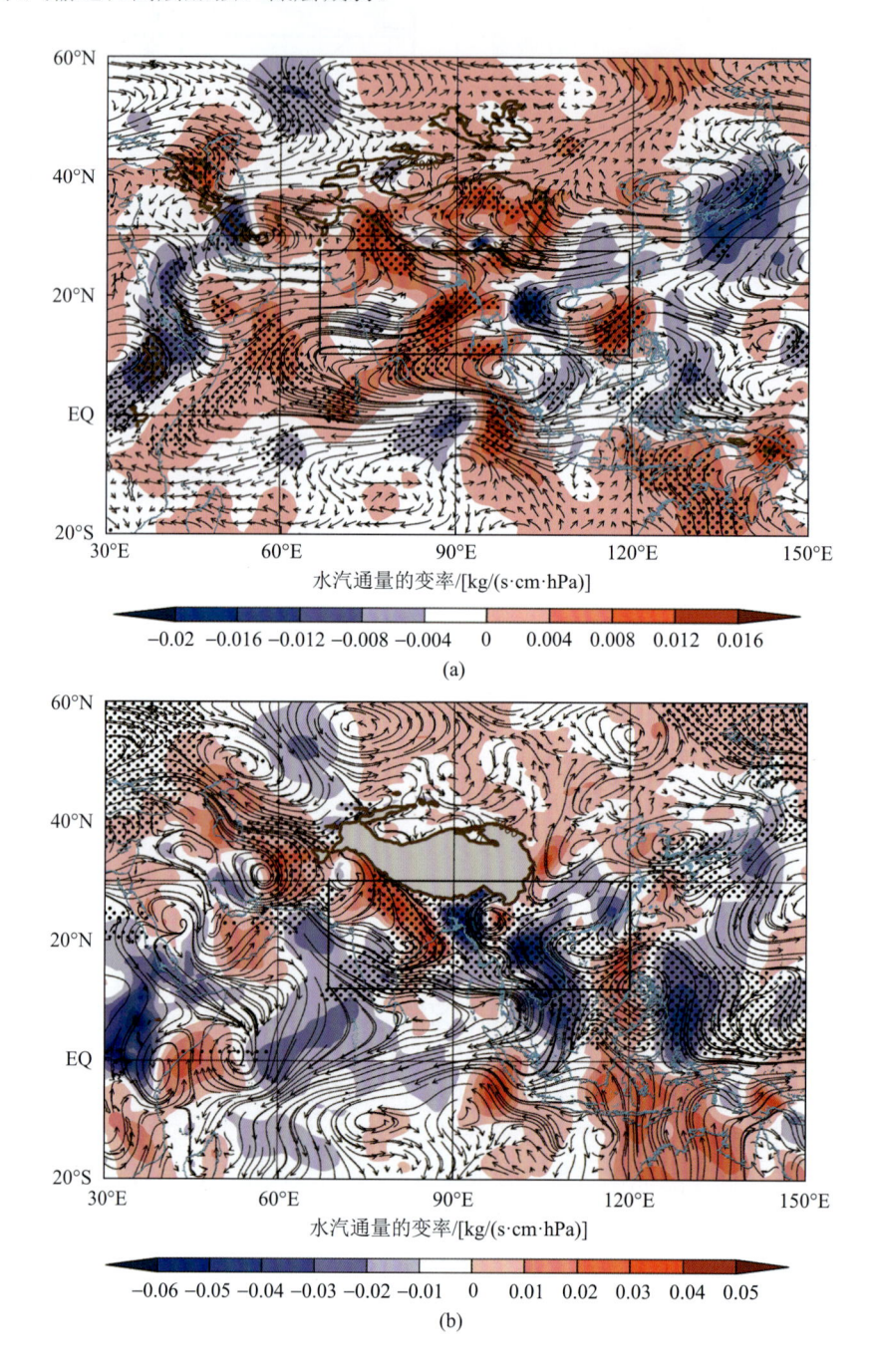

(a)

水汽通量的变率/[kg/(s·cm·hPa)]

(b)

水汽通量的变率/[kg/(s·cm·hPa)]

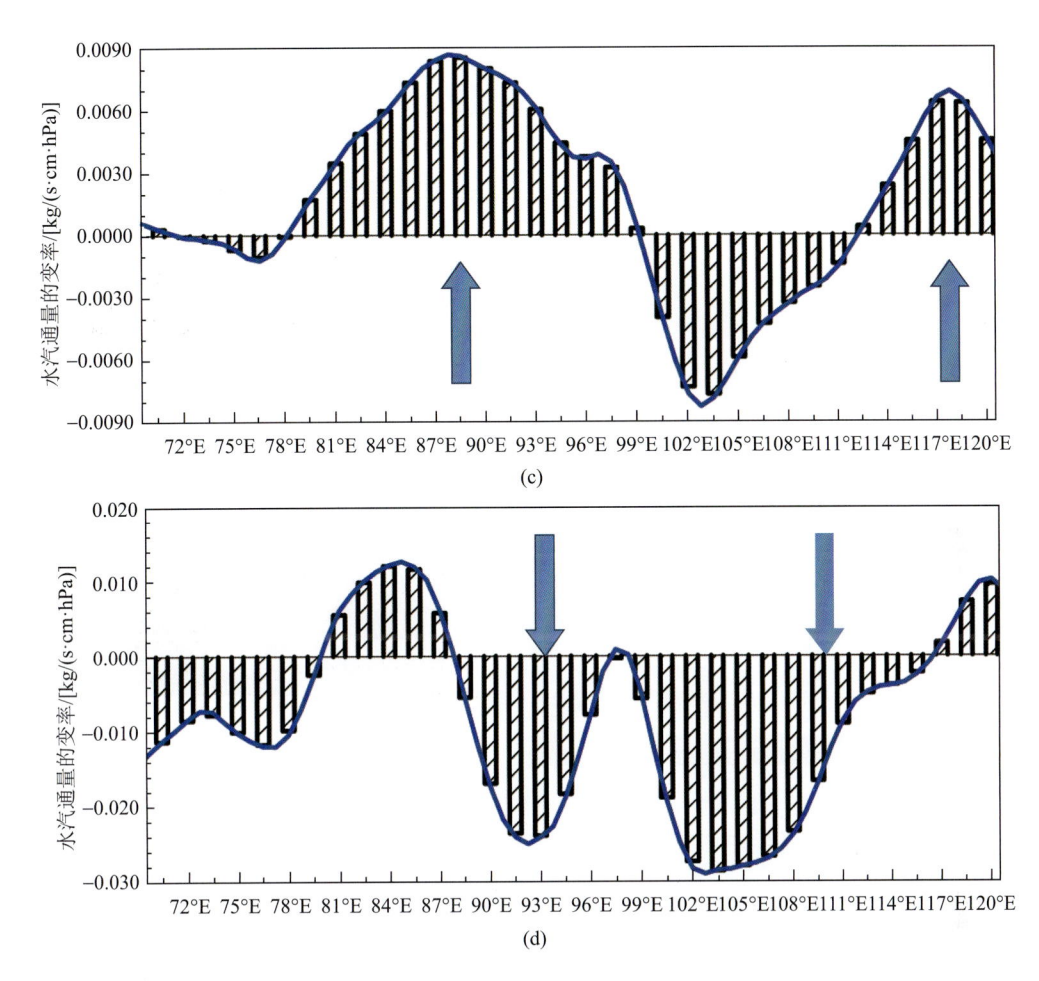

图 6.6　水汽通量的变率 [500hPa(a) 和 700hPa(b)]（填色代表水汽通量的线性趋势）及
10°～27.5°N 南北方向水汽通量的变率 [500hPa(c) 和 700hPa(d)]

作为南亚夏季季风系统的组成部分，季风低压系统在通过印度次大陆时向印度北部和中部的农业地区带来大量降水，有证据表明，青藏高原西南部的降雨与印度中北部的降雨有很强的联系。Dong 等（2017）调查了季风低压系统在从印度北部和中部向青藏高原西南部供应水分中的作用，并量化了这些系统对青藏高原西南部夏季降水的贡献。结果表明，青藏高原西南部夏季降水总量的 60% 以上与季风低压的发生有关。季风低压系统使西南部平均日降水量增加 15%，雨日增加 10%。这种关系主要是通过运输过程来维持的。季风低压系统在提供水分运输的过程中起到两个作用。首先，这些系统将大量的水蒸气和凝结水提升到中部大气层。其次，与低压系统相关的环流和背景西风带相互作用，诱发中层大气中的西南风在喜马拉雅山上运输高水分和凝结水（图 6.7）。印度中北部的水汽输送从根本上决定了青藏高原西南部的整体湿润程度，如果没有这种水汽的传输途径，青藏高原西南部将变得更加干燥。这一结果对理解和评估未来青藏高原降水变化对气候强迫的作用，以及评估该地区生物圈、水圈和冰冻圈的变化具有重要意义。

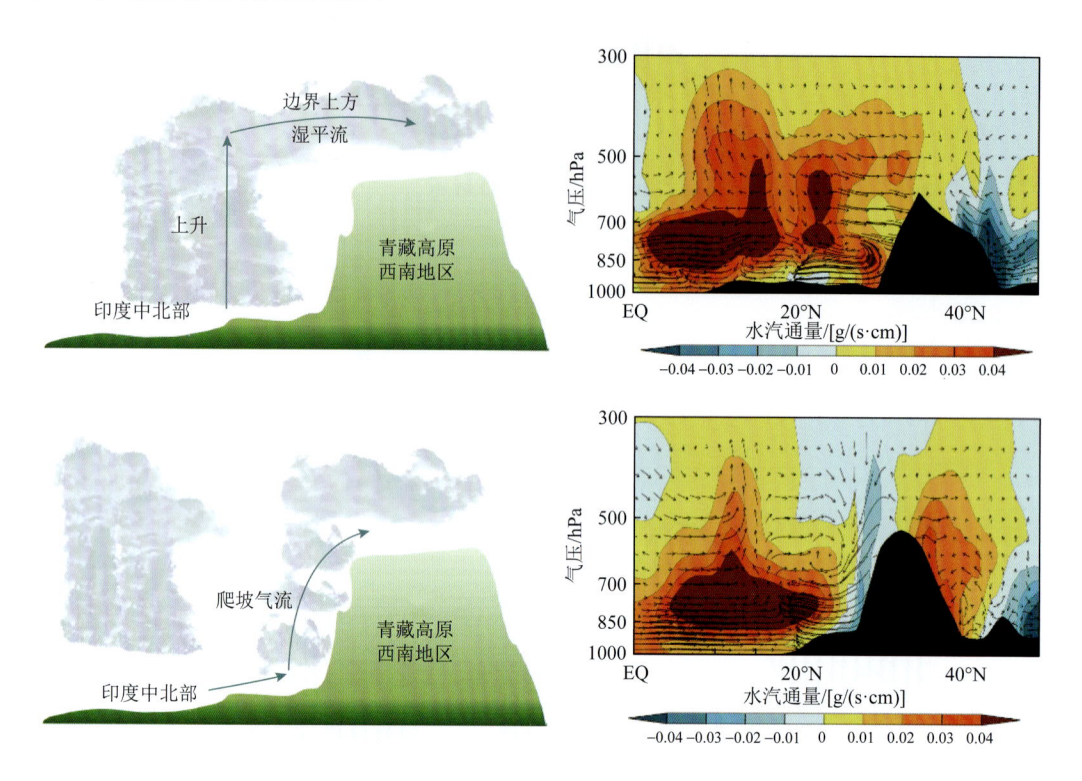

图 6.7 从印度中北部到青藏高原西南部的水汽传输（Dong et al.，2017）

海温是调节全球气候的主要因子之一，海洋的热力驱动影响大气环流，进而影响区域的降水（Zhao et al.，2018；Gao et al.，2014）。近 40 年来，在全球变暖的背景下，全球海平面的平均温度大多呈显著上升趋势 [图 6.8(a) ～ (d)]。春、夏、秋、冬四个季节的变化趋势一致，海温上升趋势较为明显的地区主要在印度洋、西南太平洋和西北太平洋。其中，印度洋四季平均温度年际变化曲线如图 6.8(e) ～ (h) 所示，结果表明，四个季节的印度洋海温均呈显著的上升趋势。我们进一步通过计算印度洋海温与中国区域降水的相关场，来描述由于海温的变化而产生的四个季节中国区域降水的变化，并通过分别对海温和降水序列去趋势化，来降低其整体趋势变化带来相关性的影响。对于青藏高原区域来说，在春、夏、秋三个季节，印度洋海温与青藏高原南部区域降水呈负相关关系，也就是说，海温的上升，可能是这一区域降水量下降的原因之一。与之相反，印度洋海温与青藏高原西北部区域降水表现出正相关特征，印度洋海温的上升可能使这一区域降水量增加，进而抑制或减缓这一区域冰川的退缩。

印度洋海温的上升对青藏高原不同区域的影响具有差异性，印度洋海温与青藏高原主体西部冰川区南侧 20°N 左右的上升运动呈显著的正相关性，在印度洋海温的驱动下，此区域水汽爬升至高原主体（500hPa 以上）并向北输送至该区域，此垂直剖面相关特征可印证该区域水汽输送的正变率与印度洋海温上升存在密切相关性；对比青藏

第6章 青藏高原水环境对气候变化响应特征

高原南坡及东南缘 92°～95°E 垂直环流相关剖面图特征可进一步发现，青藏高原南坡冰川区水汽输送负变率特征恰对应与海温上升相关的垂直环流下沉支。印度洋海温的上升使该区域对流活动减弱，且夏季水汽输送减弱，进而导致该区域降水"补给"失衡、冰川物质亏损加剧、冰川退缩显著。

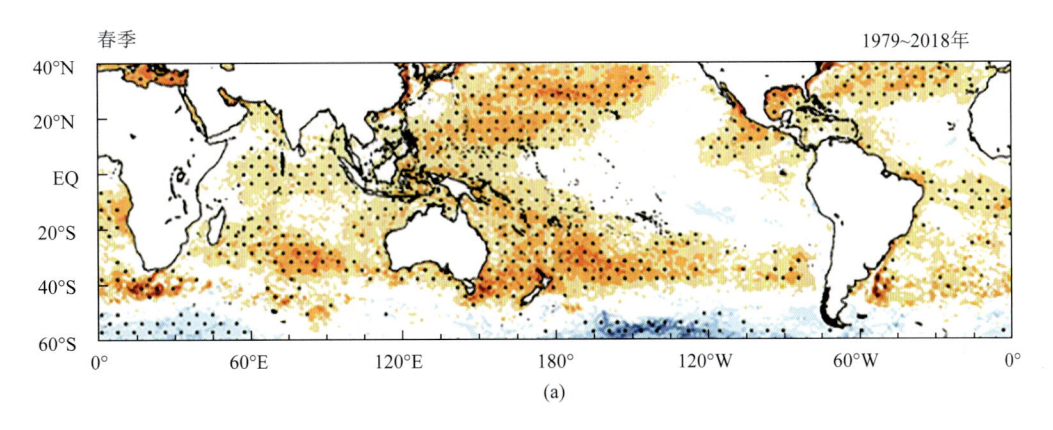

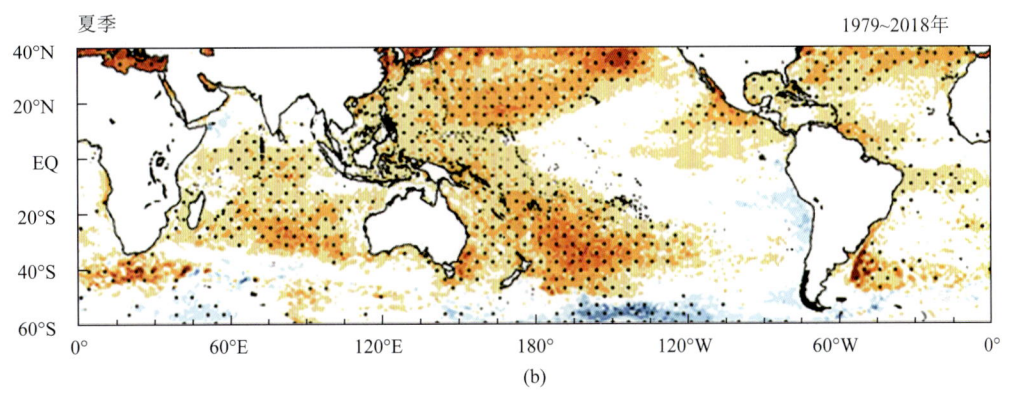

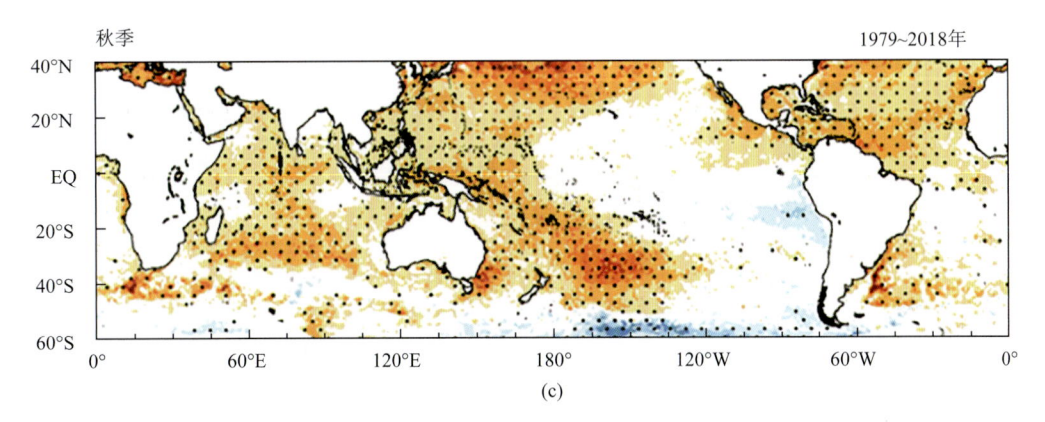

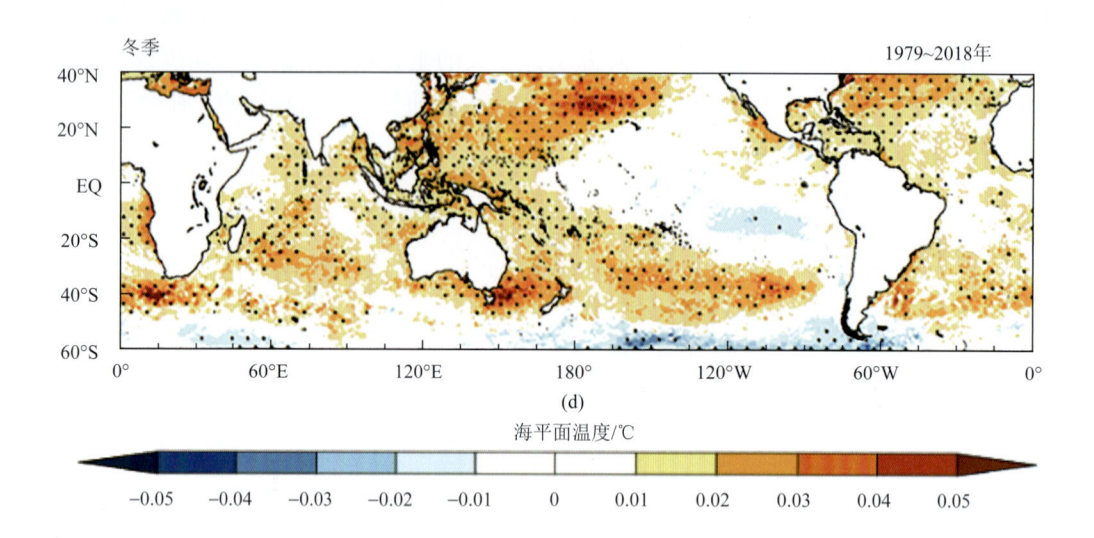

冬季 1979~2018年

(d)

海平面温度/℃
−0.05 −0.04 −0.03 −0.02 −0.01 0 0.01 0.02 0.03 0.04 0.05

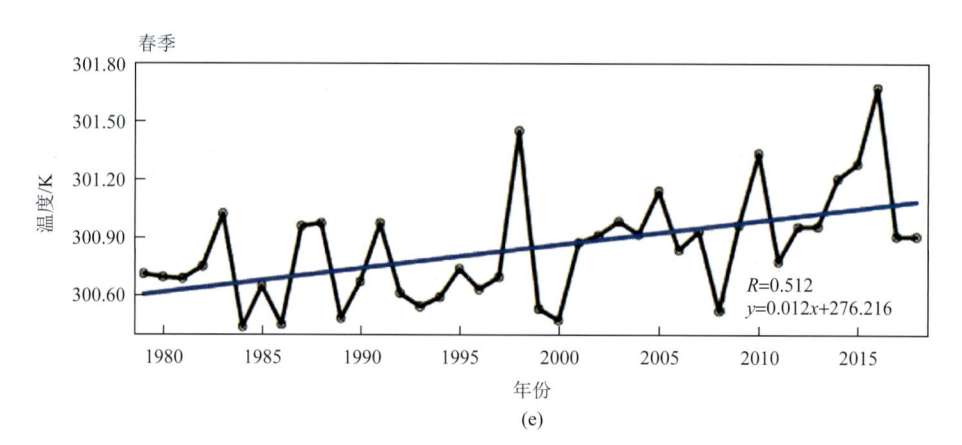

春季

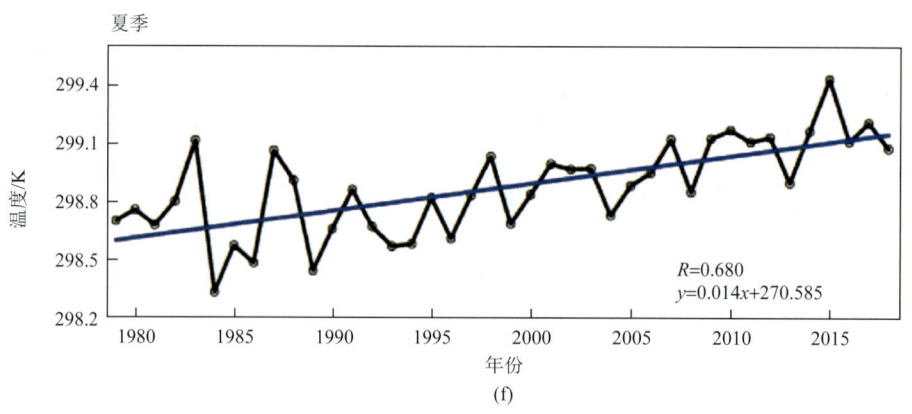

$R=0.512$
$y=0.012x+276.216$

(e)

夏季

$R=0.680$
$y=0.014x+270.585$

(f)

第6章 青藏高原水环境对气候变化响应特征

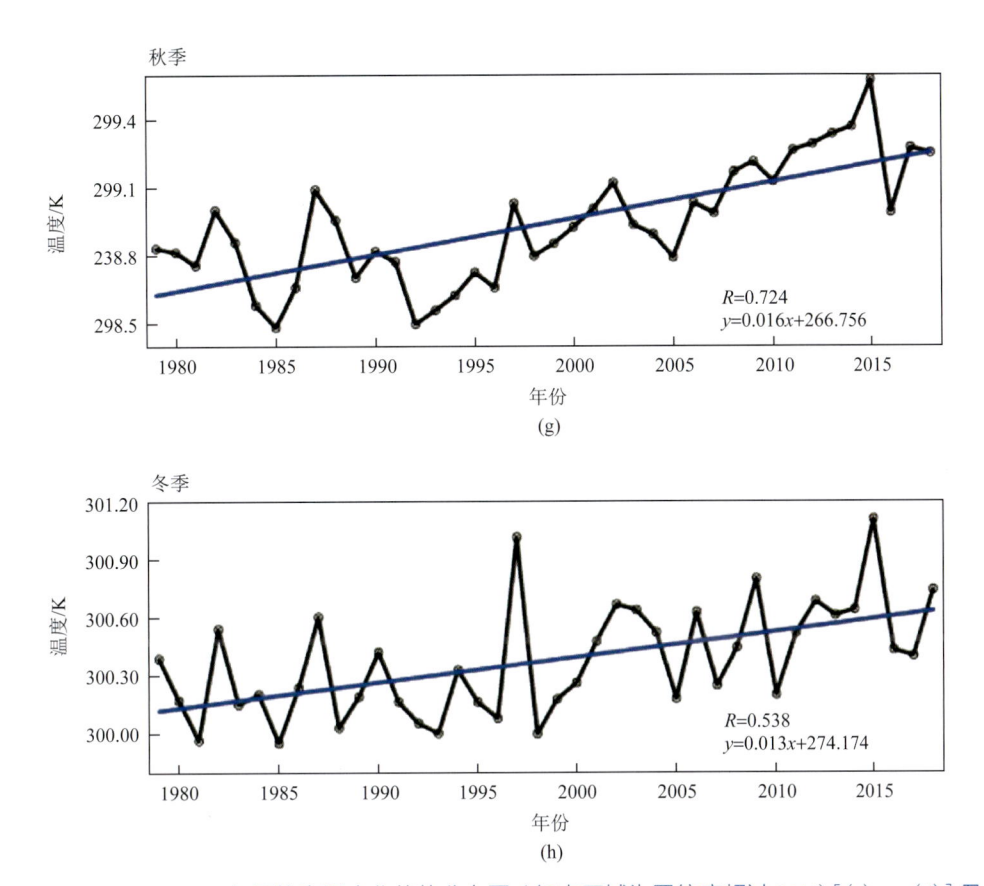

秋季

R=0.724
y=0.016*x*+266.756

(g)

冬季

R=0.538
y=0.013*x*+274.174

(h)

图6.8 1979～2018年平均海温变化趋势分布图（打点区域为置信度超过90%）[(a)～(d)]及1979～2018年印度洋海域平均海温年际变化曲线[(e)～(h)]

采用优化变分订正的方法将TRMM降水产品与站点降水资料相结合，较为客观地分析高分辨率下青藏高原地区降水的分布及变化趋势。研究可揭示：①青藏高原区域南、北代表性冰川区的冰川退缩总体趋势取决于青藏高原变暖背景下冰川区气温显著升高，而其退缩程度的南北差异却与冰川区全年、夏半年、冬半年降水变率均呈明显的关联性。这也就是说，气候变暖是青藏高原冰川退缩的主因，而代表性冰川区降水"补给"变化亦是青藏高原南、北缘地区冰川退缩程度差异不可忽视的关键因素之一。②青藏高原冰川区的降水受到亚洲季风变化作用的影响。近20年来，南亚季风影响下的来自印度洋的跨赤道暖湿气流的增强，为青藏高原西北部冰川区带来了一定的降水"补给"，使其冰川退缩程度较弱；与此同时，喜马拉雅山-藏东南冰川区受到来自西太平洋的东亚季风暖湿气流的影响，而随着东亚季风控制下的暖湿气流的减弱，这一区域夏半年降水呈下降趋势，从而引起降水"补给"失衡，造成了青藏高原南缘区域的冰川呈显著退缩特征。③水汽输送三维结构变化特征亦可导致青藏高原南、北冰川区物质平衡变化存在差异。在全球变暖背景下，印度洋海温呈现上升趋势，青藏高原西侧海温热力驱动相关的暖湿气流上升显著，其高层水汽输送爬升至高原北部，构

135

成了该冰川区降水"补给"效应，冰川物质亏损较小；青藏高原东侧处于水汽输送垂直环流的低层暖湿气流下沉支，导致南部冰川区水汽输送存在减弱趋势、降水"补给"失衡，加剧了冰川物质亏损。

6.3 青藏高原季节性冻土与气候变化相关特征

青藏高原是全球中低纬度地区海拔最高、面积最大的多年冻土分布区，其热力和动力作用，对区域气候和全球环境产生重大影响，是我国气候变化的"敏感区"和"启动区"以及全球变化的"驱动机"和"放大器"，也是冻土和冰雪的发育地。青藏高原冻土区范围北起昆仑山，南至喜马拉雅山，西抵国界，东缘横断山脉西部、巴颜喀拉山和阿尼玛卿山东南部。我国西部高山地区，如祁连山、天山、阿尔泰山等的多年冻土分布具有明显的垂直带性，同时也具有水平分布上的不完整性和经向的差异性（周幼吾和郭东信，1982）。

在全球性气候变暖的背景下，随着青藏高原地区人类社会经济活动的日益增加，青藏高原冻土也有明显的变化，冻土地温上升，季节性冻土冻深下降，多年冻土下界升高，冻土呈退化趋势（王绍令和赵秀锋，1997）。气候影响着青藏高原多年冻土的发育和分布，而多年冻土温度、厚度及空间分布的变化则是对气候变化的响应，但多年冻土的退化程度和速度在时空上存在很大的差异。同时，青藏高原大量的监测研究结果表明，气候变化情景下多年冻土退化、多年冻土温度和活动层厚度的时空变化趋势显著并引发大量的冻融灾害（南卓铜等，2004；Wu et al.，2000）。

冻土按照冻土时间长短可分为多年冻土和季节性冻土。多年冻土的定义为：温度在0℃或低于0℃至少连续存在2年的岩土层称为多年冻土（秦大河等，2014）。地壳表层每年寒季冻结、暖季融化的土（岩）层统称为季节冻结层和季节融化层。在多年冻土区，由地表热交换导致的地表以下的季节融化层称为活动层；下伏非冻土、靠冷季负温条件下地表热交换形成的地表浅层为季节冻结层，即季节性冻土（罗栋梁等，2014）。所以，季节性冻土也被定义为冬天冻结而夏天融化的岩土层，它包括多年冻土区的活动层和非多年冻土区的土壤季节冻结层。

随着对青藏高原生态环境的不断关注和多学科融合，冻土已成为一个热门话题。仅仅在30年前，冻土还是一个相对孤立的领域，既没有多学科的融合，也没有数据的汇编，但随着全球气候的变化，关于冻土的研究也越来越深入，国家和国际监测项目蓬勃发展，冻土研究是2007～2009年国际极地年的一个组成部分，冻土在北极气候影响评估和IPCC的报告中占据突出地位。人们对冻土的"状态和命运"重要性的认识远在科学界之外，大众媒体的广泛关注就证明了这一点（Zhang et al.，2007）。

青藏高原季节性冻土和多年冻土的活动层有着独特的季节性变化，季节性冻土对不同时间尺度上的气温变化具有内在敏感性，所以季节性冻土的最大冻土深度值可作为一个重要的气候指标，近年来，季节性冻土的研究受到了广泛的关注。许多学者通过地面测量、数值模拟和卫星遥感，研究了季节性冻土的时间、持续时间、面积范围和厚度的均值和变异性（Zhang et al.，2007）。季节性冻土的最大冻土深度都在不断减小，反映了温度、土壤水分状况和立地特性变化的综合影响，并可能影响土壤有机质的分解和地表与大气之间的温室气体交换（Frauenfeld and Zhang，2011）。同时，季节性冻土对气候变化的响应也会对地表能量和水平衡、生态系统、碳循环和土壤养分交换产生影响，还会对土壤生物地球化学和工程基础设施等产生重要影响。季节性冻土的深度变化也影响着地表和地下水文循环，促进了土壤质地的变化，改变了土壤养分对植物生长的有效性。其冻融过程对地表特征的响应也是非常明显的。青藏高原大面积持续性低温可以抑制或减慢土壤升温。冻土和植被变化的协同效应可能是控制青藏高原冻土流域地表径流产生的主要因素（Cuo et al.，2017）。

6.3.1 青藏高原季节性冻土对气候变化的响应

1. 季节性冻土的时空分异特征

冻土面积的估算和制图常用的方法主要有以下两种：一种是结合地理信息系统（GIS）、遥感（RS）等技术获取与冻土有关的地表信息，如地表温度（land surface temperature，LST），与冻土空间分布建立某种联系后可以实现快速成图（石亚亚等，2017），如欧阳斌（2012）给出了基于LST产品的青藏高原冻土图（图6.9）、Zou等（2017）利用顶板温度模型（TTOP）给出青藏高原冻土图；另一种是通过模式输出模拟结果，给出冻土的分布特征。常用的模式有CLM、RegCM和CMIP（多模式集合）等（常燕等，2018；Cuo et al.，2017）。

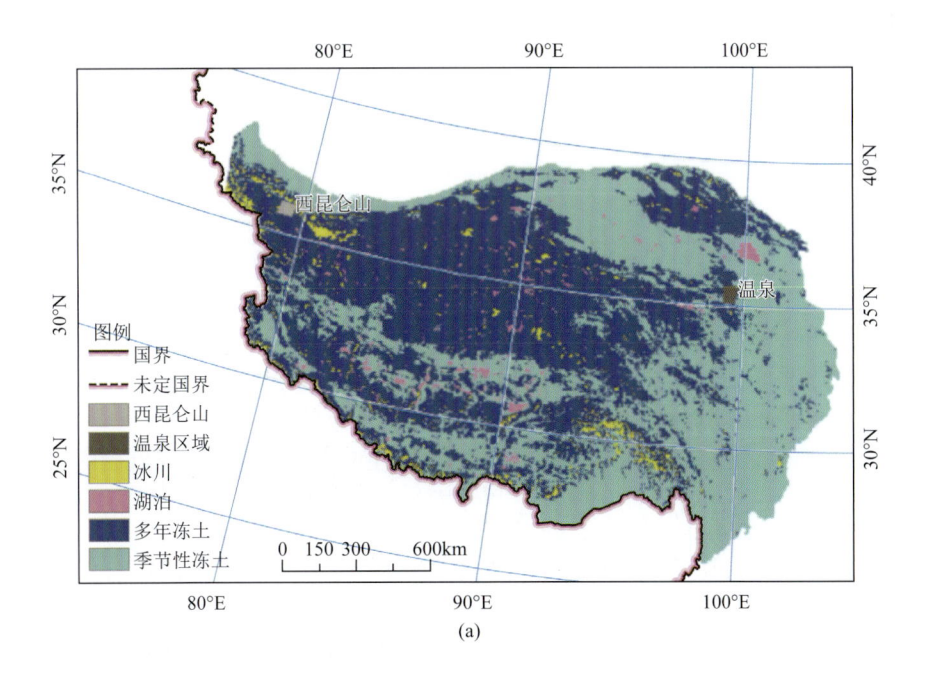

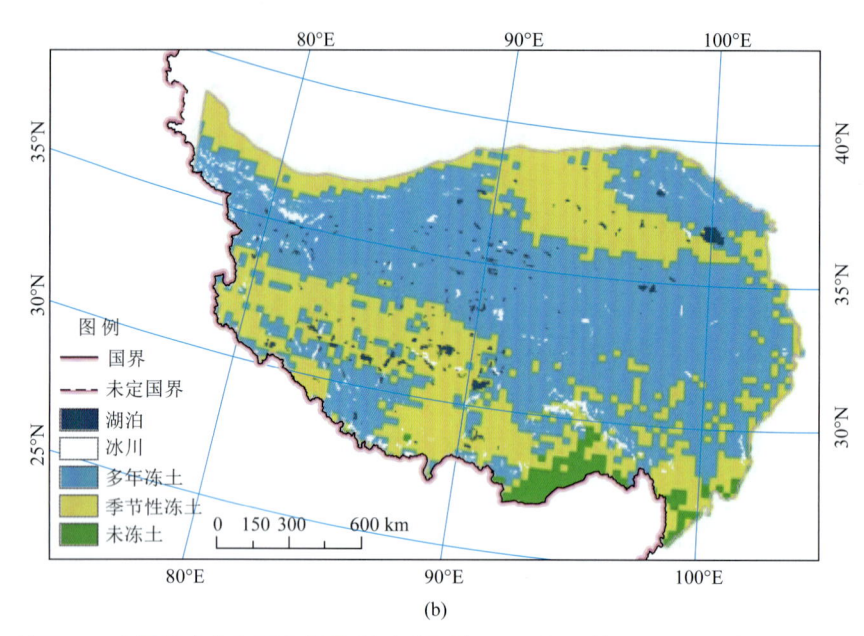

图 6.9　基于 LST 产品的青藏高原冻土图（a）（欧阳斌，2012）及基于 CLM4.0 的 1980～2000 年冻土分布图（b）（Guo and Wang，2013）

由于计算方法的不同及计算年限的长短，季节性冻土面积计算的结果有所差异，整体来看，青藏高原季节性冻土面积在 $8.7 \times 10^5 \sim 1.5 \times 10^6 km^2$ 不等，除方法上的差异外，不同学者在计算季节性冻土面积时，对多年冻土与季节性冻土并存区域的归类也是最终结果不同的重要原因（Wu et al.，2010a）。目前，有研究表明，处于季节性冻土向片状连续多年冻土过渡区的青海高原中东部多年冻土退化显著。巴颜喀拉山南坡清水河地区岛状冻土分布南界向北萎缩 5km；清水河、黄河沿、星星海南岸、黑河沿岸、花石峡等岛状冻土和不连续多年冻土出现融化夹层和不衔接多年冻土，有些地区冻土岛和深埋藏多年冻土消失，多年冻土上限下降、季节冻结深度变浅；片状连续多年冻土地温升高、冻土厚度减薄（程国栋等，2019；王国尚等，1998）。另外，Luo 等（2020）通过模式计算给出冻土面积的变化趋势，1981～2010 年多年冻土面积以 9.2 万 $km^2/10a$ 的速率减少（图 6.10），而季节性冻土面积以 8.4 万 $km^2/10a$ 的速率增加（Cuo et al.，2017；Guo and Wang，2013）。

高荣等（2008）采用动力学 Q 指数研究得出，总体来说，青藏高原季节性冻土的动力学结构是一致的，青藏高原季节性冻土总体呈现下降趋势，在 20 世纪 80 年代中期有一次均值突变，突变以前的冬季平均冻结深度在 93cm 左右，突变以后的冬季平均冻结深度下降了 10cm 左右。青藏高原季节性冻土冬季平均深度有准 4 年的周期变化。近 25 年，西藏地区季节性冻土最大冻土深度在空间分布上具有垂直分带性、纬度地带性和区域性等规律，基本上呈自西北向东南方向递减的空间分布特征；时间上，在全球气候变暖的背景下，最大冻土深度基本呈逐年减薄的特征（高思如等，2018）。

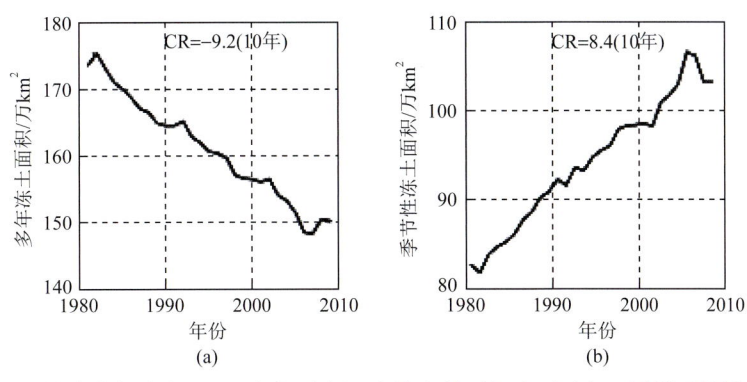

图 6.10　模拟近地表多年冻土面积（包括冰川和湖泊）的时间序列 (a) 及模拟季节性冻土面积（包括冰川和湖泊）的时间序列 (b) (Guo and Wang, 2013)

CR 表示变率的变化

在青藏高原，部分气象站点的最大冻土深度超过 240cm，并且具有随着纬度和海拔的增加，季节性冻土的最大冻土深度有所增加的特征。青藏高原季节性冻土的最大冻土深度从 20 世纪 50 年代到 21 世纪初期，呈现从正异常向负异常转变的特征，表明最大冻土深度值减小。

Peng 等（2017）利用 1km 分辨率的气温和冻融指数，运用 Stefan 方法计算了全国范围季节性冻土的空间分布，这种计算模型得出的结果与时间观测结果有着较好的对应关系，能够较好地反映冻土空间格局。其空间分布表明在青藏高原，最大冻土深度随纬度和海拔的升高而增加，最大冻土深度值一般大于 1.5m。Luo 等（2020）的研究表明，青藏高原季节性冻土多年平均最大冻土深度为 99.9cm，其中安多站的最大冻土深度为 287cm，而察隅站的最大冻土深度仅为 7.5cm。超过 2/3 的站点最大冻土深度在 50～200cm。有 6 个站点（8%）的多年平均最大冻土深度超过 200cm，主要分布在两个地区：海拔 4000m 以上的青藏高原中部亚冷区和青藏高原东北部温带亚干旱区，其纬度均超过 37°N。在所有站点中，多年平均最大冻土深度超过 100cm 的站点也主要位于青藏高原 31°N 以北的地区。还有 8 个站点的多年平均最大冻土深度不超过 20cm，这些站点主要位于青藏高原南部的亚热带湿润区、温带湿润区和温带亚干旱区，海拔低于 3500m，纬度也小于 30°N(Luo et al., 2020)。每年 1 月初平均冻结层下界达到 60cm，并逐步加深，2 月达到最大的冻结深度；6 月上旬至 9 月上旬是冻土季节性融化的迅速发展期（蒋元春等，2020）。

2. 气候变化与季节性冻土之间的关系

温度：冻土的空间分布主要受到气候的影响，通过对最大冻土深度的潜在气候和环境驱动因子的研究，发现年平均气温、地表温度、解冻指数、地表融化指数与季节性冻土的最大冻土深度均呈负相关（Peng et al., 2017）。几乎所有的研究表明，温度是影响季节性冻土最大冻土深度最主要的因子，祁连山地区最大冻土深度与温度的相关系数高达 –0.92，最大冻土深度在过去 55 年中的平均下降趋势为 7.4cm/10a，与温度的显著上升趋势 0.34℃/10a 相对应，且海拔较高地区的最大冻土深度下降较快，表明高寒地区土壤温度发生了强烈的变化（Qin et al., 2016）。青藏高原气温升高的幅度要高于全球平均水平（近 40 年升温速率要比全球同期升温速率高约 2 倍）（程国栋等，2019）。几乎所有的研究均表明，近年来，青藏高原气温升高，导致各类冻土（多年、季节性）发生了不同程度的退化，主要表现在地温升高、冻土融化、活动层增厚、连续率降低、剖面上出现不衔接，形成局部融区或融区扩大、加深或贯穿，以及冻结期缩短、融化期延长、范围出现萎缩迹象和多年冻土厚度出现减薄趋势（程国栋等，2019；王国尚等，1998）。

降水：祁连山地区 2000～2013 年暖季节的降水量都有增加趋势（增加趋势为 23.7～40.1mm/10a）（Qin et al., 2016）。在气候变暖的情况下，青藏高原大部分地区的年降水量都呈现增加趋势。尽管降水和最大冻土深度的变化趋势都是各位学者公认的，但由于季节性冻土机制的复杂性，降水尽管扮演了一个重要的角色，但其中的物理机制尚需要继续研究（Zhao et al., 2004）。有学者认为，虽然冬季的气温几乎为 0℃，但当降水产生时，前期的液体仍能对南部高原和柴达木盆地干旱地区的最大冻土深度变化表现出显著的控制作用。在干旱地区，相对干燥的土壤一般有更大的潜力保持渗透水，因此，异常大的液态物质可能会在土壤中储存足够长的时间，以便在下一个冻结季节对最大冻土深度产生影响（Liang et al., 2017）。土壤含水量引起的相变效应在相对干旱地区可能较弱，但在较潮湿的环境中则可能占主导地位（Zheng et al., 2020）。

季节性冻土的温湿变化及冻融特征：以往研究认为，季节性冻土的冻融过程大致可分为五个阶段：不稳定封冻期、封冻期、不稳定融冻期、融冻期和无冻期，且各时期水文特征明显不同于非冻土区域。其也可以简化成三个阶段：冻结初期、冻结稳定期和融化期。季节性冻土表现为单向冻结、双向融化特征，且消融速率大于冻结速率。在整个冻融过程中，各土层土壤温度与土壤含水量变化规律基本一致，但相比于土壤温度，土壤含水量变化更为复杂。土壤冻结过程在中层土壤形成一个水分高值区，而消融时期在浅层土壤形成一个水分高值区，这与多年冻土水分规律明显不同（Dai et al., 2019）。季节性冻土的水文特征是非常独特的，它具有高土壤含水量、低导水率、季节性冻融过程及冻融水的再分配等特征（Jin and Li, 2009）。在单点上季节性冻土 0～300cm 地温随深度的变化呈现先增加后趋于稳定（稳定在 10℃左右）最后减小的趋势，季节性冻土 0～300cm 体积土壤含水量随深度的变化呈先减小后增加再减小的特征（Wang et al., 2011）。就土壤温度而言，各土层土壤温度季节变化基本一致，冷季土壤温度梯度较大，而暖季土壤温度梯度较小，反映了土壤冻融对土壤温度的显著影响。冻结过程中土壤温度从上往下逐渐升高，土壤处于放热过程；而融化过程中深层土壤温度从上往下逐渐降低，土壤处于吸热过程。此外，在 50cm 处土壤温度存在一个突变层（戴黎聪等，2020）。在多点上季节性冻土的四个研究区（柴达木、狮泉河、昌都、喜马拉雅）近 30 年土壤水分都呈上升趋势，其中除了位于青藏高原西部的狮泉河增加不显著，其他地区都显著上升，且季节性冻土区暖季土壤水分与降水的相关性较高（吴小丽等，2021）。

在季节性冻土中，两个高水分层分别出现在 0.10m 和 0.80m 处，而低水分层出现在 0.30m 深度处，植被覆盖的减少导致整个土壤剖面的土壤水分减少、活跃的多年冻土层的冻结深度积分下降，而季节性冻土的冻结深度增加。植被覆盖的减少加快了冻融过程，季节性冻土的冻结开始日期和冻土的解冻开始日期明显提前。随着覆盖度的下降，季节性冻土的冻结深度积分增加（Hu et al.，2009）。

土壤的冻结会通过水－冰相变释放潜热，从而降低土壤的降温趋势，土壤的解冻会吸收热量，从而减少地面的变暖趋势。当土壤冻结时，其导热系数和热容量均低于解冻状态，从而影响表面热交换。最大冻土深度的减小和季节性冻土持续时间的缩短可能会减少这种调制效应（Zhao et al.，2004）。

最大冻土深度变化趋势：Qin 等（2016）采用 Stefan 方法计算了青藏高原祁连山地区的季节性冻土的最大冻土深度，并用祁连、野牛沟和葫芦沟三个气象站点的气象数据进行了验证和比对，得出在总体上，估算的最大冻土深度值与现场观测结果吻合较好，1960～2014 年，季节性冻土最大冻土深度的下降速率为 7.4cm/10a，显著性水平 α 为 0.05，而在过去 55 年中，季节性冻土最大冻土深度的净变化为 –40.2cm（Qin et al.，2016）。Luo 等（2020）基于青藏高原站点数据，研究指出，在 1960～2014 年的 55 年中，青藏高原 2/3 站点最大冻土深度显著下降（α=0.01），平均变化速率为 –4.9cm/10a，整个青藏高原的净变化为 –28.8cm。可以与之比较的是欧亚中高纬度 1930～2000 年季节性冻土的平均下降速率为 4.5cm/10a。Frauenfeld 和 Zhang（2011）指出，青藏高原最大下降趋势为 19.3cm/10a，有 20 个站点（27%）的下降趋势大于 8cm/10a，下降趋势分别在 4～8cm/10a、0～4cm/10a 的站点约有 28% 和 24%。蒋元春等（2020）指出，1971～2016 年青藏高原 45 个站点平均的冬季第一冻结层下界呈减小趋势，即冻结深度在变浅。尤其在那曲—安多、刚察—德令哈—久治—玛曲一线表现较为突出。由此可见，与其他中高纬度地区相比，青藏高原的季节性冻土最大冻土深度的下降速率更为明显，而祁连山地区的季节性冻土下降趋势最为明显。但并不是青藏高原所有的站点季节性冻土最大冻土深度都呈现减小的特征，有较少部分站点冻土层增厚，增厚的区域主要分布在青藏高原中部，沿唐古拉山、巴颜喀拉山、阿尼玛卿山一带分布。青藏高原 16 个站点（占总站数的 21%）季节性冻土最大冻土深度呈增加趋势，但增幅不强，只有 3 个站点（冷湖、湟源和林芝，仅占总站数 4%）通过显著性检验（α=0.01）（蒋元春等，2020；Frauenfeld and Zhang，2011）。利用 CLM4.0 模拟了青藏高原的季节性冻土分布，最终结果显示，几乎所有格点的最大冻土深度都有下降的趋势，只有位于季节性冻土区南部的少数格点除外。相对较浅的最大冻土深度的格点，其最大冻土深度的下降趋势较小，而具有较深最大冻土深度的格点，其最大冻土深度的下降趋势较大。在整个季节性冻土区，最大冻土深度的大部分下降趋势为 0～8cm/10a（Cuo et al.，2017）。

季节性冻土冻融时间变化：作为全球最主要的高海拔冻土区，近几十年，气候变暖是冻土退化的基础因素，人为活动在局部加速了冻土退化。多年冻土面积1996～2002年和2017年分别减少了12.1%和21.7%，而季节性冻土面积分别增加了13.4%和19.4%，呈现出连续多年冻土向岛状多年冻土退化、多年冻土向季节性冻土退化的趋势。

表征季节性冻土冻融时间变化的特征量主要有三个：冻结持续时间、冻结开始日期（冻结初日）及冻结结束日期（冻结终日）。学者们从实际观测、微波遥感、数值模拟等不同方面计算了季节性冻土冻融时间的变化：季节性冻土的多年平均冻结开始日期为9月初至12月初（第256～第343天）。平均而言，冻结开始日期是290.6天（大约10月中旬）。多年平均冻结结束日期为2月中旬至7月下旬（第41～第205天），平均为112.9天，跨越近7.5个月。1960～2014年，青藏高原大多数站点(88%)的冻结持续时间呈下降趋势。平均而言，下降趋势是8.0d/10a，或者可以说，青藏高原1960～2014年冻结持续时间的净变化为−40天。1960～2014年，多年平均冻结开始日期略有推迟，平均速度为1.83d/10a，整个青藏高原的净变化为10天，冻结结束日期在过去55年中表现出显著的提前趋势，其平均速率为−4.1d/10a或净变化22.55天，显著大于冻结初日（Luo et al.，2020）。此外，Wang等（2015）指出，1956～2006年季节性冻土冻结初日以(0.10±0.03)d/a的速率推迟，冻结终日以(0.15±0.02)d/a的速率提前。Li等（2012）的研究指出，青藏高原近地表土壤的冻结开始日期推迟了5d/10a，近地表土壤的冻结结束日期提前了7d/10a，近地表土壤的冻结持续时间在1988～2007年缩短了18.8d/10a。Guo和Wang（2013）指出，在1m深度冻结开始日期延迟趋势约为3.9d/10a（多年冻土：3.8d/10a，季节性冻土：4.0d/10a），其解冻提前趋势约为7.3d/10a（多年冻土：7.9d/10a，季节性冻土：4.6d/10a），在1981～2010年1m深度的冻结持续时间，缩短趋势约为9.2d/10a（多年冻土：9.7d/10a，季节性冻土：8.6d/10a）。

6.3.2　三江源区冻土时空特征

下面重点分析三江源区冻土时空特征、冻土冻结开始日期、完全融化日期变化特征以及最大冻土深度变化特征。

以地表冻土指数（SFI）为基础，融合冻土分布图（Zou et al.，2017）和多年冻土分布概率模型，利用数理统计方法，最终编制了基于SFI的高精度三江源区冻土分布图。该分布图通过利用SFI指数模型计算，融合多年冻土分布概率模型和冻土分布图，得到三江源区及长江源区、澜沧江源区和黄河源区多年冻土与季节性冻土分布图（图6.11～图6.14）。其中，三江源区大部分区域为多年冻土，占区域总面积的65%；东部和南部部分区域为季节性冻土，占区域总面积的31%（图6.11）。长江源区大部分区域为多年冻土，其面积占区域总面积的87%；季节性冻土主要分布在通天河流域，其面积只占区域总面积的8%（图6.12）。澜沧江源区多年冻土主要分布于西部，其面积占区域总面积的74%；季节性冻土主要分布在东部及扎曲流域，其面积只占区域总面积的 24%（图 6.13）。黄河源区大部分区域为多年冻土，其面积占区域总面积的 85%；季节性冻土主要分布在黄河流域，其面积只占区域总面积的 7%（图 6.14）。

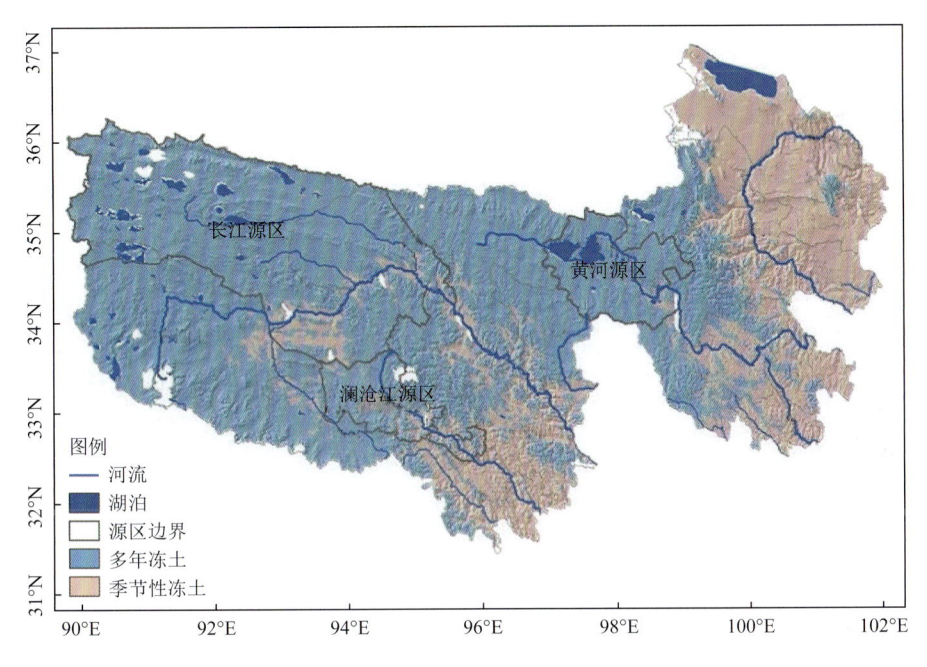

图 6.11 基于 SFI 指数的高精度三江源区冻土分布图

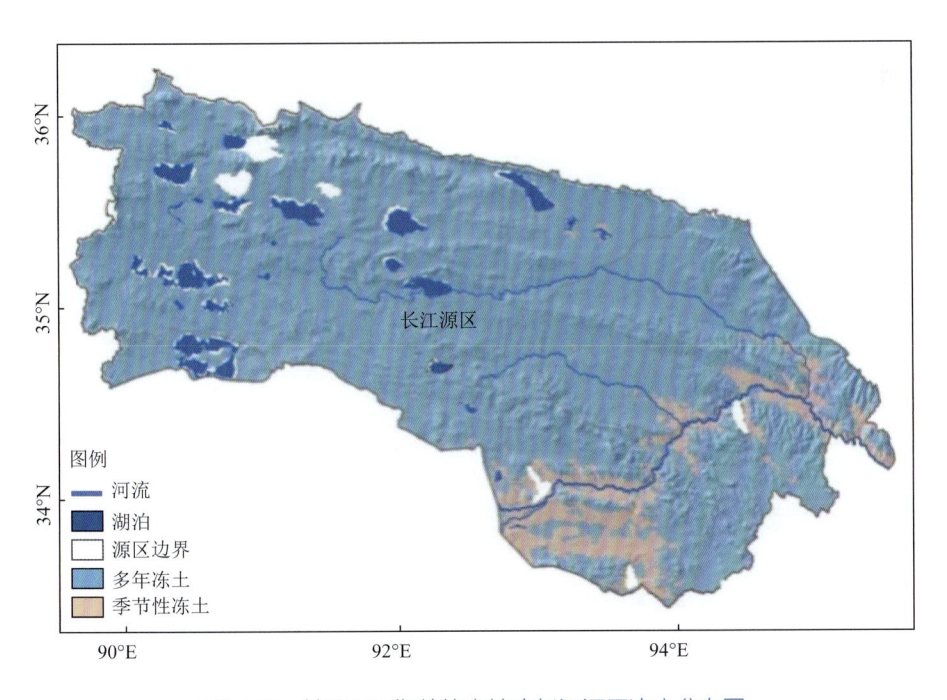

图 6.12 基于 SFI 指数的高精度长江源区冻土分布图

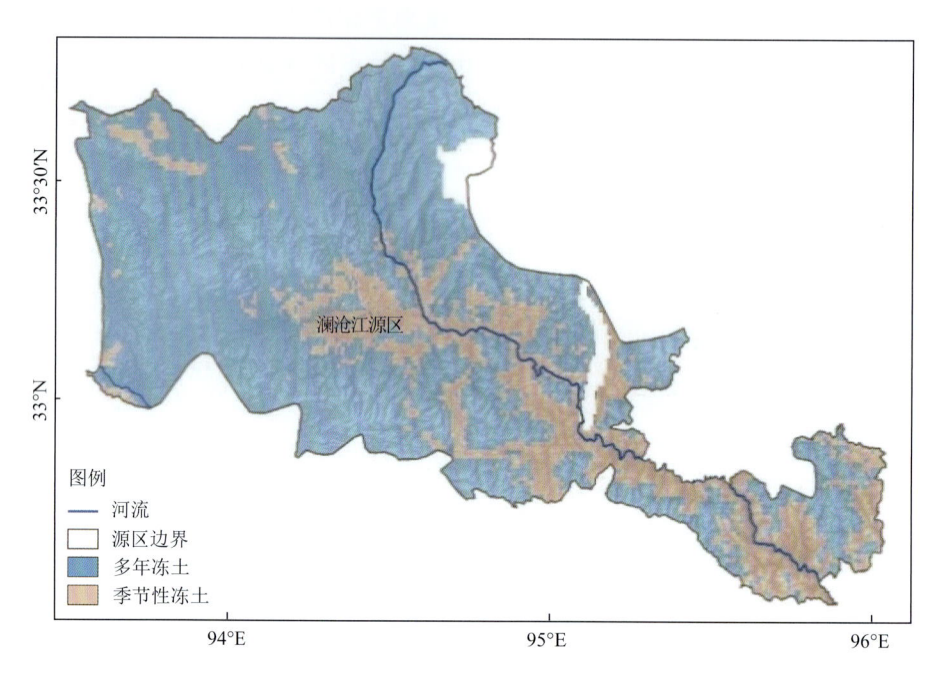

图 6.13 基于 SFI 指数的高精度澜沧江源区冻土分布图

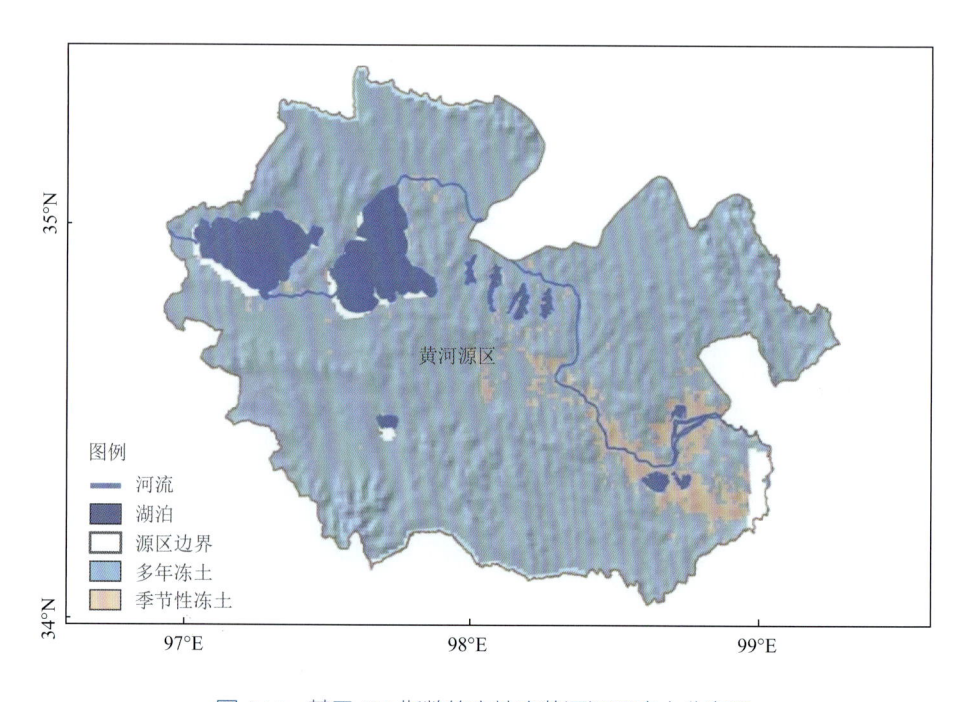

图 6.14 基于 SFI 指数的高精度黄河源区冻土分布图

三江源区冻结日期和融化日期变化特征：1961～2019 年三江源区冻土层完全融化日期在 5 月 9 日左右，冻土层完全融化日期呈现提前趋势，提前幅度为 2.3d/10a；

144

冻土层冻结开始日期在 10 月 4 日左右，冻土层冻结开始日期呈现推迟趋势，推迟幅度为 3.7d/10a；持续无冻土期为 148 天左右，持续无冻土期呈现增长趋势，增幅为 5.8 天。

从空间分布来看，1961～2019 年三江源区持续无冻土期较长的区域主要分布在三江源东部低海拔区，如尖扎、贵德、同仁等地；持续无冻土期较短的区域主要分布在黄河源的玛多、甘德、玛沁和泽库，长江源的曲麻莱和澜沧江源的杂多等高海拔地区（图 6.15）。

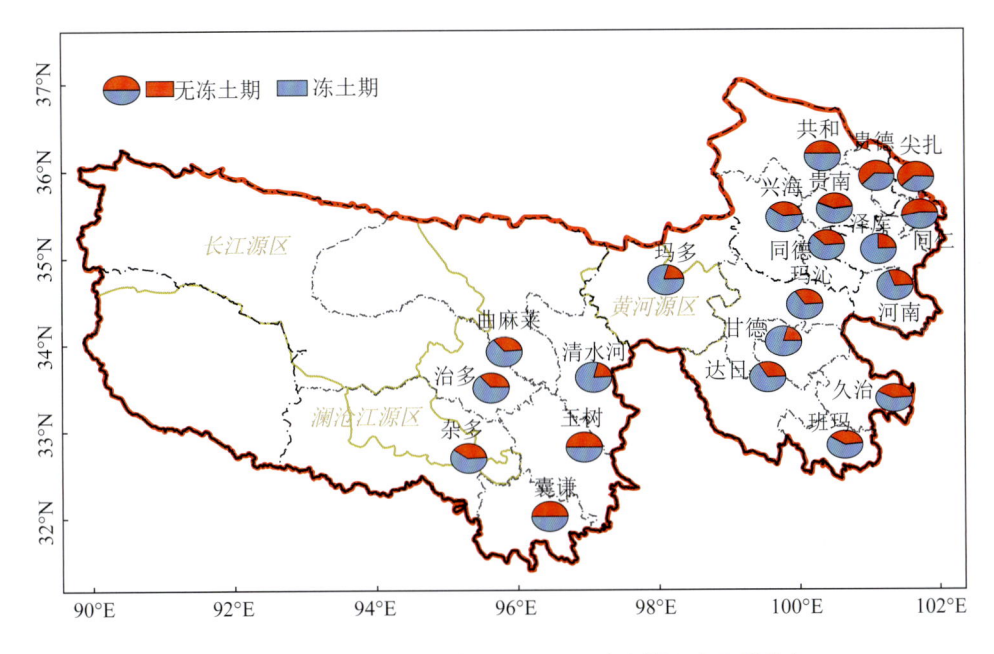

图 6.15　1961～2019 年三江源区无冻土期和冻土期分布

黄河源区和澜沧江源区冻结日期和融化日期变化特征：黄河源区 1983～2019 年冻土层完全融化日期在 7 月 9 日左右，冻土层完全融化日期呈现提前趋势，提前幅度为 22.5d/10a；冻土层冻结开始日期在 9 月 23 日左右，冻土层冻结开始日期呈现弱的推迟趋势；持续无冻土期为 75 天左右，持续无冻土期呈现增长趋势，增幅为 16 天。

澜沧江源区 1961～2019 年冻土层完全融化日期在 4 月 28 日左右，冻土层完全融化日期呈现提前趋势，提前幅度为 8.4d/10a；冻土层冻结开始日期在 10 月 9 日左右，冻土层冻结开始日期呈现推迟趋势，推迟幅度为 6d/10a；持续无冻土期为 164 天左右，持续无冻土期呈现增长趋势，增幅为 12.7 天。

1980～2019 年三江源区年平均最大冻土深度为 59.1cm 并呈减小趋势，减小幅度为 5.2cm/10a。从空间分布来看，各站点年平均最大冻土深度除贵南和尖扎呈微弱增加趋势外，其他站点呈减小趋势，其中曲麻莱减小幅度最大，减小幅度为 29.8cm/10a。1980～2019 年长江源区年平均最大冻土深度呈减小趋势，减小幅度在 3.0～21.9cm/10a。长江源区东部减小幅度较西部大。澜沧江源区年平均最大冻土深度呈减小趋势，减小幅度在 6.6～10.3cm/10a。澜沧江源区西北部减小幅度较东部大。黄河源区年平均最大冻土深度总体呈减小趋势，减小幅度在 6.2～10.3cm/10a。黄河源区北部部分区域年平均最大冻土深度有略微增大趋势，其他大部分呈减小趋势，并且减小幅度南部较大（图 6.16）。

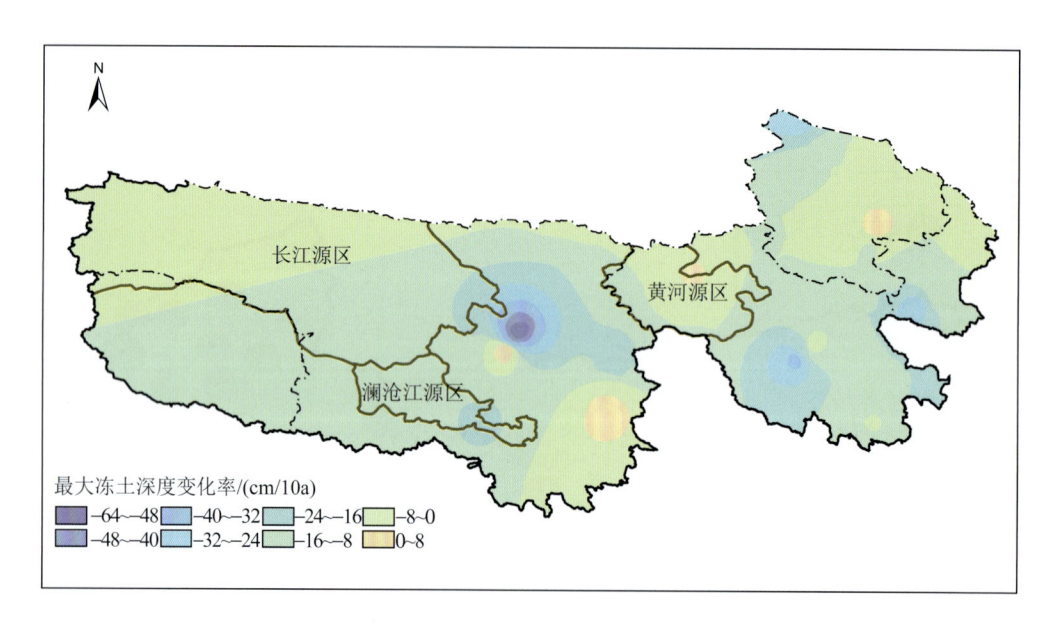

图 6.16　三江源区年平均最大冻土深度变化率分布图

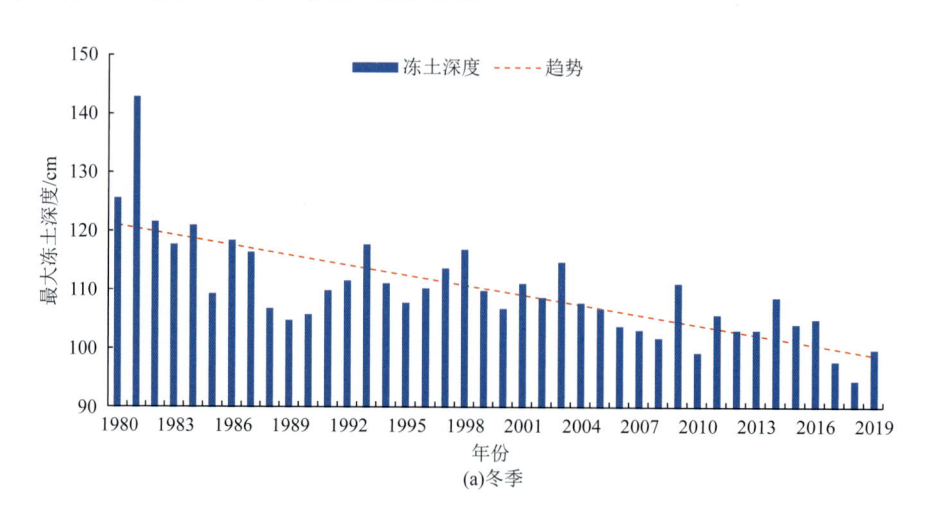

1980～2019 年三江源区各季节平均最大冻土深度有明显差异。冬季最大冻土深度最大，平均为 110.1cm；春季平均最大冻土深度为 95.0cm；夏季平均最大冻土深度为 15.7cm；秋季平均最大冻土深度为 14.4cm。各季节平均最大冻土深度均呈现减小趋势，减小幅度为冬季 5.6cm/10a、春季 9.3cm/10a、夏季 7.1cm/10a、秋季 1.7cm/10 年，春季＞夏季＞冬季＞秋季（图 6.17）。

(a) 冬季

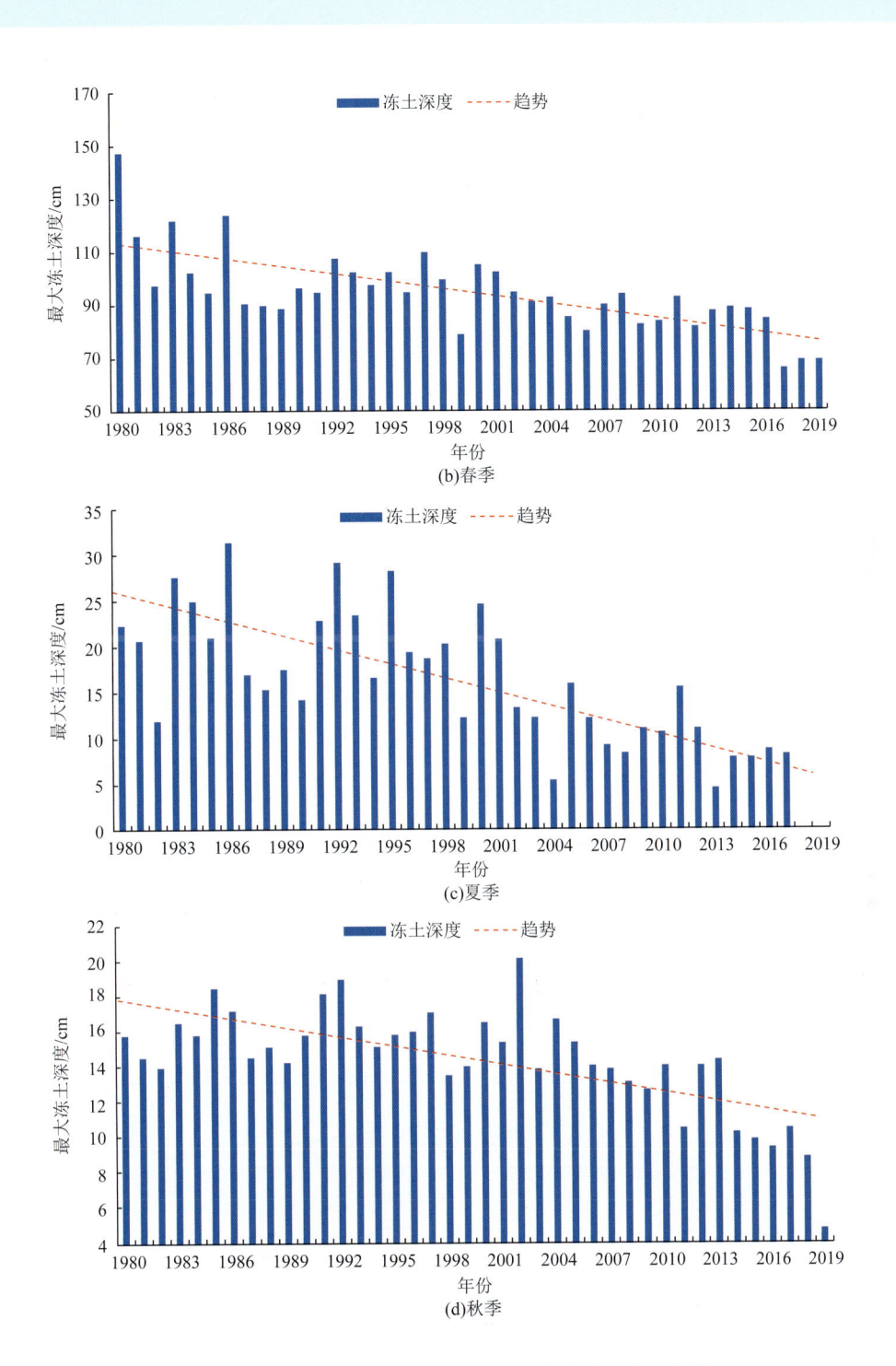

第 6 章 青藏高原水环境对气候变化响应特征

图 6.17 三江源区各季节平均最大冻土深度变化图

从空间分布来看，冬季最大冻土深度除贵南、尖扎、玛多呈现增大趋势外，其他各站均呈现减小趋势，其中曲麻莱减小幅度最大，为25.2cm/10a；春季最大冻土深度除贵南、尖扎、玉树呈现增大趋势外，其他各站均呈现减小趋势，其中曲麻莱减小幅度最大，为56.4cm/10a；夏季只有甘德、河南、玛多、清水河、曲麻莱、泽库、治多监测到冻土深度，其他站点未监测到冻土；秋季最大冻土深度除尖扎、玛多、同仁呈现增大趋势外，其他各站均呈现减小趋势，并且减小幅度在0～8cm/10a。1980～2019年长江源区各季节最大冻土深度呈减小趋势，长江源区冬季、春季、夏季最大冻土深度减小幅度东部较西部大；秋季减小幅度较小，空间变化不大。澜沧江源区各季节最大冻土深度呈减小趋势，澜沧江源区冬季和春季最大冻土深度减小幅度较夏季和秋季大。黄河源区各季节最大冻土深度总体呈减小趋势，其中夏季减小幅度最大。黄河源区冬季、春季、秋季北部部分区域呈微弱增加趋势，其他大部分区域呈减小趋势，并且减幅从北到南增大；夏季减小幅度北部较南部大（图6.18）。

冻土月际变化特征：1980～2019年三江源区1～3月平均最大冻土深度较大，均超过100cm，其中2月达到最大（131.6cm）。7～10月平均最大冻土深度较小，均未超过20cm。各月平均最大冻土深度均呈现减小趋势，6月减小幅度最大，为–10.7cm/10a；9月减小幅度最小，为–0.5cm/10a（图6.19）。

冻土周期变化特征：对1980～2018年三江源区最大冻土深度变化进行了周期分析。图6.20显示，最大冻土深度具有22年的第一主周期、16年的第二周期和9年的第三周期。

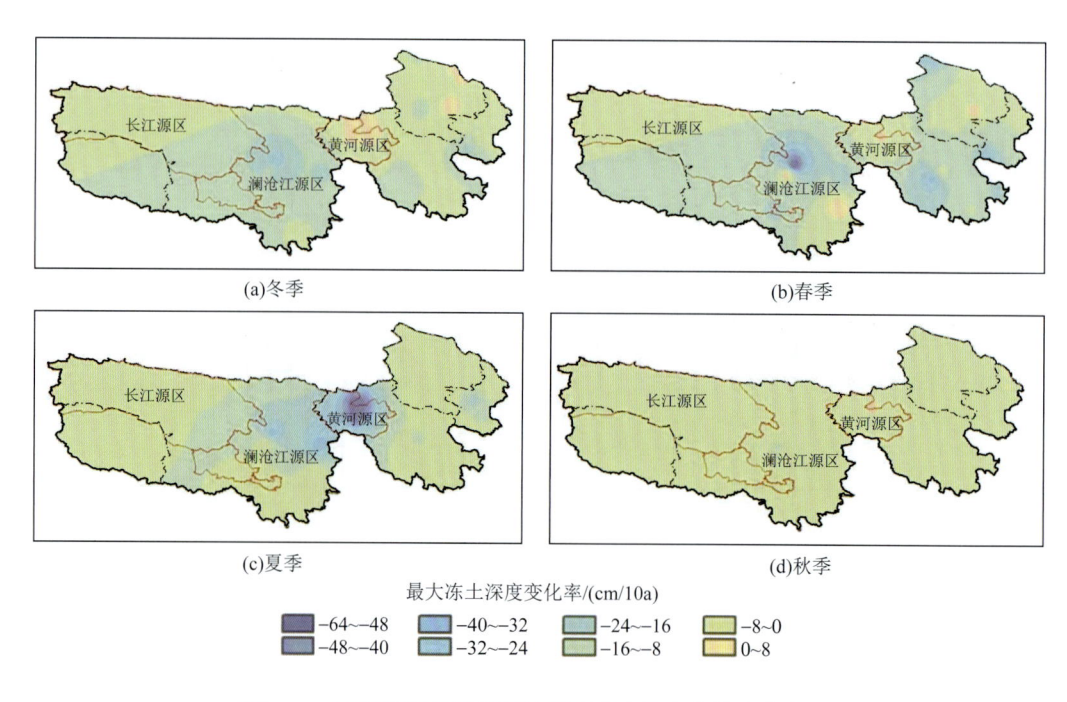

图6.18 三江源区各季节平均最大冻土深度变化率分布图

第 6 章　青藏高原水环境对气候变化响应特征

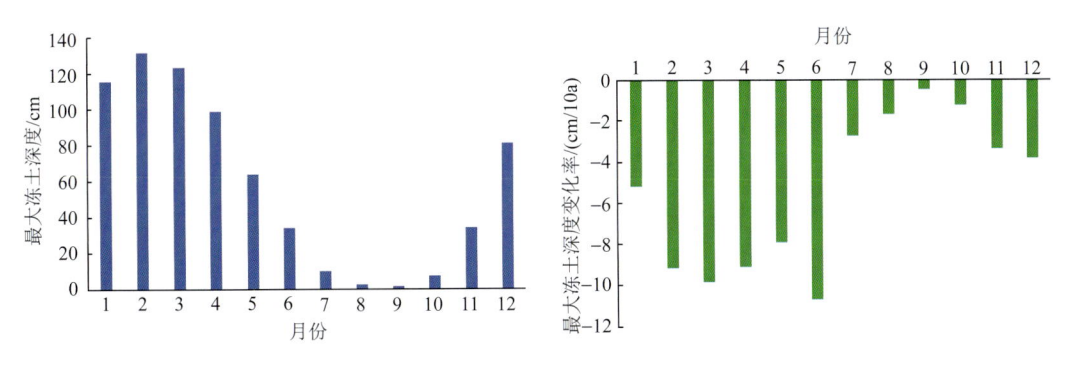

图 6.19　三江源区各月平均最大冻土深度

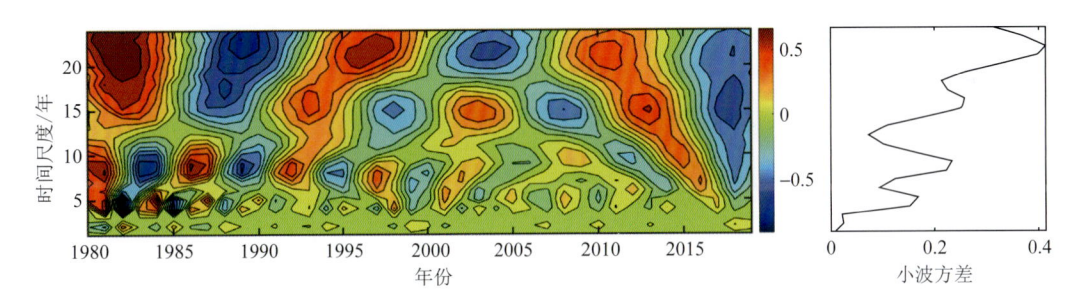

图 6.20　三江源区最大冻土深度 Morlet 小波实部分布和小波方差图

地形因子：利用地形因子建立历年最大冻土深度、完全融化日期、冻结开始日期、无冻土期与冻土期的模型时，由于地形因子空间差异较大，所以首先选择三江源区不同区域的站点进行建模，其次选择三江源国家公园附近三个站点进行验证，并且选择位于 2°×2° 网格内的站点进行验证。本节研究选择共和、贵德、兴海、贵南、同德、尖扎、同仁、杂多、曲麻莱、玛多、玛沁、甘德、河南、囊谦和班玛的数据进行建模，选择泽库、治多、玉树、达日和久治的数据进行验证。

历年最大冻土深度与高程呈正相关，相关性最高，相关系数为 0.73，与经度、坡度和曲率呈负相关，相关系数分别为 –0.49、–0.42 和 –0.4；冻土层完全融化日期与高程相关性最高，相关系数为 0.88，与经度、纬度、坡度和剖面曲率呈负相关，相关系数分别为 –0.45、–0.40、–0.56 和 –0.55；冻土层冻结开始日期与高程相关性最高，相关系数为 –0.71，呈负相关，与坡度和剖面曲率呈正相关，相关系数均为 0.57；无冻土期与高程相关性最高，相关系数为 –0.83，呈负相关，与坡度和剖面曲率呈正相关，相关系数分别为 0.54 和 0.53；历年冻土期与高程相关性最高，相关系数为 0.85，与坡度和剖面曲率呈负相关，相关系数分别为 –0.59 和 –0.58。

气候因子：对最大冻土深度的冻结过程的气候驱动因素进行定量判识，年平均气温、年平均地表温度和最低地表温度的载荷绝对值在 0.84 以上，年平均风速和大风日数的载荷绝对值在 0.80 以上，主要与空气活动有关系。对完全融化日期的融化过程的气候驱动因素进行定量判识，年平均气温、年平均地表温度、年平均风速、年平均气压、

149

大风日数、年平均各月最低地表温度和年平均空气相对湿度能够解释近70%的变化；对冻土冻结开始日期的气候驱动因素进行定量判识，年平均气温、年平均地表温度和最低地表温度的载荷绝对值在 0.84 以上，年平均风速和大风日数的载荷绝对值在 0.80 以上，主要与空气活动有关系；对三江源区无冻土期天数的气候驱动因素进行定量判识，年平均风速和大风日数的载荷绝对值在 0.80 以上，主要与空气活动有关系；对三江源区冻土期天数的气候驱动因素进行定量判识，年平均风速和大风日数的载荷绝对值在 0.80 以上，主要与空气活动有关系。

6.3.3 青藏铁路沿线气候变化影响冻土交通运行风险分析

冻土是北半球冰冻圈中分布最为广泛的因子，约占陆地面积的56%，是受地理环境、地质构造、岩性、水文地质和植被等区域因素影响，通过活动层内物质和能量交换而发育和演变的产物，对气候变化具有强烈的响应和反馈（Zhang et al.，1999；Zimov et al.，2006）。青藏高原是全球中低纬度地区海拔最高、面积最大的冻土分布区，多年冻土和季节冻土面积分别为 106 万 km^2 和 145.6 万 km^2（不包括冰川和湖泊），分别占青藏高原面积的 41% 和 56%。多年冻土的分布以羌塘高原为中心向周边展开；羌塘高原北部和昆仑山是多年冻土最发育的地区，基本连续或大片分布（Zou et al.，2017）。

青藏高原多年冻土本底调查显示，青藏高原东部地区（以 214 国道温泉地区为例）多年冻土分布下界海拔大约在 4200m，北部边缘阿尔金山地区下界海拔大约位于 4300m，西北部边缘（以西昆仑山为例）下界海拔大约在 4800m（赵林和盛煜，2019）。青藏高原多年冻土近年来一直处于升温中，地温较低的多年冻土升温速率大。随着地温变高，升温速率下降；对于不同区域而言，东部升温速率明显比西部快。利用 2010～2017 年实测的 10m 深度钻孔地温资料发现，10m 地温平均升温速率 214 国道温泉地区为 0.28℃/10a，西昆仑山高寒荒漠区为 0.11℃/10a，改则地区高寒荒漠区为 0.07℃/10a。

青藏高原多年冻土厚度受到高度地带性控制，随海拔升高，地温降低、冻土厚度增大。在海拔极高的高山脊岭地区多年冻土厚度最大，可以达到 200m 以上；山间丘陵地带次之（60～130m），高平原及河谷地带最小（<60m）。实测的多年冻土最大厚度约为 128m，出现在唐古拉山区的瓦里百里塘盆地；根据实测年平均地温和地温梯度估算的多年冻土最大厚度达到了 312m，出现在风火山地区（Wu et al.，2010a）。受气候变暖的影响，青藏高原多年冻土在过去数十年来发生了不同程度的退化，对多年冻土区地表的水、土、气、生之间的相互作用关系产生了显著影响，多年冻土面积、冻土厚度、多年冻土分布下界、多年冻土温度和活动层厚度等发生显著变化，进而影响区域水文、生态乃至全球气候系统。青藏铁路与青藏公路、输油管道、输电线路等处于同一个工程走廊，格尔木至拉萨段全长 1142km，海拔 4000m 以上的地段就有 960km，是世界上海拔最高和线路最长的高原铁路。其中，多年冻土区铁路线路长度约为 632km，包括大片连续多年冻土区 550km 和岛状不连续多年冻土区 82km，占全线总长度的 55%，

第 6 章 青藏高原水环境对气候变化响应特征

因此多年冻土的变化对青藏铁路安全运行影响重大。

青藏高原表面增暖发生较早，而且增温速率也比北半球同纬度区域大。自 20 世纪 60 年代以来，青藏高原地温出现了较北半球同纬度地区更为强烈的持续增暖趋势，并在 90 年代末出现的"全球增暖停滞"期间，仍以 0.25℃/10a 的速率增暖（Liu and Chen，2000；蔡英等，2003；Duan and Xiao，2015）。自 1961 年以来，青藏铁路沿线气象站点（图 6.21）冬季及夏季地温均呈增高趋势，其中冬、夏季地温标准化序列分别自 20 世纪 80 年代初期起由负值转变为正值（图 6.22），高原土壤表层温度（地温）自 80 年代初出现异常的"强信号"，随之土壤表层也发生了显著增温现象，且增暖速率大于地温增暖速率，高原地气温差逐步放大（Liu et al.，2012），进一步引发了高原地面热源的变化。这种持续增暖引起了自 2000 年以来高原冻土区最大冻土深度和冻融时长的快速缩短（Luo et al.，2020）。

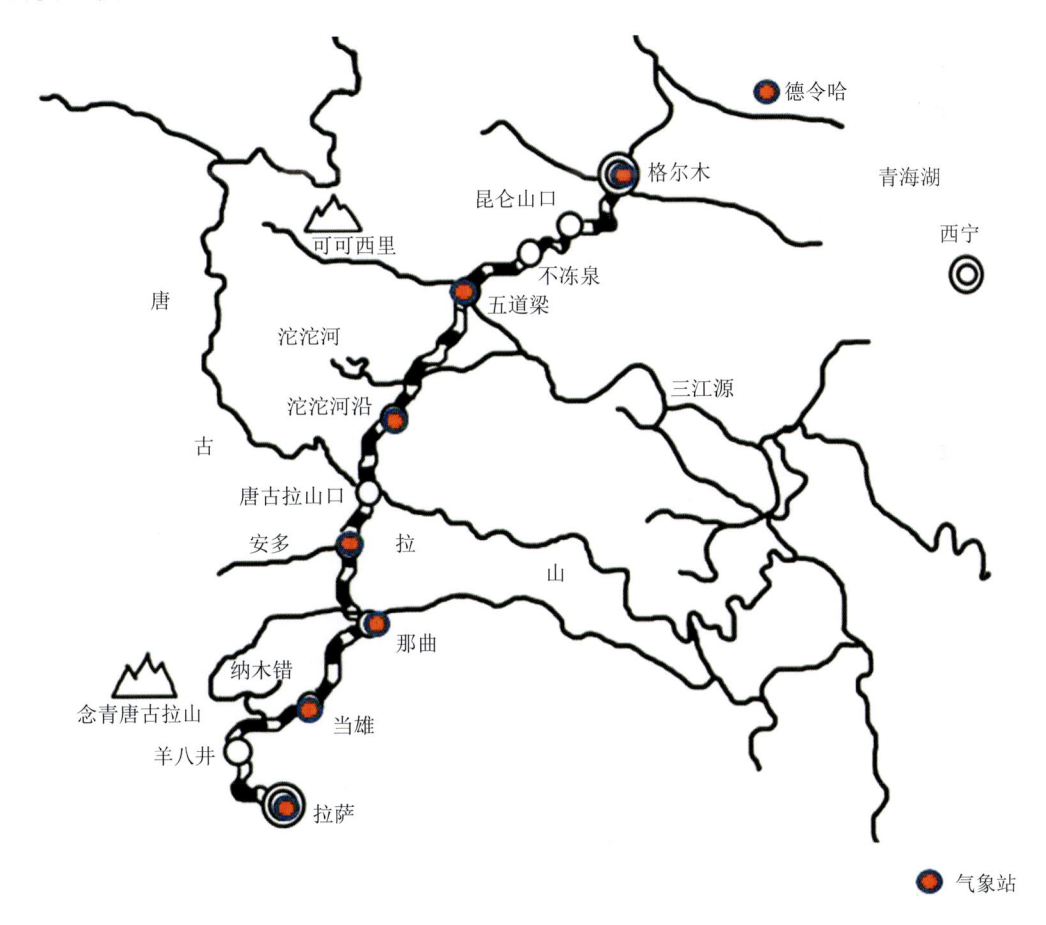

图 6.21 青藏铁路气象站点示意图

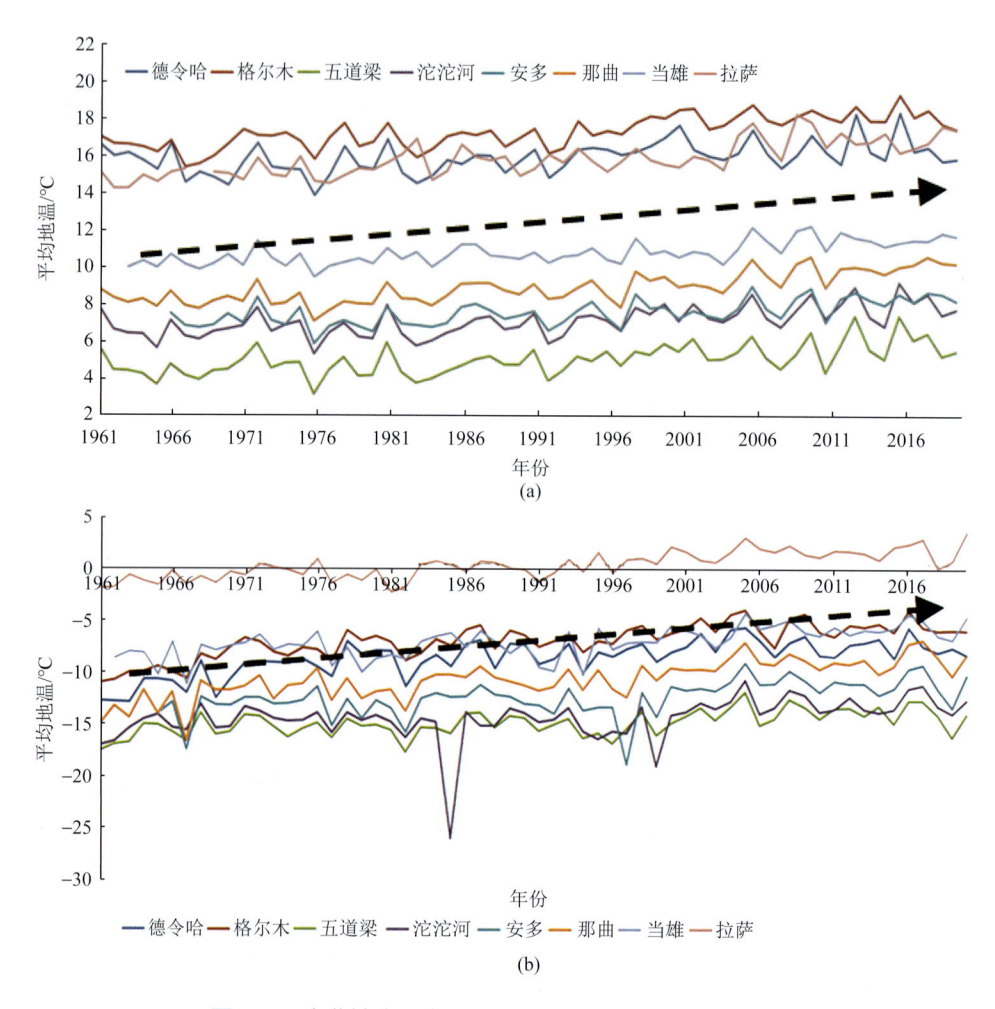

图 6.22 青藏铁路沿线气象站点夏季（a）和冬季地温（b）

气候变暖背景下青藏铁路冻土退化特征剖析：青藏铁路沿线气象站点格尔木、五道梁、沱沱河、安多、那曲、当雄和拉萨共 7 个站。本书中定义青藏铁路青海段为北段，气象站点包括格尔木、五道梁、沱沱河；西藏段为南段，站点包括安多、那曲、当雄和拉萨。青藏铁路北段气温较低、降水较少，南段气温相对较高、降水较多。其中，除格尔木、拉萨外，其余站点海拔均超过 4000m；拉萨的年平均气温最高，达 8.22℃，其次是格尔木和当雄，其余站点年平均气温均在 0℃以下。当雄、安多、拉萨和那曲的年平均降水量较多，大于 400mm，五道梁和沱沱河的年平均降水量为 295mm 左右，而格尔木的年平均降水量不足 50mm。

1960～2020 年，青藏铁路沿线气象站点平均气温均呈持续升高趋势，升温率 0.42℃/10a，高于青藏高原平均升温率 0.37℃/10a，也高于全球增暖水平，其中，升温率最高的站为格尔木，为 0.57℃/10a。从铁路线格点气象再分析资料来看，年平均气温上升速率较快的为铁路南段那曲至当雄段、铁路北段沱沱河段。考虑在青藏高原

第6章 青藏高原水环境对气候变化响应特征

气候变暖背景下，若研究青藏铁路地质状况的变化，需重点研究土壤温度的变化。1960~2020年，青藏高原区域气温异常升高，青藏铁路沿线各站地温亦呈现显著的上升趋势，沿线气象站0cm、5cm、10cm、40cm、80cm、160cm、320cm地温均呈现显著上升趋势。2004年青藏铁路北段五道梁、沱沱河站0cm地温由多年维持在0℃以下开始上升至0℃以上，此强信号特征表明，从2004年开始，这两站多年冻土全年永冻的稳定状态转化为夏季融化的活动层状态，这意味着从2004年开始青藏铁路沿线气象站均呈现季节性冻土特征。需要说明的是，2004年前沱沱河、五道梁两站为多年冻土，故无地温及季节性冻土观测业务。对1960~2020年冻土资料分析，铁路沿线其余五站中，铁路南段安多站季节性冻土年最大冻土深度（安多站也是整个青藏高原上平均年最大冻土深度最大站点），平均年最大冻土深度为284cm，其他站点按照从大到小的顺序依次为：那曲＞当雄＞格尔木＞拉萨，拉萨站季节性冻土年最大冻土深度最小，仅为15cm。青藏高原气温、地温显著升高致使铁路沿线各站季节性冻土年最大冻土深度呈现下降趋势。1960~2020年，铁路南段安多、那曲站年最大冻土深度降幅最大，安多站从350cm减小至183cm，变化率–26.3cm/10a；那曲站从284cm减小至125cm，变化率–17cm/10a（图6.23）。青藏高原气温、地温持续上升，铁路高海拔段多年冻土向季节性冻土的转变、季节性冻土的年最大冻土深度的快速减小、季节性冻土显著的年际变幅，将会对青藏铁路路基的稳定性造成持续性的显著影响。由此对青藏铁路全线气温上升、冻土退化引发的路基安全风险采取有效的应对措施，另外，各路段增温速率、冻土退化速率的不同造成的影响有一定的差异，季节性冻土年最大冻土深度下降最显著的是铁路南段安多、那曲段，而铁路北段沱沱河、五道梁等段由于冻土退化给铁路运行稳定性带来的风险应给予重点关注。

青藏铁路工程冻土变化影响及其应对：多年冻土的演化受气候环境变化的影响显著，而冻土的演化又直接影响建设于其上的冻土工程的稳定性。在多年冻土上修筑工程构筑物改变了地表物理性质，导致辐射能量结构和地表能量平衡发生变化，引起工程构筑物下部土体冻融过程、多年冻土上限和冻土温度发生变化以及上限附近地下冰融化，其将通过承载力丧失、承载力降低及土体水分条件发生变化，来影响工程构筑物的稳定性。突出的病害表现将使得路基长期持续的沉降变形，甚至在短时间内塌陷。同时，伴随着多年冻土退化、上限变化以及地下冰融化，降水产生热融滑塌、热融湖塘、融冻泥流等次生热融灾害。青藏铁路沿线多年冻土天然上限在2007~2015年发生了较大幅度的变化，多年冻土整体处于退化状态，且从天然上限变化幅度来看，天然上限抬升仅占9%，而天然上限下降的占比为91%，天然上限下降0.5~1m的占59%，对青藏铁路的安全稳定运营造成了很大的威胁。当青藏高原年平均地温高于–1.5℃时，青藏铁路路基变形速率达到4~10cm/a，年平均地温低于–1.5℃，路基变形要小于4cm/a。高含冰量多年冻土（体积含水量＞25%）发生融化常导致较大路基沉降，且与多年冻土融化速率成正比，相关系数均在0.85以上（Wu et al.，2010b），说明较大的路基变形是以冻土融化为主要的变形源。

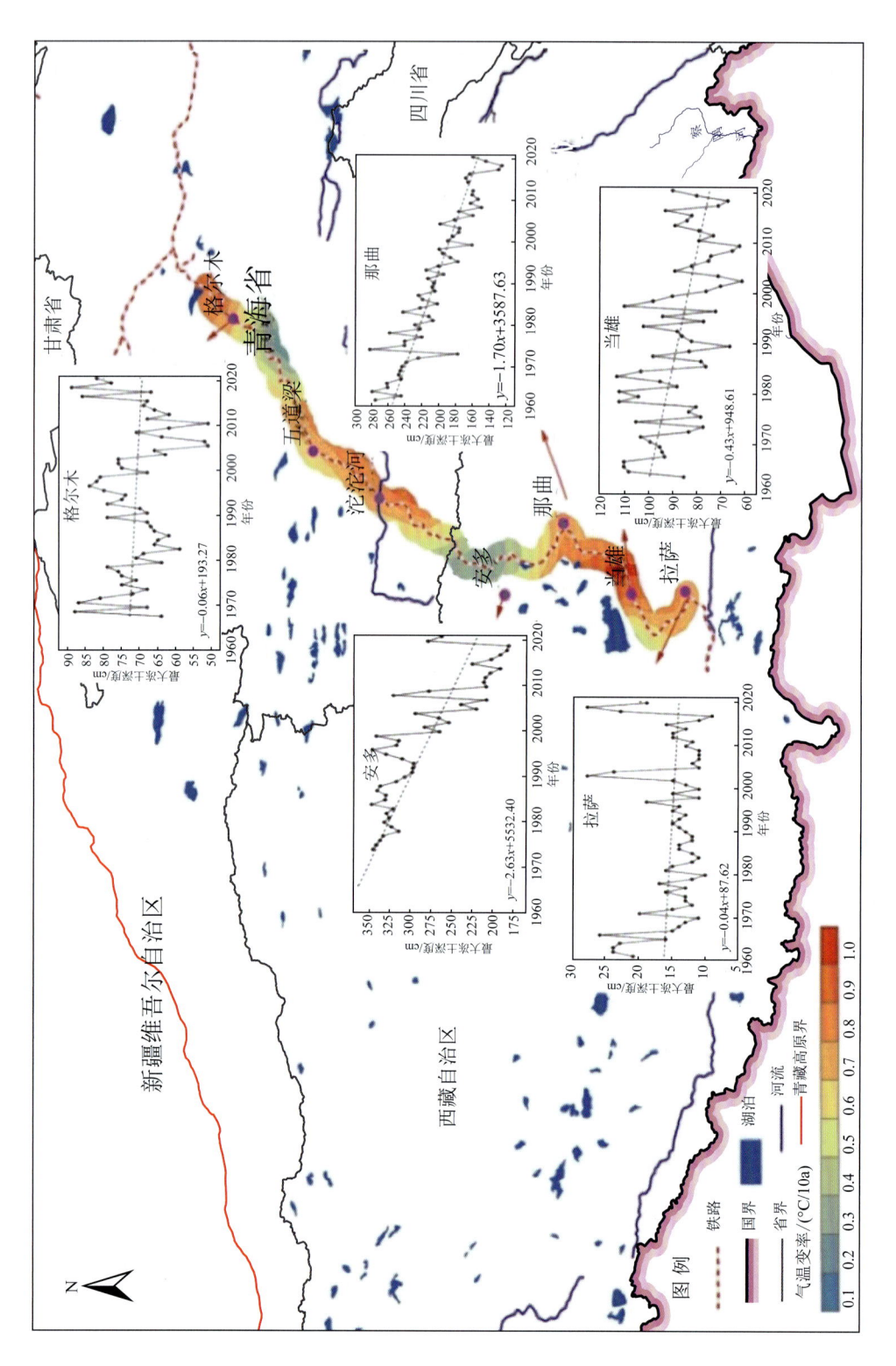

图 6.23 青藏铁路沿线各气象站点再分析数据季节性冻土年最大冻土深度变化曲线（1960~2020 年）

第6章 青藏高原水环境对气候变化响应特征

太阳辐射对路基边坡的热影响，使得路基向阳坡和背阴坡接收的太阳辐射差异较大，从而引起多年冻土温度差异和上限表现出不均匀现象（胡泽勇等，2002；盛煜等，2005）。根据青藏铁路长期监测数据，路基边坡、阴阳坡下部冻土温度场和多年冻土上限存在较大差异，但低温多年冻土区路基的阴阳坡效应差异明显比高温冻土区要弱，路基阳坡下多年冻土上限比阴坡深 1.5～2m，使路基下部形成倾斜的冻融界面（Wu et al.，2011）。所有监测断面温度差异较大，整体上路基边坡下部阴阳坡温度相差 0.5～3℃。普通路基下部浅层阴阳坡温度平均相差 0.7～1.58℃，有工程措施路基下部浅层阴阳坡温度平均相差 0.23～1.2℃，说明工程技术措施显著抑制路基的阴阳坡差异，路基阴阳坡温度差主要是由冬季温度差异造成的（Wu et al.，2011）。通过对这些断面的阴阳坡太阳辐射和边坡表面温度的计算，发现太阳辐射和边坡表面温度差异与路基走向呈正相关关系，这就给我们一个极为重要的启示，未来路基设计需要考虑路基走向对阴阳坡效应的影响（Wu et al.，2011）。

青藏铁路沿线多年冻土区年平均气温从 20 世纪 50 年代后期开始逐渐升高，进入 70 年代后呈下降趋势，80 年代中期又开始逐渐升高，2000 年左右开始加剧上升，升温速率呈逐渐增大的特点。风火山地区阳坡侧多年冻土年平均地温在 1978～2014 年升高 0.91℃，阴坡侧在 1964～2014 年升高 0.58℃，多年冻土处于退化状态；阴坡侧多年冻土的退化程度远小于阳坡侧，阴阳坡冻土特征的差异主要是由冷季地温差异造成的；天然上限对年平均气温的变化较为敏感，其变化规律与气候变化规律呈显著的相关性（蔡汉成等，2016）。

多年冻土区修建路基工程不可避免地改变地表的物理性质，如地表反照率、粗糙度、总体输送系数和地表温度（Zhang et al.，2016），导致长波辐射、短波辐射和净辐射的辐射特征发生变化，同时改变了地表感热、潜热和储热通量等能量平衡特征（Zhang G et al.，2017）。根据对青藏公路和青藏铁路冻土工程的长期监测，可以发现，沥青路面下部和铁路砂砾路面下部路基中心孔及天然地表下部土体温度的变化过程存在着显著差异。沥青路面（公路）下 0.5m 深度的夏季土体温度远高于天然地表，冬季温度相差较小。而砂砾路面（铁路）下 0.5m 深度的冬季土体温度略高于天然地表，冬季温度差异较小。在气候和工程影响下，路基下部土体温度远高于天然状态。但公路下部和铁路下部表现出显著的差异，尤其是冬季温度。铁路路面在冬季表现出较好的冷却效应，导致下部土体具有一定的降温作用，沥青路面吸热效应使下部土体温度升温显著。在工程和气候的影响下，工程下部冻土的热状态不仅发生了显著的变化，而且多年冻土上限也发生了显著的变化。在路基修筑初期，多年冻土上限发生了显著抬升。但随着工程作用的影响，多年冻土上限将会发生下降，且下降幅度与多年冻土热稳定性和含冰状态以及路基高度等有密切的关系。青藏公路长期监测资料表明，沥青路面下部多年冻土上限处于持续增加过程，冻土温度持续升高，但高低温冻土存在显著的差异。1996～2007 年，6m 深冻土升温速率介于 0.18～0.87℃/10a，10m 深冻土升温速率介于 0.22～0.52℃/10a（吴青柏和牛富俊，2013）。1996～2007 年，高温冻土（年平均

地温 >–1.5℃）上限的年增加率介于 17.4～25.8cm/12a，低温冻土（年平均地温 <–1.5℃）上限的年增加率仅为 2.1～9.4cm/12a（吴青柏和牛富俊，2013）。

在路基下部冻土上限下降、冻土温度升高以及冻土融化的状态下，路基稳定性发生了显著的变化，引起了冻土路基融化下沉、不均匀下沉、路基裂缝等工程病害，同时，其也与工程运行时间有密切的关系。青藏公路在气候和工程作用的长期影响下，产生工程病害的路基中，85% 的路基是由冻土融化下沉引起的，且冻土融化与下沉变形呈正相关关系（Wu et al.，2010b）。低温冻土，路基变形相对较小，变形速率小于 4cm/a；但高温冻土，路基变形速率可达 4～10cm/a（刘永智等，2002），青藏公路冻土区路基变形除冻土融化下沉外，也存在高温冻土压缩和蠕变变形。然而，对于青藏铁路冻土路基来说，路基变形主要有冻胀、冻土融化下沉和高温冻土的压缩变形。对于年平均地温 <–2.0℃的多年冻土，路基变形以冻胀为主，2006～2010 年总冻胀量小于 5cm；对于年平均地温为 –2.0～–1.0℃的多年冻土，路基变形以沉降变形为主，总沉降量小于 5cm；对于年平均地温大于 –1.0℃的多年冻土，路基变形较大，5 个监测场地路基变形量超过 10cm，路基变形主要是由冻土融化引起的（Wu et al.，2014）。

在气候和工程影响下，冻土工程性质始终处于动态变化中，土体冻胀会随着水分迁移和水汽运移而不断地改变其对工程构筑物的影响，冻土融化下沉会随着冻土中地下冰的融化和冻土温度升高而不断地改变着工程构筑物的稳定性。多年冻土一旦融化后是难以恢复的，任何后期的地基改良均难以保证工程安全，反而会带来更多的外部热量。面对气候变化和工程作用以及高温高含冰量路段，青藏工程走廊必须采取相应的工程措施，以抵御气候变化和工程作用的影响。要想保证多年冻土工程构筑物的稳定性，就需预先采取工程技术措施来防止冻土融化或升温而使工程处于热力稳定状态。以往采取的消极被动的保护多年冻土的措施难以确保多年冻土路基的稳定性，在气候变化和工程作用及高温、高含冰量多年冻土的工程背景下，必须实施多年冻土冷却路基工程措施，用以保护路基的稳定性。这些主动保护多年冻土冷却路基的工程措施，经实体工程试验段验证，达到了预期的目的，解决了以往认为无法确保高温高含冰量多年冻土区路基稳定性的问题，最大限度地避免了地下冰融化和多年冻土升温，避免了较大的融化下沉和冻土变形。

近年来，随着气候变暖，青藏高原多年冻土正表现出年平均地温升高、活动层厚度增厚、多年冻土厚度变薄、地下冰消融等一系列现象，其诱发的热融灾害严重影响高原冻土区的铁路工程建设和运行。Ni 等（2021）通过多评估指数模型相结合的方式，预估青藏铁路沿线多年冻土区的融沉风险状况，结果表明，在中等排放情景下，2061～2080 年青藏铁路沿线多年冻土区面积将下降约 40.2%，即意味着这些地区成为中高风险区（图 6.24），且主要分布在多年冻土区边界。

总体来说，用数值模式模拟结果显示，未来高原地面气温将升高，在气温年增温 0.04℃背景下，50 年后青藏高原多年冻土发生不同程度的增温，多年冻土总面积减少约 12 万 km²。但升温幅度存在明显的地域和季节性差异，青藏铁路沿线升温幅度更为显著，其中冬季的升温明显高于夏季。高海拔地区多年冻土向季节性冻土持续转变，冬季季节性冻土的年最大深度将快速减小，季节性冻土年际变幅仍将持续增大，该地区可能成为沉降最严重的区域，将会对未来青藏铁路路基稳定性造成持续性影响。由此对于青藏铁路全线气温上升、冻土退化引发的路基未来安全风险，需从长远战略视角来积极应对，在中高融沉风险区采取紧急和必要的措施，并针对未来冻土退化带来的铁路运行稳定性风险采取长期有效的工程措施。同时，建议建立青藏铁路沿线工程基础设施的预警系统，以防止更大的经济损失。

(a) 2000~2015年冻土范围

(b) 2061~2080年冻土范围

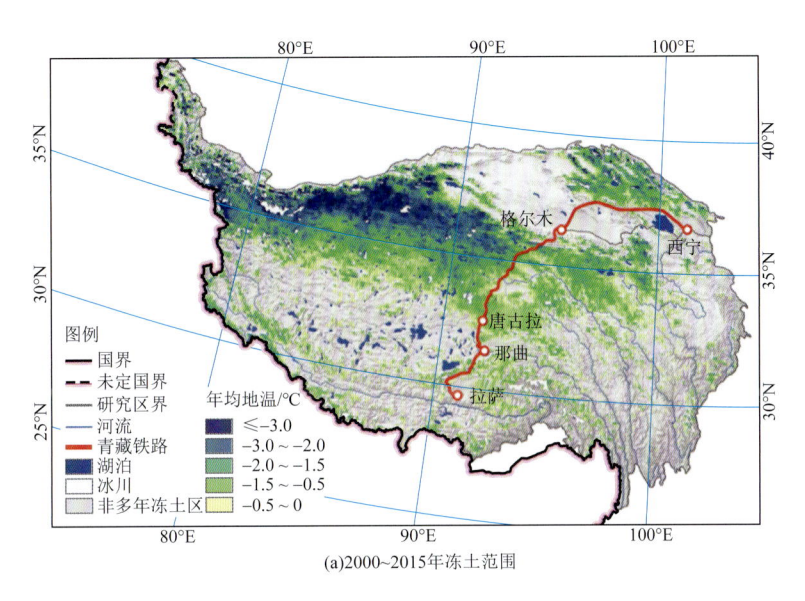

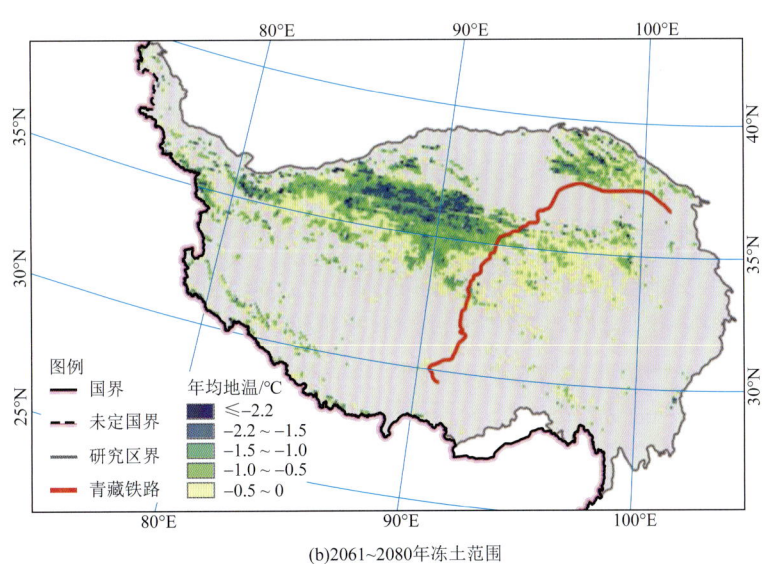

图 6.24 青藏铁路沿线多年冻土范围

6.4 青藏高原湖泊气候环境变化

青藏高原在气候变化研究中有着重要的作用,其下垫面对大气的热力作用影响着区域乃至全球气候。作为青藏高原下垫面的重要组成部分,湖泊和湿地的变化不仅对气候变化具有敏感的响应,也可以通过改变地气间能量的交换对气候产生影响。在全球气候变暖的背景下,青藏高原的湖泊面积、数量和水位如何变化?青藏高原湖泊的水量变化及其空间分布,以及其与青藏高原冰川、冻土、蒸发和降水变化的相互关系如何?青藏高原湖泊和湿地环境条件的数值模型模拟所存在的问题,以及湖泊与湿地对湖泊流域局地气候变化的影响与响应等科学问题,使得青藏高原湖泊和湿地的区域气候效应研究成为高原水资源研究的热点问题。

青藏高原的气候状况正经历着空气增温变湿和太阳辐射减弱与风速减小的变化,气候正在从暖干向暖湿转变。在此背景下,基于卫星遥感资料的结果显示,青藏高原的湖泊面积在近 20 年里呈现出显著的面积增加、数量增多和水量增大的现象,而这些现象主要受湖泊流域降雨增多、冰川融化、冻土消融和湖面蒸发增加等一系列水量平衡因素的影响。同时,湖泊气候和环境要素的变化也显示出明显不同的时间和空间分布差异,如青藏高原周边区域的湖泊存在着面积减小和降水量减小的变化特征。包含湖泊模块的区域气候模式模拟结果显示:湖泊对流域尺度的空气温度、湿度和湖陆风循环等边界层特征存在明显的影响,可以显著影响局地降雨和降雪过程。同时,气候变化对湿地土壤、植被、湿地面积的变化,以及湿地水文过程和湿地生态系统有显著影响。然而,由于青藏高原湖泊和湿地边界层观测的匮乏,湖泊和湿地模型参数化方案对青藏高原高海拔湖泊和湿地的边界层过程的描述仍存在诸多问题,结合卫星遥感资料、站点观测实验和数值模型模拟的研究仍是目前青藏高原湖泊和湿地研究的焦点问题。

6.4.1 青藏高原湖泊面积变化

20 世纪 70 年代到 2018 年,青藏高原湖泊面积变化总体呈现中—北部扩张、南部萎缩的空间差异。依据湖泊面积变化时间序列特点,将空间变化分为 2 个时间段:20 世纪 70 年代到 1995 年,整个青藏高原湖泊面积萎缩;1995～2018 年,青藏高原湖泊总体扩张,但有明显的南北空间差异,即中—北部湖泊(>32°N),特别是内流区扩张,而南部湖泊(<32°N)萎缩(图 6.25)。青藏高原湖泊(>1km^2)数量从 20 世纪 70 年代的 1080 个增加到 2018 年的 1424 个(增加 32%)。相应地,湖泊总面积从 4 万 km^2 增加到 5 万 km^2,净增加了 1 万 km^2(增加 25%)(图 6.26)。青藏高原湖泊面积呈现快速但非线性增长模式,即 20 世纪 70 年代到 1995 年,大部分湖泊呈现萎缩状态;但 1995 年之后,除 2015 年因受强厄尔尼诺事件影响,降水减少导致的湖泊面积略有萎缩外,青藏高原湖泊面积总体呈现出持续扩张态势。

近半个世纪以来,伴随着全球气候变暖及其影响下的冰川消融、冻土退化,青藏高原地区的湖泊因补给条件差异而分别表现出扩张、萎缩、稳定三种状态,整体上以扩张趋势为主，其中 1991～2010 年是湖泊扩张最显著的时期。下面探讨青藏高原典型湖泊的面积变化。

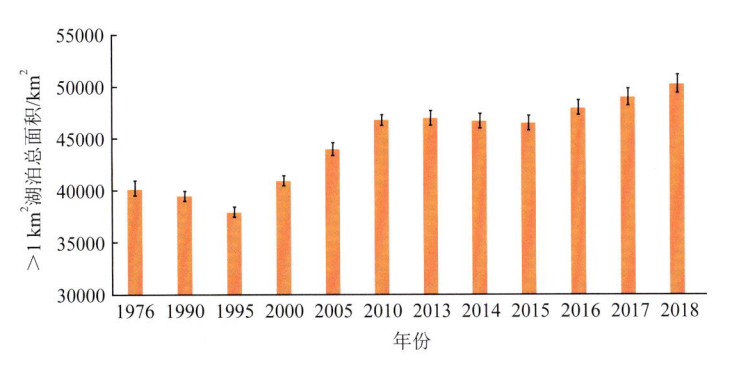

图 6.25　1976～2018 年湖泊面积变化时间序列

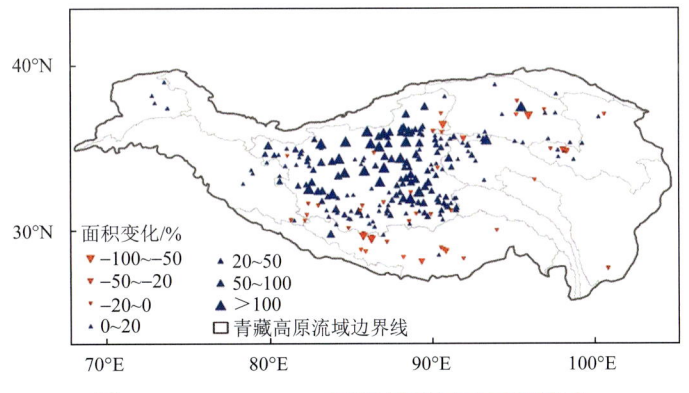

图 6.26　1976～2018 年湖泊面积变化空间模式

多源卫星遥感监测数据显示，如表 6.2 及图 6.27 所示，2000～2021 年青藏高原典型湖泊水面面积以扩张为主，统计的 19 个湖泊中，有 12 个湖泊水面面积表现为扩张趋势。由于研究资料、研究方法、研究时段的不同，已有研究关于青藏高原湖泊的具体数量和面积的结论存在一定差异，但一致认为，近几十年来青藏高原湖泊数量和面积总体呈增加趋势。对于青藏高原 10km² 以上的湖泊，王哲等（2022）指出，湖泊数量由 1990 年的 273 个增加至 2018 年的 328 个，湖泊面积增加了 33%；闫立娟等（2016）的研究表明，湖泊数量由 20 世纪 70 年代的 291 个增加至 2010 年前后的 403 个，湖泊面积增加约 33%；董斯扬等（2014）的研究表明，湖泊数量为 417 个，1972～2011 年湖泊面积整体上表现为加速扩张趋势。对于青藏高原 1km² 以上的湖泊，研究认为，湖泊数量由 20 世纪 70 年代的 1080 个增加至 2018 年的 1424 个，湖泊面积增加约 25%（张国庆等，2022）；亦有研究表明，湖泊数量由 20 世纪 70 年代的 731 个增加至 2010 年前后的 1153 个，湖泊面积增加约 34%（闫立娟等，2016）；2018～2021 年湖泊水位的研究也显示，近几年湖泊水位呈上升趋势（马山木等，2022）。

表 6.2 青藏高原典型湖泊面积变化分区域统计表

湖泊名称	湖泊面积 2021年面积/km²	2021年相对于2000年的面积变化率/%	变化速率/(km²/a) 2000～2021年	不同阶段	主要变化特征
班公错（境内部分）	476.40	7.44	1.14	4.15(2000～2003年)；0.96(2003～2021年)	东部湖岸线变化较明显
鲁玛江冬错	—	—	2.31	1.62(2000～2012年)；2.74(2012～2021年)	整体向外扩张，其中西南部沿出水口向外扩张最明显
郭扎错	224.03	-2.42	-0.33	-0.63(2000～2009年)；-0.26(2009～2021年)	湖泊东北部、北部面积也有不同程度的萎缩，西南部变化较明显
拉昂错	251.87	-5.71	-0.52	-0.88(2000～2010年)；-0.26(2010～2021年)	湖泊中北部变化较明显
玛旁雍错	413.26	-0.61	0.06	—	东部湖岸线略有扩张
昂拉仁错	—	—	0.56	-0.03(2000～2016年)；3.48(2016～2021年)	东、西部湖岸线分别向外扩张，尤其是西部出水口处附近
塔若错	491.03	2.75	0.55	—	湖泊南部扩张较明显。2020年湖泊水面面积493.51km²，为近22年最大值
扎日南木错	1043.89	7.95	2.25	4.68(2000～2008年)；-1.45(2008～2016年)；9.32(2016～2021年)	湖泊西部、西北部扩张最为明显，尤其是西北部靠藏布河口附近。随着湖岸线扩张，湖泊南边有两个小湖与扎日南木错主体湖泊相连
当惹雍错	865.74	3.49	1.62	0.72(2000～2013年)；1.98(2013～2021年)	湖泊西南部和东南部向外侧扩张明显，2015年与西南侧小湖连成一片
多尔索洞错和布张错	1119.43	22.80	9.49	—	湖泊整体向外扩张。其中，西部和东部沿出水口向外扩张最为明显
色林错	2437.33	29.07	22.77	70.87(2000～2005年)；11.14(2005～2021年)	湖泊北部及东南部扩张最明显。2004年南部的雅根错连成一片
错鄂湖	261.83	-3.99	-0.29	—	湖泊西部萎缩最严重
纳木错	2015.26	1.94	0.60	—	湖泊面积变化明显的区域主要位于湖的东、西部。2010年湖泊面积达2036km²，为近22年最大值

续表

湖泊名称	湖泊面积 2021年面积/km²	2021年相对于2000年的面积变化率/%	变化速率/(km²/a) 2000~2021年	变化速率/(km²/a) 不同阶段	主要变化特征
佩枯错	273.14	−1.76	−0.29	—	湖泊西南部和北部湖岸线萎缩较明显。2018年湖泊面积为近22年最小值，为268.68km²
多庆错	54.79	−37.45	−1.63	−1.76(2006~2021年)	湖泊东南部萎缩最严重
羊卓雍错	540.43	−9.84	−3.72	—	四周湖岸线均向湖中央萎缩，其中湖泊的西北、西南和东部湖岸线萎缩最明显。2004年面积最大，为609.72km²
普莫雍错	293.79	1.83	−0.0031	—	湖泊西部面积变化最明显
然乌湖	19.10	19.45	0.09	—	湖泊北部面积变化最明显。2020年面积最大，为22.40km²，2000年面积最小，为15.99km²
莽错	19.60	3.21	0.02	—	东北部湖岸线扩张明显，北部出水口附近尤为突出。2018湖泊面积19.87km²，为22年来最大值

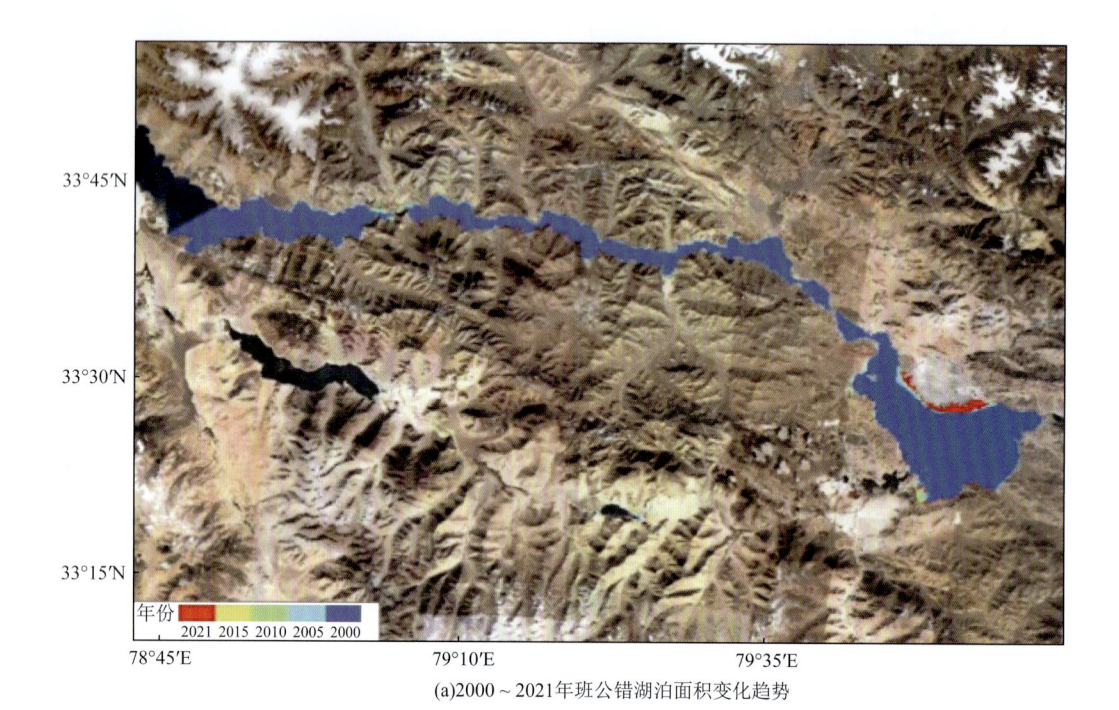

(a) 2000~2021年班公错湖泊面积变化趋势

(b) 2000~2021年班公错湖泊面积空间变化

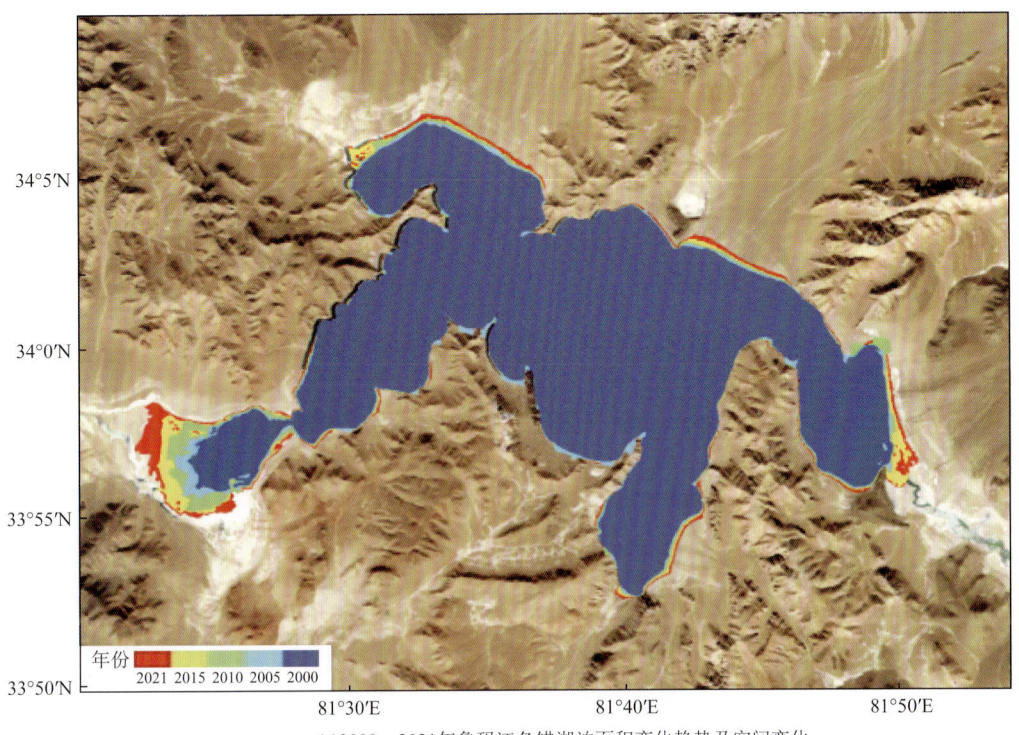

第6章 青藏高原水环境对气候变化响应特征

(c) 2000~2021年鲁玛江冬错湖泊面积变化趋势及空间变化

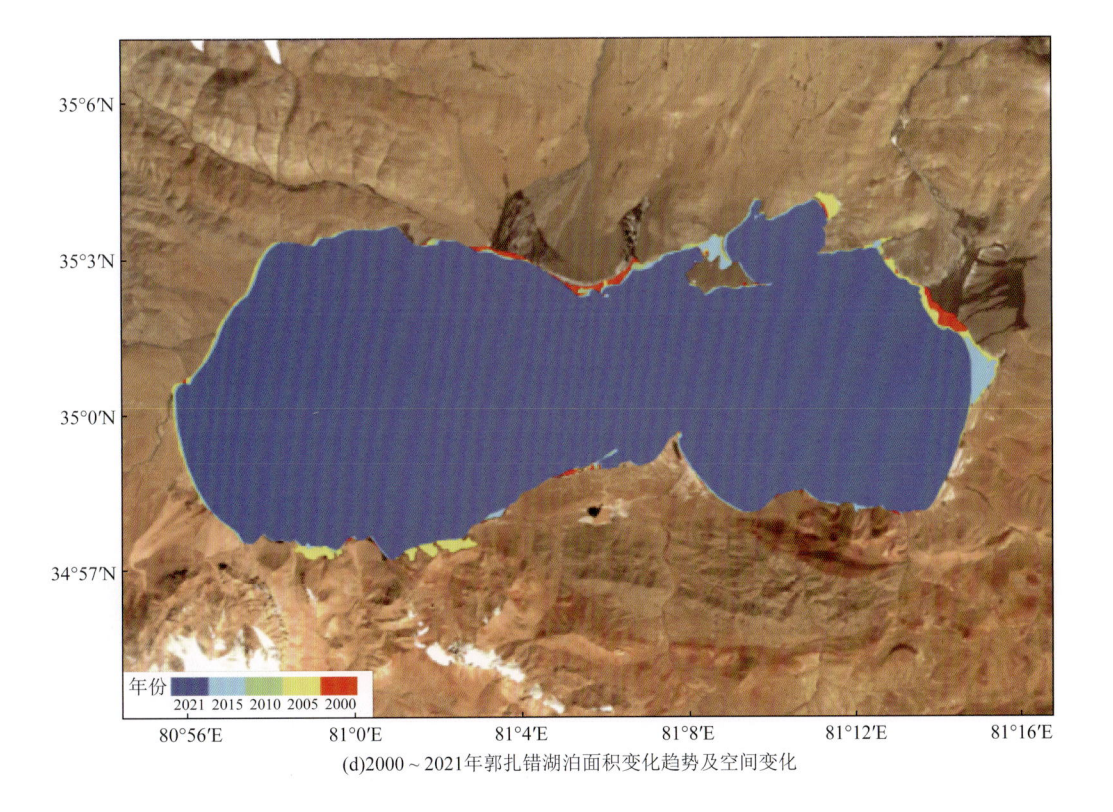

(d) 2000~2021年郭扎错湖泊面积变化趋势及空间变化

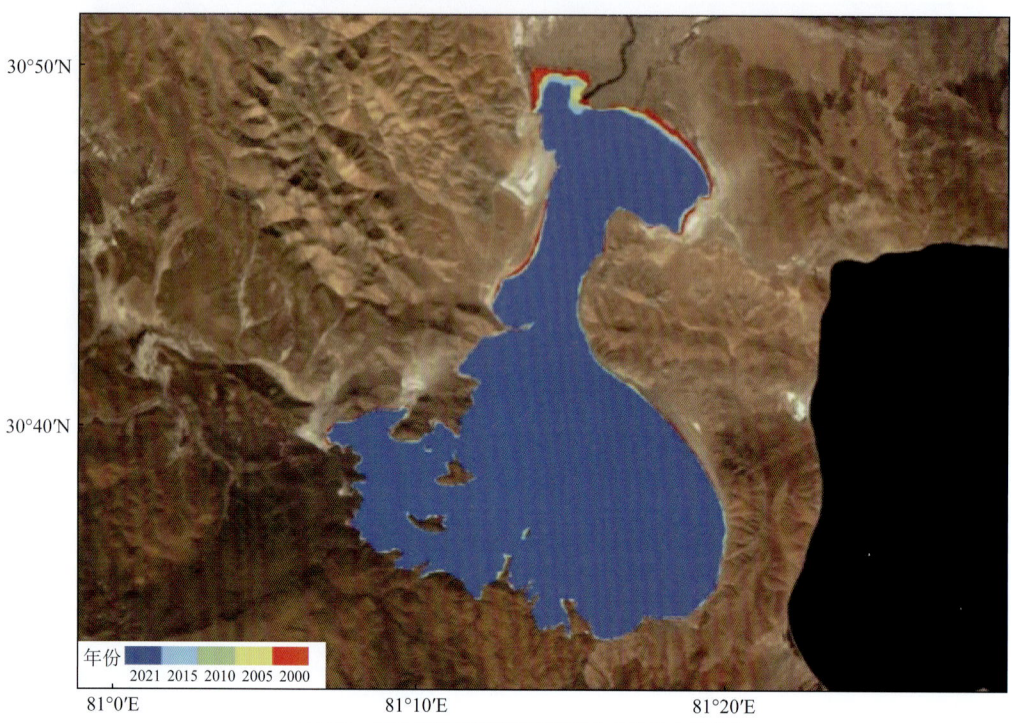

(e)2000～2021年拉昂错湖泊面积变化趋势及空间变化

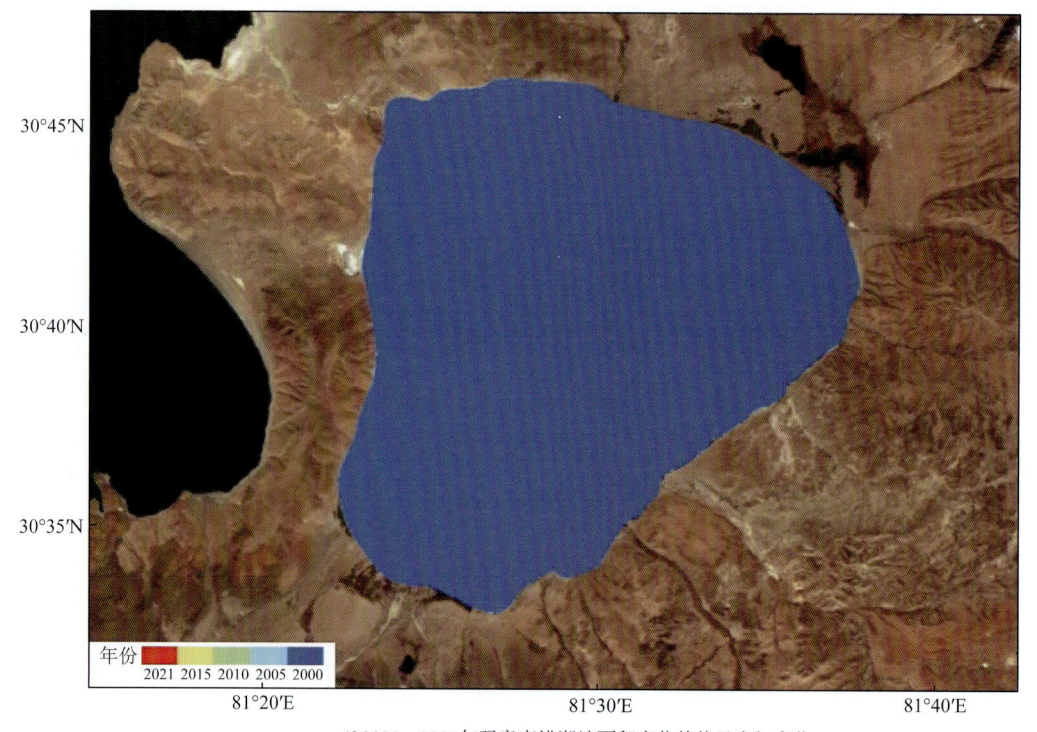

(f)2000～2021年玛旁雍错湖泊面积变化趋势及空间变化

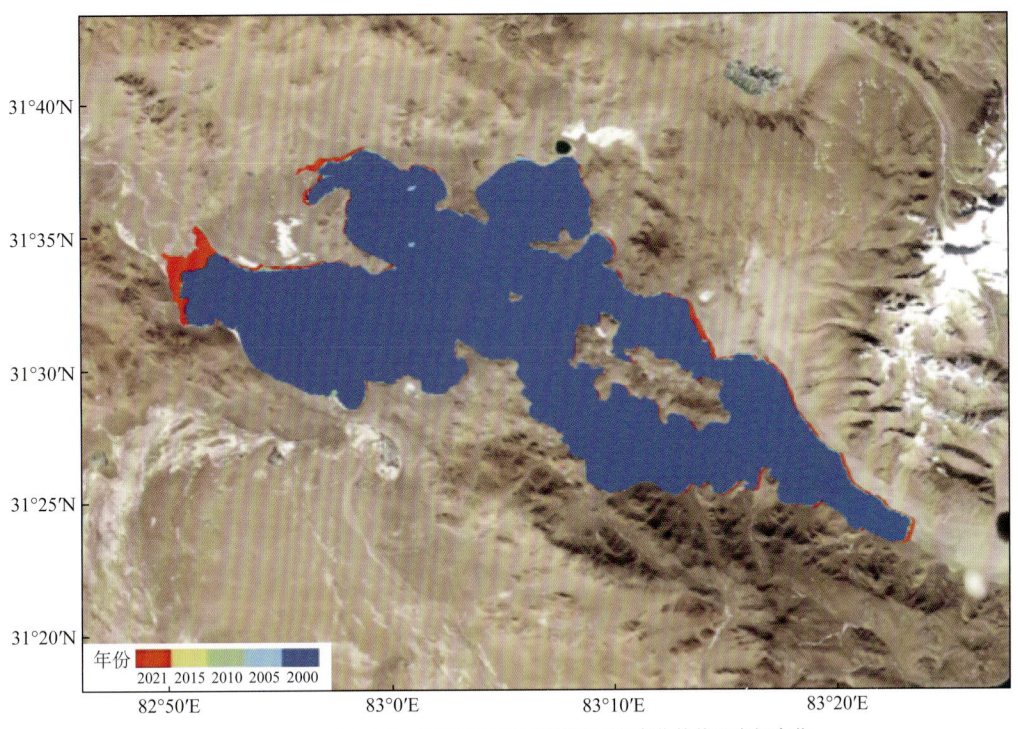

第 6 章 青藏高原水环境对气候变化响应特征

(g) 2000～2021年昂拉仁错湖泊面积变化趋势及空间变化

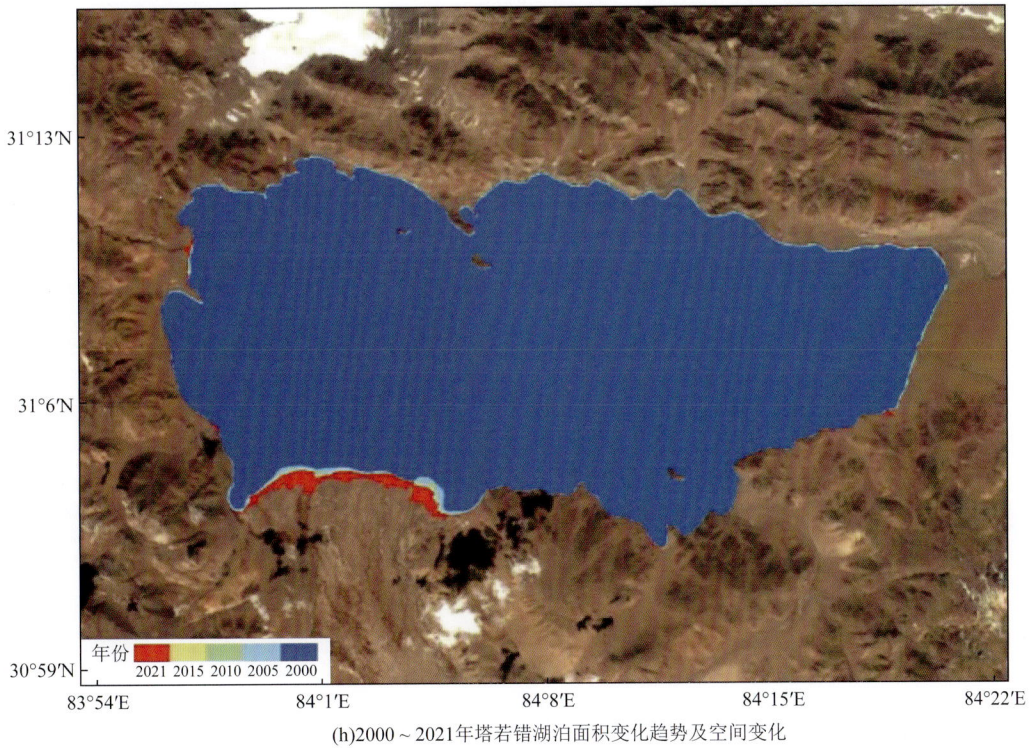

(h) 2000～2021年塔若错湖泊面积变化趋势及空间变化

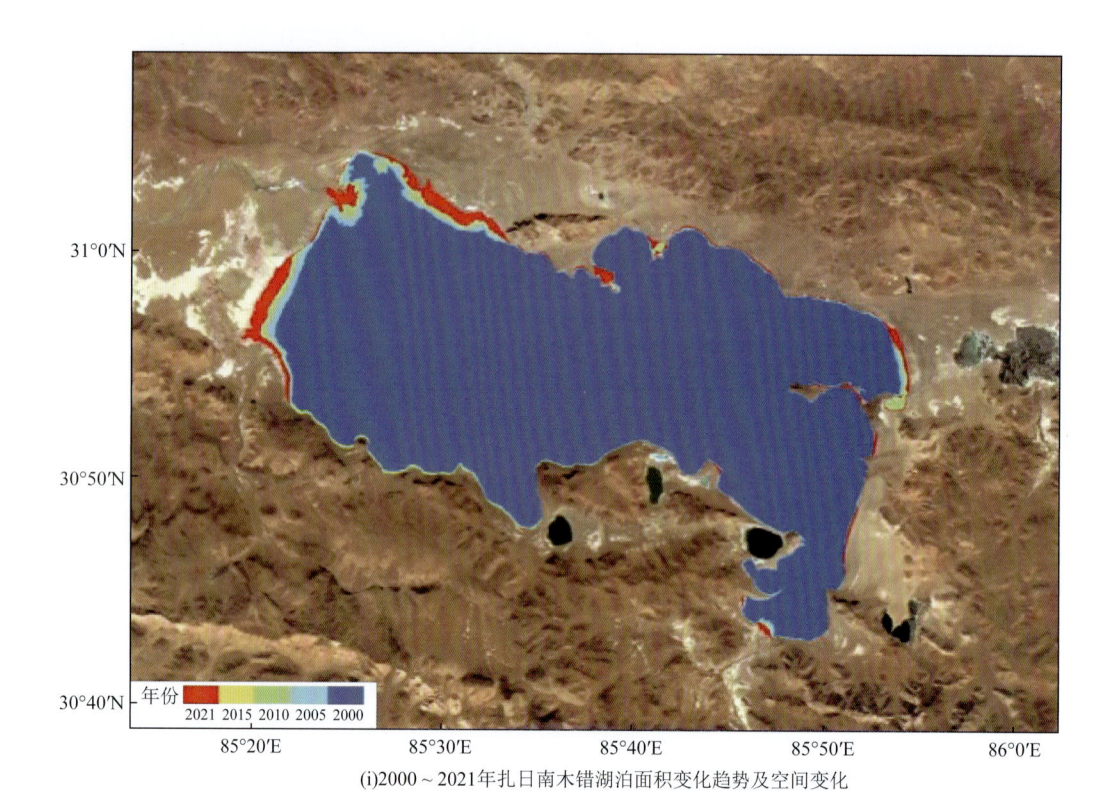

(i) 2000～2021年扎日南木错湖泊面积变化趋势及空间变化

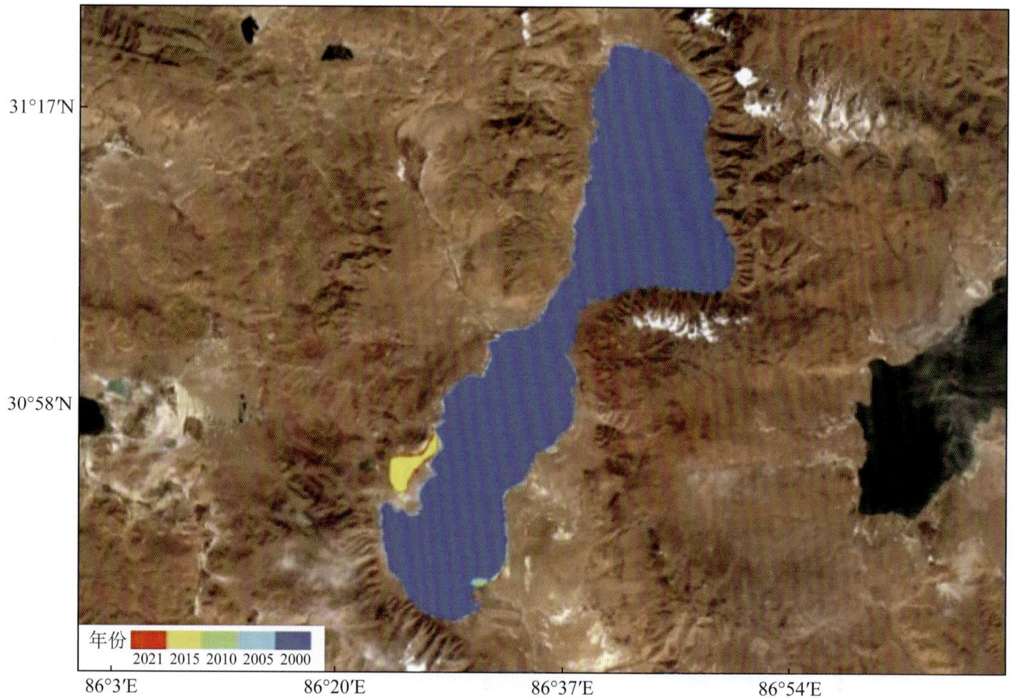

(j) 2000～2021年当惹雍错湖泊面积变化趋势及空间变化

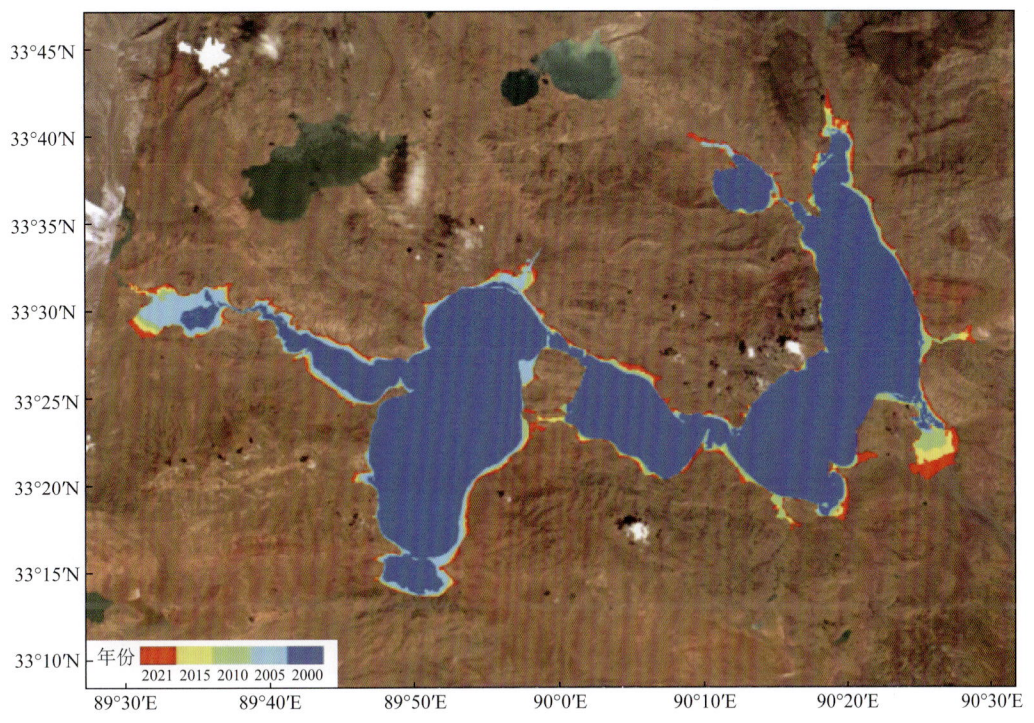

第6章 青藏高原水环境对气候变化响应特征

(k) 2000～2021年多尔索洞错、赤布张错湖泊面积变化趋势及空间变化

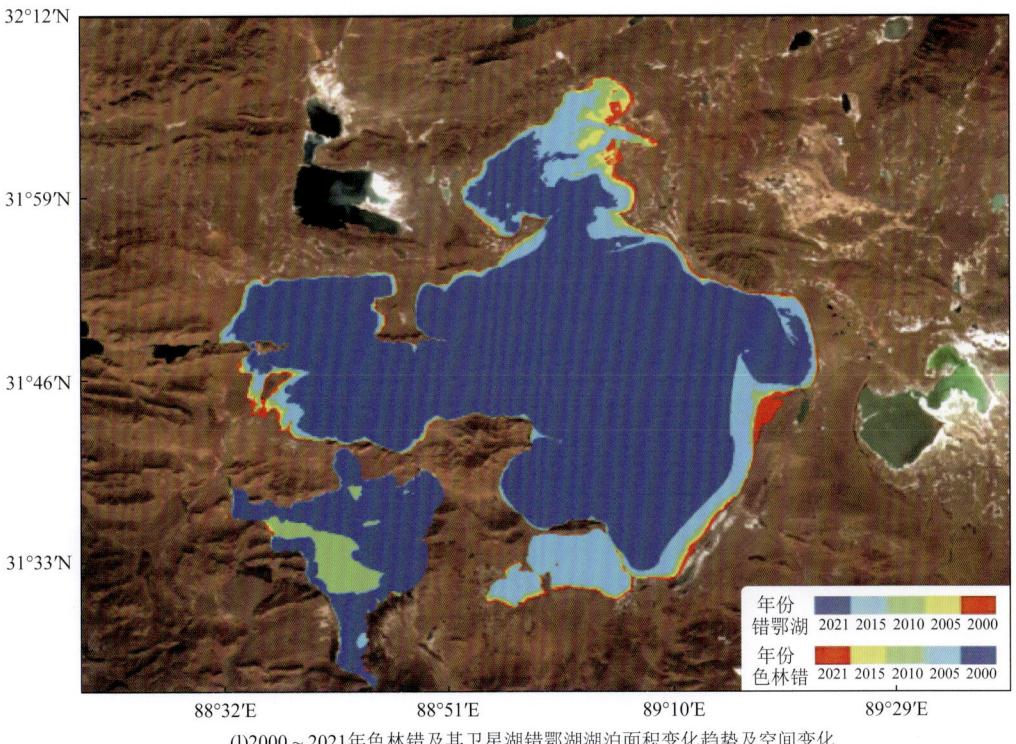

(l) 2000～2021年色林错及其卫星湖错鄂湖湖泊面积变化趋势及空间变化

167

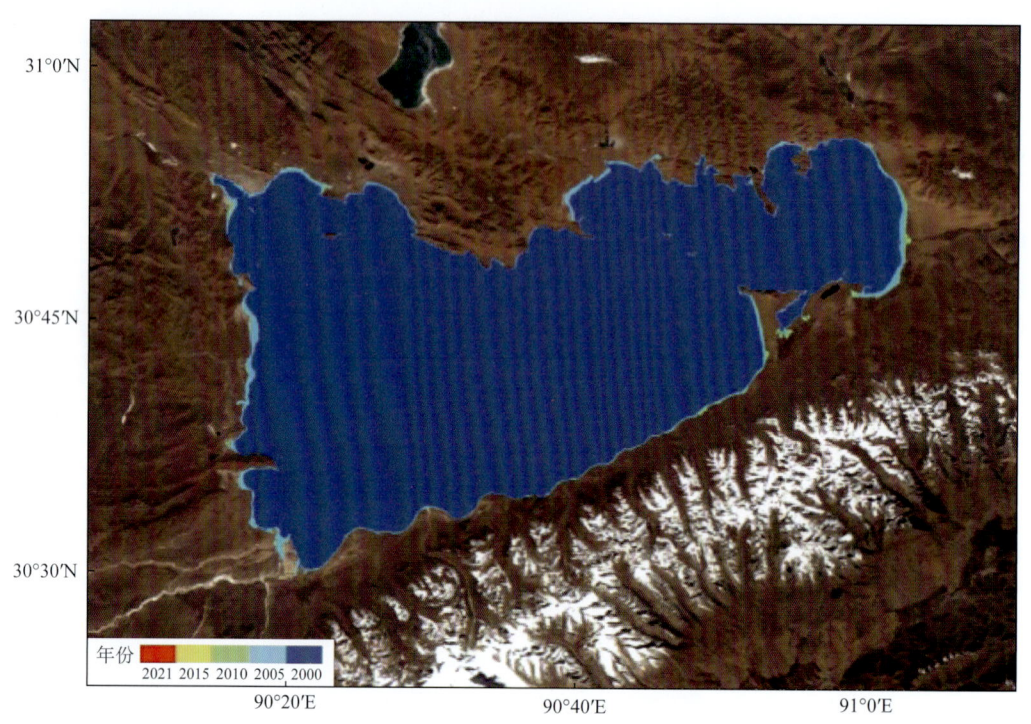

(m)2000～2021年纳木错湖泊面积变化趋势及空间变化

(n)2000～2021年佩枯错湖泊面积变化趋势及空间变化

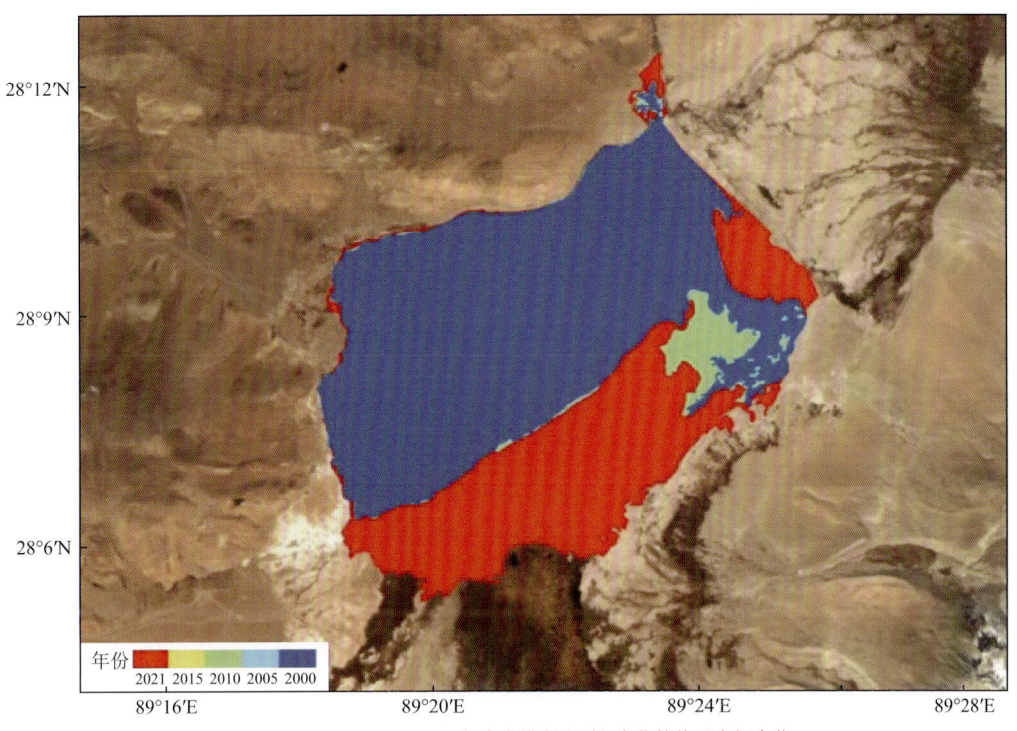

第6章 青藏高原水环境对气候变化响应特征

(o)2000~2021年多庆错湖泊面积变化趋势及空间变化

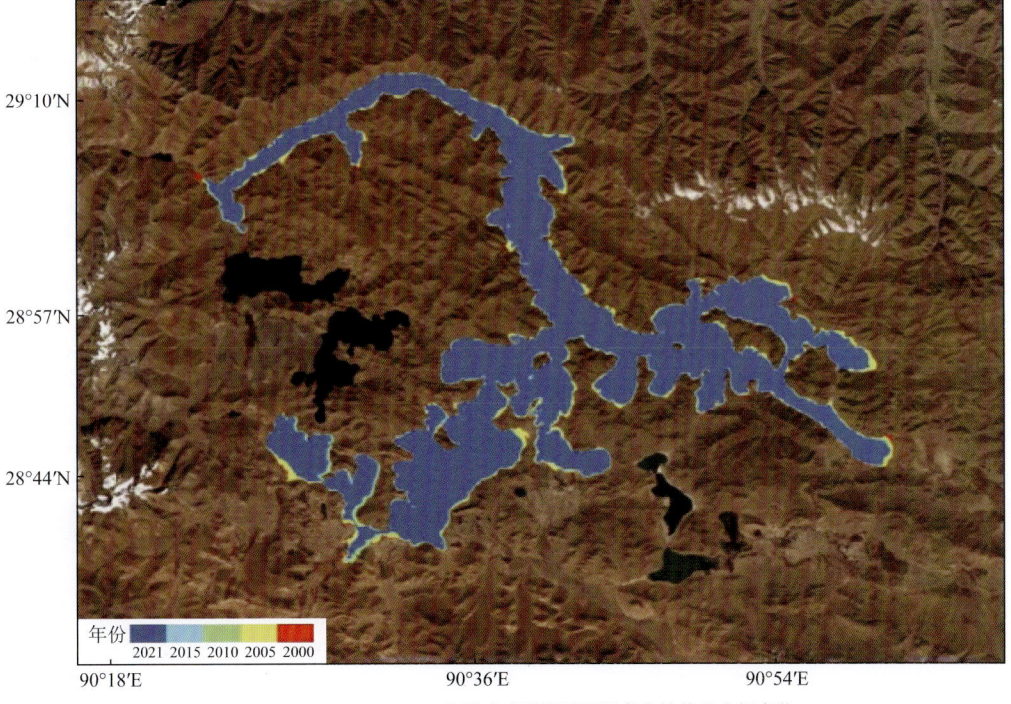

(p)2000~2021年羊卓雍错湖泊面积变化趋势及空间变化

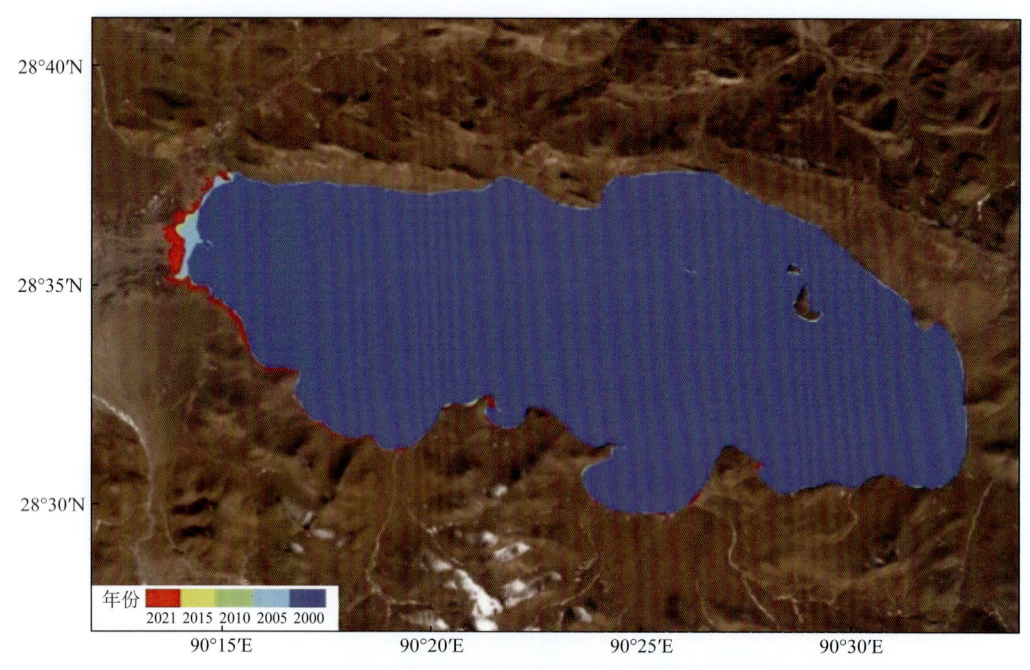

(q)2000～2021年普莫雍错湖泊面积变化趋势及空间变化

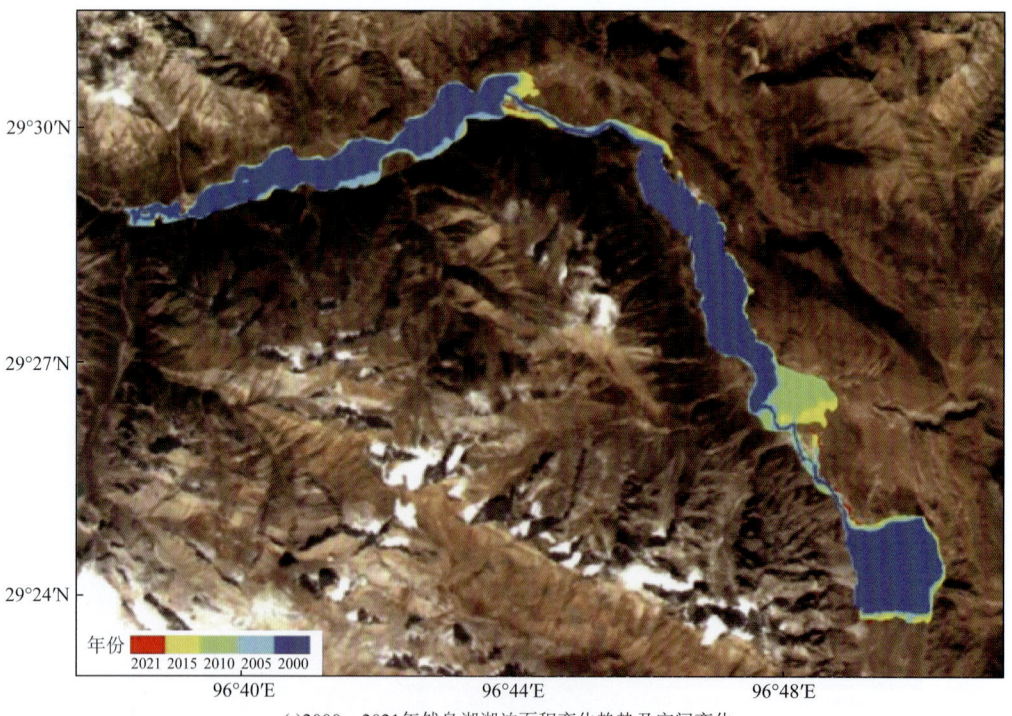

(r)2000～2021年然乌湖湖泊面积变化趋势及空间变化

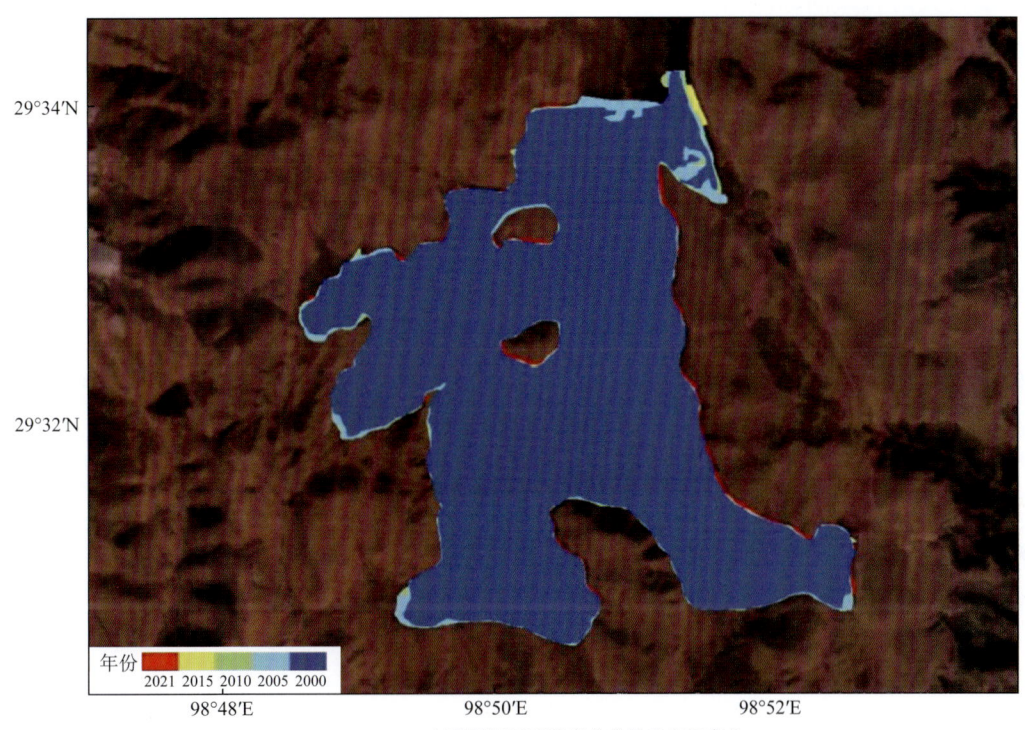

第 6 章 青藏高原水环境对气候变化响应特征

(s)2000～2021年莽错湖泊面积变化趋势及空间变化

图 6.27　2000 ～ 2021 年青藏高原各湖泊面积变化趋势及空间变化

青藏高原典型湖泊面积变化存在明显的空间差异。近 22 年来，藏北湖泊面积以扩张为主，统计的 13 个湖泊中，有 10 个湖泊面积呈扩张趋势，其中色林错扩张最为明显，变化速率为 22.77km^2/a；位于藏东地区的 2 个湖泊面积也表现为扩张趋势，与藏北湖泊相比变化速率相对较小（均不足 0.1km^2/a），这主要是由于藏东湖泊本身的面积较小，部分湖泊具有较大面积变化率（如然乌湖 2021 年相对于 2000 年的面积变化率为 19.45%）；藏南地区的 4 个湖泊面积均表现为萎缩趋势，其中羊卓雍错萎缩最为明显，变化速率为 –3.72km^2/a。已有研究显示，1976 ～ 2018 年青藏高原中、北部湖泊面积表现为增加趋势，南部则呈现减少趋势（张国庆等，2022），与以上结论基本一致。

湖泊面积变化是多因素综合作用的结果，降水、冰川及冻土融水、蒸发等因素均能影响湖泊面积变化。对于青藏高原湖泊总体变化而言，基于质量平衡与湖泊水量平衡的研究表明，降水增强对青藏高原湖泊水量增加的贡献达 74%，冰川消融的贡献约为 13%，冻土退化的贡献约为 12%，雪水当量的贡献约为 1%(Zhang Z Q et al., 2017)。其他一些研究也直接或间接支持降水是影响高原湖泊面积变化主要因子的结论：2001 ～ 2010 年，藏东南降水偏少，其他区域偏多，同期藏南湖泊呈萎缩趋势，其他区域湖泊呈扩张趋势（闫立娟等，2016）；尽管 1990 年以来潜在蒸发减少和冰川质量损失有利于湖泊扩张，但区域降水增加还是湖泊扩张的主要原因 (Lei et al., 2014)；冰川质量损失对青藏高原湖泊体积增加的贡献有限（19%±21%），不足以解释所有的湖泊扩张现象，降水过剩（降水减蒸发）能更好地解释该现象（Brun et al.，2020）。由于不同湖泊的主要补给方式不同，因此单个湖泊面积变化的主要影响因子可能存在差异，如19个湖泊中面积扩张速率最大的色林错，研究认为气温、地表温度升高导致的冰川和冻土融化是该湖泊扩张的主要原因（边多等，2010；拉巴等，2011），流域内各拉丹东冰川及冰芯的变化为该结论提供了佐证（鲁安新等，2002；康世昌等，2007）。此外，研究认为，以冰川融水为补给源的湖泊扩张速率远远大于以大气降水为主要补给源的湖泊（闫立娟等，2016），这也符合色林错的变化特征。19个湖泊中萎缩速率最大的是羊卓雍错，降水小于蒸发是其萎缩的主要原因（闫立娟等，2016）。20世纪70~90年代，虽然该区域降水呈增加趋势，但升温引起的蒸发效应大于降水的增加，导致该湖泊面积萎缩；2000~2010年，该区域蒸发增加的同时降水略有减少，导致湖泊面积萎缩（闫立娟等，2016）。

6.4.2　青藏高原典型湖泊变化及其影响因素

藏北地区那曲市其香错湖泊面积变化及其影响因素：其香错位于那曲市双湖县东部的巴岭乡境内，利用21期陆地资源卫星Landsat、2期高分卫星数据，分析1988~2019年湖泊面积变化（图6.28），结果显示，31年湖泊面积呈显著增长趋势（R^2=0.8809，P<0.001），31年内增长了36.75km^2，增长率为19.50%；其中，2019年湖泊面积达到最大值187.48km^2，1988年达到最小值151.74km^2。与1988年比较，2000年湖泊面积增长了5.84km^2，增长率为3.71%，2000~2010年湖泊面积增长了24.78km^2，增长率为13.59%。2010~2019年湖泊面积增长了6.13km^2，增长率为3.25%。

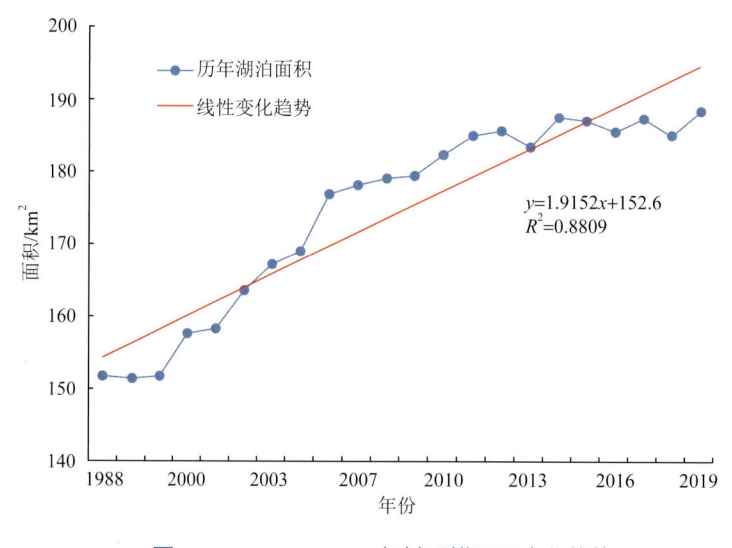

图6.28　1988~2019年其香错面积变化趋势

2000～2016年其香错湖泊面积呈显著增长趋势（R^2=0.81），年增长1.66km^2，且该湖泊属于河流补给型。从其香错所处流域的河流水源分布来看，补给河流集中分布于北部和东西两侧，另外追溯河流水源及水体的流向可知，在东北方向发育有各拉丹东冰川，该冰川近年来在气候变化的影响下，面积显著减小，1992～2009年面积共减少66.68km^2（减少率为7.37%）。1973年以来的近40年间，各拉丹东冰川总面积减少95.33km^2，年均减少2.65km^2。从冰川变化趋势来看，其香错水域面积增长有一部分应该来源于冰川融水的补给。从周边气象站气温、降水量和冻土深度等变化趋势分析，湖泊面积增大的另一个因素与湖泊所在区域气候有着密切关系。在区域气温不断升高、降水量增加、冻土和流域上游水源地冰川融化等因素的共同作用下，湖泊径流补给的水源增加，再加上区域蒸发量的减少，使得湖泊本身的水容量增大，最终导致湖泊面积增大。

昂拉仁错流域湖泊面积变化及其影响因素：1973～2020年，昂拉仁错与仁青休布错湖泊面积均呈波动式变化。昂拉仁错湖泊面积总体上呈减少趋势：1973年面积为512.86km^2，2020年缩小至498.21km^2，共减少14.65km^2，萎缩率为2.9%；2016年面积减少至最低，为489.45km^2。仁青休布错湖泊面积总体上略有扩张：1973年面积为185.63km^2，2020年面积为188.93km^2，增加了3.3km^2，扩张率为1.8%。两大湖泊均在1973～2000年呈持续萎缩状态，2001～2016年变化不大，2017～2019年呈扩张趋势，2020年又开始萎缩。

湖泊面积变化、冰川消融与降水、气温有很好的相关性。两大湖泊均属内陆湖泊，其水量变化主要由周围冰川消融和降水补给。为了研究湖泊和冰川面积与气象因素之间的响应关系，分析4个气象要素（气温、降水量、蒸发量、地温）与昂拉仁错、仁青休布错湖泊面积和隆格尔山脉冰川面积的相关关系。结果显示，昂拉仁错和仁青休布错湖泊面积均与地温、降水量和气温呈现较好的相关性。昂拉仁错湖泊面积与降水量的相关性最高（$P<0.001$），其次是气温（$P<0.05$）。仁青休布错湖泊面积与地温、气温的相关性最好（$P<0.001$）。隆格尔山脉冰川面积与蒸发量的相关性最好（$P<0.0001$）。

藏南多庆错流域湖泊面积变化及其影响因素：基于1988～2012年Landsat和2013～2019年高分卫星遥感影像，对多庆错和嘎拉错湖泊面积变化进行监测，并分析其与近20年气象数据之间的关系。结果表明，多庆错与嘎拉错湖泊面积变化均较大，总体呈现减少趋势，2019年湖泊面积分别为47.31km^2、7.28km^2，较1988年分别减少39.62%、27.42%，其中嘎拉错在2005年和2014年曾出现干涸现象。该流域近32年气温升高、降水量减少、蒸发量减少。多庆错湖泊面积与年平均气温有较好的负相关关系，与年降水量呈正相关关系，嘎拉错与年降水量有较好的正相关关系。气温升高、降水减少可能是多庆错湖面萎缩的原因，而嘎拉错湖面波动很有可能与降水有关。

参考文献

边多, 边巴次仁, 拉巴, 等. 2010. 1975-2008年西藏色林错湖面变化对气候变化的响应. 地理学报,

65(3): 313-319.

蔡汉成, 李勇, 杨永鹏, 等. 2016. 青藏铁路沿线多年冻土区气温和多年冻土变化特征. 岩石力学与工程学报, 35(7): 1434-1444.

蔡英, 李栋梁, 汤懋苍, 等. 2003. 青藏高原近50年来气温的年代际变化. 高原气象, 22(5): 464-470.

常燕, 吕世华, 罗斯琼, 等. 2018. CMIP5 耦合模式对青藏高原冻土变化的模拟和预估. 高原气象, 35(5): 1157-1168.

程国栋, 赵林, 李韧, 等. 2019. 青藏高原多年冻土特征、变化及影响. 科学通报, 64(27): 2783-2797.

戴黎聪, 柯浔, 张法伟, 等. 2020. 青藏高原季节冻土区土壤冻融过程水热耦合特征. 冰川冻土, 42(2): 390-398.

董斯扬, 薛娴, 尤全刚, 等. 2014. 近40年青藏高原湖泊面积变化遥感分析. 湖泊科学, 26(4): 535-544.

冯蕾, 魏凤英. 2008. 青藏高原夏季降水的区域特征及其与周边地区水汽条件的配置. 高原气象, 27(3): 491-499.

高荣, 董文杰, 韦志刚. 2008. 青藏高原季节性冻土的时空分布特征. 冰川冻土, 30(5): 740-744.

高思如, 曾文钊, 吴青柏, 等. 2018. 1990-2014年西藏季节冻土最大冻结深度的时空变化. 冰川冻土, 40(2): 223-230.

胡泽勇, 钱泽雨, 程国栋, 等. 2002. 太阳辐射对青藏铁路路基表面热状况的影响. 冰川冻土, 24(2): 121-128.

蒋元春, 李栋梁, 郑然. 2020. 1971-2016年青藏高原积雪冻土变化特征及其与植被的关系. 大气科学学报, 3(3): 481-494.

康世昌, 张拥军, 秦大河, 等. 2007. 近期青藏高原长江源区急剧升温的冰芯证据. 科学通报, 52(4): 457-462.

拉巴, 陈涛, 拉巴卓玛, 等. 2011. 基于MODIS影像的色林错湖面积变化及成因. 气象与环境学报, 27(2): 69-72.

梁宏, 刘晶淼, 李世奎. 2006a. 青藏高原及周边地区大气水汽资源分布和季节变化特征分析. 自然资源学报, 21(4): 526-534.

梁宏, 刘晶淼, 章建成, 等. 2006b. 青藏高原大气总水汽量的反演研究. 高原气象, 25(6): 1055-1063.

林厚博, 游庆龙, 焦洋, 等. 2016. 青藏高原及附近水汽输送对其夏季降水影响的分析. 高原气象, 35(2): 309-317.

林振耀, 吴祥定. 1990. 青藏高原水汽输送路径的探讨. 地理研究, 9(3): 33-40.

刘永智, 吴青柏, 张建明, 等. 2002. 青藏高原多年冻土地区公路路基变形. 冰川冻土, 24(1): 10-15.

鲁安新, 姚檀栋, 刘时银, 等. 2002. 青藏高原各拉丹冬地区冰川变化的遥感监测. 冰川冻土, 24(5): 559-562.

罗栋梁, 金会军, 吕兰芝, 等. 2014. 黄河源区多年冻土活动层和季节冻土冻融过程时空特征. 科学通报, 59: 1327-1338.

马山木, 甘甫平, 吴怀春, 等. 2022. ICESat-2数据监测青藏高原湖泊2018-2021年水位变化. 自然资源遥感, 34(3): 164-172.

苗秋菊, 徐祥德, 施小英. 2004. 青藏高原周边异常多雨中心及其水汽输送通道. 气象, 30(12): 44-47.

第6章 青藏高原水环境对气候变化响应特征

缪启龙,张磊,丁斌.2007.青藏高原近40年的降水变化及水汽输送分析.气象与减灾研究,30(1):14-18.

南卓铜,李述训,程国栋.2004.未来50与100a青藏高原多年冻土变化情景预测.中国科学D辑:地球科学,34(6):528-534.

欧阳斌.2012.基于LST产品的青藏高原冻土制图.兰州:中国科学院寒区旱区环境与工程研究所.

齐文文,张百平,庞宇,等.2013.基于TRMM数据的青藏高原降水的空间和季节分布特征.地理科学,33(8):999-1005.

秦大河,姚檀栋,丁永建,等.2014.冰冻圈科学辞典.北京:气象出版社.

盛煜,马巍,温智,等.2005.多年冻土区铁路路基阴阳坡面热状况差异分析.岩石力学与工程学报,24(17):3197-3201.

石亚亚,杨成松,车涛.2017.MODIS LST产品青藏高原冻土图的精度验证.冰川冻土,39(1):70-78.

王国尚,金会军,林清,等.1998.青藏公路沿线多年冻土变化及环境意义.冰川冻土,20(4):444-450.

王宁练,姚檀栋,徐柏青,等.2019.全球变暖背景下青藏高原及周边地区冰川变化的时空格局与趋势及影响.中国科学院院刊,34(11):1220-1232.

王绍令,赵秀锋.1997.青藏公路南段岛状冻土区内冻土环境变化.冰川冻土,19(3):231-238.

王霄,巩远发,岑思弦.2009.夏半年青藏高原"湿池"的水汽分布及水汽输送特征.地理学报,64(5):601-608.

王哲,刘凯,詹鹏飞,等.2022.近三十年青藏高原内流区湖泊岸线形态的时空演变.地理研究,41(4):980-996.

吴青柏,牛富俊.2013.青藏高原多年冻土变化与工程稳定性.科学通报,58(2):115-130.

吴小丽,刘桂民,李新星,等.2021.青藏高原多年冻土和季节性冻土区土壤水分变化及其与降水的关系.水文,41(1):73-101.

解承莹,李敏姣,张雪芹,等.2015.青藏高原南缘关键区夏季水汽输送特征及其与高原降水的关系.高原气象,34(2):327-337.

谢欣汝,游庆龙,保云涛,等.2018.基于多源数据的青藏高原夏季降水与水汽输送的联系.高原气象,37(1):78-92.

徐祥德,陶诗言,王继志,等.2002.青藏高原-季风水汽输送"大三角扇型"影响域特征与中国区域旱涝异常的关系.气象学报,60(3):257-266.

闫立娟,郑绵平,魏乐军.2016.近40年来青藏高原湖泊变迁及其对气候变化的响应.地学前缘,23(4):310-323.

姚檀栋,余武生,杨威,等.2016.第三极冰川变化与地球系统过程.科学观察,(6):55-57.

叶笃正,罗四维,朱抱真.1957.西藏高原及其附近的流场结构和对流层大气的热量平衡.气象学报,2(1):20-33.

叶庆华,程维明,赵永利,等.2016.青藏高原冰川变化遥感监测研究综述.地球信息科学学报,18(7):920-930.

张国庆,王蒙蒙,周陶,等.2022.青藏高原湖泊面积、水位与水量变化遥感监测研究进展.遥感学报,26(1):115-125.

赵林,盛煜.2019.青藏高原多年冻土及其变化.北京:科学出版社.

周幼吾, 郭东信. 1982. 我国多年冻土的主要特征. 冰川冻土, 4(1): 1-19.

朱福康, 陶诗言, 陈联寿. 2000. 高原湿池. 第二次青藏高原大气科学试验理论研究进展（二）. 北京: 气象出版社.

Brun F, Treichler D, Shean D, et al. 2020. Limited contribution of glacier mass loss to the recent increase in Tibetan Plateau lake volume. Frontiers in Earth Science, 8: 1-14.

Chen B, Xu X D, Yang S, et al. 2012. On the origin and destination of atmospheric moisture and air mass over the Tibetan Plateau. Theoretical and Applied Climatology, 110(3): 423-435.

Conway J P, Cullen N J, Spronken-Smith R A, et al. 2015. All-sky radiation over a glacier surface in the Southern Alps of New Zealand: characterizing cloud effects on incoming shortwave, longwave and net radiation. International Journal of Climatology, 35(5): 699-713.

Cuo L, Zhang Y, Bohn T J, et al. 2017. Frozen soil degradation and its effects on surface hydrology in the northern Tibetan Plateau. Journal of Geophysical Research: Atmospheres, 47(4): 719-728.

Dai L C, Guo X W, Zhang F W, et al. 2019. Seasonal dynamics and controls of deep soil water infiltration in the seasonally-frozen region of the Qinghai-Tibet Plateau. Journal of Hydrology, 571: 740-748.

Dong W H, Lin Y, Wright J S, et al. 2016. Summer rainfall over the southwestern Tibetan Plateau controlled by deep convection over the Indian subcontinent. Nature Communications, 7: 10925.

Dong W, Lin Y, Wright J S, et al. 2017. Indian monsoon low pressure systems feed up-and-over moisture transport to the southwestern Tibetan Plateau: up-and-over moisture transport. Journal of Geophysical Research Atmospheres, 122(22): 12140-12151.

Duan A M, Xiao Z X. 2015. Does the climate warming hiatus exist over the Tibetan Plateau? Scientific Reports, 5: 13711.

Frauenfeld O W, Zhang T J. 2011. An observational 71-year history of seasonally frozen ground changes in the Eurasian high latitudes. Environmental Research Letters, 6(4): 044024.

Gao Y, Lan C, Zhang Y. 2014. Changes in moisture flux over the Tibetan Plateau during 1979-2011 and possible mechanisms. Journal of Climate, (27): 1876-1893.

Guo D, Wang H. 2013. Simulation of permafrost and seasonally frozen ground conditions on the Tibetan Plateau, 1981-2010. Journal of Geophysical Research: Atmospheres, 118: 5216-5230.

Hu H, Wang G, Wang Y, et al. 2009. Response of soil heat-water processes to vegetation cover on the typical permafrost and seasonally frozen soil in the headwaters of the Yangtze and Yellow Rivers. Chinese Science Bulletin, 54: 1225-1233.

Jin R, Li X. 2009. Improving the estimation of hydrothermal state variables in the active layer of frozen ground by assimilating in situ observations and SSM/I data. Science in China, Series D-Earth Sciences, 52(11): 1732-1747.

Lei Y, Yang K, Wang B, et al. 2014. Response of inland lake dynamics over the Tibetan Plateau to climate change. Climatic Change, 125(2): 281-290.

Li J. 2018. Hourly station based precipitation characteristics over the Tibetan Plateau. International Journal of Climatology, 38: 1560-1570.

Li X, Koike T. 2003. Frozen soil parameterization in SiB2 and its validation with GAME-Tibet observations. Cold Regions Science and Technology, 36（1-3）: 165-182.

Li X, Rui J, Pan X, et al. 2012. Changes in the near-surface soil freeze-thaw cycle on the Qinghai-Tibetan Plateau. International Journal of Applied Earth Observation and Geoinformation, 17: 33-42.

Liang W, Yang Y, Fan D, et al. 2017. Analysis of spatial and temporal patterns of net primary production and their climate controls in China from 1982 to 2010. Agricutural and Forest Meteorology, 204: 22-38.

Liu X, Chen B. 2000. Climatic warming in the Tibetan Plateau during recent decades. International Journal of Climatology: A Journal of the Royal Meteorological Society, 20（14）: 1729-1742.

Liu Y M, Wu G X, Hong J L, et al. 2012. Revisiting Asian monsoon formation and change associated with Tibetan Plateau forcing: II. Change. Climate Dynamics, 39（5）: 1183-1195.

Luo S Q, Wang J Y, Pomeroy J W, et al. 2020. Freeze-thaw changes of seasonally frozen ground on the Tibetan Plateau from 1960 to 2014. Journal of Climate, 33（21）: 1-57.

Maussion F, Scherer D, Mölg T, et al. 2014. Precipitation seasonality and variability over the Tibetan Plateau as resolved by the high Asia reanalysis. Journal of Climate, 27（5）: 1910-1927.

Ni J, Wu T H, Zhu X F, et al. 2021. Risk assessment of potential thaw settlement hazard in the permafrost regions of Qinghai-Tibet Plateau. Science of the Total Environment, 776（3）: 145855.

Peng X, Zhang T, Frauenfeld O W, et al. 2017. Response of seasonal soil freeze depth to climate change across China. Rryosphere, 11（3）: 1059.

Qin Y, Lei H, Yang D, et al. 2016. Long-term change in the depth of seasonally frozen ground and its ecohydrological impacts in the Qilian Mountains, northeastern Tibetan Plateau. Journal of Hydrology, 542: 204-221.

Sun W, Qin X, Du W, et al. 2014. Ablation modeling and surface energy budget in the ablation zone of Laohugou Glacier No. 12, western Qilian Mountains, China. Annals of Glaciology, 55（66）: 111-120.

Sun W, Qin X, Ren J, et al. 2012. The Surface energy budget in the accumulation zone of the Laohugou Glacier No. 12 in the western Qilian Mountains, China, in summer 2009. Arctic, Antarctic, and Alpine Research, 44（3）: 296-305.

Tao S Y, Ding Y H. 1981. Observational evidence of the influence of the Qinghai-Xizang（Tibet）Plateau on the occurrence of heavy rain and severe convective storms in China. Bulletin of the American Meteorological Society, 62（1）: 23-30.

Wang C H, Dong W J, Wei Z G. 2002. Anomaly feature of seasonal frozen soil variations on the Qinghai-Tibet Plateau. Journal of Geographical Sciences, 12（1）: 99-107.

Wang K, Zhang T J, Zhong X Y. 2015. Changes in the timing and duration of the near-surface soil freeze/thaw status from 1956 to 2006 across China. The Cryosphere, 9（3）: 1321-1331.

Wang Z L, Fu Q, Jiang Q X, et al. 2011. Numerical simulation of water-heat coupled movements in seasonal frozen soil. Mathematical and Computer Modelling, 54: 970-977.

Wang Z, Duan A, Yang S, et al. 2017. Atmospheric moisture budget and its regulation on the variability of summer precipitation over the Tibetan Plateau. Journal of Geophysical Research Atmospheres, 122（2）:

614-630.

Wu G, Zhang Y. 1998. Tibetan Plateau forcing and the timing of the monsoon onset over South Asia and the South China Sea. Monthly Weather Review, 126(4): 913-927.

Wu Q B, Li X, Li W J. 2000. The prediction of permafrost change along the Qinghai-Tibet highway, China. Permafrost and Periglacial Processes, 11: 371-376.

Wu Q B, Niu F J, Ma W, et al. 2014. The effect of permafrost change beneath embankment on the Qinghai-Xizang Railway. Environmental Earth Sciences, 71(8): 3321-3328.

Wu Q B, Zhang T, Liu Y. 2010a. Permafrost temperatures and thickness on the Qinghai-Tibet Plateau. Global and Planet Change, 72: 32-38.

Wu Q B, Zhang Z Q, Liu Y Z. 2010b. Long-term thermal effect of asphalt pavement on permafrost under an embankment. Cold Regions Science and Technology, 60: 221-229.

Wu Q B, Liu Y Z, Hu Z Y. 2011. The thermal effect of differential solar exposure on embankments along the Qinghai-Tibet Railway. Cold Regions Science and Technology, 66: 30-38.

Yang K, Wu H, Qin J, et al. 2014. Recent climate changes over the Tibetan Plateau and their impacts on energy and water cycle: a review. Global and Planetary Change, 112(1): 79-91.

Yang K, Ye B S, Zhou D G, et al. 2011. Response of hydrological cycle to recent climate changes in the Tibetan Plateau. Climatic Change, 109(3): 517-534.

Yang W, Guo X F, Yao T D, et al. 2011. Summertime surface energy budget and ablation modeling in the ablation zone of a maritime Tibetan glacier. Journal of Geophysical Research: Atmospheres, 116: D14116.

Zhang F, Nelson E, Gruber S. 2007. Introduction to special section: permafrost and seasonally frozen ground under a changing climate. Journal of Geophysical Research: Earth Surface, 112: F02S01.

Zhang G, Yao T, Shum C K, et al. 2017. Lake volume and groundwater storage variations in Tibetan Plateau's endorheic basin. Geophysical Research Letters, 44(11): 5550-5560.

Zhang T, Barry R G, Knowles K, et al. 1999. Statistics and characteristics of permafrost and ground-ice distribution in the Northern Hemisphere. Polar Geography, 23: 132-154.

Zhang Z Q, Wu Q B, Lau Y Z, et al. 2017. Characteristics of water and heat changes in near-surface layers under influence of engineering interface. Applied Thermal Engineering, 125: 986-994.

Zhang Z Q, Wu Q B, Xun X Y, et al. 2016. Radiation and energy balance characteristics of asphalt pavement in permafrost regions. Environmental Earth Sciences, 75(3): 221-240.

Zhao F, Long D, Li X, et al. 2022. Rapid glacier mass loss in the Southeastern Tibetan Plateau since the year 2000 from satellite observations. Remote Sensing of Environment, 270: 112853.

Zhao J X, Luo T X, Li R C, et al. 2018. Precipitation alters temperature effects on ecosystem respiration in Tibetan alpine meadows. Agricultural and Forest Meteorology, 252: 121-129.

Zhao L, Ping C L, Yang D Q, et al. 2004. Changes of climate and seasonally frozen ground over the past 30 years in Qinghai-Xizang (Tibetan) Plateau, China. Global and Planetary Change, 43(1-2): 19-31.

Zheng G H, Yang Y T, Yang D W, et al. 2020. Remote sensing spatiotemporal patterns of frozen soil and the environmental controls over the Tibetan Plateau during 2002-2018. Remote Sensing of Environment, 247:

111927.

Zhu M, Yao T, Yang W, et al. 2015. Energy- and mass-balance comparison between Zhadang and Parlung No. 4 Glaciers on the Tibetan Plateau. Journal of Glaciology, 61(227): 595-607.

Zimov S A, Schuur E A G, Chapin F S. 2006. Permafrost and the global carbon budget. Science, 312: 1612-1613.

Zou D, Zhao L, Sheng Y, et al. 2017. A new map of permafrost distribution on the Tibetan Plateau. Cryosphere, 11: 2527-2542.

第 7 章

青藏高原生态环境特征与气候变化影响

气候变化对青藏高原植被、碳氮循环和大气环境的影响是青藏高原生态文明建设及科学应对气候变化的决策基础。青藏高原气候变化对植被环境的影响，除了气温显著升高外，还与高原降水时空分布的区域性特征存在显著的关联性，从而导致高原不同区域的植被环境变化存在显著差异。西风－季风协同作用下，青藏高原植被环境的显著变化一方面使得植被返青期提前、枯黄期推迟，另一方面也促进植被适宜分布区发生改变。

西风－季风协同作用下，青藏高原植被环境变化必然影响碳氮循环。植物碳输入变化将影响表层土壤有机碳稳定性，冻土融化引起的土壤氮对植物生长的促进作用并不显著，特别是冻土层土壤有效氮含量及氮转化速率均低于活动层土壤，导致冻土区植被生长受氮限制增强。气候变暖引起的冻土融化使得微生物种类和数量增加，促进了土壤碳分解，导致更多的碳被排放到大气中，对气候变暖起到正反馈作用。

气候变暖背景下，大气加热的不均衡性引起热力环流变化，加深局地对流活动、改变大气辐射和臭氧前体物的排放以及臭氧污染的时空分布，导致背景站地表臭氧浓度持续增加。同时，气候变暖改变了污染物向高原传输的途径，影响青藏高原大气气溶胶浓度，加之当地能源消耗和人为源排放增加，造成青藏高原30年以来区域背景大气中气溶胶浓度总体呈先增后减趋势。

特殊的高寒环境使得青藏高原生态环境极其脆弱。面对日益加剧的气候暖湿化和人类活动双重影响，青藏高原植被带迁移、林线受限、固碳能力及时空格局改变、大气污染增加等生态与环境问题日益突出，严重威胁国家生态安全屏障作用的发挥。因此，亟须建立气候变暖背景下青藏高原国家生态安全屏障保护与建设的理论和技术体系，加强青藏高原国家生态安全屏障功能保护与建设的研究与科技示范，特别是加强以卫星遥感为主体的天－空－地一体化生态环境精细化监测研究迫在眉睫，以解决青藏高原区域资料时空短缺问题。

弄清气候变化对生态环境的影响，识别影响生态环境的气候因子，确认生态环境的气候临界阈值是生态环境脆弱性评价与适应性管理的科学基础。为此，迫切需要弄清西风－季风协同作用下青藏高原植被环境、碳氮循环和大气环境的变化规律、调控机制与发展趋势，以为青藏高原生态文明建设及科学应对气候变化提供决策支持。

7.1　青藏高原暖湿化与植被变化区域特征

7.1.1　高原植被变化对降水滞后响应

将青藏高原植被生长集中期5～9月作为研究时段，分析温度与降水变化对植被环境变化的影响。使用TRMM卫星与地面降水站点变分分析资料，计算出高分辨率的降水变率分布［图7.1(c)］。由图7.1(c)可以看出，青藏高原南部区域以负变率为主，东北、西北部呈正变率，中部区域亦呈负变率，由此将青藏高原区域划分为北部区域（区域A）、南部区域（区域B）两区。区域A降水总体上呈增多趋势，特别是青藏高

第 7 章 青藏高原生态环境特征与气候变化影响

原青海与东北部的柴达木盆地地区，暖湿化明显，与此相对应的，该区域的叶面积指数呈现增长特征，叶面积指数呈上升趋势的面积（像元）占总面积（像元）的 97.0%，远大于下降趋势的比例［图 7.1(d)］。区域 B 的降水呈上升趋势的面积远小于下降趋势，这说明南部区域（B）降水量变化总体呈下降趋势，年降水量显著下降的区域主要集中在南部边缘喜马拉雅山、雅鲁藏布江拐弯处以及高原东南部等相对湿润区域［图 7.1(c)］，其中区域 B 中的 86.1% 区域（像元）的叶面积指数呈上升趋势。总体而言，相比北部区域 A，南部区域 B 部分区域的叶面积指数呈下降趋势的比例较大［图 7.1(d)］，说明青藏高原非均匀分布的降水变化对高原区域植被状况具有显著影响效应（Sun et al.，2022）。

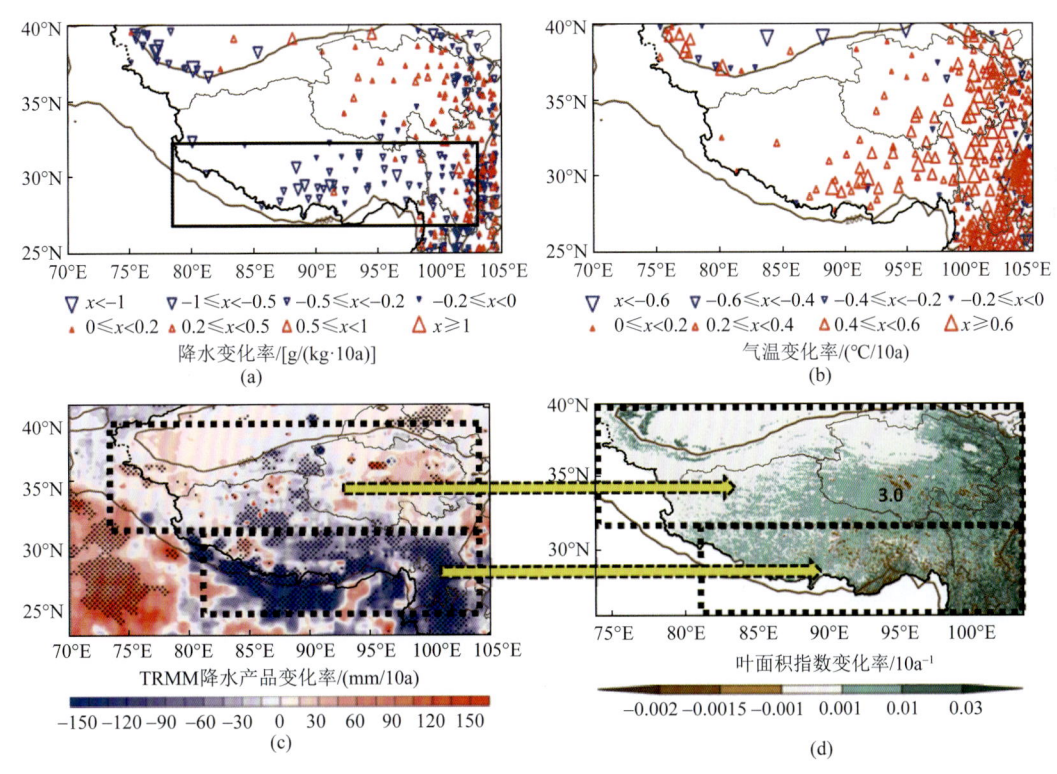

图 7.1　2000～2018 年青藏高原区域 (25°～40°N，70°～105°E) 植被生长季平均站点降水变化率 (a)、站点平均 2m 气温变化率 (b)、变分后 TRMM 降水产品变化率 (c) 及平均叶面积指数变化率 (d)（Sun et al.，2022）

x 代表比湿变率

考虑到青藏高原植被变化对降水的滞后效应，将逐月降水与叶面积指数变化空间分布作分析对比，发现降水与叶面积指数变率分布存在"月滞后效应"，即后者与前者滞后一个月变率图的分布特征十分吻合。4 月降水在青藏高原南缘偏东区域负变率趋势显著，其与 5 月该区域叶面积指数负变率分布特征相似。5～6 月降水负变率区逐渐向北扩大，而 6～7 月叶面积指数负变率区也向北扩大，其中 6 月降水与 7 月叶面积指数负变率占比同步显著扩大到青藏高原南部大部分区域。7 月降水负变率南缩到青藏高原南部边缘，为生长季降水正变率占比最大的月份，恰对应次月（8月）生长季植被变化状态最佳月份。8月降水负变率占比面积再次向北扩张，对应9月叶面积指数负变率北扩状态。上述降水与叶面积指数变化存在一个月的位相差相关特征，揭示出青藏高原降水对植被指数变化存在月滞后影响效应。

7.1.2 植被环境变化区域性特征对区域降水的响应

青藏高原生态环境变化对降水响应具有复杂性，叶面积指数的变化受到温度和降水等因素的综合影响。其中，区域A的温度与叶面积指数均呈显著上升趋势；区域A的降水与"滞后"一个月的叶面积指数的变化存在相关性。与之相比，区域B的温度与叶面积指数亦呈显著的上升趋势。但区域B降水呈显著下降趋势，与叶面积指数的年际变化呈"反向"趋势，但滞后相关系数未达到一定显著性水平。上述研究表明，区域B叶面积指数正变率比例明显低于区域A，其中区域B降水量的下降趋势对该区域暖湿化植被变化程度的减缓效应（叶面积指数正变率）存在一定影响，表明青藏高原生态变化对降水响应具有复杂性。

研究表明，与湿润地区相比，干旱地区的植被生长季起始日对生长季前降水的年际变化更为敏感（Xu et al.，2002）。青藏高原南部区域（区域B）植被变化对降水的响应不敏感，青藏高原北部区域（区域A）植被变化对生长季前降水更为敏感。

对于青藏高原大部分区域而言，5~9月气温和生长季前降水与像元叶面积指数均呈正相关关系。在青藏高原北部区域，植被对温度、生长季前降水响应的敏感程度均较高，一半以上区域呈显著正相关，主要集中在青藏高原东北部，包括青海湖及其周围区域。在青藏高原南部区域，温度、生长季前降水与叶面积指数呈显著正相关的区域远小于北部区域，说明南部区域的植被对气候暖湿化的响应不如北部区域敏感。

7.1.3 青藏高原亚洲季风变化对生态环境的影响

从青藏高原区域生长季降水与整层水汽输送相关场［图7.2(a) 和 (b)］中可以看出，青藏高原区域植被生长季降水主要受到南亚季风与东亚季风系统的双重影响。其中，青藏高原北部区域的降水主要与南亚季风区的水汽输送相关，其水汽与印度洋南部南半球海洋水汽源的跨赤道暖湿气流密切相关，流经印度洋以及阿拉伯海和孟加拉湾，最终进入青藏高原；南部区域的降水主要与东亚季风系统中由副热带高压控制下东亚季风带来的暖湿气流相关，这部分水汽来自中国南海、孟加拉湾与阿拉伯海，从西太平洋经孟加拉湾在青藏高原南面流入。南北输送的水汽，特别是南边界进入的水汽对青藏高原区域降水的影响尤为关键，北部区域A南边界（32°N）的水汽通量（qv）与区域A降水显著相关，反之则与该边界以南的区域呈显著的负相关［图7.2(c)］；同理，区域B南边界（25°N）的水汽通量与区域B的降水显著相关［图7.2(d)］。图7.2(e) 和 (f) 分别描绘了植被生长季区域A、B南北方向的水汽通量的变化。对于区域A，其南侧水汽输送整体呈现增

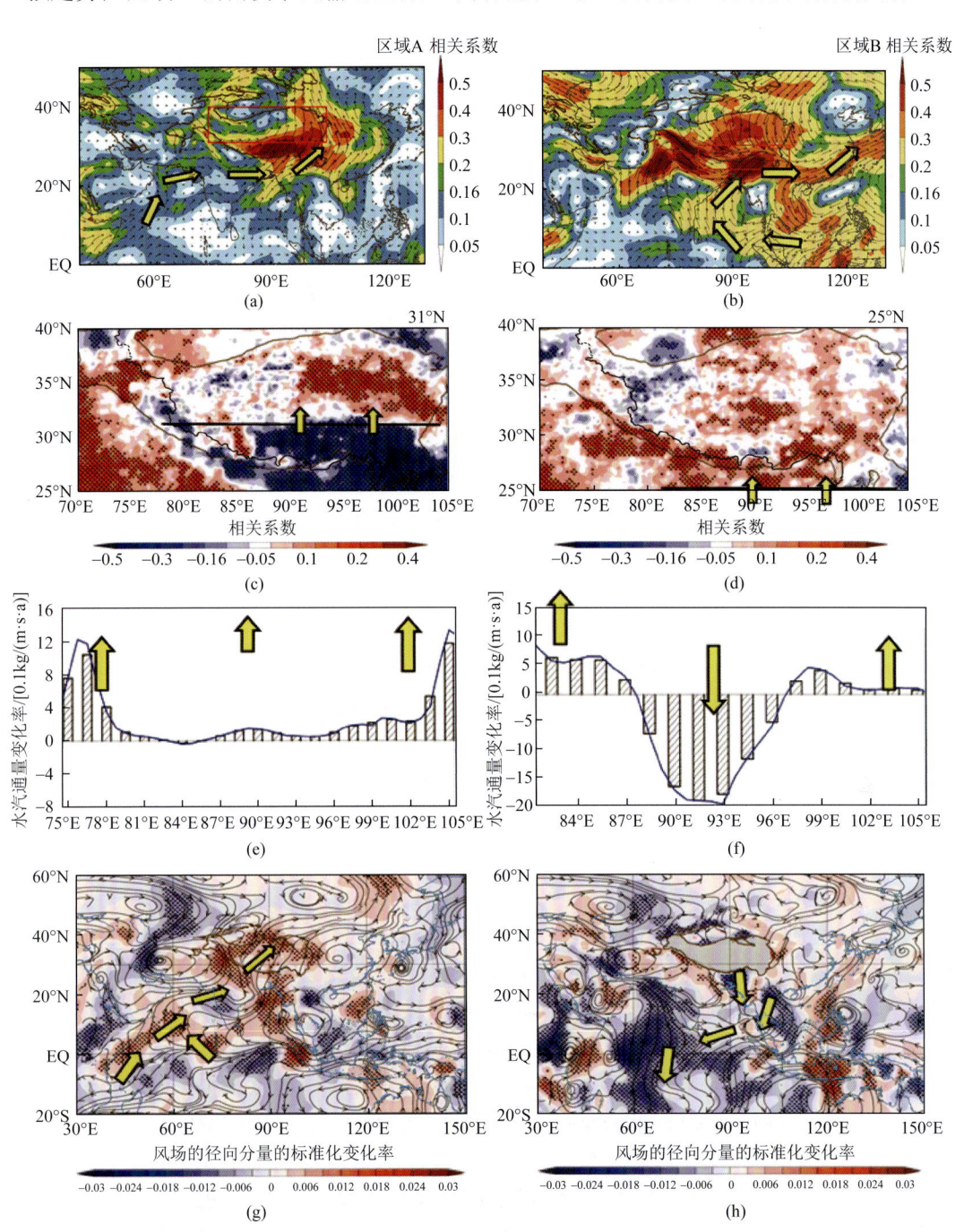

第 7 章 青藏高原生态环境特征与气候变化影响

强趋势；区域 B 的南侧水汽输送整体呈下降趋势，东、西两侧呈现增强与减弱交替。

图 7.2 青藏高原植被生长季降水与全球水汽输送变化（Sun et al.，2022）

(a) 1998~2018 年植被生长季节（4~8 月）青藏高原区域降水与全球水汽通量标准化合成相关（矢量）；(b) 平均南北向水汽通量变化率（填色：变化率；点阵：信度超过 90%）；区域 A(c)/区域 B(d) 南边界水汽通量与降水的相关分布；区域 A(e)/区域 B(f) 南边界水汽通量变化分布；2000~2018 年 4~8 月标准化平均风场变化 500 hPa(g)/700 hPa(h)（流线：风场变化率；颜色：风场的径向分量标准变化率）

中高层 500hPa 源自南半球跨赤道气流从西部进入青藏高原，主体到达青藏高原北部与中部的南亚季风呈现增强特征（西部正变率区），为促进青藏高原主体植被环境"暖湿化"效应提供了大气环流水汽输送驱动重要保障 [图 7.2(g)]；而在青藏高原东部南缘低层爬升进入青藏高原的水汽则呈显著减弱特征（东部负变率区），构成了降水减少的环流背景，某种程度抑制了青藏高原南部环境的"暖湿化"进程 [图 7.2(h)]。

上述研究结果表明，青藏高原气候暖湿化对植被环境的影响，除了气温为主因外，还与青藏高原降水的区域性特征存在显著的关联，即青藏高原北、南区域植被环境变化存在显著区域性差异。青藏高原暖湿化驱动因素中南亚与东亚季风通过年际、年代际水汽输送结构的重大变化，显著影响着生态环境的非均匀性区域变异特征。

7.2 气候变化对植被生态系统影响

植被生态系统是地球的主体，植被生态系统通过光合作用所固定的太阳能是地球上生态系统中一切生命成分及其功能的基础，也是人类赖以生存与持续发展的基础。不仅如此，植被生态系统还在全球物质循环与能量交换中起着重要作用，在调节全球碳平衡、减缓大气中 CO_2 等温室气体浓度上升以及维护全球气候稳定等方面具有不可替代的作用。因此，弄清气候变化对植被生态系统的影响是生态保护、区域可持续发展和防灾减灾的基础，已经成为国际社会高度关注的热点。

西风-季风协同作用及其多样化的地质地貌类型、土壤类型和气候条件，形成了青藏高原多样化的生态系统，包括亚热带常绿树种、山地寒温性针叶树种、高山常绿灌木、高寒落叶阔叶灌木、高寒荒漠灌木、高寒草甸、高寒草原、干旱裸地和高寒裸地等植被生态系统。基于 1961 年以来的气候资料以及不同未来气候情景（RCP4.5 和 RCP8.5）下 2011～2040 年的气候预估数据，根据气候资源保证率原则，评估了青藏高原植被生态系统的气候适宜性及其发展趋势。基于植被生态系统在待预测地区的存在概率 p，划分气候适宜性等级：[0，0.05] 为气候不适宜区（即气候保证率低于 60%）、[0.05，0.19] 为气候轻度适宜区（即气候保证率低于 76%）、[0.19，0.38] 为气候中度适宜区（即气候保证率低于 85%）、[0.38，1] 为气候完全适宜区（即气候保证率不低于 85%）。

青藏高原亚热带常绿树种地理分布呈北移趋势，气候完全适宜区和轻度适宜区面积随时间推移出现波动，中度适宜区面积呈增大趋势，不适宜区的面积呈减小趋势。在未来 RCP4.5 和 RCP8.5 气候情景下，2011～2040 年地理分布区气候完全适宜区面积将大幅度减小。在未来 RCP4.5 气候情景下气候完全适宜区被气候中度适宜区和轻度适宜区所代替，而在未来 RCP8.5 气候情景下气候轻度适宜区将进一步占据原来的其他气候适宜区的更大面积，完全适宜区将急剧减少。

山地寒温性针叶树种地理分布呈现向西北迁移的趋势，气候完全适宜区面积随时间推移呈增加趋势，中度适宜区面积呈减小趋势，而轻度适宜区面积出现先增后减的波动趋势；在未来 RCP4.5 和 RCP8.5 气候情景下，2011～2040 年地理分布区表现出明显的向西迁移趋势,气候适宜区面积变化明显,气候完全适宜区和轻度适宜区的面积明显减小,中度适宜区面积增大。

高山常绿灌木地理分布呈现向西北迁移趋势,气候完全适宜区面积随着时间推移均呈增加趋势,中度适宜区和轻度适宜区面积逐渐减小,不适宜区的面积呈减小趋势;在未来RCP4.5和RCP8.5气候情景下,2011~2040年地理分布区向西北迁移趋势更加显著,气候适宜区面积变化明显,气候完全适宜区面积呈减小趋势,中度适宜区和轻度适宜区面积则呈增加趋势。

高寒落叶阔叶灌木地理分布呈现向西北移动趋势,气候完全适宜区面积随着时间推移均呈减小趋势,中度适宜区呈增大趋势,轻度适宜区面积变化较小;不适宜区的面积呈逐渐减小趋势;在未来RCP4.5和RCP8.5气候情景下,2011~2040年气候适宜区面积将大幅度向西移动,气候完全适宜区将大幅扩展,中度适宜区和轻度适宜区的面积则明显减小。

高寒荒漠灌木地理分布主体位置不变,略有东扩趋势,气候完全适宜区、中度适宜区和轻度适宜区面积尽管随时间推移均出现一些波动,但面积总体变化不大;在未来RCP4.5和RCP8.5气候情景下,2011~2040年气候适宜区面积均明显减小,气候完全适宜区和中度适宜区几乎消失。

高寒草甸地理分布主体位置基本不变,在青藏高原西部的气候完全适宜区稍有减小,主要被气候中度适宜区所代替,随时间推移,气候完全适宜区面积表现为先增大后减小趋势,中度适宜区和轻度适宜区的面积则为先减小后增大的趋势,总体而言,青藏高原高寒草甸地理分布的气候完全适宜区面积总体呈减少趋势,并向东部集中;在未来RCP4.5和RCP8.5气候情景下,2011~2040年气候适宜区面积变化明显,气候适宜区面积均有减小,中度适宜区的减小幅度最大,青藏高原高寒草甸地理分布的气候完全适宜区面积减小并向中部集中。

高寒草原地理分布的气候适宜区均出现南界北移趋势,气候完全适宜区和轻度适宜区面积随时间推移均呈先减小后增大趋势,中度适宜区面积则呈先增大后减小趋势;不适宜区面积呈增大趋势;在未来RCP4.5和RCP8.5气候情景下,2011~2040年气候适宜区面积变化明显,主要表现为气候完全适宜区面积的急剧减小并向西北方向集中。

干旱裸地地理分布呈缩小趋势,气候完全适宜区面积随时间推移呈明显减小趋势,中度适宜区和轻度适宜区面积变化不大;不适宜区的面积呈逐渐增大趋势;在未来RCP4.5和RCP8.5气候情景下,2011~2040年地理分布区主体位置基本没有变化,主要表现在气候完全适宜区面积的大幅度减小,但气候轻度适宜区有南扩趋势。

高寒裸地地理分布的气候适宜区主体位置没有变化,气候完全适宜区和中度适宜区面积随时间推移均呈先增后减趋势,轻度适宜区则呈先减后增趋势。在未来RCP4.5和RCP8.5气候情景下,2011~2040年气候适宜区变化显著。在未来RCP4.5气候情景下气候完全适宜区和中度适宜区面积大幅减小,气候完全适宜区几乎消失;在未来RCP8.5气候情景下,气候完全适宜区的面积呈增加趋势,气候完全适宜区则扩展到青藏高原一半以上的区域,而气候中度适宜区和轻度适宜区的面积则呈减小趋势。

7.3 青藏高原优势树种及林线与气候变化影响

青藏高原是全球气候变化最为敏感的地区之一，温度和降水变化都比全球的变化提前。研究指出，青藏高原的气候已经呈现出明显的暖湿化趋势，年均气温上升，降水逐渐增加（郑度等，2002）。气候极端条件、生态系统稳定性差、外界干扰极易导致青藏高原生态系统结构与功能发生改变。青藏高原东南部是中国森林资源的重要分布区，有着以云冷杉为主的大范围暗针叶林，形成了由云冷杉和柏木等组成的高山林线（李文华，1985），是世界上最高林线分布区。急尖长苞冷杉（*Abies georgei* var. *smithii*）是冷杉属植物，为中国特有，主要分布在滇西北、川西南和藏东南海拔2500~4500m的高山地带，是藏东南山地冷杉属分布最广的一种，也是主要建群种之一。急尖长苞冷杉种群由于其野生种群面临灭绝的概率较大，属于国家二级保护植物。方枝柏（*Sabina saltuaria*）系柏科圆柏属乔木，为中国特有树种，喜阳耐旱耐寒，是青藏高原高山林线主要树种之一，主要分布在青藏高原东南部高山或高原地区，在西藏色季拉山分布于阳坡海拔4200~4520m处，是该地带森林群落的建群种，对于高寒生态系统的生态恢复具有重要意义。由于自然和人类活动的影响，目前尚存的方枝柏原始林已较为零星，多呈块状分布，仅在云南德钦县周围高山有成片森林，是该区阳坡森林群落的建群种。大果红杉（*Larix potaninii* var. *macrocarpa*）为松科落叶松属落叶乔木，为中国西部横断山特有种。大果红杉为喜光的强阳性树种，不耐庇荫，耐高寒气候和贫瘠土壤，主要分布在四川西南部、云南西北部和西藏东南部。大果红杉分布的中、下部与丽江云杉、苍山冷杉、云南黄果冷杉、高山松、华山松、红桦等混生，分布的上部除与长苞冷杉、川滇冷杉、方枝柏等混生外，也常形成一定面积的纯林直达林线。为弄清青藏高原生态环境对气候变化的响应与适应，在此选取急尖长苞冷杉、方枝柏和大果红杉等青藏高原优势树种和特有种为研究对象，分析其气候适宜性及变化趋势，为青藏高原生态系统可持续发展的科学决策、管理政策的制订以及青藏高原资源的合理开发利用提供依据。

7.3.1 急尖长苞冷杉

（1）气候完全适宜区（$0.38 \leq p \leq 1$）：主要分布在青藏高原东南部边缘，主要包括西藏东南部、四川西南部和云南北部部分区域。本区年降水量547~945mm，年均温度–0.2~12.5℃，年辐射量137845~165439W/m²，年极端最低温度–26.6~–8.2℃，最冷月平均温度–9.2~5.3℃，最暖月平均温度6.9~19.4℃。

（2）气候中度适宜区（$0.19 \leq p < 0.38$）：主要包括西藏东南部、四川中西部和云南部分区域，呈条状分布。本区年降水量425~994mm，年均温度–1.7~13.9℃，年极端最低温度–28.1~–5.5℃，最冷月平均温度–10.4~6.9℃，最暖月平均温度6.2~20.1℃，年辐射量131539~167904W/m²。

（3）气候轻度适宜区（$0.05 \leq p < 0.19$）：主要分布在西藏山南和昌都地区、四川

绵阳、甘肃陇南和云南昭通南部部分区域。本区年降水量367～1071mm，年均温度–3.2～16.2℃，年极端最低温度–30.0～–3.1℃，最冷月平均温度–12.3～9.2℃，最暖月平均温度4.3～22.5℃，年辐射量125382～174198W/m^2。

急尖长苞冷杉地理分布的气候适宜分布区随时间推移呈波动式增加趋势，主要是气候完全适宜区的面积随时间推移均呈线性减小，轻度适宜区范围增大，整体出现较小程度的北移。在未来RCP4.5和RCP8.5气候情景下，2011～2040年气候适宜分布区范围大幅度减小，气候完全适宜区和中度适宜区几乎消失，气候轻度适宜区呈减小且西移趋势。

7.3.2 方枝柏

（1）气候完全适宜区（$0.38 \leqslant p \leqslant 1$）：主要分布在青藏高原东南部边缘，主要包括西藏东南部、四川西部、云南西北部和甘肃南部区域。本区年降水量424～1027mm，年均温度–1.3～13.6℃，年极端最低温度–28.9～–6.6℃，最冷月平均温度–10.3～5.9℃，最暖月平均温度5.3～21.1℃，年辐射量125400～162572W/m^2。

（2）气候中度适宜区（$0.19 \leqslant p<0.38$）：主要在气候完全适宜区的外部边缘呈条带分布。本区年降水量370～1081mm，年均温度–2.8～14.6℃，年极端最低温度–31.9～–4.4℃，最冷月平均温度–12.0～7.9℃，最暖月平均温度4.3～23.2℃，年辐射量116804～167816W/m^2。

（3）气候轻度适宜区（$0.05 \leqslant p<0.19$）：主要分布在西藏东南部、四川中西部、甘肃南部、云南北部、陕西部分和青海东部区域，在山东半岛东部和河南中部也有小区域分布。本区年降水量为243～1173mm，年均温度–3.4～17.0℃，年极端最低温度–35.1～–2.4℃，最冷月平均温度–14.7～9.8℃，最暖月平均温度3.6～25.8℃，年辐射量107741～172534W/m^2。

方枝柏地理分布的气候适宜分布区随时间推移呈减小趋势，并呈向西北部偏移的弱趋势，但气候完全适宜区和气候中度适宜区面积有增加趋势，主要是气候轻度适宜区呈减少趋势。在未来RCP4.5和RCP8.5气候情景下，2011～2040年气候适宜分布区范围大幅增加，并向西北部移动，气候完全适宜区范围增加更显著。

7.3.3 大果红杉

（1）气候完全适宜区（$0.38 \leqslant p \leqslant 1$）：主要分布在青藏高原东南部边缘，主要包括西藏东南部、四川西南部和云南西北部的边缘区域。本区年降水量422～939mm，年均温度3.8～13.5℃，年辐射量135783～162845W/m^2，年极端最低温度–21.8～–7.7℃，最冷月平均温度–4.0～5.5℃，最暖月平均温度9.3～21.5℃。

（2）气候中度适宜区（$0.19 \leqslant p<0.38$）：主要在西藏东南部、四川中西部和云南北部零星分布。本区年降水量389～1027mm，年均温度2.5～15.3℃，年极端最低温

度 –23.8～–6.1℃，最冷月平均温度 –5.4～6.4℃，最暖月平均温度 9.3～23.0℃，年辐射量 129514～165138W/m^2。

（3）气候轻度适宜区（$0.05 \leq p<0.19$）：主要分布在西藏东南部、四川中西部、甘肃南部和云南昭通南部部分区域。本区年降水量 354～1081mm，年均温度 1.4～16.6℃，年极端最低温度 –25.9～–4.3℃，最冷月平均温度 –7.1～8.0℃，最暖月平均温度 7.7～24.7℃，年辐射量 121952～167997W/m^2。

以 1961～1990 年为基准期训练模型，分析 1966～1995 年、1971～2000 年、1976～2005 年、1981～2010 年、2011～2040 年（未来 RCP4.5 和 RCP8.5 气候情景）大果红杉地理分布气候适宜区的范围和面积变化可知：大果红杉地理分布的气候适宜分布区随时间推移呈波动增加趋势，但增加幅度较小，并有北移趋势，但气候完全适宜区呈减小趋势，气候中度适宜区呈增加趋势，轻度适宜区变化较小；未来 RCP4.5 和 RCP8.5 气候情景下，2011～2040 年气候适宜分布范围大幅增加，气候完全适宜区范围增加更为显著。

7.3.4 林线

藏东南色季拉山阴坡的急尖长苞冷杉林线和阳坡的方枝柏林线通常分布在山谷两侧，形成独特的对坡分布景观（Liu and Luo, 2011）。两面坡林线的年降水量相似，但年平均气温相差 2℃ 左右。为了解林线的气候变化趋势，对林芝气象站（海拔 3000m）观测数据分析表明，自 1960 年以来，该地区气温显著上升（$P<0.001$）（图 7.3），升温约 1.5℃（0.27℃/10a）。然而，由于该气象站海拔较低，观测数据不能反映林线的温度变化。为此，基于 2006～2016 年藏东南色季拉山两个典型树种林线年平均气温及林芝气象站年平均气温的显著相关性（图 7.4），恢复了 1960 年以来林线的年平均气温。1960～2018 年，林线的年平均气温也具有显著上升的趋势（$P<0.001$）（图 7.5），阴坡升温约 1.32℃（0.23℃/10a），阳坡升温约 0.95℃（0.16℃/10a）。

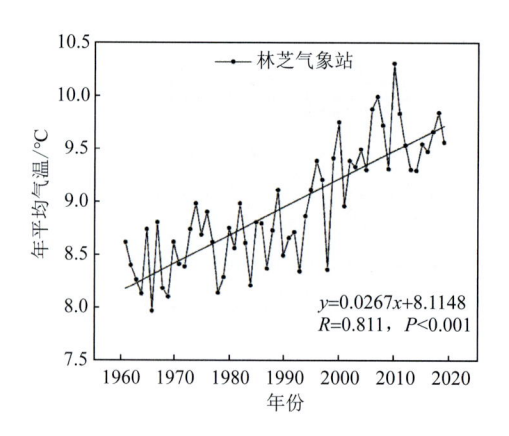

图 7.3　1960～2018 年林芝气象站年平均气温

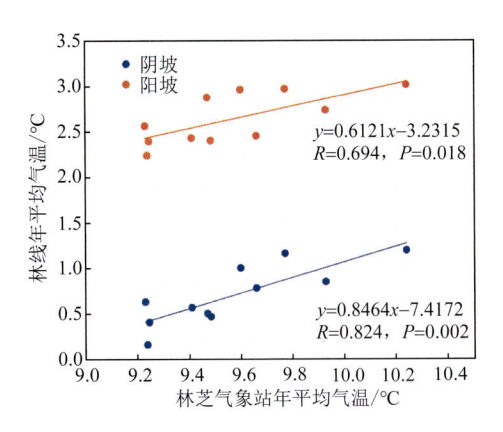

第 7 章 青藏高原生态环境特征与气候变化影响

图 7.4 林线年平均气温与林芝气象站年平均气温的关系

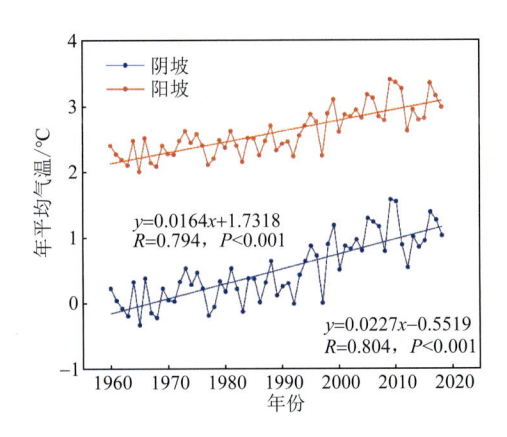

图 7.5 1960~2018 年林线年平均气温

生长季冻害事件的频率定义为生长季内出现日最低气温 <0℃的天数，强度定义为生长季内的绝对最低气温，持续时间定义为每日气温 <0℃的时间（h）。藏东南色季拉山两个典型树种林线的微气象观测数据显示，年平均气温与生长季开始时间具有显著相关性（$P<0.001$）（图 7.6）。当生长季开始时间早于 6 月 1 日（DOY 152）时，生长季早期冻害事件的频率、强度和持续时间均与生长季开始时间呈显著负相关（$P<0.001$）（图 7.7），而当生长季开始时间晚于该日期时，生长季早期未出现冻害事件。

1960~2018 年，林线的生长季开始时间显著提前（$P<0.001$）（图 7.8），阴坡提前约 25 天（4d/10a），阳坡提前约 18 天（3d/10a）。相应地，生长季早期冻害事件的频率、强度和持续时间也呈现增加趋势。生长季早期日最低气温 <0℃的天数显著增加（$P<0.001$）[图 7.9（a）]，阴坡增加约 6 天（1d/10a），阳坡增加约 13 天（2d/10a）；生长季早期绝对最低气温显著降低（$P<0.001$）[图 7.9（b）]，阴坡降低约 2.58℃（0.44℃/10a），阳坡降低约 1.93℃（0.33℃/10a）；每日气温 <0℃的时间显著增加（$P<0.001$）[图 7.9（c）]，阴坡增加约 4.8h（0.8h/10a），阳坡增加约 2.8h（0.5h/10a）。

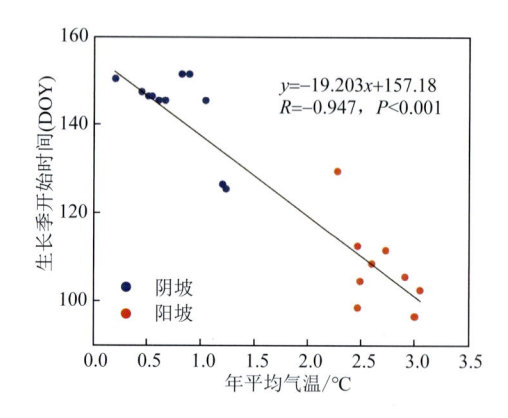

图 7.6 林线生长季开始时间与年平均气温的关系

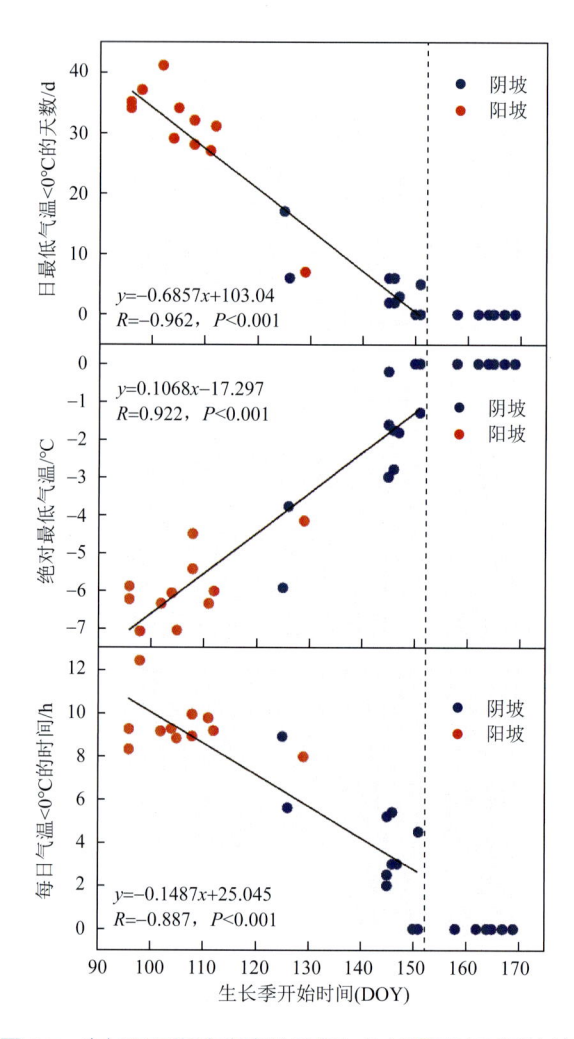

图 7.7 生长季早期冻害事件特征与生长季开始时间的关系

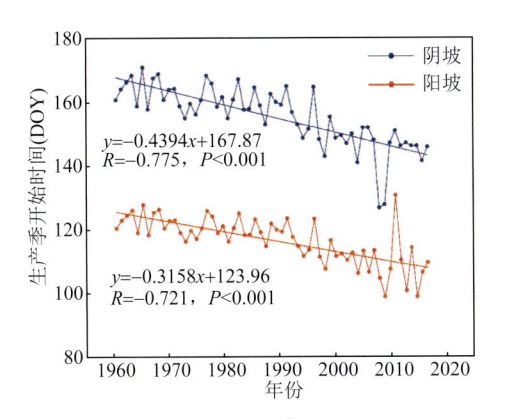

第 7 章　青藏高原生态环境特征与气候变化影响

图 7.8　1960～2018 年林线生长季开始时间

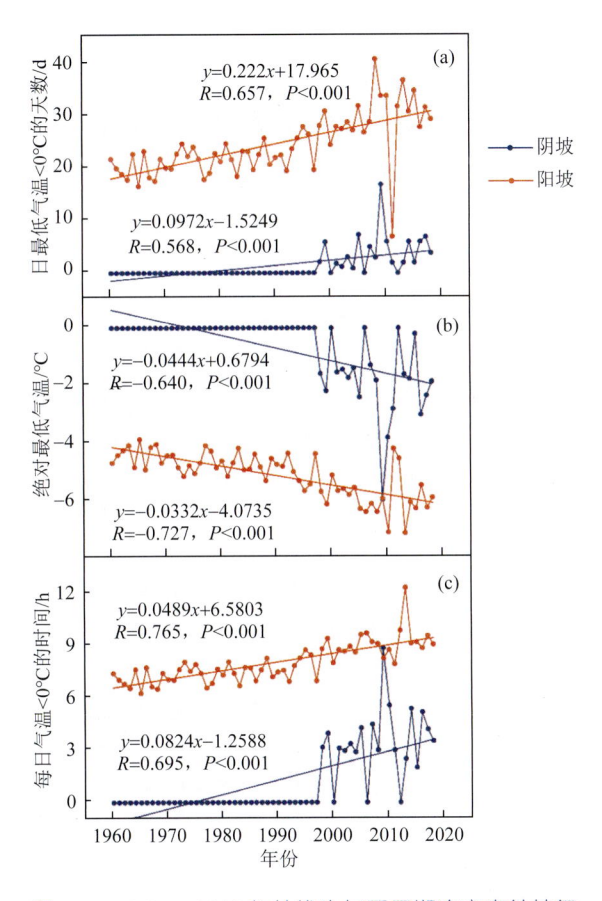

图 7.9　1960～2018 年林线生长季早期冻害事件特征

这表明，气候变暖背景下，高海拔地区生长季早期冻害事件增加是影响林线变化的主要机制，辐射冷却效应在高海拔地区春季冻害事件中起着重要作用，未来气候变暖背景下生长季早期冻害事件可能会增加。由于生长季早期冻害事件增加可能严重阻碍林线以上的幼苗定居，气候变暖下高山林线的上升可能会减缓甚至停止。为阐明气候变暖下林线生长季早期冻害事件增加的原因，将日最低土壤温度（–5cm）2℃作为定义生长季开始和结束的阈值，并将生长季早期定义为从生长季开始至6月底。基于藏东南色季拉山两个典型树种（急尖长苞冷杉和方枝柏）林线的11年微气象观测数据（2006～2016年）分析发现：生长季早期冻害事件在阳坡及较温暖的年份更加频繁强烈，且有随年平均气温升高而增加的趋势（图7.10）；随生长季开始时间提前及太阳辐射增强，生长季早期冻害事件增加（图7.11和图7.12）。在季风气候影响下，太阳辐射的最大值通常出现在晴朗干燥的生长季早期（4～5月，季风来临之前）。这表明，生长季提前和辐射冷却效应增强（日间太阳辐射越强、温度越高，夜间出现低温冻害事件的可能性越大）是高海拔地区生长季早期冻害事件增加的主要原因。

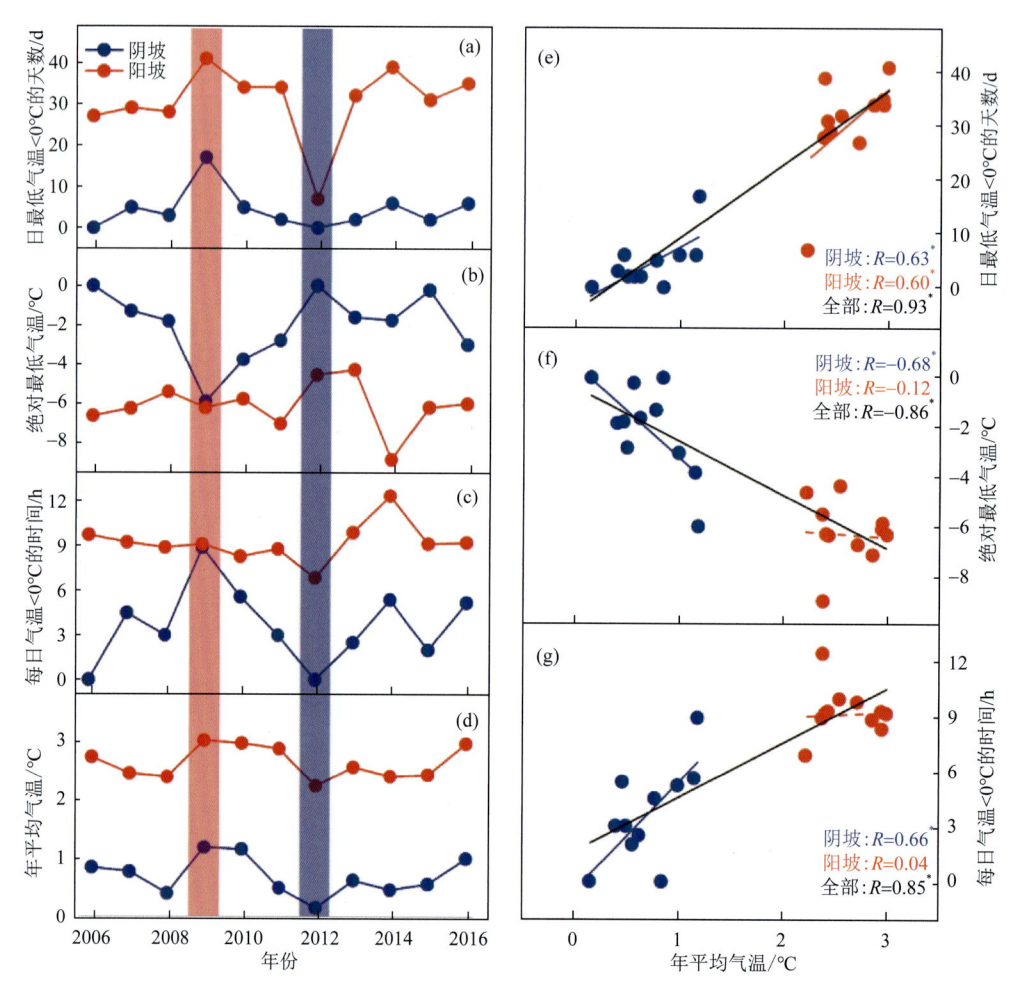

图 7.10　2006～2016年林线生长季早期冻害事件的频率（a）、强度（b）和持续时间（c）的变化趋势及其与年平均气温的关系［(d)～(g)］

*表示 $P<0.05$，下同

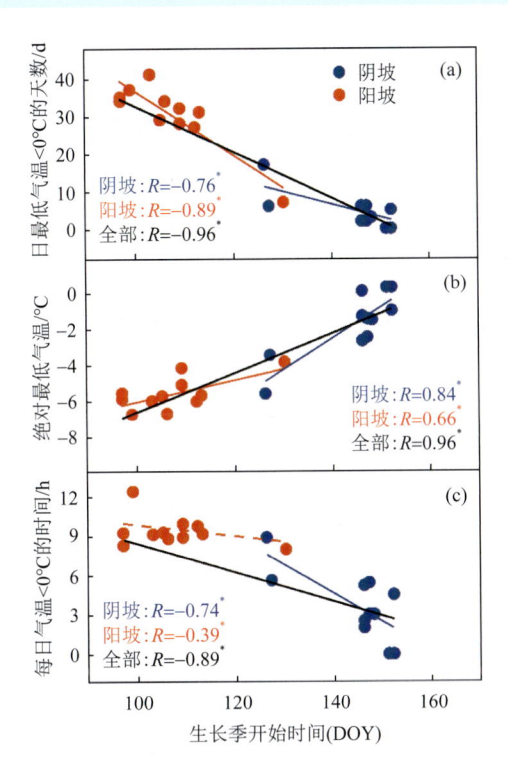

图 7.11 林线生长季早期冻害事件的频率（a）、强度（b）和持续时间（c）与生长季开始时间的关系

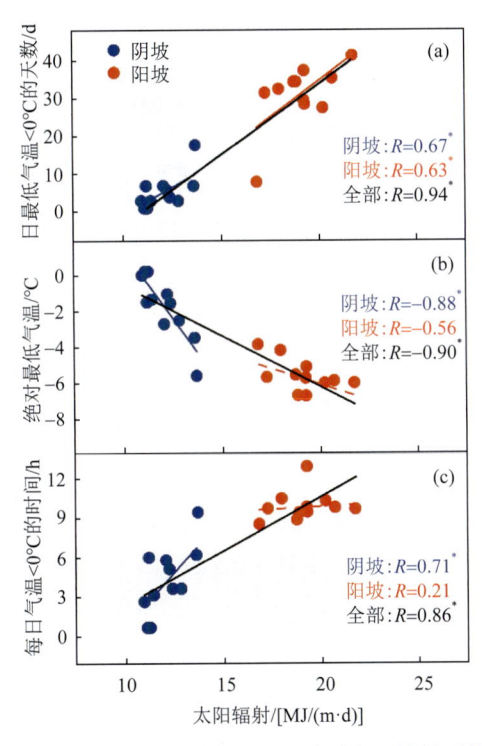

图 7.12 林线生长季早期冻害事件的频率（a）、强度（b）和持续时间（c）与太阳辐射的关系

7.4 青藏高原碳氮循环与气候变化影响

7.4.1 青藏高原碳氮循环过程的动态特征

1. 水平样带驱动下土壤营养水平与植被生产力的关系

草原水平样带的土壤养分含量分布和植被生产力分布的相关分析表明，这条沿不同纬度分布的土壤养分特征和地上植被生产力的关系因不同的养分而异。我们发现土壤碳氮含量与植被地上净初级生产力（ANPP）的关系较弱，除 TN 外均没有达到显著水平；土壤全磷含量和土壤速效磷含量与 ANPP 的关系最为密切；土壤全钾含量和土壤速效钾的含量与 ANPP 的相关性也达到了显著水平，但决定系数较小（图 7.13）。

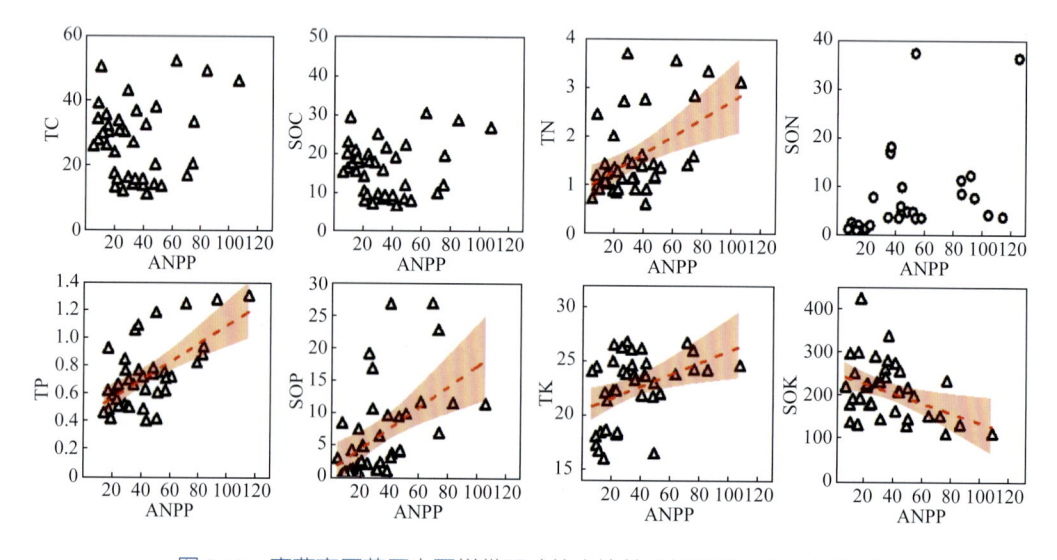

图 7.13　青藏高原草原水平样带驱动的土壤养分与植被生产力的关系
TC，全碳；SOC，土壤有机碳；TN，全氮；SON，土壤速效氮；TP，全磷；SOP，土壤速效磷；TK，全钾；SOK，土壤速效钾；ANPP，地上净初级生产力

2. 海拔梯度上温度和降水变化对高寒草地土壤碳动态的影响

青藏高原过去 30 多年气候变得更加温暖湿润，这种温度与降水格局的改变会对高寒草地生物地球化学循环产生较大影响（Yang et al.，2014；Kuang and Jiao，2016）。海拔梯度对草地生态系统的影响是多个驱动因子（如辐射、生长季长度、温度、降水量、植被盖度等）共同作用的体现。山体垂直带的海拔变化也常用来检验调控土壤呼吸的环境因素。利用在西藏当雄建立的山体垂直带草块双向移植试验，研究温度和降水变化的交互作用对高寒草甸土壤碳动态的影响，发现双向移植试验是一种检验温度

和降水对生态系统呼吸综合影响的有效方法。增温（草块向下移植）对生态系统呼吸的影响因降水量的变化而异。如果水分可利用性得到改善，通过增加地上生物量，增温会增加生态系统呼吸。然而，降温（草块向上移植）通过降低土壤温度来减少土壤呼吸，从而抑制生态系统呼吸。在预测高寒草甸和其他类似生态系统碳循环时，需考虑增温和降水变化对生态系统的交互作用（Zhao et al., 2018）。通常认为，在山地生态系统中，高海拔土壤活性炭组分含量普遍高于低海拔土壤，且土壤有机碳的温度敏感性随其稳定碳组分含量的增加而升高。沿着山体垂直带，我们的研究结果揭示了高寒草地土壤有机碳组分和土壤呼吸随海拔升高均呈先增加后降低的单峰分布格局（Zhao et al., 2019a），且土壤碳分解的温度敏感性随海拔升高而增加（Zhao et al., 2017）。这说明，高寒草地土壤有机碳动态对气候变暖的响应将可能依赖于海拔变化，而气候变暖对高寒草地土壤有机碳组分的影响效应可能存在海拔差异。利用在西藏当雄设置的增温＋增雨控制实验平台，发现增温降低了土壤水分和Thornthwaite湿润指数，从而造成了生物量和土壤呼吸组分的显著下降。降水增加15%可抵消2℃增温对高寒草地生态系统的不利影响，表征生态系统水量平衡变化的Thornthwaite湿润指数是测量和比较不同地区生态系统变化及其与气候变化关系的关键生态指标（Zhao et al., 2019a, 2019b）。

3. 垂直样带驱动的叶绿素和花青素的梯度变化及其关系

采用2020年测定数据的分析结果表明，在垂直样带尺度上，花青素的相对含量随着海拔梯度增加而呈线性增加趋势（$R^2 = 0.84$，$P < 0.001$）。花青素的增加可表明其抵御逆境的抗性增加，说明随着海拔梯度的增加，植物物种抵御逆境的能力在增加。草原水平样带的分析结果表明，叶绿素含量随着纬度梯度增加呈线性增加（$R^2 = 0.23$，$P < 0.001$）；花青素的相对含量也随着纬度梯度增加呈线性增加（$R^2 = 0.27$，$P = 0.015$）。但叶绿素和花青素的关系较弱，未达到显著水平，说明二者地理环境因子的驱动机制不同，需要进一步进行探讨。这进一步说明植物的光合色素水平、抗逆性对植被生产力及碳循环所起的重要作用有助于加深对碳循环驱动机制的理解。

4. 样带植被生产力的多因素驱动机制

研究阐明了气候-土壤-物种多样性对青藏高原草原样带植被生产力的驱动机制。采用近两年观测数据，初步分析了样带植被生产力、土壤碳氮的分布特征，阐明了土壤碳氮、植被生产力与气候因素（降水、温度等）的关系，初步阐明了不同草地类型的气候-土壤-物种多样性特征及其相互关系对草地植被生产力（地上/地下）的影响。研究表明，气候、土壤、生物多样性等环境因子共同影响了西藏草原样带不同类型草地的植被净初级生产力（NPP）。NPP随着该样带的经度从东往西逐渐降低，高寒草甸的NPP最大，其次是高寒草原和高寒荒漠草原。生物多样性对NPP的重要性从高寒草甸、高寒半干旱草原到高寒干旱荒漠草原逐渐增加，但土壤养分的重要性却随之逐渐降低。结构模型分析表明，年均温度通过影响土壤养分的可利用性而影响高寒草甸的地上 NPP；然而气候变化因素显著影响了高寒草原和高寒荒漠草原的地上 NPP，但生物多样性的直接影响不显著。以上分析表明，环境梯度对草原植被生产力的驱动机制因不同的草原类型而异，这为理解和预测环境变化对陆地生态系统碳氮循环的影响提供了新见解（图 7.14）（Wu et al.，2022）。

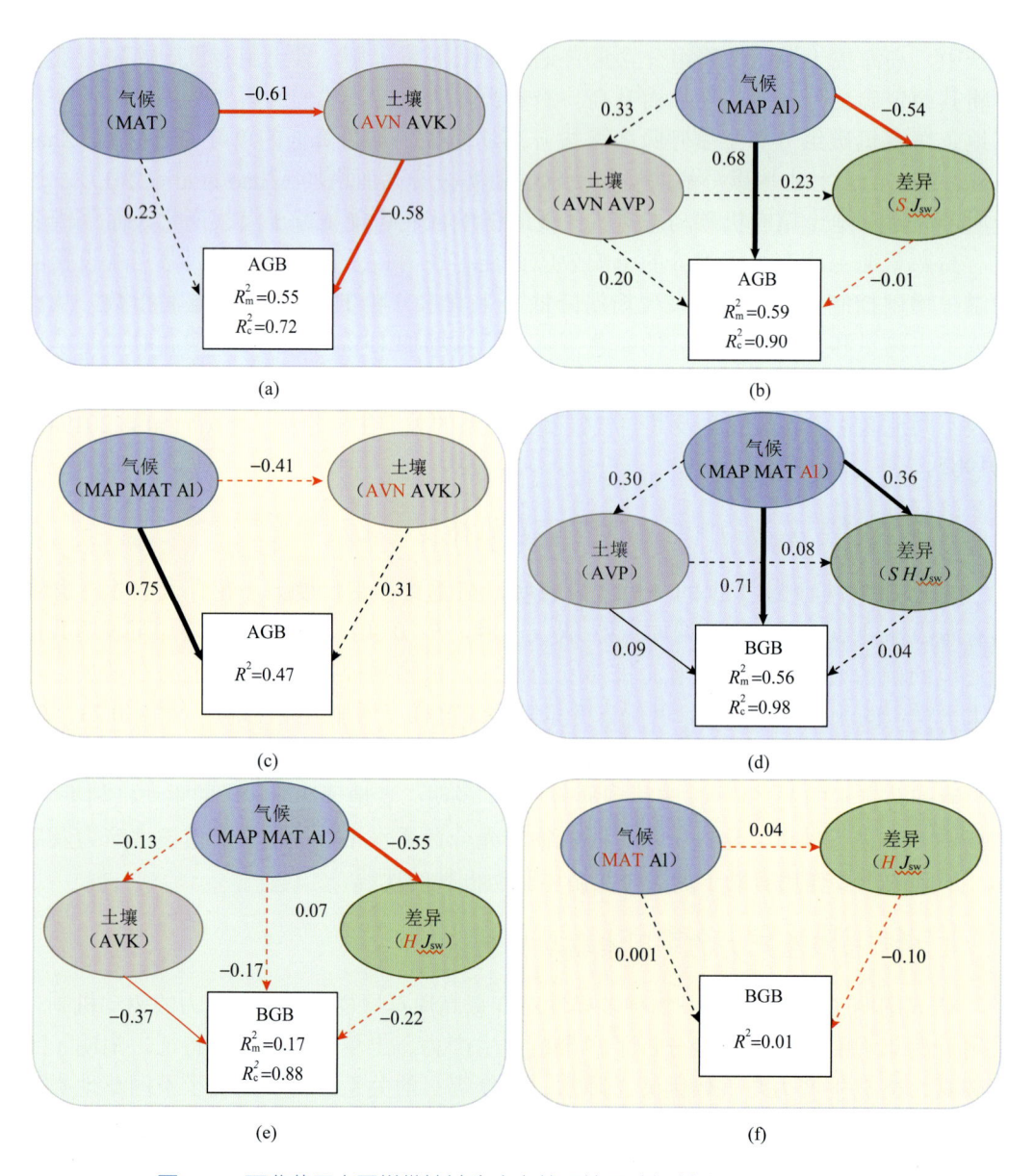

图 7.14 西藏草原水平样带植被生产力的环境驱动机制（Wu et al.，2022）

地上部分：高寒草甸 (a)、高寒草原 (b)、高寒荒漠草原 (c)；地下部分：高寒草甸 (d)、高寒草原 (e)、高寒荒漠草原 (f)。带箭头的黑、红实线分别表示正、负显著（$P<0.05$），带箭头的黑、红色虚线代表未达到显著水平（$P>0.05$），其宽度代表其值的大小，黑色数据代表显著（$P<0.05$）。R^2 代表解释率；R^2_m 和 R^2_c 分别代表固定因子和混合因子的解释率；AGB：地上生物量；BGB：地下生物量

7.4.2 青藏高原碳氮循环过程影响因素和机制

1. 土壤碳循环影响因素

年均降水（MAP）与微生物碳（MBC）、土壤有机碳（SOC）、全碳（TC）之间存在正相关性，且相关性逐渐降低；年均温度（MAT）与稳定性碳同位素组分（δ^{13}C）、微生物碳之间存在正相关性；地上生物量（AGB）与微生物碳和土壤有机碳之间存在正相关性；地下生物量（BGB）与稳定性碳同位素组分和微生物碳之间存在正相关性；有效铁（AVFe）与微生物碳和土壤有机碳之间存在正相关性；有效钙（AVCa）与全碳存在正相关性；有效镁（AVMg）与全碳存在正相关性（图 7.15）。

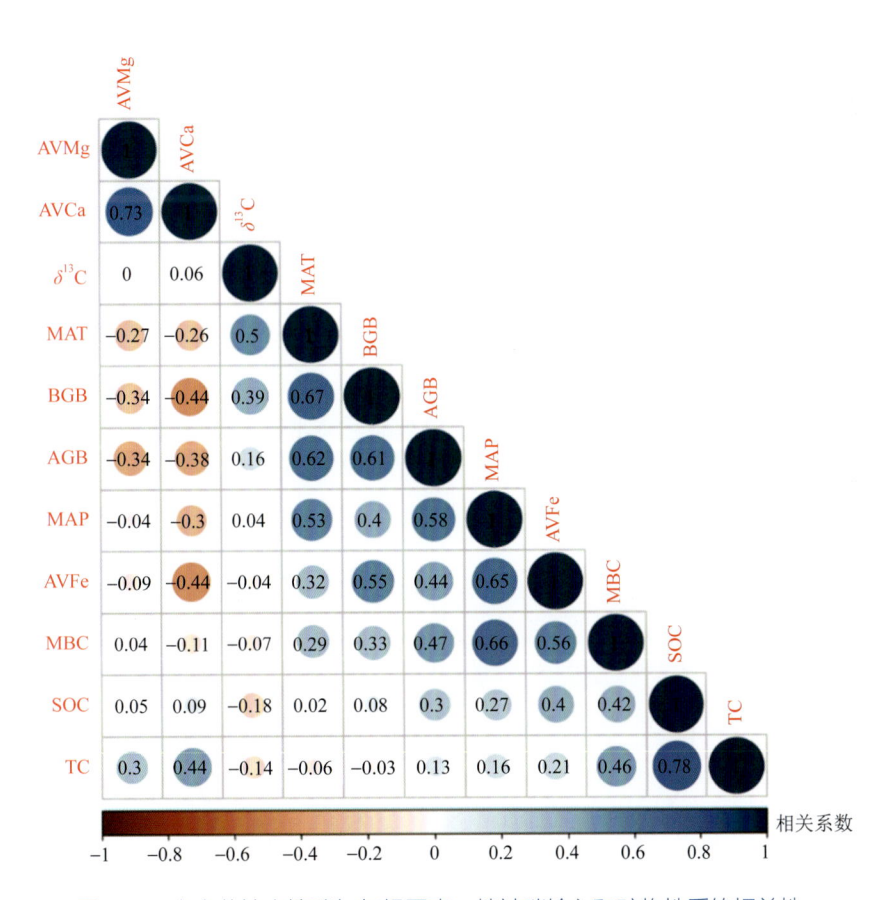

图 7.15 高寒草地土壤碳与气候因素、植被碳输入和矿物性质的相关性

在高寒草地，气候因素、植被碳输入和矿物元素有效性对解释土壤变化有影响，前两个限制轴分别解释了 26.50% 和 9.30%，共 35.80%，图 7.16 列出了前两轴对土壤碳的限制性排序变化。研究发现，土壤矿物元素有效性（有效铁、有效钙和有效镁）、年均降水和地上生物量越大，全碳、土壤有机碳和微生物碳越大；而年均温度和地下

生物量越大，稳定性碳同位素组分和微生物碳越大，土壤有机碳越小。

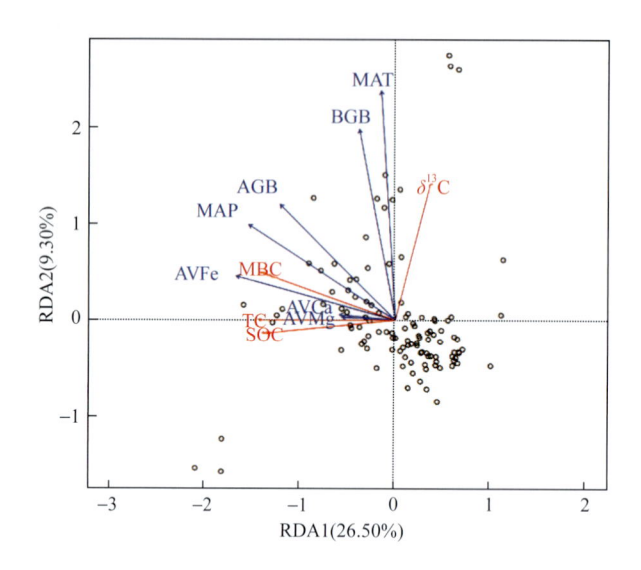

图 7.16　高寒草地气候因素、植被碳输入和矿物性质对土壤碳的冗余分析

气候因素、植被碳输入和矿物元素有效性可以解释土壤碳方差变异的 49.60%（图 7.17），气候因素可以解释土壤碳方差变异的 9.69%，植被碳输入可以解释土壤碳方差变异的 2.04%，矿物元素有效性可以解释土壤碳方差变异的 4.71%，气候因素和植被碳输入的交互作用可以解释土壤碳方差变异的 6.15%，气候因素和矿物元素有效性的交互作用可以解释土壤碳方差变异的 14.30%，植被碳输入和矿物元素有效性的交互作用可以解释土壤碳方差变异的 0.50%，气候因素、植被碳输入和矿物元素有效性的交互作用可以解释土壤碳方差变异的 12.21%。

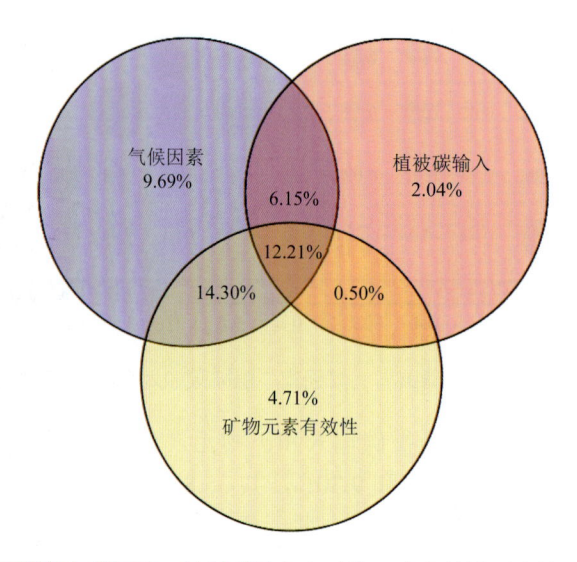

图 7.17　高寒草地气候因素、植被碳输入和矿物元素有效性对土壤碳的方差分解

第 7 章　青藏高原生态环境特征与气候变化影响

高山草地生态系统受气候变化和食草动物扰动的双重影响，增加了其对气候变化响应的不确定性，准确量化二者的相对影响是当前全球变化生态学研究的难点。食草动物啃食会降低地上生物量和凋落物量，从而可能会降低土壤有机碳库储量。然而，食草动物尿液和粪便的施肥效应会促进植物生长以及微生物活性，从而也会促进植被生长和土壤有机碳分解。因此，食草动物对高山生态系统土壤碳动态的净效应取决于其正负作用的平衡。利用在西藏当雄沿海拔梯度（4400～5200m）设置的长期围栏定位观测研究平台，发现生物量的变化能很好地指示土壤呼吸的海拔变异，长期围封可有效降低高寒草地土壤呼吸的温度敏感性（Zhao et al.，2016a，2016b，2017）。在此基础上，本书研究了小型穴居动物扰动对高寒草地土壤呼吸的影响，发现穴居动物采食和挖掘洞穴引起的微地貌变异可降低高寒草地土壤呼吸，且土壤温度、湿度、生物量和微生物群落的变化是土壤呼吸降低的主要调控因素（Zhao et al.，2021）。基于青藏高原已有的放牧管理模式，通过多样点调查采样，并结合室内土壤样品分析，阐明了季节性放牧管理对高寒草甸地上/地下多样性的影响机制，揭示了暖季放牧较冷季放牧更利于群落多样性的维持，而冷季放牧更利于土壤碳氮库的维持。进一步研究发现，牦牛放牧引起的微地貌变异可降低高寒沼泽草甸生产力、土壤有机碳和生态系统呼吸，且土壤温度、湿度、生物量和微生物群落的变化是主要调控因子（Tian et al.，2021；Zhao et al.，2022）。以上发现可为合理评估青藏高原生态建设工程以及为应对气候变化的高寒草地适应性管理提供重要的科学依据。

2. 土壤碳循环影响机制

通过分析气候因素驱动下的气候、植被、矿物多因素对土壤碳的影响机制，发现气候通过影响植被碳输入和矿物元素有效性对土壤碳产生直接和间接影响（图 7.18）。在海拔驱动年均降水和年均温度变化下，一方面，年均降水可以直接促进土壤全碳和微生物碳的增大，年均温度可以直接抑制土壤全碳的增大，而对微生物碳的直接影响作用不显著；另一方面，年均降水和年均温度通过促进植被碳输入和抑制矿物元素有效性而对土壤碳产生间接影响。增大的植被碳输入促进了土壤全碳的增大，而抑制的矿物元素有效性进一步抑制了土壤全碳的增大。土壤全碳的增大直接促进了土壤微生物碳和土壤有机碳的增大，而抑制的矿物元素有效性进一步促进了土壤有机碳的增大，但并没有发现年均降水和年均温度对土壤有机碳的直接显著影响作用。此外，年均降水的减小和年均温度的升高促进了土壤稳定性碳同位素组分的增大。总的来说，年均降水和年均温度通过促进植被生物量和抑制土壤矿物元素有效性而驱动了土壤碳循环过程和碳变化，但对土壤稳定性碳同位素组分存在直接影响。

阐明气候驱动下的多因素对土壤碳变化的影响机制是预测土壤碳对气候变化反馈的先决条件（Chen et al.，2021）。广泛地理空间范围内的土壤碳循环机制较为复杂，气候因素、植被碳输入和矿物元素有效性等均对土壤碳变化过程有影响。通过方差分解分析，发现气候因素对土壤碳的方差变异的解释程度最大，其次是矿物元素有效性因素，最后是植被碳输入因素。结构方差模型结果也进一步验证了气候因素通过改变植被碳

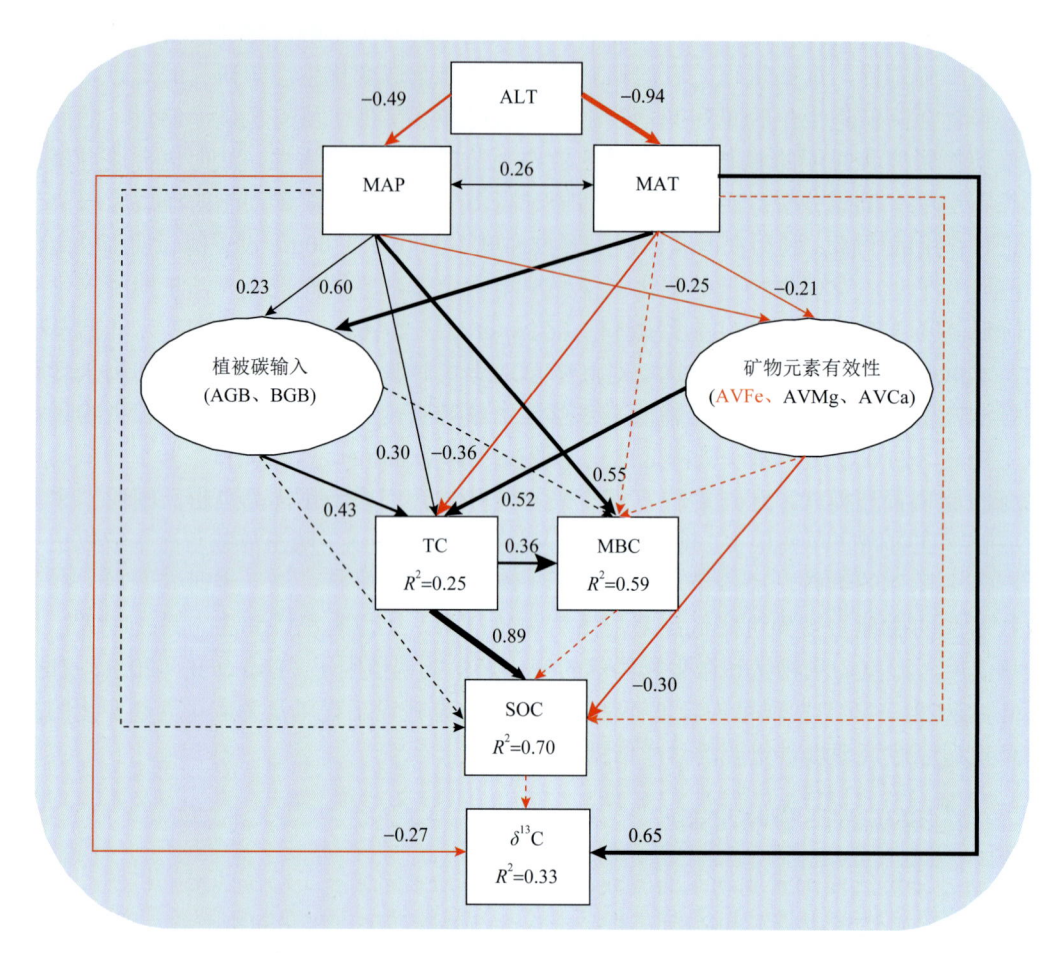

图 7.18　高寒草地土壤碳循环的气候驱动的多因素影响机制

ALT 代表海拔。数字代表显著的标准化路径系数，线段宽度代表标准化路径系数比例大小，R^2 代表每个反应变量所被解释的方差比例。黑色线段和红色线段分别代表正相关路径和负相关路径，实线和虚线分别代表显著路径（$P<0.05$）和不显著路径（$P>0.05$）。黑色和红色字体分别代表与相应的第一主成分呈现正相关关系和负相关关系

输入和矿物元素有效性而驱动土壤碳变化，这验证了气候驱动下的多因素对土壤碳循环过程的影响。

　　研究发现，气候通过提高植被碳输入和抑制矿物元素有效性对土壤碳循环产生影响，但对土壤稳定性碳同位素组分的影响主要直接通过气候因素引起。降水和温度促进了草地地上和地下生物量的增大，从而增大了土壤碳输入的植被碳源，提高了土壤全碳含量。不同的是，降水和温度抑制了矿物元素有效性的增大，而受抑制的矿物元素有效性可以抑制土壤全碳的增大，这可能是不同矿物质对土壤中不同形态碳的固持程度不同导致的（Rocci et al.，2021），如有效钙的减少会减少土壤中无机形态碳的合成而减小全碳。而降水增加、温度降低可以直接促进土壤全碳的增大，这可能是降水和温度对土壤母质石块的侵蚀破坏，使得碳暴露于土壤环境中（蒲俊兵等，2015），因而导致土壤全碳增大。

降水增加促进了微生物碳，可能是因为降水增加引起了土壤水分的增大，这为土壤微生物创造了更多的可用水分，因此土壤微生物活性被激活并大量繁殖（Pang et al.，2019），增加了土壤微生物碳。土壤全碳的增大，为微生物提供了更多可利用的碳源来刺激微生物对碳的转化，因此土壤微生物碳提高了。研究发现，温度变化对土壤微生物碳没有显著直接影响路径，这可能是因为尽管在温度降低时微生物活性也降低了，但留存微生物体内的碳还处在动态平衡中，而温度升高促进了微生物活性，微生物对碳的利用和释放也处于动态平衡，因此温度变化对土壤微生物碳没有显著直接影响路径。

此外，土壤全碳的增大，为微生物加工转化有机碳提供了更多的碳源基础，从而土壤有机碳增大了；矿物元素有效性的降低提高了土壤有机碳，这可能是不同矿物质对碳的固持不同导致的，如有效铁对土壤有机碳的固持作用受到抑制（Chen et al.，2021）。而降水和温度对土壤有机碳没有直接的促进作用，可能是因为植被碳输入和矿物固持作用抵消了由降水对有机碳淋溶和温度升高促进增强的土壤呼吸导致的碳的损失（Chen et al.，2020）。Rocci等（2021）的Meta分析也揭示了土壤有机碳对环境变化的响应取决于其在矿物伴生有机物之间的分布。

土壤碳的研究对陆地生态系统碳循环，特别是特殊气候环境下的土壤碳循环变化机制的研究具有重要意义。研究发现，全碳、土壤有机碳和微生物碳随空间尺度从左到右呈现出增大的趋势。土壤有机碳与全碳、微生物碳呈正相关关系，而与稳定性碳同位素组分呈微弱的负相关关系。

在高寒草地，土壤碳受气候驱动的多因素影响而变化。降水和温度通过促进植被碳输入和抑制土壤矿物元素有效性而驱动了土壤碳循环过程，但气候对土壤稳定性碳同位素组分存在直接影响。降水可以直接促进土壤全碳和微生物碳增大，温度直接抑制土壤全碳增大，降水和温度通过促进植被碳输入和抑制矿物元素有效性而对土壤碳产生间接影响。增大的植被碳输入促进土壤全碳增大，而受抑制的矿物元素有效性抑制土壤全碳增大。土壤全碳的增大直接促进土壤微生物碳和土壤有机碳增大，而受抑制的矿物元素有效性促进了土壤有机碳增大。降水抑制土壤稳定性碳同位素组分，而温度促进土壤稳定性碳同位素组分。

7.5 青藏高原大气环境与气候变化影响

7.5.1 青藏高原臭氧变化

青藏高原气候主要受到印度季风、东亚季风，以及西风急流的共同影响（Yang et al.，2014）。一般来说，青藏高原分为两个季节，夏季暖湿和冬季干冷（Xu et al.，2008）。对比同纬度的其他地区，青藏高原的气候特点为温度低，温度昼夜变化大但年际变化小，同时青藏高原有着极强的太阳辐射。

青藏高原不仅对东亚大气环流和气候系统有着重要的影响（Yanai et al.，1992；Ye and Wu，1998），同时也能显著影响臭氧的分布（Tian et al.，2008）。总臭氧测绘光谱仪（total ozone mapping spectrometer，TOMS）卫星测量结果显示，夏季青藏高原上空有一个显著的总臭氧柱浓度低值中心，被称为臭氧低谷（Zhou et al.，1995）。基于青藏高原拉萨站的臭氧探空仪测量结果也同样发现了这一现象（Tobo et al.，2008）。

从季节变化来说，青藏高原总臭氧柱浓度呈现夏低春高的季节变化（Tian et al.，2008）；从空间变化来说，臭氧低谷出现在夏季青藏高原高空，这都与青藏高原大气热力动力环流密切相关。以往研究指出，青藏高原海拔较高，高原强烈的对流活动以及与亚洲夏季风相关的大尺度垂直运动导致大量的感热、水汽和污染物从地表输送到上层（Ye and Wu，1998）。Liang 等（2021）基于拉萨上空臭氧的多年气球探测数据，研究了青藏高原上空大气热力变化（表观热源）对臭氧垂直分布的影响。青藏高原大气表观热源与拉萨上空臭氧浓度呈现显著负相关，更高的大气表观热源代表更强的大气向上运动。夏季大气表观热源高于其他季节，导致对流层低层的臭氧浓度较低的气团更快地向上输送混合，使得拉萨上空对流层臭氧浓度整体下降。

至今为止，全球尺度的臭氧观测已经持续长达 40 年。根据卫星和地基观测资料可知，20 世纪 80 年代到 90 年代中叶，总臭氧柱浓度呈现显著下降趋势，每十年减少 3%～6%（Pawson et al.，2014）。这一时期各类研究结论较为一致（Weber et al.，2018），基于 1978～1991 年的 TOMS 总臭氧柱浓度观测数据，青藏高原年均总臭氧柱浓度持续下降，幅度为每年（–0.79±0.82）DU（Zou，1996）。然而，1996 年之后，不少研究认为青藏高原总臭氧柱浓度呈现增加趋势，1997～2017 年的观测数据也显示这期间总臭氧柱浓度呈现增加趋势，且冬季总臭氧柱浓度的增幅（每年 0.21DU）高于夏季（每年 0.11DU）。模式模拟同样指出，青藏高原臭氧的下降趋势在 1995 年之后出现了恢复（Liu et al.，2001）。值得注意的是，基于 1979～2000 年 TOMS 数据，青藏高原总臭氧柱浓度的年际变化与其同纬度地区一致，但变化率要弱于纬向平均水平。由此可见，青藏高原上总臭氧柱浓度的年际变率受大尺度变化的影响。

尽管 1996 年之后青藏高原总臭氧柱浓度持续下降，但基于更长时间尺度的青藏高原总臭氧柱浓度的数据分析指出，与 1995 年之后出现的总臭氧柱浓度反弹趋势相反，冬季与春季青藏高原总臭氧柱浓度显著下降（Zhang et al.，2014）。青藏高原快速显著的变暖，对流层加深，对流层顶增高，伴随着更多的对流层气团进入平流层，而平流层臭氧更难下倾至对流层中下层，导致冬春季节总臭氧柱浓度持续下降。过去几十年来，青藏高原变暖趋势十分显著（Chen et al.，2013；Song et al.，2014）。青藏高原气候变暖远高于全球变暖速率（Liu and Chen，2000）。CCM 模式结果指出，1979～2009 年超过 50% 的冬季总臭氧柱浓度下降归功于青藏高原变暖加热大气引起的热力环流变化。除此之外，由于太阳辐射有显著的年代际变化，2000 年之后冬季减少的太阳辐射进一步增强了青藏高原的臭氧减少（Yang et al.，2012）。CCM 模式结果同时指出，1979～2009 年人为排放的改变，如 NO_x 排放和 N_2O 浓度的增长对总臭氧柱浓度的变化贡献不超过 20%。

值得注意的是，当 Weber 等（2018）把 1979～2016 年卫星数据和地基观测数据整合之后，统计发现，全球总臭氧柱浓度在 1996～2016 年变化趋势较小，在北半球中纬度地区每 10 年仅增加 0.4%。研究表明，20 世纪 90 年代以来，冬春季青藏高原总臭氧柱浓度持续下降（Zhang et al.，2014），地面观测的结果却与之相反。基于全球大气背景站瓦里关（36°17′N，100°54′E，3816m a.s.l.）的长期观测数据指出，青藏高原地表臭氧浓度 1994～2013 年呈现显著上升趋势，尤其以春季和秋季增长速率最快（Xu et al.，2018）。增强的平流层–对流层交换伴随着增强的西风急流主导了 1999～2012 年瓦里关的春季高臭氧异常。而在秋季，瓦里关近地面臭氧浓度的增加主要来自东南亚臭氧前体物排放的增加。模式结果显示，亚洲排放的变化使得瓦里关地区臭氧浓度每年增加 0.2～0.4ppbv。

以上结果表明，平流层—对流层的交换主导了青藏高原上层的臭氧浓度变化，人为排放的变化依旧能够在秋季影响青藏高原近地面臭氧浓度。除此之外，青藏高原温度的持续上升，影响地表植被的覆盖和臭氧前体物的排放，使得实际的青藏高原地区臭氧–气候变化的相互作用更为复杂。

7.5.2 青藏高原大气气溶胶变化

青藏高原地处中纬度亚洲内陆地区，其北面为沙漠地区，东侧毗邻我国中西部高人为活动区域，而南侧为南亚重污染地区。由于独特的位置和地形，尽管青藏高原上的人为活动及污染物排放较少，但是从青藏高原四周向高原输送的各种污染物会对青藏高原大气环境，特别是大气气溶胶浓度产生极大影响。气候变化通过改变污染物向高原传输的途径而影响高原大气气溶胶浓度，而青藏高原及高原周围大气污染状态的改变主要通过高原上气溶胶–云相互作用等过程进行，其一定程度上又会反馈到高原的气候系统，从而对区域或全球气候变化产生影响。

图 7.19 为 1990～1999 年、2000～2009 年、2010～2014 年及 2015～2019 年青藏高原地面 $PM_{2.5}$ 质量浓度。与特大城市相比，青藏高原平均气溶胶浓度显著偏低，整体与其他偏远地区相当，且人为气溶胶含量极低，可以看出，$PM_{2.5}$ 质量浓度自南而北呈现逐渐增加的分布特征，在过去的 30 年，青藏高原区域背景大气中，$PM_{2.5}$ 质量浓度总体呈现先增加后减少的变化趋势，高原南坡以外的地区 $PM_{2.5}$ 质量浓度明显增大，但高原上浓度变化不甚明显。

大气气溶胶光学厚度（AOD）和 Angström 指数（AP）的空间分布及近 30 年的趋势变化情况如图 7.20 及图 7.21 所示。青藏高原的 AOD 从高原南坡至北坡逐渐增加，高原南部 AOD 最小，而高原北部边缘 AOD 最大，AOD 的高值主要分布在青藏高原的北坡，特别是在塔克拉玛干沙漠附近和柴达木盆地区域。然而，AP 呈现出与 AOD 完全相反的分布形式。AP 在青藏高原主体上自北向南逐渐增加，北坡上 AP 最小，南坡上 AP 最大。考虑到青藏高原北坡（甘肃、青海一带）和南坡上大气气溶胶的主要来源和类型，北坡较高的 AOD 和较低的 AP 对应沙尘气溶胶，而南坡和东坡（四川、云南一带）

的气溶胶类型则主要对应人为源气溶胶。

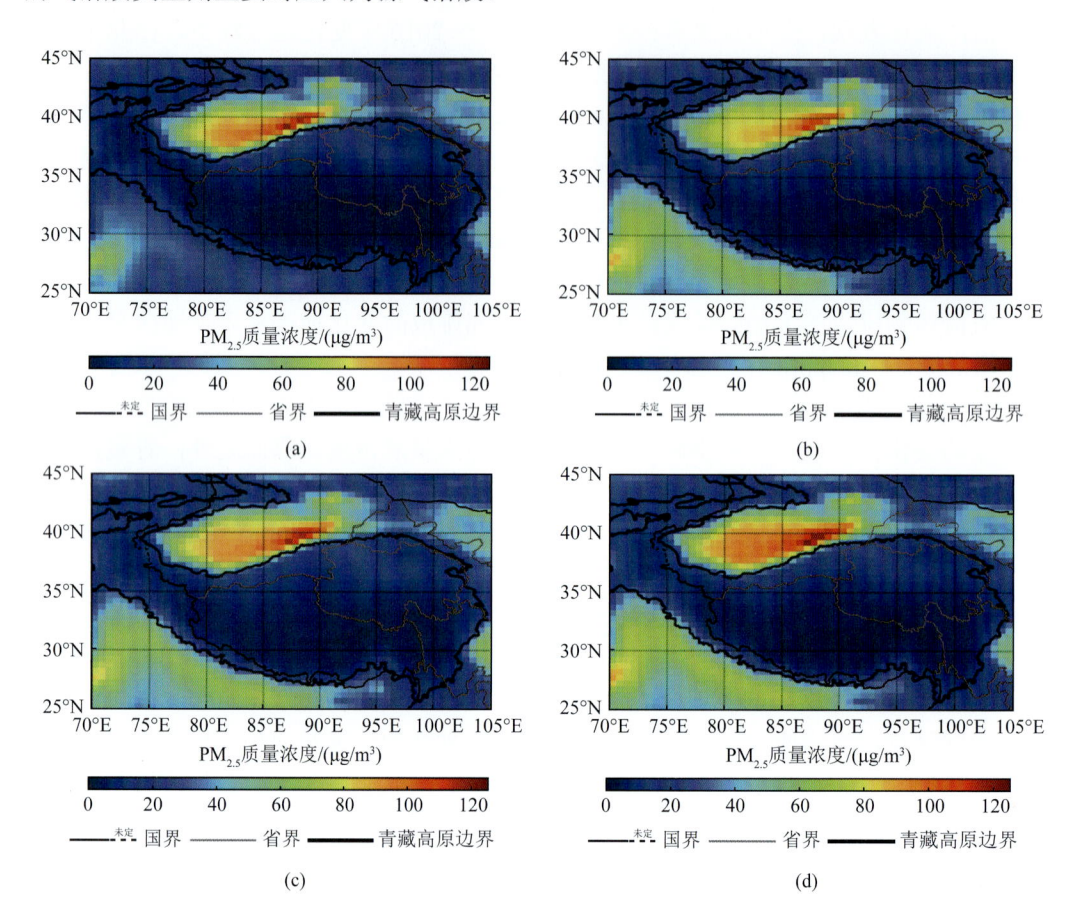

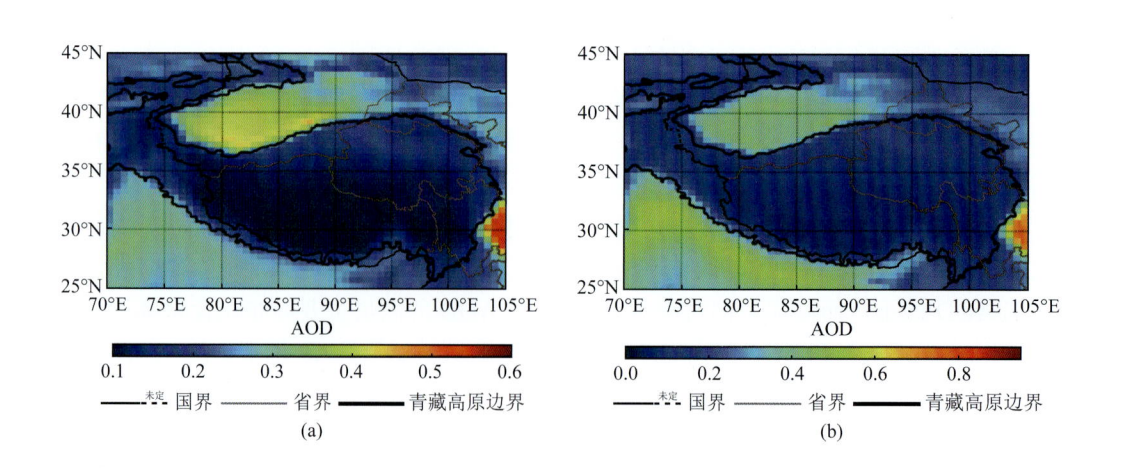

图 7.19 青藏高原 1990～2019 年地面 PM$_{2.5}$ 质量浓度分布
(a) 1990～1999 年平均；(b) 2000～2009 年平均；(c) 2010～2014 年平均；(d) 2015～2019 年平均

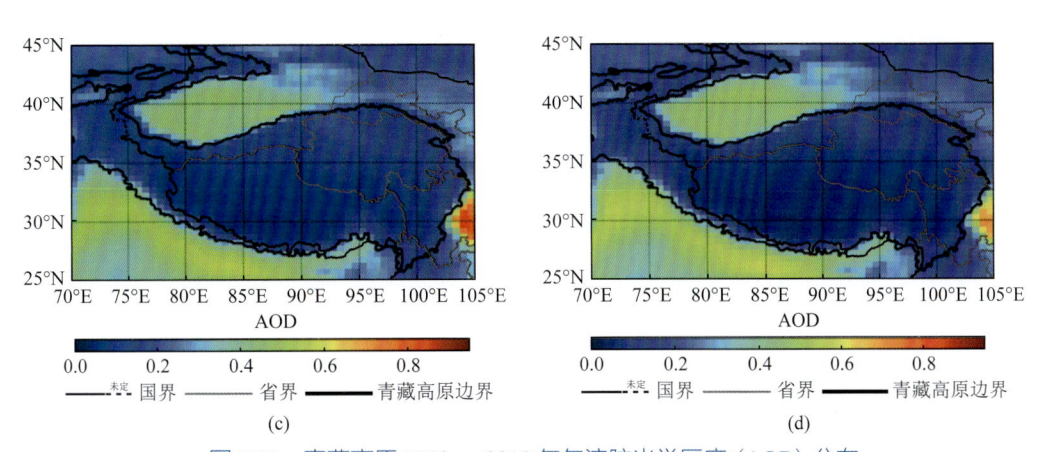

第 7 章 青藏高原生态环境特征与气候变化影响

图 7.20 青藏高原 1990～2019 年气溶胶光学厚度（AOD）分布
(a) 1990～1999 年平均；(b) 2000～2009 年平均；(c) 2010～2014 年平均；(d) 2015～2019 年平均

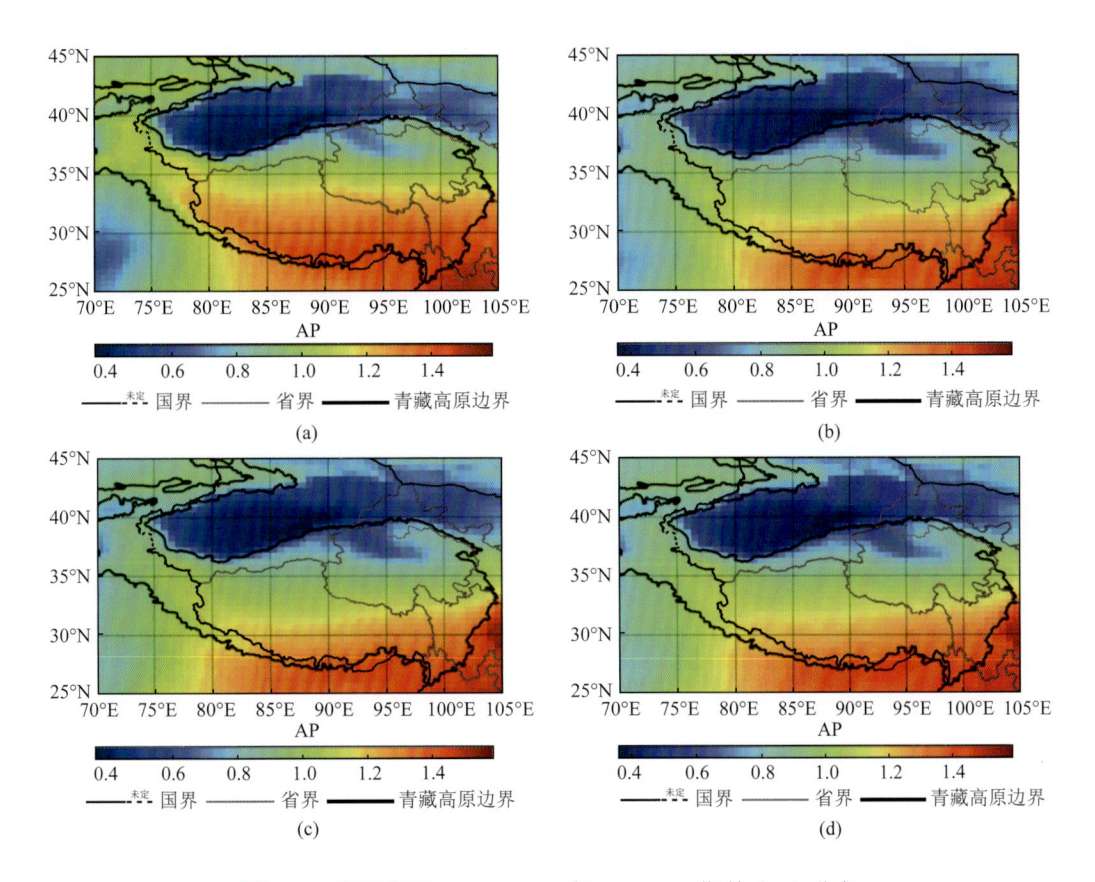

图 7.21 青藏高原 1990～2019 年 Angström 指数（AP）分布
(a) 1990～1999 年平均；(b) 2000～2009 年平均；(c) 2010～2014 年平均；(d) 2015～2019 年平均

在趋势变化上，青藏高原区域 AOD 总体呈现先增加后减少的变化趋势，高原南坡以外的地区 AOD 明显增大,但高原上 AOD 变化不明显。青藏高原南坡的 AP 有一个先减小后增大的趋势,说明南坡的中小粒子的占比呈现先减小后增大的趋势。同样,青藏高原北坡的 AP 有一个减小的趋势,说明北坡气溶胶中大粒子的比例呈现增大的趋势。

在青藏高原南侧,主要受到南亚污染物通过印度季风或大尺度天气系统越过喜马拉雅山向高原传输的影响。Pokharel 等（2019）基于在青藏高原上两个 AERONET 站点的太阳光度计观测,研究青藏高原南侧 2006～2016 年气溶胶光学厚度的年际变化。研究发现,大部分时间青藏高原上气溶胶浓度很低,与南北极或远海地区相当。然而,在春季（特别是 4 月）可以观测到较高浓度的生物质气溶胶事件,与 MODIS 卫星观测到的南亚火点强度对应,表明南亚生物质燃烧通过印度季风传输到青藏高原上。此外,尽管观测点位在青藏高原的南侧,但该研究仍然观测到高空的沙尘信号,表明沙尘气溶胶从塔克拉玛干沙漠向高原传输。

进一步研究气候变化对南亚生物质燃烧排放的污染物越过喜马拉雅山并向青藏高原深部传输的影响发现,气候变化导致北极海冰的减少,极大地加强了这一传输路径(Li et al.,2020)。冬季（2 月）北极海冰减少削弱了极地急流,通过减少向高纬度欧亚内陆输送温暖、潮湿的海洋空气,导致乌拉尔山积雪减少。这种积雪减少一直持续到 4 月,加强了乌拉尔压力脊和东亚槽,这是延伸穿过欧亚大陆的准静止罗斯贝波列的部分。这些条件促进了青藏高原南部边缘增强的副热带西风急流,使上坡风与中尺度上升气流相结合,将喜马拉雅山上的排放物飘到青藏高原上。而南亚排放的减弱同样会影响气候变化,利用南亚气溶胶排放较少的契机,进一步研究了气溶胶与气候之间的相互反馈(Wei et al.,2022)。印度北部的黑碳减排减少了大气中的太阳加热并增加了青藏高原的表面反照率,从而导致大气下降运动。来自青藏高原的较冷空气与由生物质燃烧产生的黑碳气溶胶加热的印度南部较暖空气一起导致东风异常,从而减少了来自中东和撒哈拉沙漠的沙尘运输和当地的沙尘排放。季风前这一气溶胶 - 气候相互作用延迟了随后的印度夏季风的爆发。

通过多站点观测可以看到,青藏高原上气溶胶化学成分有显著的季节和空间差异,体现了不同的排放源都可对高原产生影响(Zhao et al.,2020)。在青藏高原南侧,气溶胶化学成分主要包含钙离子和黑碳,主要是由于印度人为气溶胶向青藏高原的传输。在青藏高原的北侧,气溶胶成分中硫酸盐占主导,说明华中地区人为气溶胶向青藏高原传输。同时,以硫酸盐为主导的高浓度二次气溶胶也表明,在青藏高原气溶胶的生成比较强,这与青藏高原上高浓度臭氧和强太阳辐射所导致的强氧化性有关,而二氧化硫向青藏高原的传输在这里起到了关键的作用。

7.5.3　青藏高原黑碳气溶胶变化

大气中的黑碳气溶胶可以同时吸收太阳辐射和地面红外辐射,对大气具有增温作用。在气候科学领域,大气中黑碳被认为是最大的温室效应气溶胶组分,在所有温室效应物质中仅次于二氧化碳位居第二。黑碳气溶胶的气候效应对于特殊地区尤为敏感。

第7章 青藏高原生态环境特征与气候变化影响

青藏高原地理位置和特殊地形决定了该区域上具有广泛的黑碳气溶胶来源。青藏高原上的黑碳气溶胶来自本地排放和区域传输。近年来,由于中国实施严格的排放管控,青藏高原周边地区黑碳排放量逐年减少,但是西藏本地排放量却呈现少量的增加。另外,青藏高原毗邻东亚和南亚两大黑碳高排区,这使得青藏高原上具有广泛的黑碳气溶胶输入源。图7.22显示,青藏高原邻近东亚和南亚的地区呈现较高的黑碳浓度;近年来,由于东亚地区人为排放的显著减少,南亚地区人为排放对于青藏高原上黑碳气溶胶的贡献增加。研究表明,非季风区,南亚地区对青藏高原上气溶胶的贡献可达到61.3%。模式模拟研究显示,南亚黑碳气溶胶能够跨越喜马拉雅山被传输到青藏高原内陆地区;同时,喜马拉雅山局地的山谷风也是非季风期黑碳气溶胶跨境传输的重要途径,复杂地形增强了跨喜马拉雅山的黑碳传输,导致高原的黑碳输入量显著增强。除了模式研究,近年来,在青藏高原不同地区开展的大量黑碳观测研究验证了青藏高原大量的黑碳气溶胶及其空间分布的不均匀性,从而为模式研究提供了大量的数据支撑。一些探空测试提供了青藏高原黑碳气溶胶垂直分布特性,从而揭示了黑碳气溶胶的本地排放和区域传输源。测试结果显示,稳定边界层和剩余层中黑碳浓度相对较高,黑碳气溶胶突出反映了局地的排放;自由大气中,黑碳气溶胶浓度相对较低,主要受西风急流长距离传输的影响。

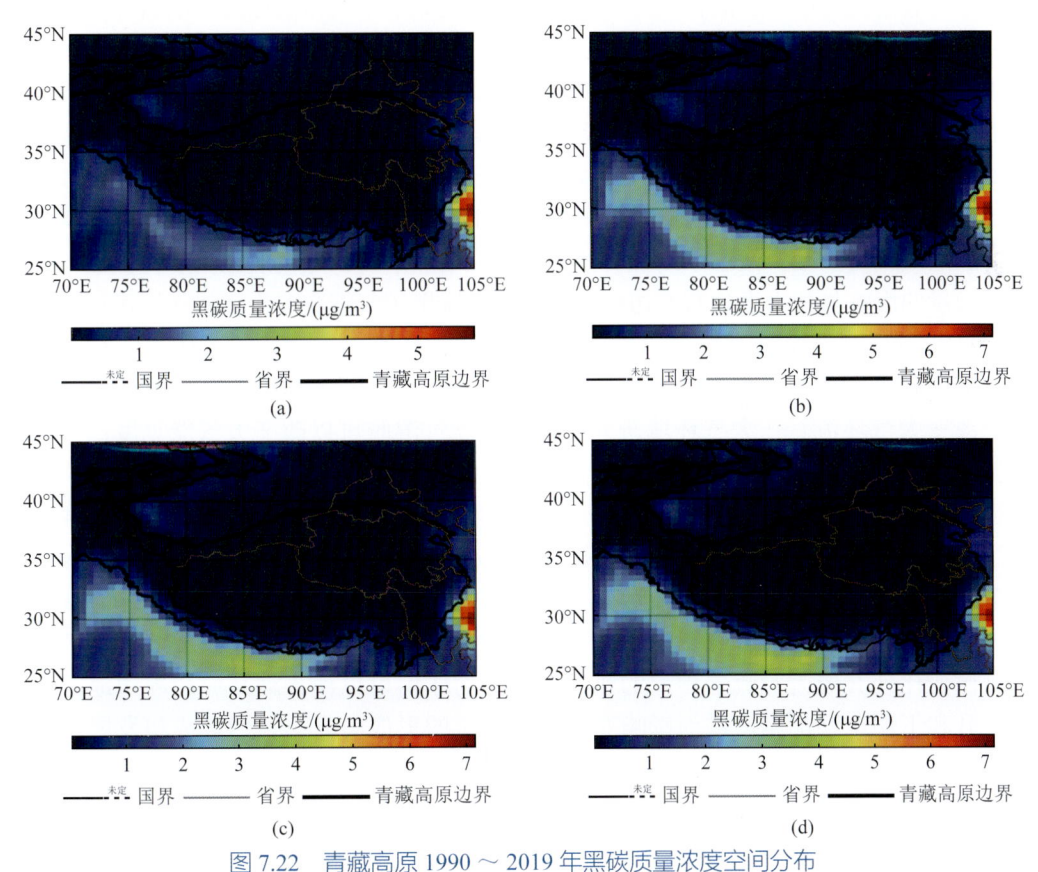

图7.22 青藏高原1990~2019年黑碳质量浓度空间分布
(a) 1990~1999年平均;(b) 2000~2009年平均;(c) 2010~2014年平均;(d) 2015~2019年平均

青藏高原上的黑碳气溶胶会通过影响辐射、云、地表积雪而影响大气圈和冰冻圈的能量平衡，对全球气候系统具有独特而重要的作用。这使得认知青藏高原上黑碳气溶胶的气候效应成为一个重点关注的科学问题。大量的研究对青藏高原黑碳气溶胶对大气的增温效应和冰冻圈消融的影响进行评估。观测发现，青藏高原近几十年气温显著增加，从而加速了高原的雪冰消融。冰雪中黑碳的含量主要受距离排放源区远近、大气传输以及沉降后过程等因素的影响。由于受到人类活动排放的大量黑碳气溶胶的影响，青藏高原冰芯记录的黑碳浓度总体升高。研究表明，非季风期黑碳和有机质的沉降通量显著高于季风期。青藏高原典型冰川的强化监测发现，冰川消融过程可导致大量黑碳富集在冰川表面，使得黑碳在不同类型雪冰中的含量呈现较大的差异。模式模拟研究显示，青藏高原雪冰中黑碳导致的辐射强迫在季风期可达到 $3.0 \sim 4.5 W/m^2$，非季风期可达到 $5.0 \sim 6.0 W/m^2$，显著高于南北极地区。青藏高原黑碳－雪冰辐射效应可导致近地面增温 $0.1 \sim 1.5℃$，雪水当量减少 $5 \sim 25mm$，导致冰川消融增加约20%，积雪持续期减少 $3.1 \sim 4.4$ 天。

青藏高原是全球气候变化最敏感的地区之一，黑碳气溶胶引起的大气升温将会影响青藏高原地区云的形成和发展。作为地球"第三极"，青藏高原云的形成和发展对于亚洲甚至全球天气和气候系统具有重要的作用。因为黑碳是最重要的吸收性气溶胶，其微物理效应和辐射效应对云的作用尤为重要。青藏高原黑碳气溶胶通过影响云过程对气候变化的间接效应，是目前气候变化研究领域的一个热点。黑碳气溶胶吸收太阳短波辐射，使黑碳气溶胶所在的大气层变热；另外，大气中的黑碳气溶胶可以减少进入地表的辐射，从而降低近地表温度。这两方面的效应增加了低层大气的稳定性，对流减弱，使水汽的传输减少，从而降低云层中的相对湿度，造成云层变薄。研究表明，青藏高原黑碳气溶胶的加热效应，可以增加云滴蒸发量，减小云水路径，减少中层云量。此外，黑碳气溶胶的加热效应可以减少液态水路径，使云顶高度增加，而云底高度也增加。黑碳气溶胶对于云量的影响与其垂直分布密切相关。青藏高原黑碳气溶胶对于云的作用可以影响降水的发生，反过来影响黑碳气溶胶在冰雪中的沉降，进而影响青藏高原的环境气候系统。

青藏高原黑碳气溶胶可以通过对辐射、云和雪冰反照率的影响及由此引发的反馈效应改变大气环流。在大气环境研究领域，黑碳气溶胶可以改变大气能见度；另外，区域（如南亚）传输来的黑碳气溶胶存在于青藏高原大气的边界层上部，黑碳的增温效应将会改变青藏高原的大气层结，进而影响青藏高原的空气质量。但是，青藏高原上黑碳浓度相对较低，其环境污染的影响相对较小。青藏高原黑碳气溶胶对大气的影响，更多表现在影响大气环流方面。黑碳气溶胶作为青藏高原的热源，可以影响青藏高原动力和热力作用，进而影响东亚地区甚至全球的天气气候。作为高海拔地区，高原气候变化使其成为对流层中层的热源，其热力作用可以使青藏高原和周边地区的气流上升和下层运动加剧，进而影响亚洲地区高压的形成与夏季风的形成和发展。青藏高原作为热源，形成了独特的东亚天气和气候系统。黑碳气溶胶对于青藏高原的加热作用，可以使东亚地区夏季在近地层（$1.5 \sim 3km$）产生浅薄的气旋性环流，在大气高层（$3 \sim 6km$）产生深厚的反气旋性环流。总之，受青藏高原气候变化的驱动，黑碳气溶胶可以通过辐射反馈机制改变东亚甚至全球的大气和海洋环流。

7.5.4 青藏高原排放变化

图 7.23 展示了青藏高原所在的 6 个省（自治区）（西藏、青海、四川、新疆、甘肃、云南）的能源排放数据（《中国能源统计年鉴 2019》），统计变量包括煤炭、焦炭和柴油的消费量，机动车保有量数据来源于各省市的统计年鉴，统计时间为 1990～2018 年。黑碳的年际差异受到排放和气象条件的共同影响，燃煤消耗和排放较高导致黑碳浓度较高。在煤炭消费量上，除了新疆表现为持续上升，其他地区都出现不同程度的波动或者上升（西藏数据缺失）。在焦炭消费量上，青藏高原所在的 5 个省（自治区）都出现不同程度的波动上升，而在柴油消费量方面，甘肃从 2013 年就开始出现明显下降趋势，青海近 30 年的增长较为缓慢，其他各省（自治区）都出现波动上升。总的来说，除青海对于化石燃料消费趋于平缓增加以外，其他地区的波动都较大。机动车保有量上，相比于其他地区，西藏、青海增加相对缓慢。

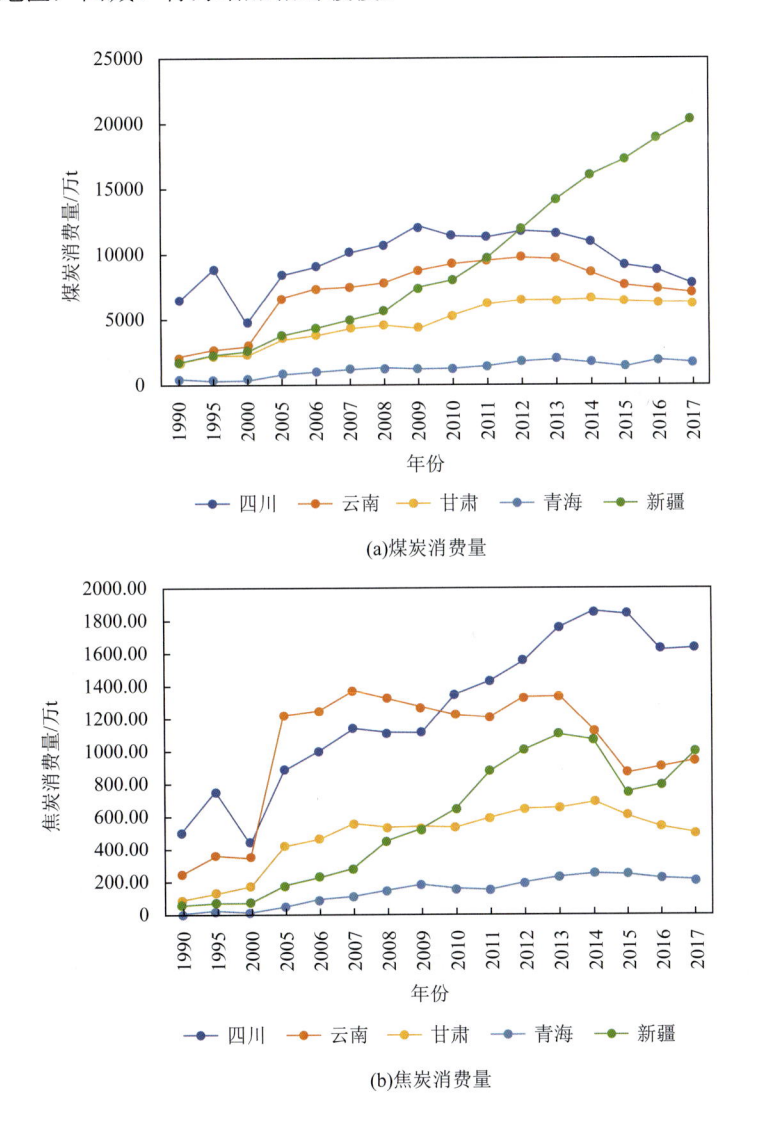

(a) 煤炭消费量

(b) 焦炭消费量

(c)柴油消费量

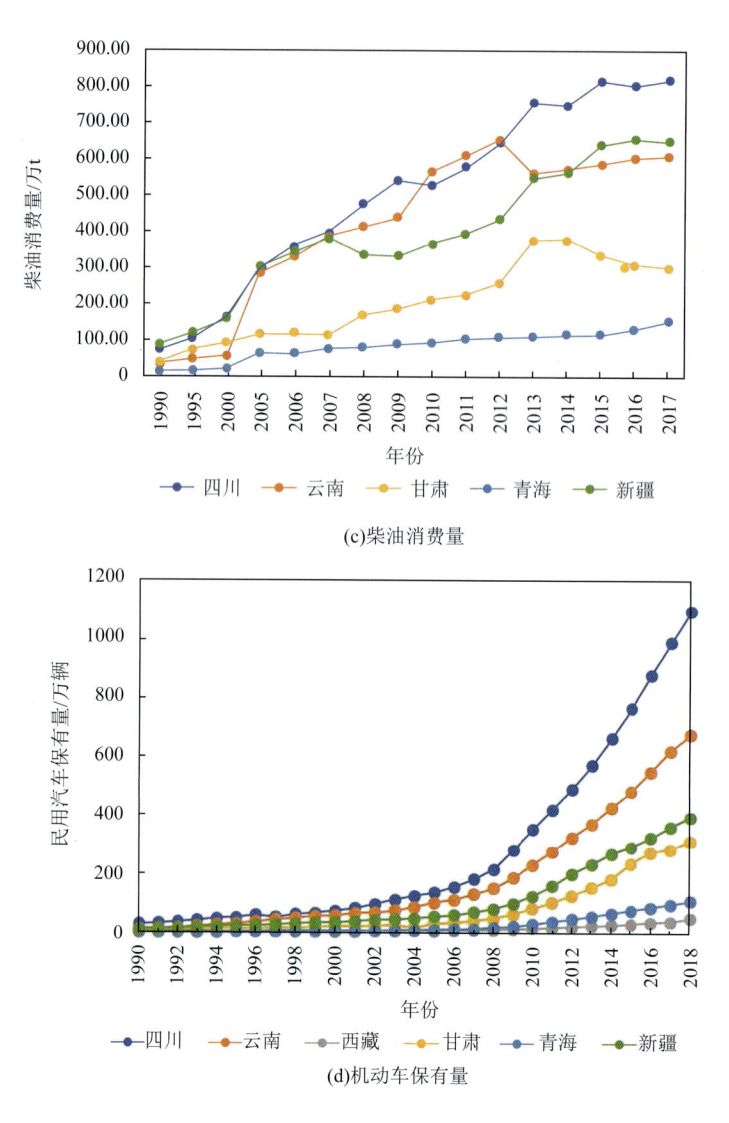

(d)机动车保有量

图 7.23　1990～2018 年青藏高原所在的 6 个省（自治区）的能源消费和机动车保有量的变化趋势

除能源消费量外，本书还分析了青藏高原所在的 6 个省（自治区）（西藏、青海、四川、新疆、甘肃、云南）的 6 种主要大气污染物（$PM_{2.5}$、BC、CO、VOCs、NO_x、SO_2）的人为排放源近 10 年的变化特征。本书采用的是清华大学中国多尺度排放清单模型（multi-resolution emission inventory for China，MEIC）提供的 2008 年、2010～2017 年的年排放清单，$PM_{2.5}$ 年排放清单按行业分为电力、工业、民用、交通四类。青藏高原及周边地区的 BC 排放量是本书研究的重点。

从 MEIC 排放清单来看，2008～2017 年（2009 年除外），除西藏以外，青藏高原及周边地区 $PM_{2.5}$、BC、CO 等大气污染物的排放量总体呈下降趋势（图 7.24），而 NO_x 则呈现先增加后减少的趋势。除西藏以外，其余五省（自治区）都在 2012 年或 2013

年达到 NO_x 排放量的最大值。

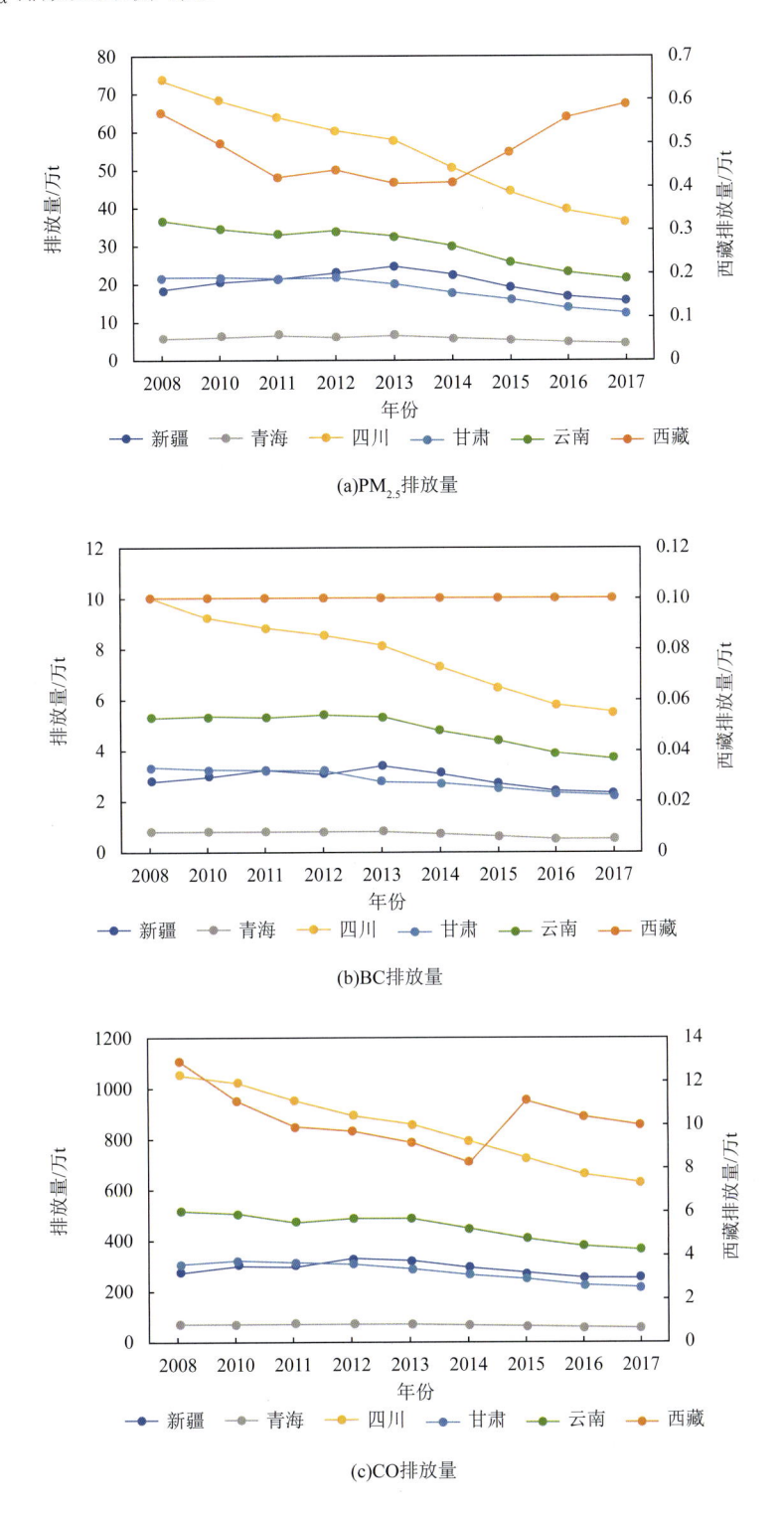

(a) $PM_{2.5}$ 排放量

(b) BC 排放量

(c) CO 排放量

(d) VOCs排放量

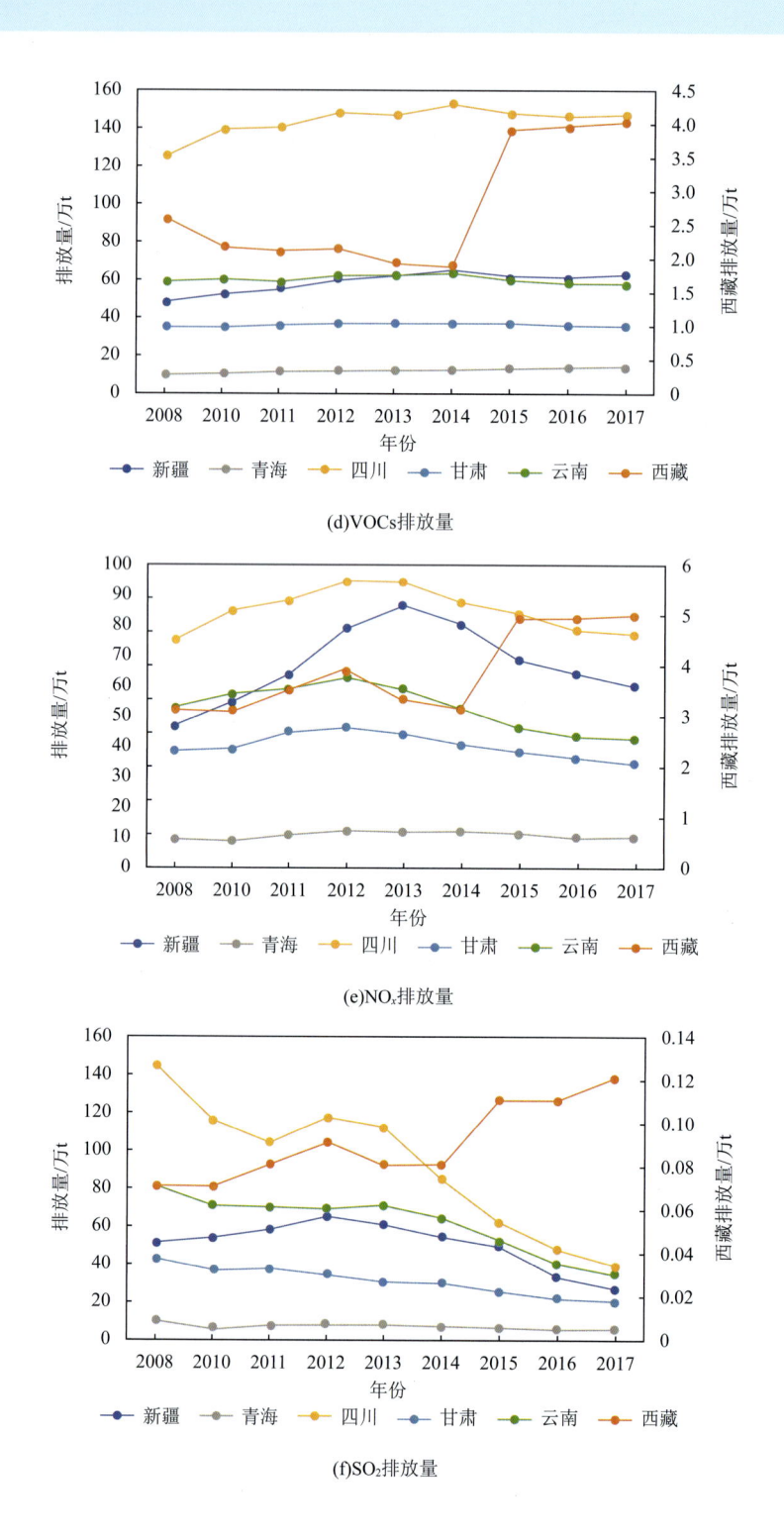

(e) NO$_x$排放量

(f) SO$_2$排放量

图 7.24 2008～2017 年青藏高原所在的 6 个省（自治区）6 种主要大气污染物排放量
2009 年无数据

第 7 章 青藏高原生态环境特征与气候变化影响

图 7.25 展示了 2008~2017 年青藏高原所在的 6 个省（自治区）（西藏、青海、四川、新疆、甘肃、云南）各排放源的对 $PM_{2.5}$ 排放量的相对贡献，结合图 7.24 可以看出，西藏在 2014 年前后 $PM_{2.5}$、CO、VOCs 等 5 种主要大气污染物的排放量有明显增加，主要体现为交通源和工业源排放量的增加。BC 占 $PM_{2.5}$ 的比例在 2014 年后明显降低，从 24.39% 下降至 20.83%，至 2017 年西藏 BC 占 $PM_{2.5}$ 的比例下降至 16.95%，基本与其他五省（自治区）持平。西藏工业源对 $PM_{2.5}$ 排放量的相对贡献自 2011 年起就缓步上升，而与 2014 年之前相比，交通源的贡献有大幅度提升。除西藏外，青藏高原所在的其他 5 个省（自治区）$PM_{2.5}$ 排放量与 BC 排放量的变化趋势基本一致，BC 占 $PM_{2.5}$ 的比例在 2008~2017 年无明显变化。而在西藏随着 $PM_{2.5}$ 排放量的增大，交通源和工业源贡献增加，BC 排放量基本保持不变。

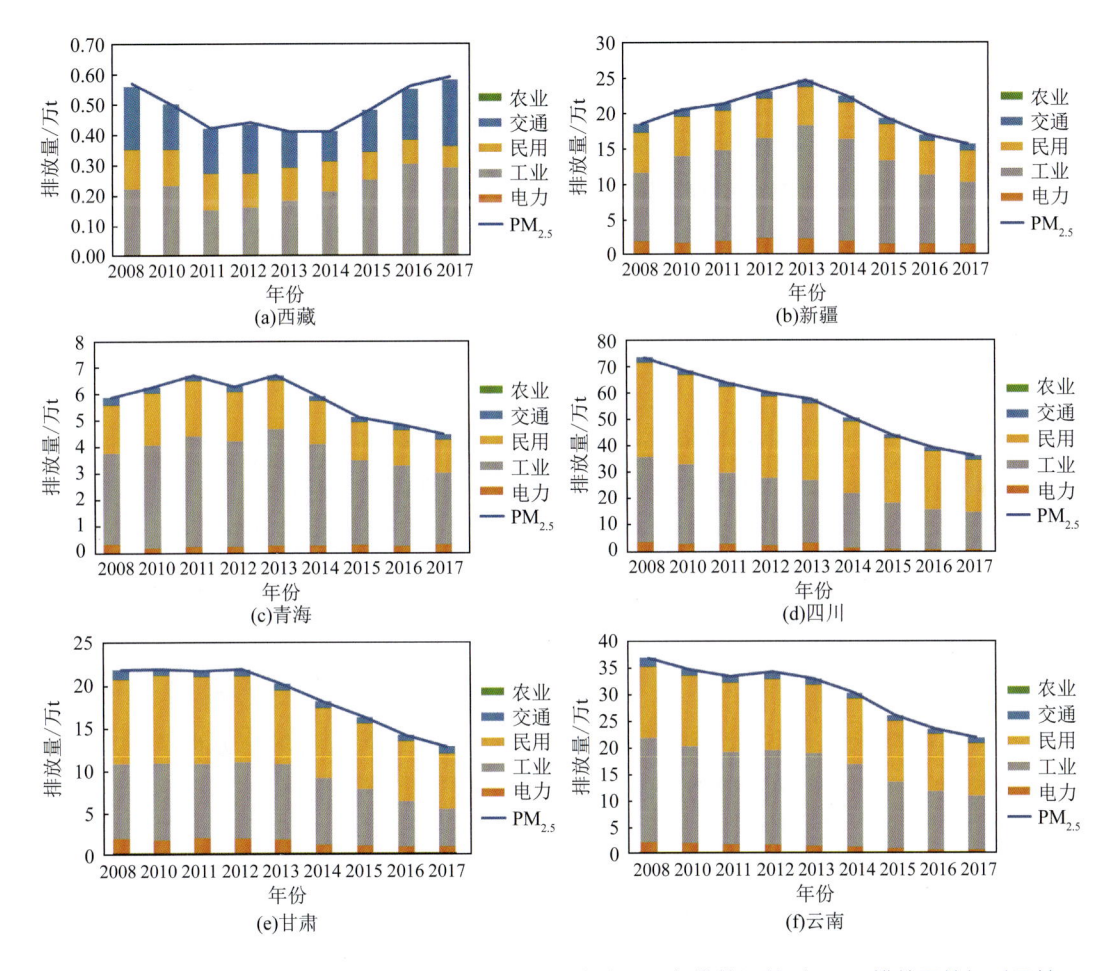

图 7.25 2008~2017 年青藏高原所在的 6 个省（自治区）各排放源的对 $PM_{2.5}$ 排放量的相对贡献
2009 年无数据

参考文献

李文华. 1985. 西藏森林. 北京：科学出版社.

蒲俊兵, 蒋忠诚, 袁道先, 等. 2015. 岩石风化碳汇研究进展：基于IPCC第五次气候变化评估报告的分析. 地球科学进展, 30(10)：1081-1090.

郑度, 赵东升. 2017. 青藏高原的自然环境特征. 科技导报, 35(6)：13-22.

郑度, 林振耀, 张雪芹. 2002. 青藏高原与全球环境变化研究进展. 地学前缘, (1)：95-102.

Chen H, Zhu Q, Peng C, et al. 2013. The impacts of climate change and human activities on biogeochemical cycles on the Qinghai-Tibetan Plateau. Global Change Biology, 19(10)：2940-2955.

Chen L Y, Fang K, Wei B, et al. 2021. Soil carbon persistence governed by plant carbon input and mineral protection at regional and global scales. Ecology Letters, 24: 1018-1028.

Chen Y, Feng J G, Yuan X, et al. 2020. Effects of warming on carbon and nitrogen cycling in alpine grassland ecosystems on the Tibetan Plateau: a meta-analysis. Geoderma, 370: 114363.

Kuang X, Jiao J J. 2016. Review on climate change on the Tibetan Plateau during the last half century. Journal of Geophysical Research: Atmospheres, 121: 3979-4007.

Li F, Wan X, Wang H, et al. 2020. Arctic sea-ice loss intensifies aerosol transport to the Tibetan Plateau. Nature Climate Change, 10: 1037-1044.

Liang W, Yang Z, Luo J, et al. 2021. Impacts of the atmospheric apparent heat source over the Tibetan Plateau on summertime ozone vertical distributions over Lhasa. Atmospheric and Oceanic Science Letters, 14(3)：100047.

Liu X, Chen B. 2000. Climatic warming in the Tibetan Plateau during recent decades. International Journal of Climatology: A Journal of the Royal Meteorological Society, 20(14)：1729-1742.

Liu Y, Li W, Zhou X. 2001. Prediction of the trend of total column ozone over the Tibetan Plateau. Science in China Series D: Earth Sciences, 44(1)：385-389.

Liu X, Luo T X. 2011. Spatiotemporal variability of soil temperature and moisture across two contrasting timberline ecotones in the Sergyemla Mountains, southeast Tibet. Arctic Antarctic and Alpine Research, 43: 229-238.

Pang Z, Wang D, Zhang J, et al. 2019. Soil microbial communities in alpine grasslands on the Tibet Plateau and their influencing factors. Chinese Science Bulletin, 64(27)：2915-2927.

Pawson S, Steinbrecht W, Charlton-Perez A J, et al. 2014. Update on Global Ozone: Past, Present, and Future, Chapter 2 in Scientific Assessment of Ozone Depletion: 2014. Global Ozone Research and Monitoring Project-Report No. 55. Geneva: World Meteorological Organization.

Pokharel M, Guang J, Liu B, et al. 2019. Aerosol properties over Tibetan Plateau from a decade of AERONET measurements: baseline, types, and influencing factors. Journal of Geophysical Research: Atmospheres, 124: 13357-13374.

Rocci K S, Lavallee J M, Lavallee C E, et al. 2021. Soil organic carbon response to global environmental change depends on its distribution between mineral-associated and particulate organic matter: a meta-analysis. Science of the Total Environment, 793: 148569.

Song C, Pei T, Zhou C. 2014. The role of changing multiscale temperature variability in extreme temperature events on the eastern and central Tibetan Plateau during 1960-2008. International Journal of Climatology, 34(14): 3683-3701.

Sun C, Xu X D, Wang P J, et al. 2022. The warming and wetting ecological environment changes over the Qinghai-Tibetan Plateau and the driving effect of the Asian summer monsoon. Journal of Tropical Meteorology, 28(1): 95-108,

Tian L H, Bai Y F, Wang W W, et al. 2021. Warm-and cold-season grazing affect plant diversity and soil carbon and nitrogen sequestration differently in Tibetan alpine swamp meadows. Plant and Soil, 458: 151-164.

Tian W, Chipperfield M, Huang Q. 2008. Effects of the Tibetan Plateau on total column ozone distribution. Tellus B: Chemical and Physical Meteorology, 60(4): 622-635.

Tobo Y, Iwasaka Y, Zhang D, et al. 2008. Summertime "ozone valley" over the Tibetan Plateau derived from ozonesondes and EP/TOMS data. Geophysical Research Letters, 35(16): L16801.

Weber M, Coldewey-Egbers M, Fioletov V E, et al. 2018. Total ozone trends from 1979 to 2016 derived from five merged observational datasets-the emergence into ozone recovery. Atmospheric Chemistry and Physics, 18(3): 2097-2117.

Wei L, Lu Z, Wang Y, et al. 2022. Black carbon-climate interactions regulate dust burdens over India revealed during COVID-19. Nature Communication, 13: 1839.

Wu W, Zhou G, Xu Z. 2022. Driving mechanisms of climate-plant-soil patterns on the structure and function of different grasslands along environmental gradients in Tibetan and Inner Mongolian Plateaus in China. Journal of Cleaner Production, 339: 130696.

Xu X, Tao S, Wang J, et al. 2002. The relationship between water vapor transport features of Tibetan Plateau-monsoon "large triangle" affecting region and drought-flood abnormality of China. Acta Meteorologica Sinica, 60(3): 257-266.

Xu W, Xu X, Lin M, et al. 2018. Long-term trends of surface ozone and its influencing factors at the Mt Waliguan GAW station, China-Part 2: the roles of anthropogenic emissions and climate variability. Atmospheric Chemistry and Physics, 18(2): 773-798.

Yanai M, Li C, Song Z. 1992. Seasonal heating of the Tibetan Plateau and its effects on the evolution of the Asian summer monsoon. Journal of the Meteorological Society of Japan, 70(1B): 319-351.

Yang K, Ding B, Qin J, et al. 2012. Can aerosol loading explain the solar dimming over the Tibetan Plateau? Geophysical Research Letters, 39: L20710.

Yang K, Wu H, Qin J, et al. 2014. Recent climate changes over the Tibetan Plateau and their impacts on energy and water cycle: a review. Global Planet Change, 112: 79-91.

Ye D Z, Wu G X. 1998. The role of the heat source of the Tibetan Plateau in the general circulation. Meteorology and Atmospheric Physics, 67(1): 181-198.

Zhang J, Tian W, Xie F, et al. 2014. Climate warming and decreasing total column ozone over the Tibetan

Plateau during winter and spring. Tellus B: Chemical and Physical Meteorology, 66(1): 23415.

Zhang L F, Schlaepfer D R, Chen N, et al. 2021. Comparison of AET partitioning and water balance between degraded meadow and artificial pasture in Three-River Source Region on the Qinghai-Tibetan Plateau. Ecohydrology, 7(2): 2329.

Zhao J X, Li R C, Li X, et al. 2017. Environmental controls on soil respiration in alpine meadow along a large altitudinal gradient on the central Tibetan Plateau. Catena, 159: 84-92.

Zhao J X, Li R C, Tian L H, et al. 2022. Microtopographic heterogeneity mediates the soil respiration response to grazing in an alpine swamp meadow on the Tibetan Plateau. Catena, 213: 106158.

Zhao J X, Li X, Li R C, et al. 2016b. Effect of grazing exclusion on ecosystem respiration among three different alpine grasslands on the central Tibetan Plateau. Ecological Engineering, 94: 599-607.

Zhao J X, Luo T X, Li R C. 2016a. Grazing effect on growing season ecosystem respiration and its temperature sensitivity in alpine grasslands along a large altitudinal gradient on the central Tibetan Plateau. Agricultural and Forest Meteorology, 218-219: 114-121.

Zhao J X, Luo T X, Li R C, et al. 2018. Precipitation alters temperature effects on ecosystem respiration in Tibetan alpine meadows. Agricultural and Forest Meteorology, 252: 121-129.

Zhao J X, Luo T X, Wei H X, et al. 2019b. Increased precipitation offsets the negative effect of warming on plant biomass and ecosystem respiration in a Tibetan alpine steppe. Agricultural and Forest Meteorology, 279: 107761.

Zhao J X, Sun F D, Tian L H. 2019a. Altitudinal pattern of grazing exclusion effects on vegetation characteristics and soil properties in alpine grasslands on the central Tibetan Plateau. Journal of Soils and Sediments, 19: 750-761.

Zhao J X, Tian L H, Wei H X, et al. 2021. Impact of plateau pika (*Ochotona curzoniae*) burrowing-induced microtopography on ecosystem respiration of the alpine meadow and steppe on the Tibetan Plateau. Plant Soil, 458: 217-230.

Zhao C F, Yang Y K, Fan H, et al. 2020. Aerosol characteristics and impacts on weather and climate over the Tibetan Plateau. National Science Review, 7(3): 492-495.

Zhou X, Luo C, Li W L, et al. 1995. Ozone changes over China and low center over Tibetan Plateau. Chinese Science Bulletin, 40: 1396-1398.

Zou H. 1996. Seasonal variation and trends of TOMS ozone over Tibet. Geophysical Research Letters, 23(9): 1029-1032.

第 8 章

青藏高原水分循环"驱动源"及其全球气候效应

8.1 青藏高原大地形季风过程"放大的海陆差异"效应

青藏高原被称为"世界屋脊",作为占我国国土面积约 1/4 的一个巨大的"高架陆地""平台",青藏高原总辐射量为世界上最大的地区,高原气温较周边同高度自由大气高出 4～6℃,甚至高出 10℃(叶笃正和陈泮勤,1992)。众所周知,亚洲夏季风是世界上最大和最显著的季风,其强度及其云降水变化可能对全球气候和气候系统产生深远的影响,特别是对南亚和东亚的降水与洪涝灾害产生重要影响。与青藏高原热力过程季节变化密切相关的亚洲季风变化可能对全球气候和气候系统产生深远的影响(Zhang et al., 2012; Wang and Fan, 2006; Wu and Huang, 2001)。

东亚区域梅雨带的演进是否存在青藏高原到黄土高原"三阶梯"大地形地气变化过程热力驱动作用,这些关键物理过程是否影响了梅雨带时空的演变?过去大量的研究试图去解释亚洲夏季风变化的原因,青藏高原作为亚洲夏季风的主要驱动力(Wu and Zhang, 1998; Xu et al., 2010),季风环流的变化能否反映青藏高原热源的变化?研究认为,亚洲古气候环境变化中青藏高原海拔隆起是引起"行星波主导型"过渡到"季风主导型"的关键因素。朱抱真(1990)与朱乾根和胡江林(1993)的模式研究表明,如果青藏高原不存在,季风雨带将被抑制在亚热带低纬度地区。因此,青藏高原的地形作用导致东亚季风降雨的时空分布特征。吴国雄(2004)指出,东亚大气环流对青藏高原的表面感热加热起着重要的作用,青藏高原的动力作用与"热泵"效应同时对亚洲夏季风有影响(Wu and Zhang, 1998)。梅雨锋的时空变化反映了季节转换过程中海陆热力差异而产生的影响作用。从春季到夏季的季节转换,海洋大量水汽输送到东亚,为中国及东亚区域梅雨降雨提供充沛的水汽供应,降雨向北扩张,西太平洋副热带高压控制着梅雨带的位置和强度(Tao et al., 1958; 任荣彩等, 2004)。

东亚夏季风最显著的特点之一是东亚区域梅雨带的演进。高原—平原"三阶梯"地形存在地气过程动态变化规律,自每年春季 3 月和 4 月起,地气温差与感热"强信号"(高值中心)首先在青藏高原出现。随着春季向夏季过渡,该"强信号"区域逐月扩展到中国北部和东北部。这种大地形地气过程热力"强信号"区的时空变化随着季节转换,每年 3～7 月,陆地大气温差与感热逐月增强,从青藏高原到黄土高原"三阶梯"大地形向东北方向延伸,梅雨及其云降水带亦同步从东南沿海向西北方高原—平原过渡带(青藏高原与黄土高原边缘)移动,两者似乎可归纳是一种"动态的吸引"综合动态模型,这种大地形地表热力强迫变化和梅雨锋的推进同步响应,在盛夏两者相遇于青藏高原与黄土高原东缘"地形线"(Xu et al., 2010, 2008a)。

Xu 等(2010)揭示了春夏过渡期中国西部青藏高原、黄土高原大地形的热力变化与中国梅雨及其东亚云降水带时空演进的关联性特征,高原大地形(大于 1000m)地气温差与水汽输送通量相关矢量场可清晰地描述出高原热源与东亚、南亚夏季风水汽输送相关特征(图 8.1),研究还揭示出随季节变化,中国东部季风降水空间分布与前一季(月)高原视热源(地气温差)呈显著相关的规律(Xu et al., 2010, 2013)。青藏高原地气过程随季节变化的特征可作为"放大的海陆温差",其与中国梅雨带云降水带时空变化密切相关。这反映了从冬到早春季节转换过程中，太阳辐射的影响造成青藏高原大地形感热"快速响应"动态变化。随之，东亚梅雨及其云降水带的前沿线亦同步响应，该现象表明，青藏高原到黄土高原大地形"热力驱动"可能作为"放大的海陆温差"，扮演着东亚区域夏季风过程陆地—海洋—大气相互作用关键影响角色之一。

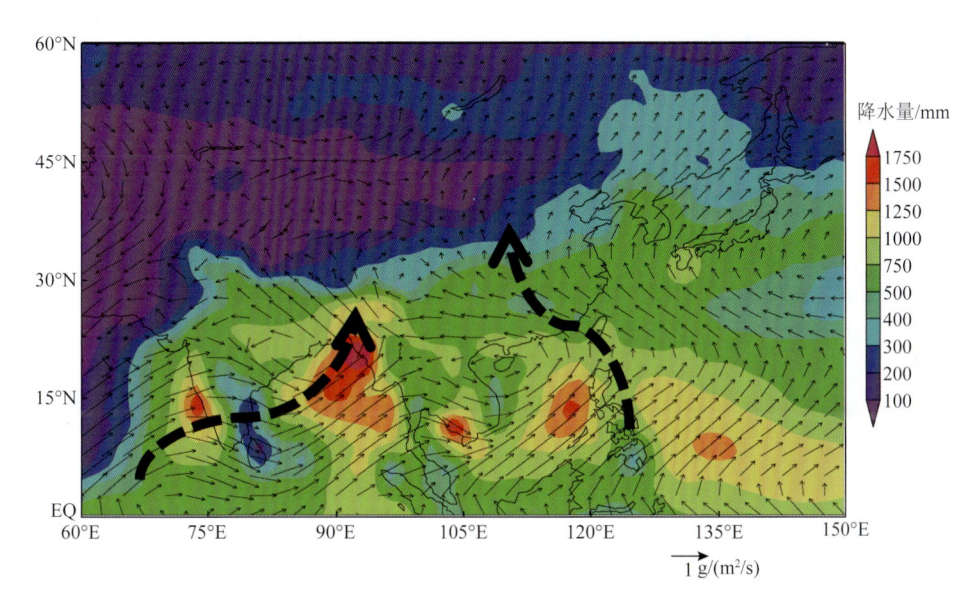

图 8.1　大于 1000 m 站点大地形区域地气温差与区域整层水汽通量相关矢量场，以及东亚夏季降水分布（阴影）综合图（Xu et al., 2008a）

8.2　青藏高原——中国与东亚区域异常天气气候的"驱动源"

夏半年青藏高原上空大气的物理属性与赤道低纬度地区有许多相似之处。青藏高原东部夏季旺盛的中尺度对流活动和巨大积雨云形成的"烟囱效应"向上层大气持续输送着热量和水汽（Young, 1988）。"世界屋脊"高频对流云发展的机制与低空气密度伴随的湍流驱动机制亦存在某种联系。夏季雅鲁藏布江、三江源与青藏高原东南缘区域是中国区域低云量的极值区［图 8.2(a)］。在长江洪涝过程中，青藏高原地区中部和东部往往会出现"爆米花"状对流云高频突发现象。青藏高原水汽输送通道及其对流云团亦是影响中国区域旱涝形成的重要因素（Yasunari and Miwa, 2006；徐祥德等，2002）。数值模拟揭示，在低空气密度条件下，有助于产生强热力湍流及热泡强上升气流，积云更易呈现发展趋势。青藏高原强太阳辐射与空气密度异常区域也是夏季对流活动旺盛区，巨大的积雨云的"烟囱效应"向上层大气持续地输送热量和水汽，影响东亚区域及全球。

(a)低云量

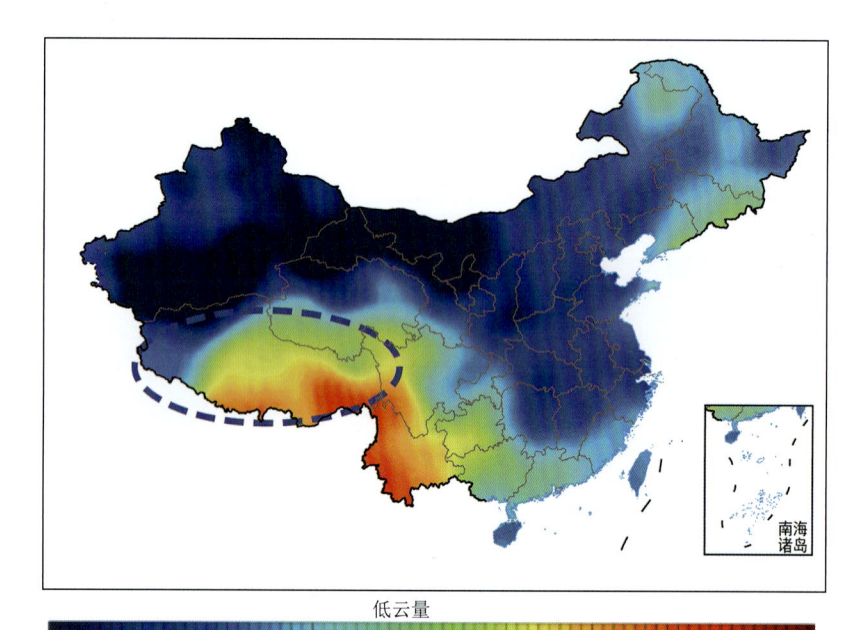

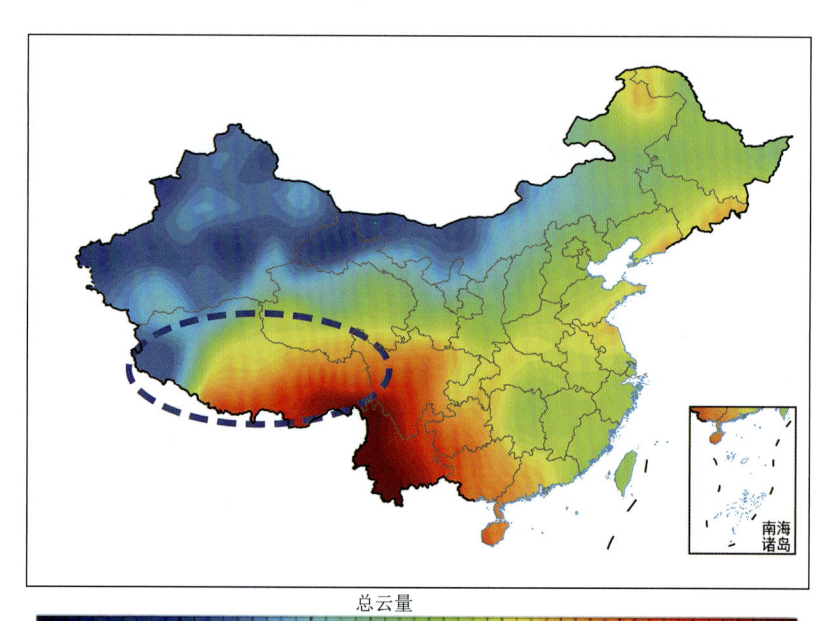

(b)总云量

图8.2 1961～2015年中国陆地区域7月云量分布

值得探讨的是，从卫星遥感动态图像发现，上层对流云团往往围绕青藏高原中心做顺时针旋转，显然青藏高原云降水特征与高原区域该卫星遥感动态图像反气旋环流（高层辐散结构）密切相关[图8.3(a)]。从视热源纬向偏差东—西向垂直剖面图[图8.3(b)]可以发现，夏季青藏高原东—西向剖面图上，随着高度抬升，青藏高原大地形热源特征不仅未削弱，而且在某些高度还趋于显著。尤其令人惊奇的是，青藏高原"中空热岛"100～300hPa呈类似台风"自激反馈"机制图像、高层"蘑菇云""暖区"结构（视热源纬向偏差高值区）显著区。青藏高原为全球唯一视热源"中空热岛"极值区，这一热源结构对高层水汽辐散-低层水汽汇合辐合动力机制维持具有关键作用（Zhao et al., 2016）。另外，全球500hPa以上整层水汽含量场亦可描述出青藏高原为全球唯一的"湿岛"特征，这反映青藏高原亦是全球对流层云降水核心区。

青藏高原特有的江河源头、冰川群、湖泊群均与大气云降水特征分布密切相关。图8.2(a)和(b)中，1961～2015年中国区域低云量与总云量极值区几乎与青藏高原中东部、东南缘部大江大河的源头（长江、澜沧江、雅鲁藏布江等）、湖泊群与冰川集中区空间分布吻合。

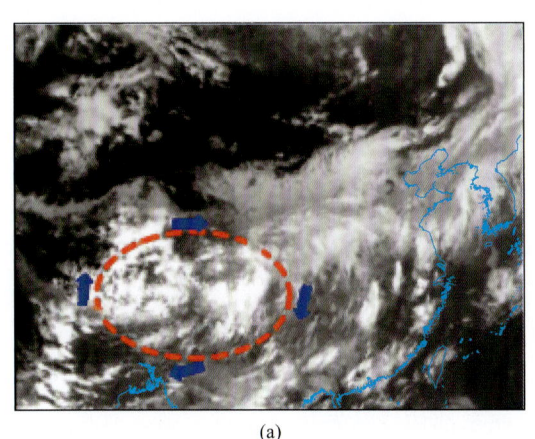

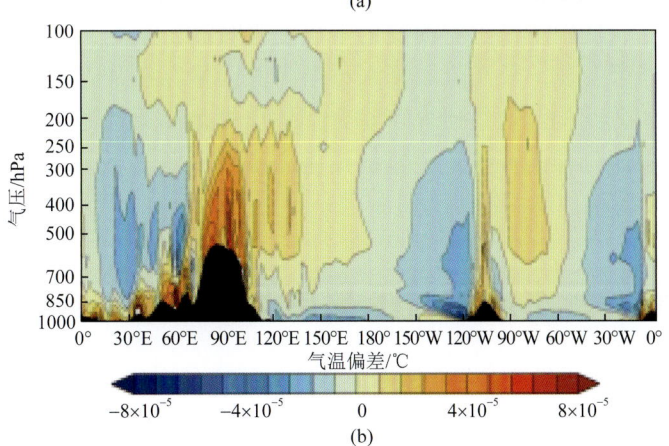

(a)

(b)

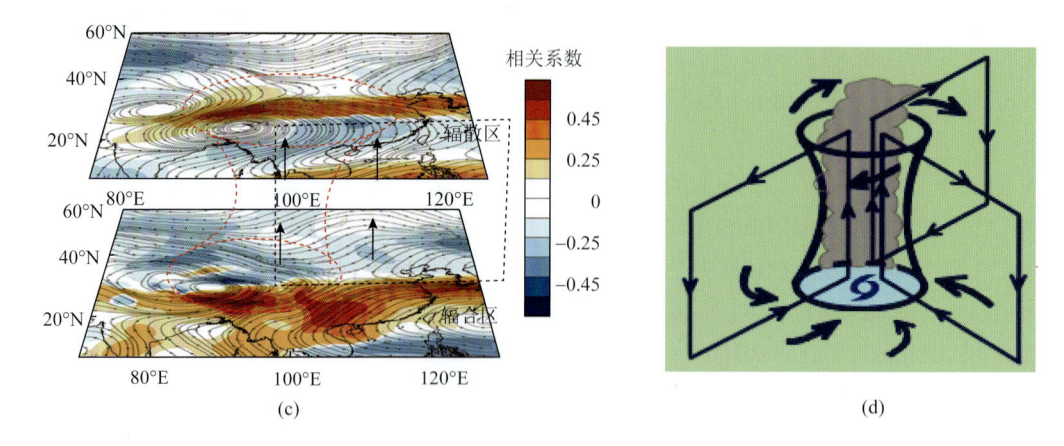

图 8.3 青藏高原"热泵"效应

(a) 风云卫星动态图;(b) 1979~2018 年夏季 27.5°~35°N 东—西向气温纬向偏差垂直剖面图;(c) 1979~2018 年夏季青藏高原视热源与东亚地区水汽输送通量高(200hPa)、低层(500hPa)相关矢量场;(d) 台风涡旋三维环流结构示意图

Xu 等(2008b)对欧洲气象中心资料(ERA-Interim 资料)分析可发现,视热源与水汽输送通量的相关场低层呈逆时针旋转气旋环流,高层则呈明显的顺时针旋转反气旋环流[图 8.3(c)]。上述分析结果揭示出高、低层互为反向环流结构,其类似高层潜热释放的台风"自激反馈""热泵"效应[图 8.3(d)]。该热源与高、低层水汽流相关特征不仅印证了青藏高原这一热驱动形成的三维特殊的涡旋结构对"亚洲水塔"大气水分循环起着核心作用,而且可揭示出该特殊的涡旋结构亦对"亚洲水塔"下游云降水活动起着关键影响效应。图 8.3(c)显示高层该反气旋相关环流系统向东延展,在长江流域上空高层呈东—西向反气旋型辐散带;中低层则为东—西向辐合带,这类三维环流相关结构有助于在长江流域产生降水雨带。

Yasunari 和 Miwa(2006)研究发现,夏季在高原热力作用下对流层低层形成了辐合带,随后辐合带在高原东部边缘激发出气旋性涡旋,伴随着充足的水汽输送,气旋性涡旋东移发展,在长江中下游上空演变为中尺度强对流云系统。Zhao 等(2019)和 Xu 等(2008b)计算亦可发现,长江流域降水与全国低云量存在从青藏高原延伸至长江下游地区的带状高相关结构。上述研究可综合描述出青藏高原热源驱动相关环流涡旋,尤其高层带状向下游延伸的反气旋型辐散结构亦是"激发"下游及其周边东亚区域云降水和异常天气灾害事件的关键动力机制之一。

8.3 青藏高原云水资源特征及其低纬海洋水汽源影响

青藏高原的水资源"供应区"低纬海洋水汽源区亦是水分循环过程的关键影响区。徐祥德等(2002)提出了青藏高原与低纬海洋季风活跃区水汽输送"大三角扇形"关键影响域的概念模型。青藏高原大气水分循环过程不仅反映了西风与"大三角扇形"影响域季风水汽输送的相互作用特征,而且描述了跨半球能量、水汽的交换效应。

第8章 青藏高原水分循环"驱动源"及其全球气候效应

从高耸于对流层中部"世界屋脊"青藏高原特殊热岛热力驱动水分循环的视角，对三江源流域夏季降水、整层视热源和水汽汇分布特征进行综合分析，可发现三江源及其南坡为降水异常高值区，且三江源源头流域，尤其是著名的三江并流（澜沧江、金沙江与怒江）和青藏高原南坡降水高值区分别与整层视热源、水汽汇极值区分布十分吻合，在某种程度揭示出三江源丰富的云水资源与青藏高原该区域特殊的热源结构分布密切相关。

分析研究亦发现，青藏高原三江源源头"水网区""冰川之乡"波密地理分布与青藏高原及南坡夏季降水"核心极值区"分布特征十分吻合，位于青藏高原中东部的三江源与东—西向带状陡峭南坡不仅分别与青藏高原降水极值区、低云频发区分布相吻合，而且成为整个高原区域中两类强视热源极值区，这揭示出特殊热源驱动效应在三江源降水机制中扮演着"核心角色"。

通过对青藏高原整层视热源 $Q1$ 与高原区域垂直运动、散度三维相关结构综合分析（徐祥德等，2002；Duan and Wu，2006），可以发现视热源 $Q1$ 相关散度结构，即南坡低层辐合—坡顶辐散与高原主体低层辐合—上空辐散形成耦合"二阶梯接力"爬升效应，该高原特殊的"热驱动"为陡峭南坡源自低纬海洋乃至跨半球水汽流强"汇流"提供了动力机制[图8.4(a)]；基于水汽相关矢量与FLEXPART粒子群轨迹追踪模拟分析，可揭示出青藏高原该特殊地形"隘口"构成了源自海洋暖湿水汽流爬入高原的关键通道，此水汽输送"汇合口"恰位于三江源与"冰川之乡"波密及其南部著名"三江并流区"（澜沧江、金沙江与怒江），其水汽通道关键入口恰位于青藏高原大地形东—西向南坡的喜马拉雅山与大地形向南凸起的东南缘西侧高黎贡山交叉处，该区域构成了青藏高原特殊的雅鲁藏布大峡谷及大地形隘口区，即海洋暖湿水汽流汇合输送的"入

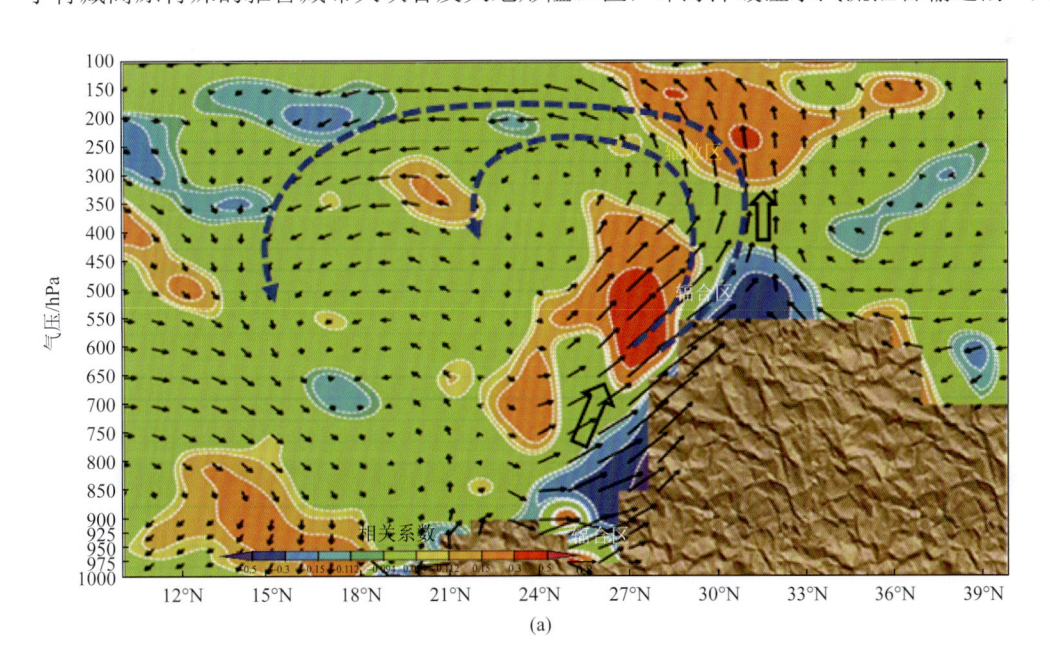

(a)

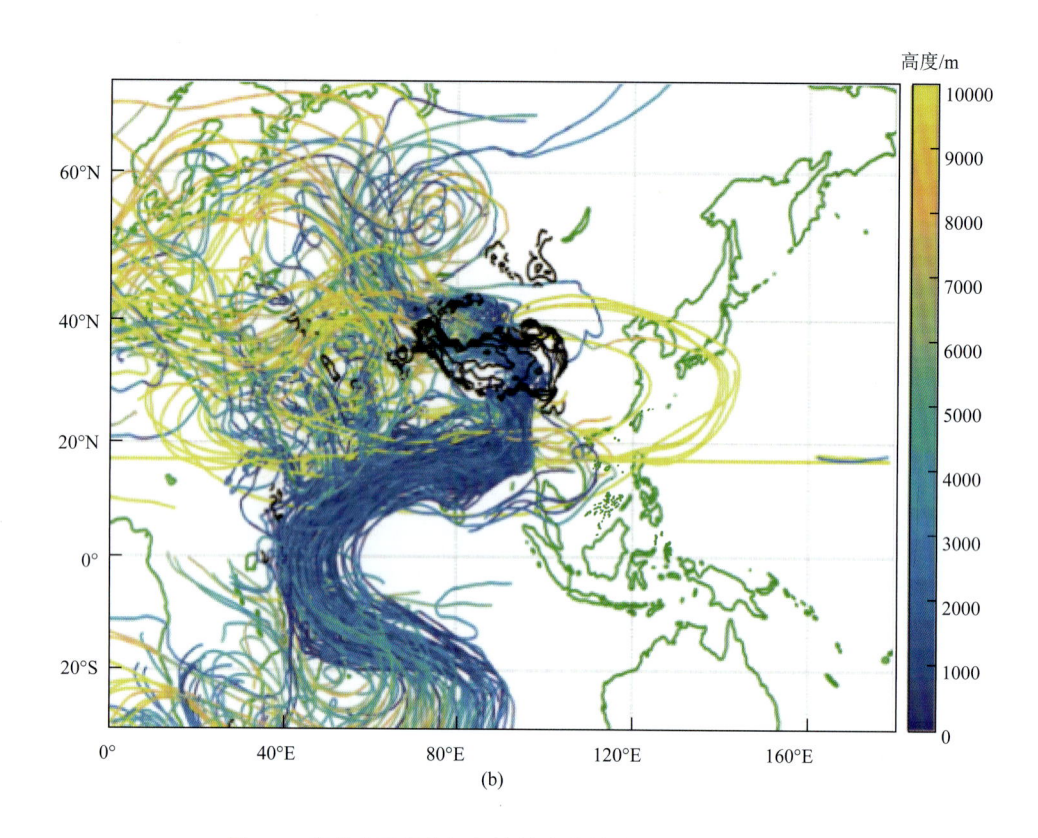

图 8.4　青藏高原视热源与南坡水汽输送三维结构相关特征

(a) 1948～2014 年夏季青藏高原的整层视热源 $Q1$ 与散度相关分布及经圈相关环流垂直剖面；(b) 2009 年 7 月 6h 间隔 FLEXPART 粒子扩散模式后向与粒子群轨迹

口区"[图 8.4(b)]。上述分析揭示出青藏高原"中空热岛"热源结构是构成青藏高原与中低纬乃至南半球能量、水分循环的关键动力源，并进一步揭示出青藏高原特殊的"热驱动"为亚洲乃至跨半球水汽输送提供了重要动力源，使青藏高原在区域、全球能量、水分循环交换过程中扮演着重要角色。

三江源区域为"世界屋脊""湿岛"[图 8.5(b)]，其高层潜热构成"暖心"结构显著区，其强热源结构起着驱动作用，印证了青藏高原夏季"热源柱"及其潜热作用起着热力驱动。

青藏高原关键驱动因素（视热源）和整层水汽通量相关矢量"汇流"特征、青藏高原大地形南侧低层跨赤道偏南气流与跨半球南北向垂直环流可综合描述青藏高原地区源自低纬海洋乃至跨半球水汽流低层强"汇流"与高层强"外流"结构特征，低层强"汇流"与高层强"外流"构成了青藏高原跨半球水循环"供水"体系，为青藏高原地表数以千计的冰川和星罗棋布的湖泊群的形成，以及著名的江河源提供了丰富的水汽条件，从而造就了这"世界屋脊"庞大的"蓄水池"系统，而青藏高原"三江源"等江河源亦可作为"输水管道"系统，使青藏高原冰川、湖泊与湿地"蓄水池"系统通过江河"输水管道"连接下游区域，包括南亚、东南亚等广阔的陆地水文系统乃至太平洋、印度洋［图 8.5(a)］。

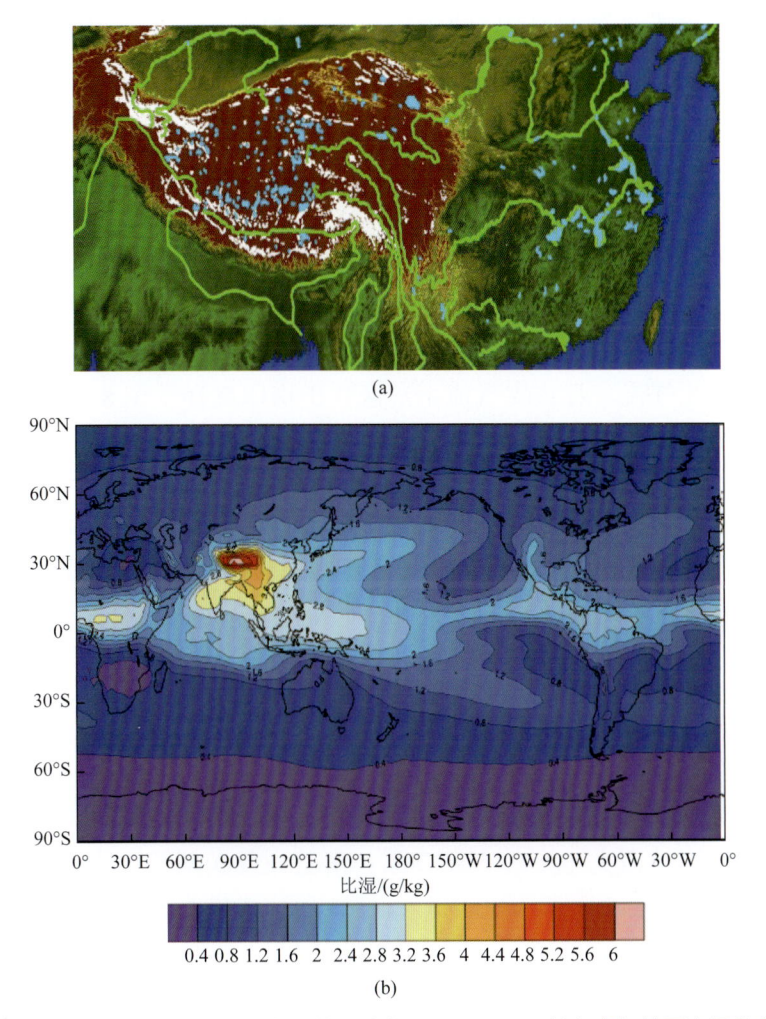

(a)

(b)

图 8.5 青藏高原及周边水源资源地理分布 (a)；500hPa 以上大气整层比湿分布 (b)
图 (a) 中填色表示地表特征，其中包括冰川与积雪（白色）、大江大河（绿色）和湖泊（浅蓝）

8.4 青藏高原与跨半球尺度能量、水分循环结构特征

研究发现，对流层中层夏季青藏高原核心区（三江源）热源效应不仅吸引青藏高原东南部及下游区域水汽源的水汽输入，还起着跨半球远距离水汽"汇流"的关键作用，三江源水汽源亦可追溯到南半球；也就是说，对流层中层的青藏高原三江源是源自南印度洋水汽流"汇流"的"捕获者"，以及跨半球水分循环互为"连锁"特征。

有关文献对北半球夏季青藏高原大地形机械屏障和抬升热源的作用有了更深刻的认识，如青藏高原的"感热气泵"效应，不仅对亚洲夏季风（ASM）的维持有重要作用，也通过激发罗斯贝波列对全球气候产生影响。上述研究结果描述了热源驱动效应为跨半球水汽输送提供了强迫源动力机制，从跨赤道经向环流的视角研究发现，夏季南北半球跨赤道气流低层强偏南、高层强偏北出现在东亚地区和北美区域两大地形对应的赤道区，这两个跨赤道极值区均与青藏高原、落基山脉的位置相对应［图8.6(a)和(b)］。但青藏高原高低层反向经向跨赤道气流较落基山脉显著得多，这印证了地球上大地形隆起状况亦与全球行星尺度垂直环流特征存在某种关联性。如图8.6(c)所示，夏半年青藏高原和落基山脉均为北半球显著上升区，青藏高原与落基山脉东侧均有一显著的东—西向纬圈环流，其中青藏高原东侧环流圈呈显著的跨半球尺度特征，落基山脉东侧环流尺度相对小得多。另外，计算结果亦可描述高原区域为强上升支，呈南—北向经圈环流，高原南侧低层呈跨赤道强偏南气流，高层则呈显著的偏北气流，且该支气流下沉区位于南印度洋［图8.6(d)］。青藏高原形成了显著的南—北向跨半球尺度经圈环流，其在跨半球尺度能量、水分循环的交换、输送过程中起着关键作用；通过青藏高原总能量与全球水汽的相关场分析［图8.6(e)］亦可发现，夏季青藏高原总能量与北极、太平洋中部、跨洋至北美洲南部水汽呈显著相关分布，可发现青藏高原总能量高相关区延伸跨赤道至南半球的印度尼西亚、澳大利亚与南美洲等。研究描述出青藏高原能量与全球大气云降水活动亦存在显著关联性，这进一步揭示出上述青藏高原纬向和经向环流圈结构与区域-全球大气环流的相关机制，印证了"世界屋脊"隆起大地形的"热驱动"及其对流活动在全球能量、水分循环中的作用。隆起的"世界屋脊"大地形"热驱动"环流结构及其云降水特征在全球能量、水分循环过程中扮演着重要的角色。从跨赤道经向环流的视角可发现，夏季南北半球跨赤道低层强偏南、高层强偏北气流出现的赤道经度恰与东亚地区和北美区域两大地形（青藏高原、落基山脉）对应。青藏高原纬向和经向环流圈结构与区域-全球大气环流相关机制印证了"世界屋脊"隆起大地形的"热驱动"及其对流活动在全球能量、水分循环的作用。青藏高原特殊的跨半球的纬向和经向大气垂直环流图表明，青藏高原大气动力过程对全球尺度大气环流变化的贡献显著。研究可描述青藏高原对流活动与全球大气云降水活动亦存在显著关联性，通过青藏高原低云量与全球低云量的相关场分析亦可发现，夏季青藏高原低云活动与北极、太平洋中部、跨洋至北美洲南部低云量空间分布亦呈显著相关。

　　上述高层"世界屋脊"特殊跨半球的纬向、经向大气垂直环流图亦描述了青藏高原通过高层将能量、水汽向外部周边及全球区域输送的渠道，反映青藏高原对全球能量、水分循环亦具有强反馈及重要影响作用，从而支持了全球性"大气水塔"的概念。我们综合描述出青藏高原作为"大气水塔"与全球行星尺度陆地—海洋—大气水分循环的物理图像。从全球水循环的视角，我们提出了青藏高原作为全球性"大气水塔"的观念。

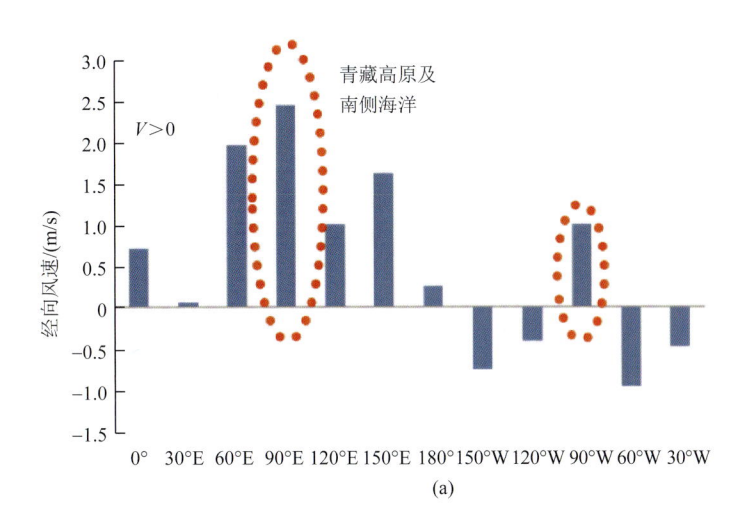

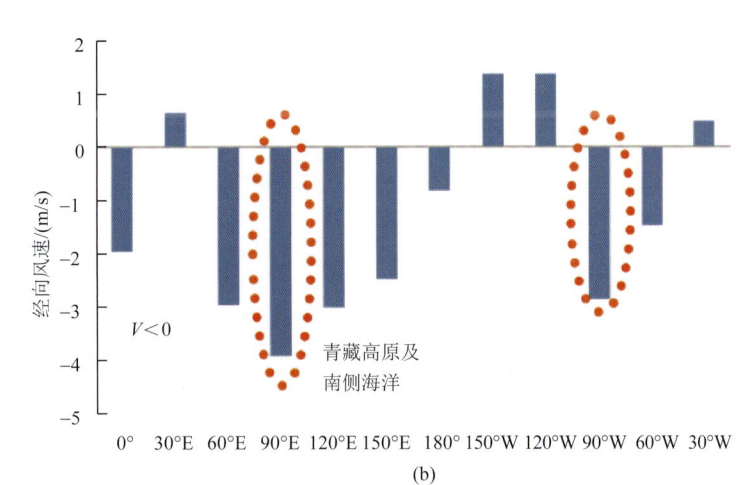

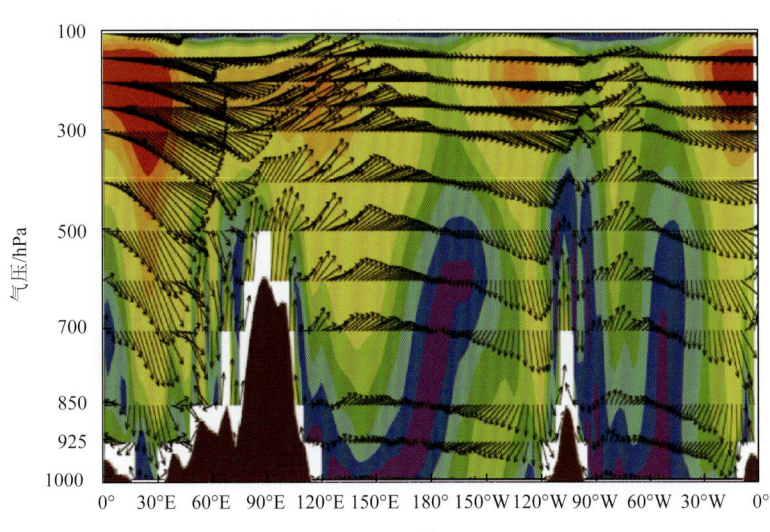

第8章 青藏高原水分循环"驱动源"及其全球气候效应

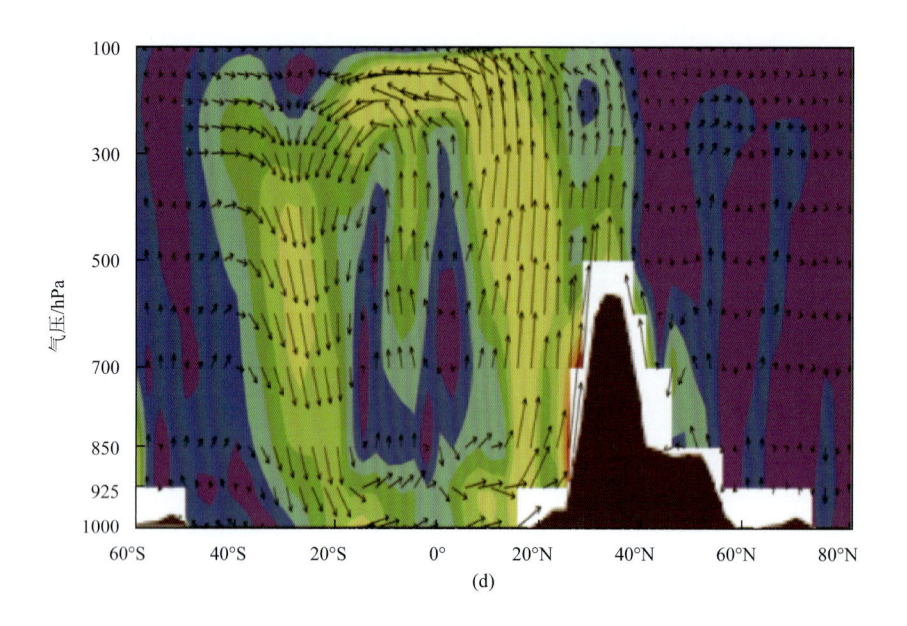

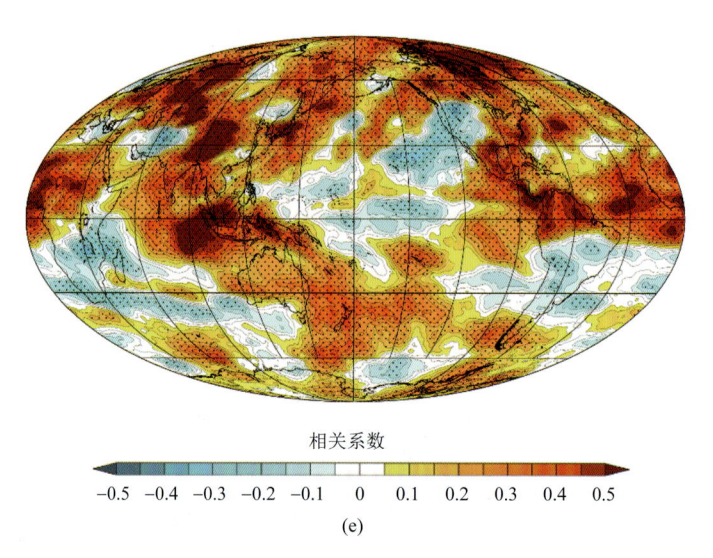

图 8.6 青藏高原云结构及其跨半球尺度环流区域、全球影响效应

(a) 和 (b) 分别为 1948～2010 年多年 30°S～30°N 平均 850hPa 和 200hPa 的不同经度（30°间隔）夏季经向风速（V）（单位：m/s）；(c) 1948～2006 年 6～8 月青藏高原平均夏季 27.5°～35°N 纬度带纬向风速和垂直速度的高度 - 经度剖面图（彩色阴影为纬向风速和垂直速度的矢量模）；(d) 80°～110°E 经度带经向风速和垂直速度的高度 - 纬度剖面图（单位：m/s，彩色阴影为经向风速和垂直速度的矢量模）；(e) 1979～2018 年夏季青藏高原高层总能量与全球水汽（比湿）相关系数场

8.5 青藏高原与"三极联动"气候效应

第二次青藏高原综合科学考察研究任务一围绕"西风与季风对亚洲水塔协同作用"科学目标，研究揭示了"世界屋脊"对流层中部热岛扮演着青藏高原大气-海洋"供水系统"热力驱动机制的重要角色，描述了作为青藏高原核心区的三江源，其热力驱动影响着跨南北半球的能量、水分循环的交换。研究发现，青藏高原通过中低纬热带海洋与高原对流活动起到向全球水汽输送的"窗口"效应，提出了高原大气水分循环及其全球影响综合模型，该新认知对青藏高原对全球气候变化影响研究具有重要科学价值与应用意义。

利用1979～2018年多源再分析与气象站观测资料，研究发现，青藏高原上空夏季亦存在一个水汽高值中心对流层"湿池"[图8.5(b)]。另外，从青藏高原区域低云量与对流层上层全球水汽正相关系数高值区分布图可以发现，青藏高原对流活动与对流层上部（500hPa、400hPa、300hPa）南、北极的水汽状况呈现显著高相关带[图8.7(b)～(d)]，对流层上部存在青藏高原北至北极，并跨越赤道到南极的相关系数高值带状区域，这表明青藏高原对流云活动与对流层上层，特别是南、北极存在跨半球性水汽输送相关特征；沿南北向垂直剖面，青藏高原上空有最强的向上输送的"水汽柱"，青藏高原对流活动和水汽输送过程呈类似于"烟囱"的结构[图8.7(a)]，即对流层上部为青藏高原水汽垂直输送的"窗口"。通过此"窗口"效应将青藏高原与全球，乃至北极、南极构成水分循环相互关联的桥梁，凸显了青藏高原对流层水汽垂直输运"窗口"对全球水汽变化的影响。

通过对青藏高原上空异常高、低视热源年对流层上部全球水汽输送通量偏差图的对比分析[图8.7(a)]，可揭示出青藏高原热源驱动与对流层上层反气旋环流有关。视热源较高的年份，对流层上层形成了较强的反气旋，维持了水汽向上输送到对流层上层的过程，其中北极和南极的水汽输送较强，证实了青藏高原对流层上层强反气旋在对流层水汽向上"抽吸"输送起着重要作用，可以反映出青藏高原热强迫在全球水汽变化中的重要作用。2014～2016年夏季高原热源与全球水汽通量的相关系数分布亦进一步证实该对流层上层反气旋结构特征。研究表明，青藏高原的热源驱动对流层上部反气旋环流，并通过青藏高原对流层特有的垂直输送水汽"窗口"调控了全球水汽分布格局。被誉为地球"第三极"的青藏高原，与南、北极在水分循环过程中起着重要的"三极联动"效应。研究提出了青藏高原水分循环及其全球效应的综合模型（图8.8），此新认知对地球"第三极"的青藏高原对全球气候变化影响问题研究具有重要的科学价值与应用意义。

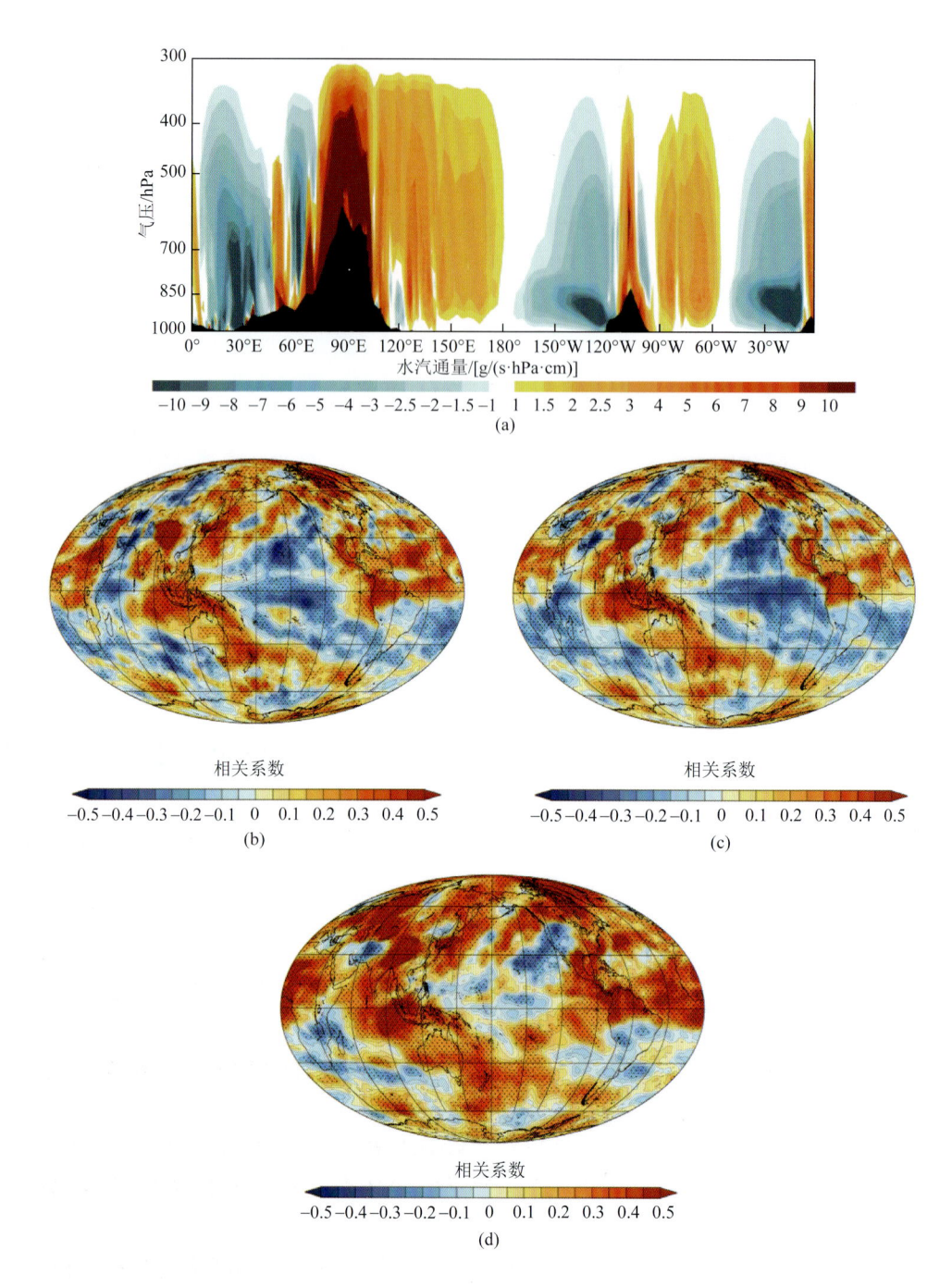

图 8.7 高原水汽垂直输送的"窗口"的特征

(a) 青藏高原高、低视热源年对流层上部水汽通量偏差；(b) ~ (d) 1979 ~ 2018 年夏季青藏高原高层各层水汽与全球水汽相关系数场，其中 (b) 500hPa，(c) 400hPa，(d) 300hPa

第8章 青藏高原水分循环"驱动源"及其全球气候效应

图 8.8 青藏高原与北极、南极水分循环及其全球效应的综合模型
V 为风速；V_{max} 为最大风速；V_{min} 为最小风速；ζ_{min} 为最小涡度；ζ_{max} 为最大涡度

参考文献

任荣彩, 刘屹岷, 吴国雄. 2004. 中高纬环流对 1998 年 7 月西太平洋副热带高压短期变化的影响机制. 大气科学, 28(4): 571-578.

吴国雄. 2004. 我国青藏高原气候动力学研究的近期进展. 第四纪研究, 24(1): T001-T004.

徐祥德, 陈联寿, 王秀荣, 等. 2003. 长江流域梅雨带水汽输送源－汇结构. 科学通报, 48: 2288-2294.

徐祥德, 马耀明, 孙婵, 等. 2019. 青藏高原能量、水分循环影响效应. 中国科学院院刊, 34(11): 1293-1304.

徐祥德, 陶诗言, 王继志, 等. 2002. 青藏高原－季风水汽输送"大三角扇型"影响域特征与中国区域旱涝异常的关系. 气象学报, 60: 257-266.

叶笃正, 陈泮勤. 1992. 中国的全球变化预研究（第二部分）. 北京: 地震出版社.

朱抱真. 1990. 青藏高原对中国气候的影响 // 国家科学技术委员会. 中国科学技术蓝皮书第 5 号: 气候. 北京: 科学技术文献出版社: 320-324.

朱乾根, 胡江林. 1993. 青藏高原大地形对夏季大气环流和亚洲夏季风影响的数值试验. 南京气象学院学报, 16(2): 120-129.

Duan A M, Wu G X. 2006. Change of cloud amount and the climate warming on the Tibetan Plateau. Geophysical Research Letters, 33: 217-234.

Hu L, Deng D, Gao S, et al. 2016. The seasonal variation of Tibetan convective systems: satellite observation.

Journal of Geophysical Research Atmospheres, 121 (10): 5512-5525.

Tao S, Zhao Y, Chen X. 1958. The relationship between May-Yu in far East and the behaviour of circulation over Aisa. Acta Meteorologica Sinica, 29 (2): 59-74.

Wang H J, Fan K. 2006. Southern Hemisphere mean zonal wind in upper troposphere and East Asian summer monsoon circulation. Chinese Science Bulletin, 51: 1508.

Wu B Y, Huang R H. 2001. Lag influences of winter circulation conditions in the tropical western Pacific on South Asian summer monsoon. Chinese Science Bulletin, 46: 858.

Wu G X, Zhang Y. 1998. Tibetan Plateau forcing and the Asian monsoon onset over South Asia and South China Sea. Monthly Weather Review, 126: 913-927.

Xu X D, Lu C, Shi X, et al. 2010. The Large-scale topography of China: a factor for seasonal progression of the Meiyu rainband. Journal of Geophysical Research: Atmospheres, 115: D02110.

Xu X D, Lu C G, Shi X Y, et al. 2008b. World water tower: an atmospheric perspective. Geophysical Research Letters, 35: 525-530.

Xu X D, Lu C X, Ding Y H. 2013. What is the relationship between China summer precipitation and the change of apparent heat source over the Tibetan Plateau? Atmospheric Science Letters, 14 (4): 227-234.

Xu X D, Shi X Y, Wang Y Q, et al. 2008a. Data analysis and numerical simulation of moisture source and transport associated with summer precipitation in the Yangtze River Valley over China. Meteorology and Atmospheric Physics, 100 (1-4): 217-231.

Xu X D, Zhao T L, Lu C G, et al. 2014a. An important mechanism sustaining the atmospheric "water tower" over the Tibetan Plateau. Atmospheric Chemistry and Physics Discussions, 14: 18255-18275.

Xu X D, Zhao T L, Lu C G, et al. 2014b. Characteristics of the water cycle in the atmosphere of the Tibetan Plateau. Acta Meteorologica Sinica, 72: 1079-1095.

Yang K, He J, Tang W, et al. 2010. On downward shortwave and longwave radiations over high altitude regions: observation and modeling in the Tibetan Plateau. Agricultural and Forest Meteorology, 150: 1-46.

Yao T D, Thompson L, Yang W, et al. 2012. Different glacier status with atmospheric circulation in Tibetan Plateau and surroundings. Nature Climate Change, 2: 663-667.

Yasunari T, Miwa T. 2006. Convective cloud systems over the Tibetan Plateau and their impact on meso-scale disturbances in the Meiyu/Baiu frontal zone: a case study in 1998. Journal of the Meteorological Society of Japan, 84 (4): 783-803.

Young G S. 1988. Turbulence structure of the connective boundary layer Parts Ⅰ & Ⅱ. Journal of the Atmospheric Sciences, 45 (4): 719-726.

Zhang R, Jiang D B, Liu X D, et al. 2012. Modeling the climate effects of different subregional uplifts within the Himalaya-Tibetan Plateau on Asian summer monsoon evolution. Chinese Science Bulletin, 57 (35): 4617-4626.

Zhao Y, Xu X D, Chen B, et al. 2016. The upstream "strong signals" of the water vapor transport over the Tibetan Plateau during a heavy rainfall event in the Yangtze River Basin. Advances in Atmospheric

Sciences, 33(12): 1343-1350.

Zhao Y, Xu X D, Zheng R, et al. 2019. Precursory strong-signal characteristics of the convective clouds of the Central Tibetan Plateau detected by radar echoes with respect to the evolutionary processes of an eastward-moving heavy rainstorm belt in the Yangtze River Basin. Meteorology and Atmospheric Physics, 131(4): 697-712.

第 9 章

全球变暖背景下青藏高原
未来气候变化预估

9.1 气候模式对青藏高原近代气候模拟性能评估

气候模式是对未来气候进行预估的重要工具，因此，在开展全球变暖背景下青藏高原未来气候预估之前，需要评估气候模式对青藏高原气候的模拟能力。目前，参与国际耦合模式比较计划的 CMIP6 和 CMIP5 模式代表了目前世界一流水平的气候模式，下文主要评估这两个阶段模式对青藏高原近代气候的模拟能力。其中，CMIP5 模式数据公布时间相对较长，对青藏高原近代气候模拟性能评估的工作较多；CMIP6 模式数据公布时间较短，相关评估工作较少。当然，CMIP 预估也存在不确定性，研究表明，CMIP5 对气温预估的不确定性要比降水量小。相比 CMIP5，CMIP6 模式无论在动力学参数化方案还是模式分辨率等方面都有较大改进和提高，但在预估未来极端气候等方面不确定性相对较大。

同时，中国科学院地球系统模式（CAS-ESM）是我国自主研发的地球系统模式，其预估能力代表着我国气候预估能力的最高水平。鉴于此，本节也将评估该模式对青藏高原气候的模拟性能。

9.1.1 CMIP 模式模拟结果

通过对 CMIP5 中 44 个气候模式模拟结果的评估发现，CMIP5 模式等权重集合平均（MME）能够较好地模拟出年均地表气温的主要分布特征，即低温中心位于青藏高原西北部高海拔地区，高温中心位于喜马拉雅山东南端，青藏高原北部和东南部边缘以及柴达木盆地这些地表气温较暖地区也可在模拟中较清晰地分辨出来（胡芩等，2014）。其不足的是，由于气候模式的水平分辨率相对较粗，模拟的地表气温较观测场更为平滑，还有部分局部性特征难以精细刻画，特别是在青藏高原南部和中西部地区较为明显。另外，值得注意的是，CMIP5 模式等权重集合平均值较观测值系统性偏低，模拟的冷区范围明显偏大，年均地表气温的大值区和低值区都偏小。1986～2005 年，所有 44 个模式等权重集合平均的气候态平均值较观测值偏低 2.3℃，44 个模式的模拟偏差落在 −6.2～1.8℃。这说明 CMIP5 模式对于青藏高原地区年均地表气温气候态的整体模拟能力仍有不足，所模拟的总体冷性偏差与早期气候模式一样且幅度大体相仿，分区域来看，青藏高原西部（90°E 以西）多模式集合区域平均值较观测值偏低 4.3℃，而青藏高原东部（90°E 以东）偏低值仅为 0.6℃，表明模式在青藏高原的冷偏差主要源于西部地区，这应该与下垫面和地形复杂度以及站点稀疏有关。

在季节尺度上，各模式及其集合平均对青藏高原地表气温气候态的模拟能力存在差别，大多数模式在所有季节均表现为冷偏差，并在春季（3～5 月平均）和夏季（6～8 月平均）相对较小，而在秋季（9～11 月平均）和冬季（12 月、1 月、2 月平均）相对较大，地形效应校正后上述冷偏差总体放大（胡芩等，2014）。44 个模式的等权重集合平均值相比于观测四个季节分别偏低 1.2℃、0.5℃、3.1℃、3.5℃。由此可知，前述模式的年均冷偏差主要来自秋季和冬季的模拟偏差。分区域情况来看，模式模拟的季节性冷偏差在青藏高原西部要比东部大，这与年平均情况相一致。

从降水上来看，CMIP5 模式等权重集合平均值能够合理模拟出上述年均降水量的梯度分布特征，但在量值和细节上存在着明显不足，主要表现在：与早期的全球气候模式一样，CMIP5 模式模拟的年均降水量在整个青藏高原地区均表现为偏多状态（胡芩等，2014）；在青藏高原中部和南部，特别是在藏东南地区，模式模拟的年均降水量分布型过于平滑而有较大偏差；在藏东南地区，模式结果中存在一个虚假的降水大值中心，最大降水值超过 8.0mm/d，这明显高于观测中 2.0mm/d 左右的年均降水量。统计 1986~2005 年青藏高原区域年均降水量，结果显示，所有模式的模拟值都偏高，且都在 0.5mm/d 以上，等权重集合平均值较观测值偏大 1.3mm/d。在青藏高原西部，等权重集合平均值较观测值偏大 0.7mm/d，而东部则偏大 1.8mm/d，因此就降水而言，模式在西部地区的模拟能力要优于东部地区，这主要是由于多数模式在藏东南地区模拟了一个虚假的降水大值中心。由此可见，CMIP5 模式对于青藏高原地区年均降水气候态的整体模拟能力仍有很大不足。

所有 44 个模式的等权重集合平均值结果表明（胡芩等，2014），夏季和春季降水模拟偏多程度最大，为 1.8mm/d；其次为秋季偏多 1.1mm/d；冬季偏多程度相对最小，偏多 0.7mm/d。

围绕着高原大气热源的模拟情况，Qu 和 Huang（2020）利用中心均方根误差，以 NCEP1、JRA-55、CMAP 和 GPCC 降水作为参考，评估了 CMIP5 模式青藏高原热源的模拟情况，模式等权重集合平均在 6~9 月具有相对理想的模拟结果，对应的空间相关系数和空间标准差都有合理的表现。同时，需要注意的是，因同化方案的不同，再分析资料的结果也存在较大差异，CMIP5 等权重集合平均的结果与 JRA-55 计算出来的热源结果相似度更高。此外，虽然 CMIP5 模式的结果在夏季与观测、再分析资料结果在空间型上有一定的相似性，但模拟的实际强度还存在一定差异。

9.1.2 地球系统模式：CAS-ESM2 的模拟结果

图 9.1 为 CN05.1 与中国科学院地球系统模式（CAS-ESM2）的历史模拟资料中，青藏高原 1979~2014 年降水和气温气候态的空间分布。CN05.1 资料是基于国家气象信息中心 2400 多个中国国家级台站观测整理的格点数据（吴佳和高学杰，2013）。结果表明，CAS-ESM2 能模拟出柴达木盆地、青藏高原西部降水低值区的分布，也能模拟出青藏高原东南部降水高值区的分布，总体上与观测资料的空间相关系数为 0.47。相对而言，对于昆仑山脉、青藏高原南部的降水有高估，可达 4mm/d。另外，CAS-ESM2 能很好地模拟出青藏高原地区平均气温的空间分布，与 CN05.1 资料的空间相关系数达到 0.97。气温模拟的主要差异在于东部气温偏低，且 0℃ 以上的范围比观测的小，有一定的冷偏差。

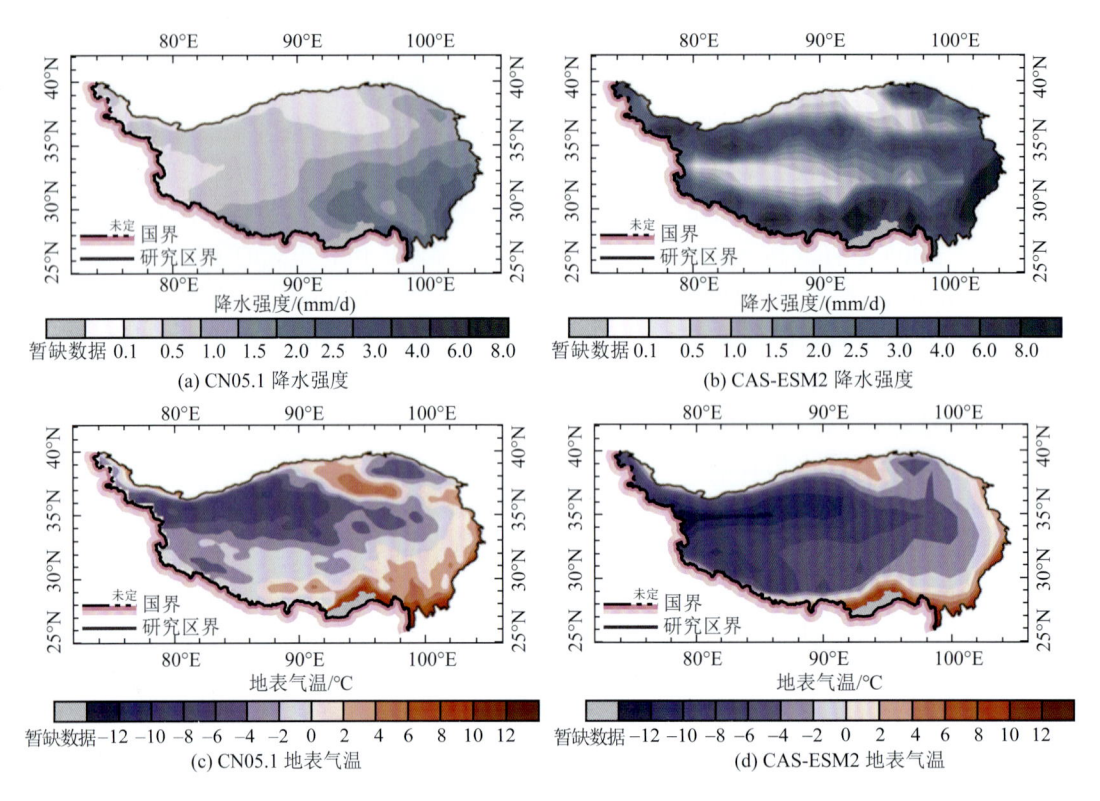

图 9.1　CN05.1 与 CAS-ESM2 模拟的青藏高原 1979～2014 年降水和气温气候态空间分布
（田凤云等，2021）

通过和 GLEAM V3.3a 实际蒸散发资料进行比较，评估了 CAS-ESM2 对青藏高原蒸散发的模拟性能（图 9.2）。结果表明，青藏高原观测的年均蒸散发在空间上由东南向西北递减，CAS-ESM2 能较好地模拟出青藏高原蒸散发的空间分布与季节循环特征。CAS-ESM2 年均蒸散发与 GLEAM V3.3a 的空间相关系数为 0.61。模式模拟了青藏高原西北部和柴达木盆地的蒸散发低值区以及藏东南的蒸散发高值区，包括其年均蒸散发自东南向西北递减的空间分布特点。此外，从不同季节蒸散发的空间分布看，CAS-ESM2 与 GLEAM V3.3a 的空间相关系数在 0.5～0.65，空间相关性较好，对夏季藏东南地区蒸散发量有所低估。模式可以模拟出夏季蒸散发最大、冬季蒸散发最小的季节特征。同时，模式能够模拟出 1981～2014 年蒸散发的增加趋势，但趋势的增幅相对观测偏弱。

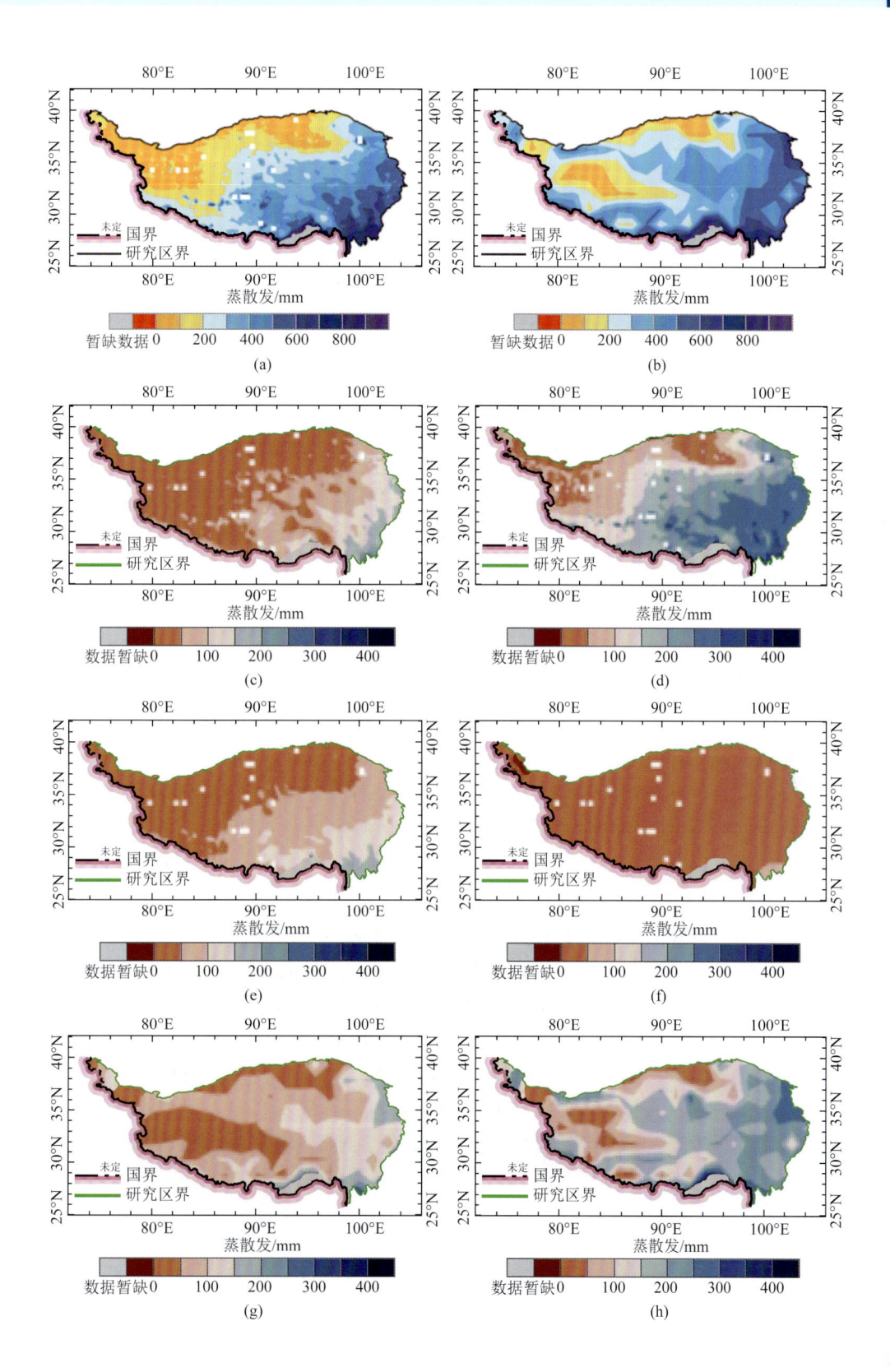

第9章 全球变暖背景下青藏高原未来气候变化预估

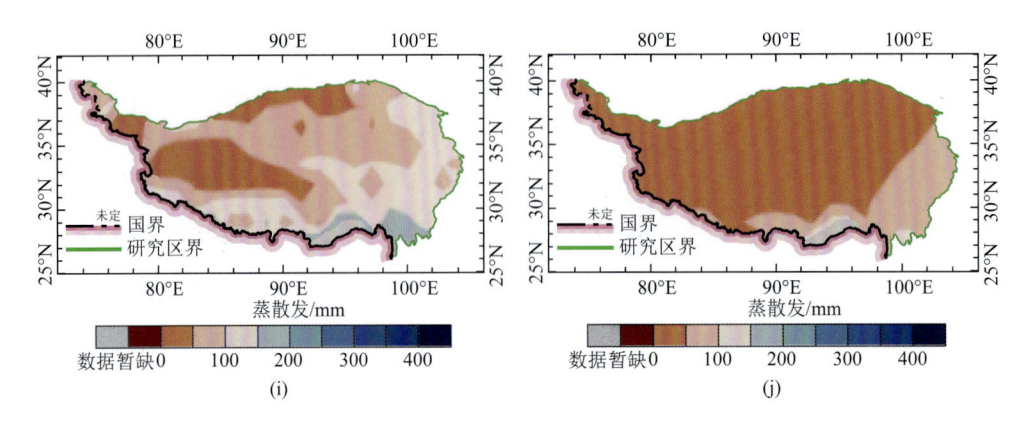

图 9.2　青藏高原 1981～2014 年基于 GLEAM V3.3a 的多年平均 (a)、季节平均蒸散发 (c)～(f) 和基于 CAS-ESM2 的多年平均 (b)、季节平均蒸散发 (g)～(j) 空间分布结果

（田凤云等，2021）

PCC 代表空间相关系数

9.2　气候模式对青藏高原未来不同情景气候预估

采用气候模式多排放情景进行未来气候预估，需考察未来不同排放情景对青藏高原地区的气候变化风险，明晰不同时期气候预估的特征与差异，量化预估结果不确定性并研究不确定性来源，其结果对于气候脆弱的青藏高原地区生态保护、区域发展规划和水资源管理等科学决策的制定具有重要参考价值。

目前的研究中，采用的最新的未来气候变化情景为 CMIP5 的典型浓度路径 (RCP) 和 CMIP6 的共享社会经济路径 (SSP)。前者包含的情景有 RCP2.6、RCP4.5、RCP6.0 和 RCP8.5，它们对应的人类活动强度由弱到强，相对于 1850 年，它们在 2100 年有效的辐射强迫分别为 2.2W/m^2、3.8W/m^2、4.8W/m^2 和 7.6W/m^2（Collins et al.，2013）；后者包含的情景有 SSP1-1.9、SSP1-2.6、SSP2-4.5、SSP3-7.0 和 SSP5-8.5，情景名称的第一个标签代表共享社会经济路径，第二个标签表示 2100 年粗略的全球有效辐射强迫，单位为 W/m^2（Lee et al.，2021）。

9.2.1　温度变化

对于近期（2021～2040 年）气候变化预估，基于 CMIP5 高分辨率全球统计降尺度多模式预估数据的分析结果表明，在 RCP8.5 高排放情景下，青藏高原地区年平均地表气温在近期相对于 1986～2005 年的增幅为 1.69℃（第 25～第 75 百分位不确定性范围为 1.39～1.90℃），预估的青藏高原西部增温强于青藏高原东部，冬、春季增温强于夏季。另外，青藏高原增温幅度与全球平均增温幅度存在显著相关性，即模式预估的全球平均温升越强，则青藏高原增温越强。青藏高原地区极端高温（日最高气温最大值）的变化与年平均地表气温变化较为类似，表现为青藏高原西部增温较强、东部增温较弱。在RCP8.5高排放情景下，极端高温将增加1.51℃（1.11～1.83℃）。而极端低温（日最高气温最小值）变化的空间分布与年平均地表气温变化存在差异，极端低温增加的最大值中心位于青藏高原南部。极端低温在近期将增加1.64℃（1.27～1.92℃），增幅高于极端高温的变化（周天军等，2020）。对于中长期（2040～2100年）气候变化预估，21世纪青藏高原地区年平均地表气温持续升高，在RCP8.5情景下，升温幅度更大，不同排放情景下增温幅度的差异随时间增大（图9.3）。相对于1986～2005年，在RCP8.5排放情景下，该地区中期和长期年平均地表气温分别升高3.03℃（2.31～3.53℃）（括号内为第25～第75百分位不确定性范围）和5.93℃（4.64～7.31℃）。对未进行统计降尺度的CMIP5气候模式直接输出结果，基于检测归因结果进行约束后能够得到类似的结论。约束后，RCP8.5排放情景下中期和长期年平均地表气温增幅分别为3.00℃和5.95℃（Zhou and Zhang，2021）。在不同排放情景下，各模式表现出一致的青藏高原地区增温速率超过全球平均值。多模式结果表明，21世纪末青藏高原地区气温增幅约为全球平均增温幅度的1.6倍，青藏高原是全球气候变化的敏感区。青藏高原地区未来增温幅度在不同区域存在明显差异，海拔较高的高原西部较海拔较低的东部增温幅度更大。当前气候中，高原地区的增温速率也存在这样的海拔依赖性（Liu et al.，2009；Qin et al.，2009）。在季节尺度上，青藏高原地区在不同季节地表气温均呈上升趋势，但增温幅度在不同季节存在差异。其中，冬季和春季增温幅度相对更大，夏季增温幅度较小，这与冬、春季冰雪反照率反馈过程有关。

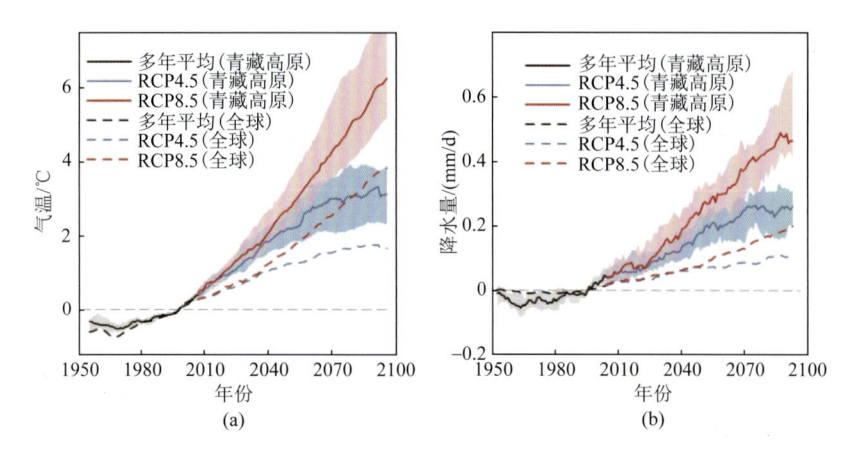

图9.3 NEX-GDDP统计降尺度多模式预估的青藏高原地区年平均地表气温（a）和年平均降水（b）相对于1986～2005年的变化（周天军等，2020）
实线和虚线分别表示集合平均的青藏高原和全球平均变化，阴影表示第25～第75百分位模式范围

在RCP4.5情景下，在早期（2016～2035年）、中期（2046～2065年）和末期（2081～2100年），多模式集合平均的年均增温分别为0.8～1.3℃、1.6～2.5℃和

2.1～3.1℃，对应的区域平均变暖值分别是 1.1℃、2.1℃和 2.7℃（胡芩等，2015）。青藏高原地区年平均地表气温增幅与海拔有统计显著的正相关关系，说明青藏高原增温存在一定的海拔依赖性。在季节尺度上，在 21 世纪早期、中期和末期，青藏高原区域平均地表气温春季将分别上升 1.1℃、2.1℃和 2.6℃，夏季将分别上升 1.0℃、2.0℃和 2.5℃，秋季将分别上升 1.1℃、2.6℃和 2.7℃，冬季将分别上升 1.2℃、2.3℃和 2.9℃。在所分析的三个时段里，春季和夏季分布型与年平均情形类似，存在位于青藏高原中部和喜马拉雅山西南处的升温大值区及位于青藏高原北部柴达木盆地、东部及东南部的升温小值区；秋季，在青藏高原中部和西部之间有一连续的升温大值区；而在冬季，青藏高原中部、南部至喜马拉雅山东部这一大部分区域为升温大值区。对比四个季节，冬季升温幅度最高且升温大值区范围最大，夏季则相对最小。

在 RCP2.6 情景下，青藏高原及周边地区在近期（2006～2030 年）增温幅度不大，但在远期（2036～2099 年）将会出现降温趋势。预估的青藏高原气温在近期年平均地表气温相对于基准期（1961～2005 年）将升高 1.1～1.4℃，而在远期（2036～2099 年）相对于基准期 RCP2.6 情景年平均地表气温将升高 1.7～2.0℃。该情景下近期地表气温的预估结果随季节的变化不明显，冬季和春季的增暖略大于夏季和秋季的增暖；但在远期，增暖在冬季最强，而在夏季最弱。

24 个 CMIP6 模式集合平均结果显示，在未来 SSP1-2.6、SSP-2-4.5 和 SSP5-8.5 情景下，青藏高原的增暖将加强，增温速率分别为 0.09℃/10a、0.29℃/10a 和 0.69℃/10a，均远高于全球平均的 0.06℃/10a、0.22℃/10a 和 0.49℃/10a（图 9.4）。在高排放情景下，青藏高原增暖最为明显，其增暖速率是全球平均水平的 1.5 倍以上，存在青藏高原气温放大现象（You et al.，2021）。在不同排放情景下，21 世纪近期（2021～2040 年）、中期（2041～2060 年）和远期（2081～2100 年）平均气温将继续上升，SSP1-2.6、SSP2-4.5 和 SSP5-8.5 情景下，未来近期将比 1995～2014 年分别平均增暖 0.98℃、1.44℃和 1.54℃，中期将分别增暖 1.44℃、1.79℃和 2.42℃，远期将分别增暖 1.54℃、2.85℃和 7.61℃，在青藏高原中西部地区增暖最为明显。

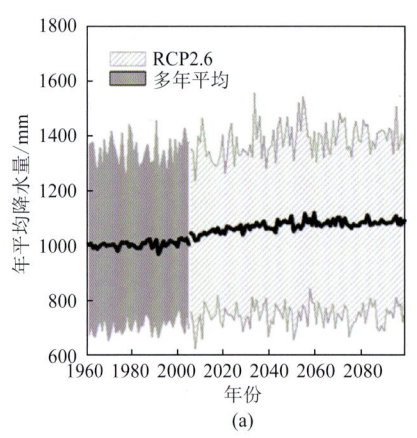

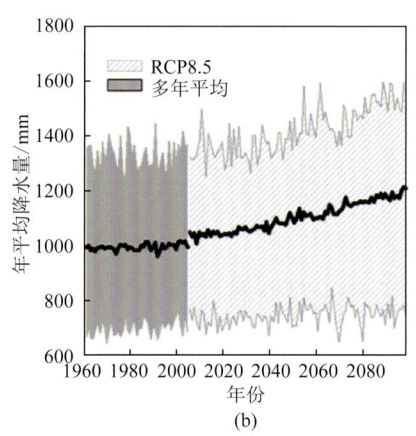

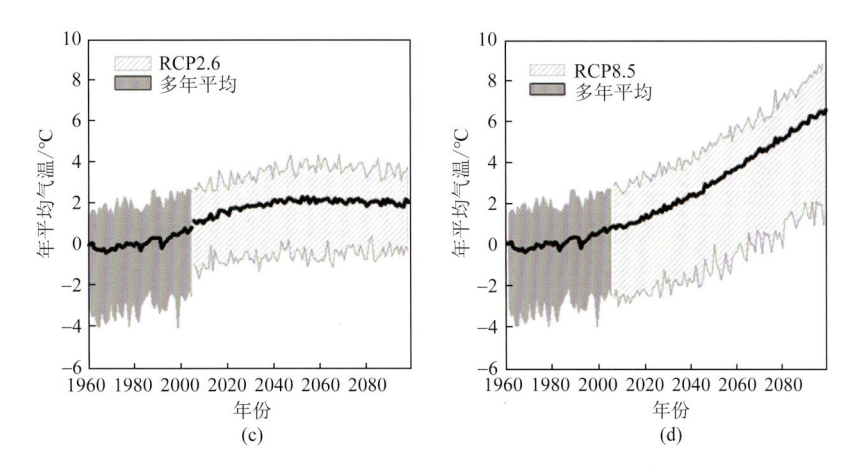

图 9.4　在 RCP2.6 和 RCP8.5 两种情景下，由 24 个全球气候模式预估结果平均的基准期
（1961～2005 年）和 21 世纪青藏高原及周边地区年平均地表气温和降水量
随时间的变化（Su et al.，2013）

9.2.2　降水变化

就降水变化而言，预估结果表明，RCP8.5 高排放情景下青藏高原地区年平均降水量在近期（2021～2040 年）将增加约 0.14mm/d（0.08～0.18mm/d），青藏高原南部降水量的增加较北部明显，夏季增幅最强。极端降水（年最大日降水量）在近期将增加 3.49mm（2.81～4.17mm），青藏高原南部极端降水增加更强。对于极端干旱事件，多模式预估的青藏高原地区最长连续干期的变化呈南北偶极子型，即在青藏高原中部和北部缩短而在南部和西部延长。同时，就青藏高原地区平均而言，最长连续干期将减少 0.59 天（0.04～0.98 天），最长连续干期在青藏高原整体呈缩短趋势（周天军等，2020）。基于 CMIP6 年代际气候预测计划的多模式年代际试验数据的分析表明，羌塘高原夏季降水量具有显著的年代际可预报性。实时年代际预测试验表明，羌塘高原夏季降水量 2020～2027 年相对于 1986～2005 年将增加 0.27mm/d，增幅约为 12.8%（Hu and Zhou，2021）。在中期和长期将分别增加约 0.27mm/d（0.17～0.28mm/d）和 0.54mm/d（0.39～0.58mm/d）。与气温类似，青藏高原地区降水量的增幅超过全球平均结果。到 21 世纪末，多模式预估结果中青藏高原地区年平均降水量增幅约为全球平均结果的 2.7 倍。在空间分布上，不同区域降水量增幅存在差异，其中青藏高原南部降水量的增幅（绝对值）较北部更多。且在不同时段，即中期和长期，相对于 1986～2005 年降水量增幅的空间分布基本一致。但如果关注相对于当前气候时间段（2006 年以后的变化），降水量未来预估结果的空间分布则存在差异，大值区位于青藏高原西南部至中部（胡芩等，2015）。在季节尺度上，各季节降水量均增加，其中增幅在夏季达到最多。未来预估中，尽管南亚夏季环流减弱，但增暖引起的水汽含量增加导致来自印度洋和孟加拉湾的西南水汽输送增强，有利于青藏高原南部的夏季降水增加（Chen and Zhou，2015；He et al.，2019）。

在 RCP4.5 情景下，21 世纪早期（2016～2035 年）、中期（2046～2065 年）和末期（2081～2100 年）变化的最大值将分别为 15.2%、17.8% 和 21.3%，最小值将分别为 –1.8%、–0.9% 和 1.4%，区域平均的年平均降水量变化将分别为 4.4%、7.9% 和 11.7%（胡芩等，2015）。对于整个 21 世纪而言，年平均降水量的线性分布趋势主要表现为西南至中部地区增速快，而在东西两侧相对较慢。21 世纪早期、中期和末期，青藏高原区域平均降水量春季将分别增加了 4.0%、8.1%、11.1%，夏季将分别增加了 6.8%、12.2%、15.8%，秋季将分别增加了 3.5%、6.5%、9.4%，冬季将分别增加了 0.7%、5.0%、9.2%。夏季降水量变化的分布型与年平均情形一致，大值区主要位于高原的西南部，小值区位于中东部和东部地区，这说明未来年平均降水量变化主要取决于夏季，这与青藏高原地区年均气候态降水主要来自夏季是一致的。其余三季降水量变化分布型则与年平均情况有所差异，主要特征是在早期和中期，降水量在高原西南和东南部略有减少，大部分区域都为降水量增加区域；末期降水量变化在幅度上与前期相比差异不大，在西南部出现小范围的减少区。

在 RCP2.6 情景下，在近期（2006～2035 年）年平均降水量相对于基准期（1961～2005 年）将增加 3.2%，夏季、秋季和春季的降水量将增加 5.0%～7.0%，冬季将增加 2.0%～4.0%（Su et al.，2013）；而远期（2036～2099 年）相对于基准期年平均降水量将增加 6%，夏季、秋季和春季的降水量将增加 5.0%～7.0%，冬季将增加 3.0%（Su et al.，2013）。降水量的增加具有季节差异，最大的降水量增幅出现在夏季，冬季降水增幅最小。

24 个 CMIP6 模式集合平均结果显示，在低排放情景 SSP1-2.6 下，青藏高原与全球降水量增加趋势均不大，但在高排放情景下，青藏高原平均降水量增加趋势为 3.2%/10a，远大于全球平均的 0.76%/10a（图 9.4）。从空间分布特征来看，青藏高原降水量增加大值区在中西部和北部的干旱区，未来远期相比于参考时期增幅超过 40%。在近期，青藏高原南部一些区域呈现变干趋势。在 SSP1-2.6、SSP2-4.5 和 SSP5-8.5 情景下，未来近期区域平均降水量将比 1995～2014 年分别平均增加 3.68%、2.33% 和 3.18%，中期将分别增加 8.39%、8.26% 和 8.78%，远期将分别增加 7.67%、11.5% 和 23.41%，增幅最大时期为 SSP5-8.5 情景下的远期。但需注意的是，CMIP6 模式模拟青藏高原降水量上存在较大的偏差和模式间不一致性，尤其在青藏高原南部地区，模式湿偏差较大，这会影响未来预估结果的可信度（You et al.，2021；周天军等，2020；Zhu et al.，2020）。

围绕青藏高原的未来降水预估，Zhao 等（2022）基于 27 个 CMIP6 模式，采用综合考虑模式性能和独立性的加权方法，预估了 5 种共享社会经济路径（SSP1-1.9、SSP1-2.6、SSP2-4.5、SSSP3-7.0、SSP5-8.5）下青藏高原降水量的近期（2021～2040 年）、中期（2041～2060 年）和长期（2081～2100 年）变化（图 9.5）。结果表明，21 世纪末青藏高原的年平均降水量相较于当前气候态将增加 7.4%（SSP1-1.9）～21.6%（SSP5-8.5），其中青藏高原北部的增加更为明显。与等权重的预估结果相比，加权后的青藏高原降水量增加趋势略有增强，同时模式不确定性减小。此外，在季节上，加权对降水量增加的加强效应在春季更明显；在空间上，高原西北部的降水量变化受加权的影响更显著。

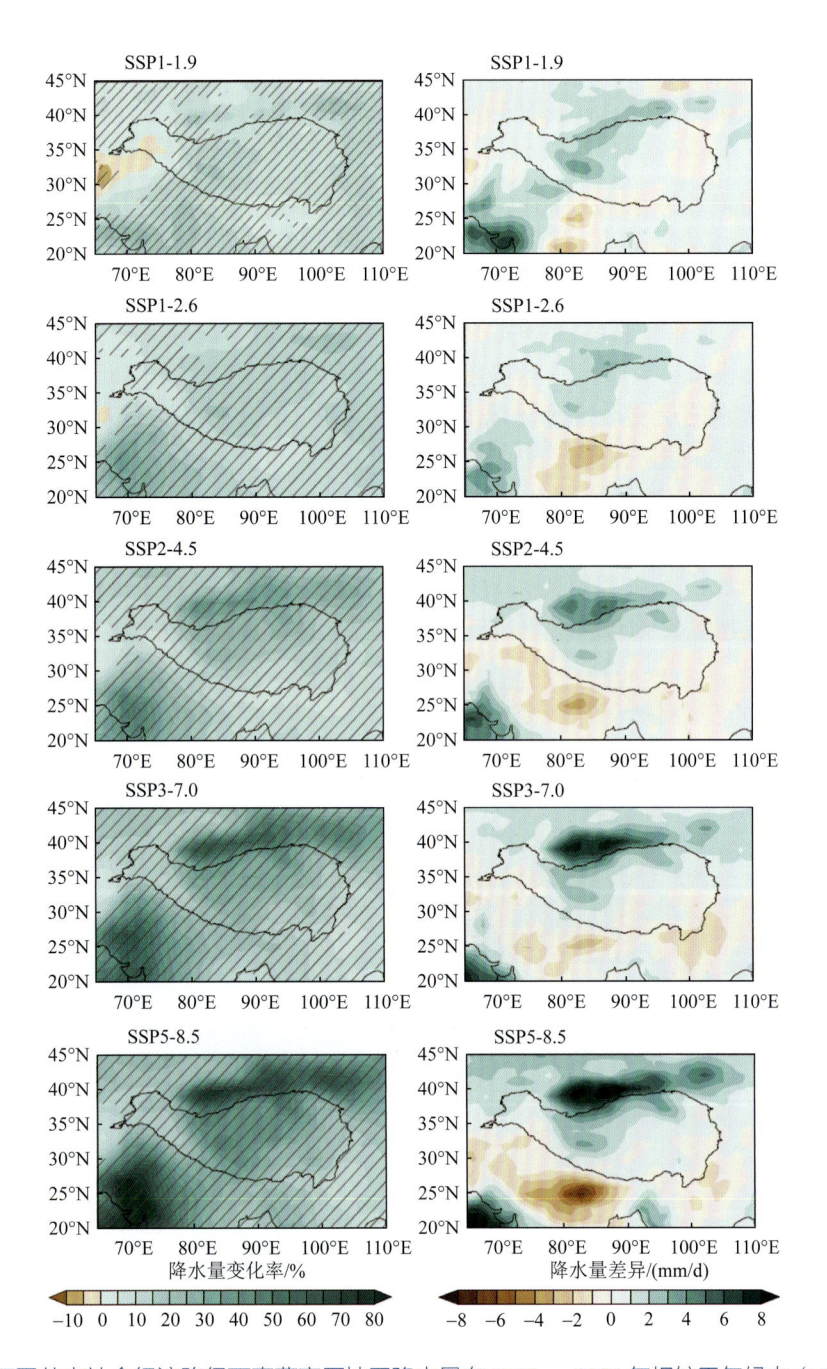

图 9.5 不同共享社会经济路径下青藏高原地区降水量在 2081～2100 年相较于气候态（1985～2014 年）的变化（左侧），考虑模式性能和独立性的加权方法后预估降水量与未加权的差异（右侧）
(Zhao et al., 2022)

青藏高原降水变化与蒸散发相关的水汽再循环密切联系。未来预估试验结果显示，4 种 SSP 情景下青藏高原蒸散发均普遍增加，其中 SSP5-8.5 情景下的增加最为显著，且喜马拉雅山地区蒸散发的增加量最大。相较于 1995～2014 年历史时期，年均蒸散发在 2041～2060 年增加 46.3～65.8mm，增幅为 13.4%～19.0%；2081～2100 年，年均蒸散发增加 75.7～151.1mm，增幅为 21.7%～43.6%。影响蒸散发未来变化的因素具有区域性差异，青藏高原中部和南部受气温变化影响更大，而柴达木盆地、羌塘高原中部受降水变化影响更大。

另外，青藏高原降水的预估也与海拔有关。Na 等（2021）利用非静力二十面体大气模式（nonhydrostatic icosahedral atmospheric model，NICAM）研究了青藏高原南坡的降水特征并预估了未来变化。该模式是目前全球气候模式中水平分辨率最高的，为 14km，且未使用对流参数化，是一种云系统解析模式。参照卫星观测，该模式能较好地模拟出青藏高原南坡降水的空间分布和季节变化，但高估了降水量。青藏高原南坡降水的历史分布和未来变化都与海拔有关：青藏高原南坡降水在中海拔地区发生最频繁，强降水概率随海拔升高而减少、弱降水概率随海拔升高而增加；在全球变暖背景下，预计 21 世纪末平均降水量在高原南坡低海拔地区减少、在高海拔地区将会增加（图 9.6）；青藏高原南坡的极端降水强度和发生概率在未来全球变暖下将显著增加，是北半球变化最明显的地区之一，且高海拔地区的极端降水概率增加较低海拔地区更为显著。

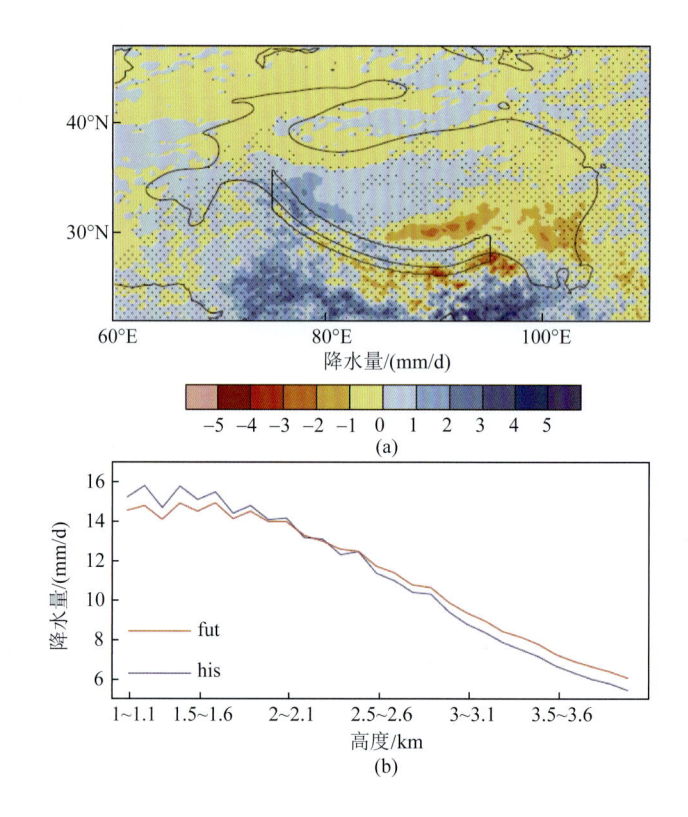

图 9.6　NICAM 模式中 6～9 月降水在 2075～2104 年相对 1979～2008 年变化的空间分布（a）和青藏高原南坡不同海拔的平均降水（b）(Na et al.，2021)

fut 指未来（2075～2104 年）；his 指历史（1979～2008 年）

9.2.3 热源变化

观测资料已经揭示出青藏高原地表气温的增暖放大现象在冬季最强、夏季最弱，理解青藏高原增暖放大现象的季节依赖特征的关键是进行定量的辐射收支诊断分析。基于地表辐射收支方程，利用 JRA-55 再分析资料的诊断分析表明，在 1980～2017 年，由青藏高原地表积雪减少所导致的地表反照率正反馈过程是主导青藏高原冬、春季增暖的主要原因，而决定青藏高原夏、秋季增暖速率的因子为晴空向下长波辐射的变化。相比于其他季节，青藏高原增暖速率在冬季最强的重要原因是地表反照率反馈与晴空向下长波辐射之间的协同作用（Gao et al., 2021）。基于更为准确、复杂，能够覆盖不同大气层的气候反馈与响应分析方法，利用 ERA-Interim 再分析资料的诊断分析表明，主导青藏高原中、东部地区年平均地表气温变化的关键物理过程为地表向大气输送的感热通量减少与大气水汽含量的增加。而主导高原西部地区年平均地表气温变化的物理过程为地表潜热通量、地表反照率以及云量的变化。定量来看，青藏高原整体在 1998～2016 年相对 1979～1997 年地表气温增暖 0.62℃，其中地表向大气输送的感热通量减少贡献了 0.29℃，大气水汽含量增加贡献了 0.29℃。相同对照时段内，对于夏季，虽然总云量的增加能够导致约 1.0℃的冷却，但地表感热通量与大气水汽含量的增加能够分别解释 0.48℃与 0.46℃的增暖，地表反照率反馈进一步通过增加地表净短波辐射产生 0.32℃的增暖。这些过程的协同作用使得青藏高原在夏季出现 0.47℃的增暖。对于冬季，青藏高原出现 0.58℃的增暖。其中，地表向大气输送的感热通量减少能够解释 0.26℃的增暖，地表热含量的变化能够解释 0.59℃的增暖，而地表反照率的变化使得地表气温冷却约 0.19℃。其中，对于地表反照率反馈的作用，在两种辐射收支诊断框架下的结论存在一定差异，这可能与再分析资料、辐射收支诊断方法等差异有关。

相对于周边自由大气，青藏高原在夏季为热源（图 9.7）。大气中 CO_2 浓度的增加，可导致夏季青藏高原大气热源增强，这种增强作用在 6～9 月均相对显著，增加幅度总体上由南向北递减（图 9.8）。热源以 7 月增加幅度最大，最大值位于青藏高原南部 90°E 附近，可达 124W/m^2。平均来说，CO_2 每增加 1 倍，热源作用增强 5%～6%。热源增强的主要原因是：CO_2 辐射强迫的增强，可导致青藏高原及上空大气增温，大气饱和水气压增强，空气湿度增加；在局地气候态上升运动的作用下，更多的水汽被输送至上空，凝结产生潜热释放，导致高原的热源增强（图 9.9）。大气 CO_2 辐射增加主要通过两种途径影响青藏高原热源变化：一是通过改变大气辐射平衡直接影响高原气候（简称"直接辐射效应"），二是通过改变全球海表温度间接影响高原气候（简称"海洋增温效应"）。直接辐射效应可导致青藏高原增温，加强青藏高原周边与海洋的热力对比，青藏高原上升运动增强，表面湿度微弱增加。海洋增温效应，一方面可加热全球大气，使得青藏高原大气水汽增多；另一方面，减弱了青藏高原周边陆地与海洋的热力差异，最终导致青藏高原周边上升运动减弱。在两种效应的共同作用下，夏季青藏高原上升运动变化不明显,大气湿度增加,青藏高原潜热增加,最终热源增强(Qu and Huang,2020;Qu et al.,2020)。

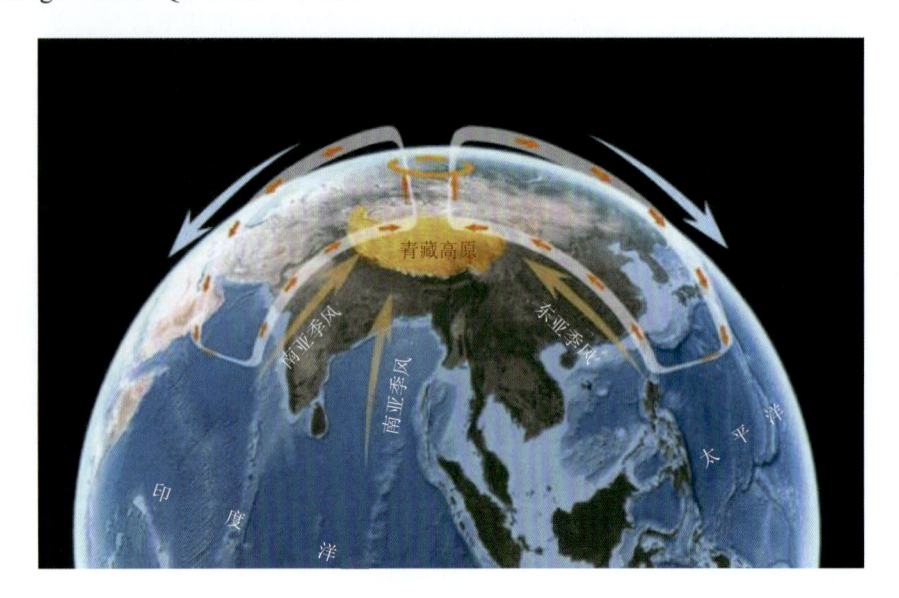

图 9.7 青藏高原热源作用示意图

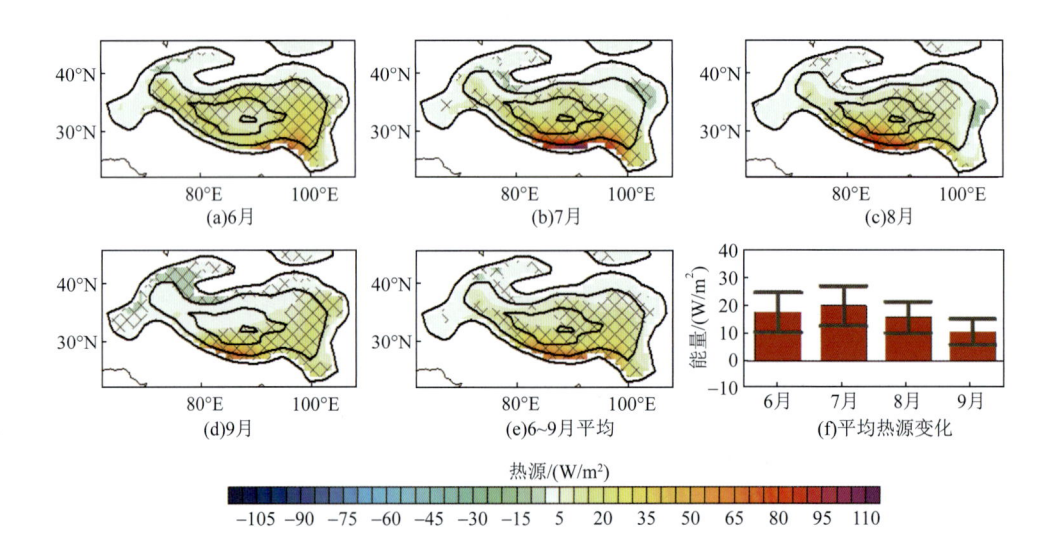

图 9.8 CMIP5 多模式集合中青藏高原 6 月、7 月、8 月、9 月和 6～9 月平均热源变化 [(a)～(e)] 及青藏高原各月区域平均热源变化情况 (f) (Qu and Huang,2020)

网格为 95% 执行水平;误差线为模式响应的 95% 执行区间

第9章 全球变暖背景下青藏高原未来气候变化预估

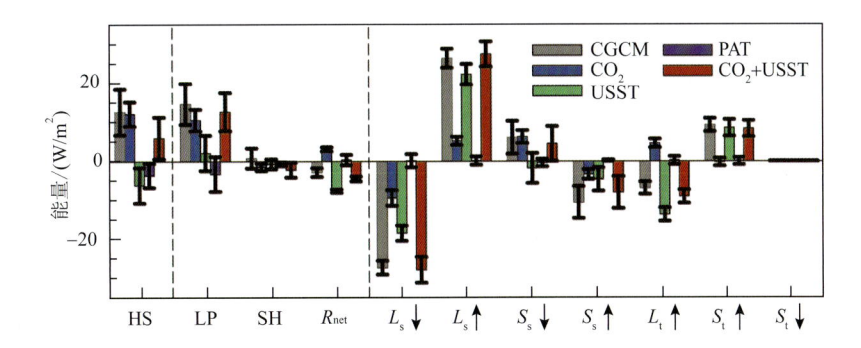

图 9.9 青藏高原大气热源及相关分量对 CO_2 辐射增强的响应（Qu and Huang，2020）

X 轴从左到右各项依次为大气热源、大气潜热、地表感热、大气辐射加热、地表向下长波辐射、地表向上长波辐射、地表向下短波辐射、地表向上短波辐射、大气层顶向上长波辐射、大气层顶向上短波辐射和大气层顶向下短波辐射。灰色、蓝色、绿色、紫色柱分别为 CO_2 总效应（CGCM）、CO_2 直接辐射效应（CO_2）、海洋均匀增温（USST）、海温分布型（PAT）的贡献，红色柱状为 CO_2 直接辐射效应和海洋均匀增温效应的加和（CO_2+USST）

参考文献

胡芩, 姜大膀, 范广洲. 2014. CMIP5 全球气候模式对青藏高原地区气候模拟能力评估. 大气科学, 38: 924-938.

胡芩, 姜大膀, 范广洲. 2015. 青藏高原未来气候变化预估：CMIP5 模式结果. 大气科学, 39: 260-270.

田凤云, 吴成来, 张贺, 等. 2021. 基于 CAS-ESM2 的青藏高原蒸散发的模拟与预估. 地球科学进展, 36: 797-809.

吴佳, 高学杰. 2013. 一套格点化的中国区域逐日观测资料及与其它资料的对比. 地球物理学报, 56: 1102-1111.

周天军, 张文霞, 陈晓龙, 等. 2020. 青藏高原气温和降水近期、中期与长期变化的预估及其不确定性来源. 气象科学, 40: 697-710.

Chen X, Zhou T. 2015. Distinct effects of global mean warming and regional sea surface warming pattern on projected uncertainty in the South Asian summer monsoon. Geophysical Research Letters, 42: 9433-9439.

Collins M, Knutti R, Arblaster J, et al. 2013. Long-term climate change: projections, commitments and irreversibility// Stocker T F, Qin D, Plattner G K, et al. Climate Change 2013: The Physical Science Basis. Contribution of Working Group I to the Fifth Assessment Report of the Intergovernmental Panel on Climate Change. Cambridge: Cambridge University Press: 1029-1136.

Gao K, Duan A, Chen D. 2021. Interdecadal summer warming of the Tibetan Plateau potentially regulated by a sea surface temperature anomaly in the Labrador Sea. International Journal of Climatology, 41: E2633-E2643.

He C, Wang Z, Zhou T. 2019. Enhanced latent heating over the Tibetan Plateau as a key to the enhanced East Asian summer monsoon circulation under a warming climate. Journal of Climate 32: 3373-3388.

Hu S, Zhou T. 2021. Skillful prediction of summer rainfall in the Tibetan Plateau on multiyear time scales. Science Advances, 7: eabf9395.

Lee J Y, Marotzke J, Bala G, et al. 2021. Future global climate: scenario-based projections and near-term information// Masson-Delmotte V, Zhai P, Pirani A, et al. Climate Change 2021: The Physical Science Basis. Contribution of Working Group I to the Sixth Assessment Report of the Intergovernmental Panel on Climate Change. Cambridge: Cambridge University Press: 553-672.

Liu X, Cheng Z, Yan L, et al. 2009. Elevation dependency of recent and future minimum surface air temperature trends in the Tibetan Plateau and its surroundings. Global and Planetary Change, 68: 164-174.

Na Y, Lu R, Fu Q, et al. 2021. Precipitation characteristics and future changes over the southern slope of Tibetan Plateau simulated by a high-resolution global nonhydrostatic model. Journal of Geophysical Research: Atmospheres, 126: e2020JD033630.

Qin J, Yang K, Liang S L, et al. 2009. The altitudinal dependence of recent rapid warming over the Tibetan Plateau. Climatic Change, 97: 321-327.

Qu X, Huang G. 2020. CO_2-induced heat source changes over the Tibetan Plateau in boreal summer-part II: the effects of CO_2 direct radiation and uniform sea surface warming. Climate Dynamics, 55: 1631-1647.

Qu X, Huang G, Zhu L. 2020. CO_2-induced heat source changes over the Tibetan Plateau in boreal summer-Part I: the total effects of increased CO_2. Climate Dynamics, 55: 1793-1807.

Su F, Duan X, Chen D, et al. 2013. Evaluation of the Global Climate Models in the CMIP5 over the Tibetan Plateau. Journal of Climate, 26: 3187-3208.

Tao W, Huang G, Dong D, et al. 2021. Dominant modes of interannual variability in precipitation over the Hengduan Mountains during rainy seasons. International Journal of Climatology, 41: 2795-2809.

You Q, Cai Z, Pepin N, et al. 2021. Warming amplification over the Arctic Pole and Third Pole: trends, mechanisms and consequences. Earth-Science Reviews, 217: 103625.

Zhang L, Su F, Yang D, et al. 2013. Discharge regime and simulation for the upstream of major rivers over Tibetan Plateau. Journal of Geophysical Researches: Atmosphere, 118: 8500-8518.

Zhao Y, Zhou T, Zhang W, et al. 2022. Change in precipitation over the Tibetan Plateau projected by weighted CMIP6 models. Advances in Atmospheric Sciences, 39(7): 1133-1150.

Zhou C, Zhao P, Chen J. 2019. The interdecadal change of summer water vapor over the Tibetan Plateau and associated mechanisms. Journal of Climate, 32: 4103-4119.

Zhou T, Zhang W. 2021. Anthropogenic warming of Tibetan Plateau and constrained future projection. Environmental Research Letters, 16: 044039.

Zhu H, Jiang Z, Li J, et al. 2020. Does CMIP6 inspire more confidence in simulating climate extremes over China? Advances in Atmospheric Sciences, 37: 1119-1132.

附 录

科 考 日 志

科考日志（一）

日期	工作内容	停留地点
2022 年 5 月 22～25 日	库尔勒→塔中→民丰：科考队一行从塔克拉玛干沙漠北缘出发，一路南下，穿越沙漠。其间与塔中国家基准气候站工作人员进行业务和科研交流，参观国级气象和沙尘探测平台。在沙漠腹地进行无人机 - 气球 - 机器狗沙尘探测试验，捕捉沙尘暴过程，探索沙尘向青藏高原传输通道及垂直分布特征	塔中、民丰
2022 年 5 月 26 日	民丰→黑石北湖：科考队从塔里木盆地南缘启程沿昆仑山北坡爬升，沿途天气多变，从塔里木盆地的炎炎夏日，到昆仑山口小雨，到海拔 3000m 昆仑山地形云降水，4000m 高山区降雪积雪，最后在 5000m 的藏北黑石北湖蓝天再现，一日阅四季。其间利用手持及无人机气象探测设备获取宝贵云降水数据，探索昆仑山北坡云降水特征及其水汽通道	民丰
2022 年 5 月 27 日	到民丰县气象局进行学习交流，介绍本次科考任务的目标和成果，了解民丰县气象探测设备以及在科研和业务方面取得的成果。参观叶亦克乡的青藏高原北侧陆气相互作用观测站，进行两次沙尘及常规气象要素的探空观测	民丰
2022 年 5 月 28 日	民丰→阿克苏库勒湖：探究海拔 4000 m 以上青藏高原北缘昆仑山云降水和积雪覆盖特征。路途凶险崎岖，遭遇融雪型洪水道路冲断，夜宿海拔 3700m 的高原。这段极端路况彰显昆仑山极端降水天气气候谜团亟待探索	青藏高原科考营地
2022 年 5 月 29～31 日	民丰→和田：探索昆仑山北坡云降水特征以及塔克拉玛干沙漠的沙尘气溶胶输送影响。途中遭遇强沙尘暴天气，能见度不过百米，昆仑山北坡也出现 2022 年第一次强降水过程。基于此，科考队进行多次大气垂直探空观测，成功获取降水过程气象要素和大气颗粒物垂直观测资料，发现"云降水以上沙尘"现象	和田
2022 年 6 月 1～2 日	和田→喀什：考察红白山观测站，探索极端干旱沙漠气候，追踪尘卷风起源及路径。与莎车县气象局、伽师县气象局及喀什市气象局的工作人员进行交流学习，了解喀什地区在科研、业务与服务方面取得的成果。对西风 - 季风协同作用对亚洲水塔变化的影响进行深入探讨	喀什
2022 年 6 月 3～4 日	喀什→红其拉甫：探索帕米尔高原云降水及下垫面特征，了解高原冰川雪盖变化。其间攀登慕士塔格峰，触摸亚洲水塔固态水库的冰川冰柱；考察盘龙古道自动气象站，进行资料质控，一路探寻云降水，最终于海拔 4600m 的中国气象局乌鲁木齐沙漠气象研究所帕米尔高原陆气相互作用观测站结束科考	塔什库尔干

科考日志（二）

日期	工作内容	停留地点
2022 年 7 月 25 日	北京→西宁：拍摄沿途景观照片及视频	西宁
2022 年 7 月 26 日、8 月 1 日	与青海省水文水资源测报中心及格尔木分中心的工作人员进行了深入交流：了解了近年来青海湖、三江源、柴达木盆地等地区的水文监测现状和水资源时空变化情况	西宁、格尔木
2022 年 7 月 31 日	唯格勒当雄冰川考察：科考队员从果洛出发，沿德马高速和雪山乡白下段土路到达唯格勒当雄冰川，先后到终碛垄和冰舌侧面，近距离观察了冰川。由于当日有雨，科考队员在两次降雨间隙利用无人机规划航迹拍摄了冰舌部分区域，得到了清晰的冰川影像。结束唯格勒当雄冰川考察后，科考队员赶到冬给措纳湖东北角，科考队员操作无人机升空后沿湖岸拍摄了照片和视频	玛沁、玛多
2022 年 8 月 2 日	玉珠峰冰川考察：前往玉珠峰进行科考，先到达北坡远距离观看玉珠峰，之后穿过海拔 4800m 的昆仑山口，并顺着小路到达南坡登山大本营，随后继续步行至冰舌前的山丘（海拔约 5100m），利用相机拍摄冰川远景近景照片；科考队员利用相机看山顶上突然出现的"黑点"（怀疑可能发生雪崩），经过观察，科考队员发现"黑点"是积雪融化裸露出的岩石	多治
2022 年 7 月 27 日～8 月 5 日	青海湖考察：科考队员分别于 2022 年 7 月 27 日、7 月 28 日、8 月 4 日、8 月 5 日共计四天在青海湖沙岛、南岸、西岸、北岸进行作业，获取了青海湖近岸区域的影像数据	刚察、共和及海晏
2022 年 8 月 6 日	拉萨→北京：返回北京	北京

254

科考日志（三）

日期	工作内容	停留地点
2023年6月30日	从驻地出发前往林芝，准备观测任务物资并检查前期设备运行状态	林芝市
2023年7月1日	前往位于易贡乡江拉村的野外观测站，进行设备巡检与维护，采集气象与生态相关数据	易贡乡
2023年7月2日	继续整理观测站数据，调试传输系统，校准部分监测设备	易贡乡
2023年7月3日	检查各类数据完整性并更新观测记录，进行样本初步分析	林芝市
2023年7月4日	整理外业资料，备份数据并返回驻地	兰州市

科考日志（四）

日期	工作内容	停留地点
2023年4月17日	西宁集结，召开本次科考启动会	西宁
2023年4月18日	西宁→兴海→玛沁：沿途考察河湟谷地、共和盆地、青南高原等，调研黄河唐乃亥水文站	玛沁
2023年4月19～20日	玛沁：阿尼玛卿冰川人工增雪补冰双机作业探测预试验	玛沁
2023年4月21日	玛沁→久治→班玛：考察长江支流大渡河源头区域玛可河林场，调研班玛红军沟纪念馆，瞻仰红军长征群像石雕	班玛
2023年4月22日	班玛→色达→炉霍：调研色达县气象局、炉霍县气象局	炉霍
2023年4月23日	炉霍→雅江：途经雅砻江、大渡河、岷江等水系，考察雅砻江两河口水电站	雅江
2023年4月24日	雅江→丹巴→金川→马尔康：考察沿途从河谷到山脊的常绿针叶混交林、常绿针叶林、高山灌丛草甸等自然景观带	马尔康
2023年4月25日	马尔康→红原→松潘：考察川西高原沿线雪山冰川、河流湿地、草甸森林等	松潘
2023年4月26日	松潘→若尔盖→迭部→岷县：考察黄河上游支流黑河流域、长江上游嘉陵江支流白龙江流域	岷县
2023年4月27日	岷县→临夏→西宁：考察岷县洮河水利工程选址	西宁
2023年4月28日	西宁→北京：科考总结会	北京